武汉大学规划教材建设项目资助出版

最优化方法基础

（第二版）

主编　专祥涛　郑宇

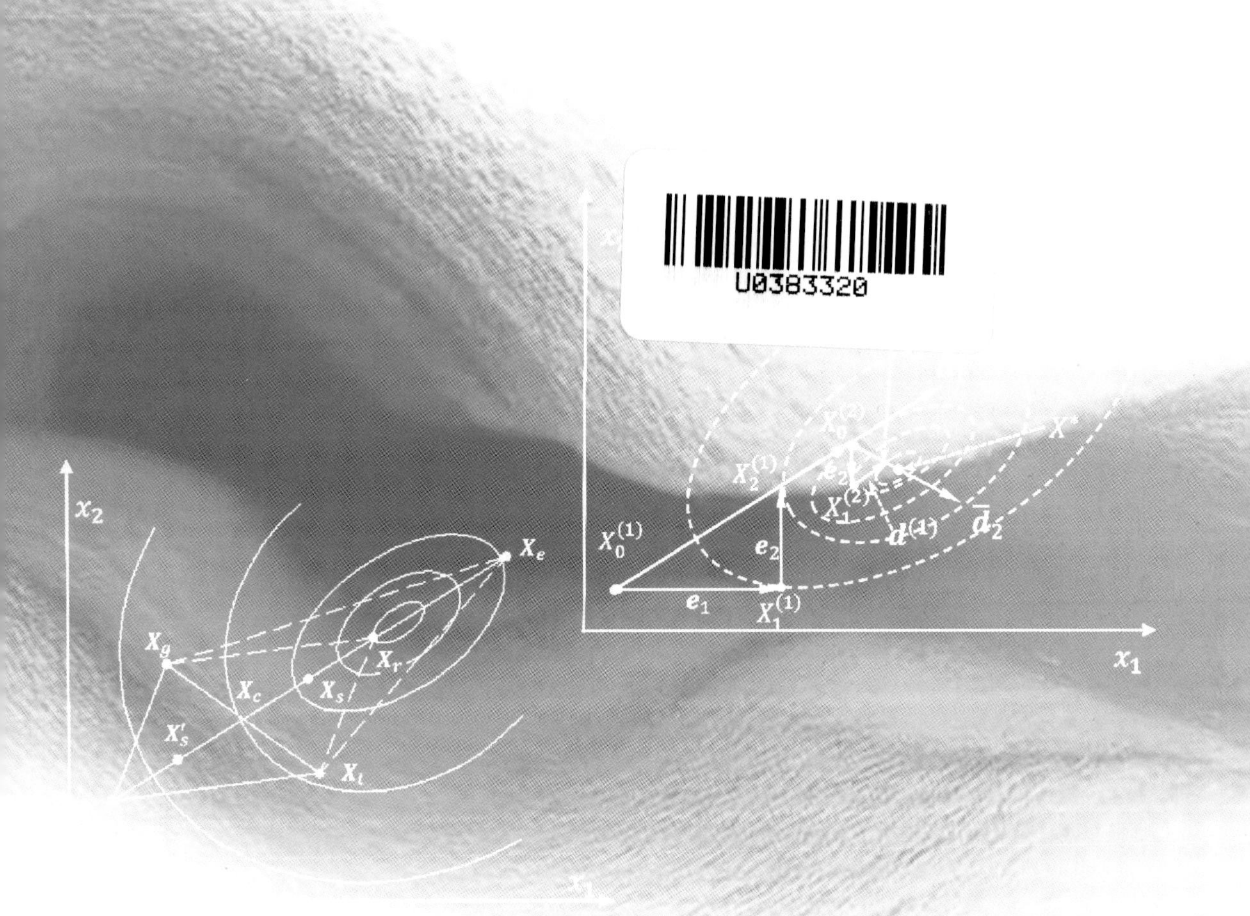

图书在版编目(CIP)数据

最优化方法基础/专祥涛,郑宇主编. —2版. —武汉:武汉大学出版社,2024.8

武汉大学规划教材

ISBN 978-7-307-24395-8

Ⅰ.最… Ⅱ.①专… ②郑… Ⅲ.最优化算法—高等学校—教材 Ⅳ.O242.23

中国国家版本馆CIP数据核字(2024)第102031号

责任编辑:胡 艳　　责任校对:汪欣怡　　版式设计:马 佳

出版发行:**武汉大学出版社** (430072 武昌 珞珈山)

(电子邮箱:cbs22@whu.edu.cn 网址:www.wdp.com.cn)

印刷:湖北诚齐印刷股份有限公司

开本:787×1092 1/16　印张:15.25　字数:349千字　插页:1

版次:2018年4月第1版　2024年8月第2版

2024年8月第2版第1次印刷

ISBN 978-7-307-24395-8　定价:46.00元

第二版前言

《最优化方法基础》第一版于 2018 年 3 月出版，主要用于自动化、电气工程及其自动化等专业关于最优化方法课程的教学，也可用于有关学科竞赛的建模培训等，还可供相关工程技术人员参考。

随着优化思想的日益广泛运用，最优化方法已经渗透到科研和生活的各个方面，不仅在工程和管理领域具有重要应用，在经济学、计算机科学等各个学科中也发挥着重要作用。

在工程和管理领域，最优化方法可以帮助解决资源分配、生产计划、供应链管理、网络优化等问题。例如，通过线性规划，可以优化生产线的调度，使生产效率最大化；通过整数规划，可以优化物流网络的布局，减少运输成本；通过非线性规划，可以优化能源系统的设计，提高能源利用效率。

在经济学中，最优化方法被广泛应用于经济模型的建立和政策的制定。例如，用最优控制理论研究经济系统的动态演化和最优政策的制定，用博弈论研究经济主体的决策行为和最优策略的选择。

在计算机科学领域，最优化方法被广泛应用于算法设计和性能优化。例如，通过图论中的最短路径算法可以实现网络路由的优化，通过整数规划和启发式算法可以解决旅行商问题等组合优化问题，通过机器学习中的优化算法可以实现模型的训练和参数优化。

总之，最优化方法是一种强大的工具，它在各个领域都发挥着重要作用。

本教材在第一版的基础上做了一定修改完善，进一步提升了教材的质量，以帮助读者更好地理解和应用最优化方法。

首先，保留了第一版中贯穿始终的脉络，即从问题启蒙、数学基础、经典算法到启发式算法。这样设计本书结构的目的是为了确保读者能够全面地了解最优化方法的发展和应用。

其次，对书中内容进行了一些增加和调整，增加了更多的算法案例，通过具体的实例帮助读者更深入地理解算法的工作原理和应用场景，使读者能够更好地将理论知识与实际问题相结合。

再次，本书精心设计了习题，更加注重知识基础和应用的分层递进，以帮助读者巩固知识和提升技能，逐步提升对最优化方法的理解和应用能力，更好地掌握算法的细节，并培养解决实际问题的能力。

最后，本书修订了第一版中的一些错误和遗漏，使得知识更加完善和全面。同时，在读者的反馈意见的基础上，根据实际需要进行了相应的更新和改进，确保更准确地传达最优化方法的核心概念和技术。

本教材的出版离不开广大读者的支持和反馈，我们将不断改进和完善，希望为读者提供更多的帮助和指导，满足读者对最优化方法学习的需求。

衷心感谢所有对本书再版做出贡献的人员，包括作者和出版团队，以及广大读者。希望这本书能够对读者的学习和研究有所裨益！

主编

2024 年 6 月

第一版前言

“最优”这个词在工业生产和经济环境中经常被用到，它往往代表着“提升、先进”。从本质上来说，在工业生产和经济环境中要找到“最优”不是件容易的事情，因为实际环境具有多变性，且一般在实际环境中比较结果较为困难。但这并不是说“最优”没有意义，使用“泛滥”，恰恰说明“最优化”的重要性。

最优化从本质上来说就是在多个选择方案中选择结果最优的那个方案。最优化方法又称为数学规划，是运筹学的一个分支，主要解决最优计划、最优分配、最优决策、最优设计、最优管理等问题。

本书主要内容包括最优化问题的概念与分类、最优化问题的数学建模、最优化算法的一般过程及算法的一般特性、线性规划、非线性规划以及启发式算法的思想和常见的启发式算法。

本书强调对基本概念的理解，通过对典型算法的剖析，理解最优化算法的本质。算法之间的改进过程和比较，可以帮助读者理解算法的特性和适应性，了解算法的不足和改进方向，为进一步学习新的算法奠定基础。

第 1 章主要介绍最优化问题的本质特点，通过分析其数学特点，分类举例说明各种最优化问题的特征，为后续有针对性地理解和选用算法提供帮助。

第 2 章着眼于实际问题，举例说明最优化问题数学建模的过程，并介绍最优化算法的一般思路和结构。

本书分为两部分介绍最优化算法：针对凸优化问题的解析算法(第 3~5 章)和针对一般最优化问题的启发式算法(第 6~9 章)。

第 3 章从数学上阐述了线性规划问题的解题思路，介绍常用的单纯形法及其两类改进方法(两阶段法和大 M 法)。

第 4 章给出了非线性最优化问题解的最优性条件和求解算法的一般步骤，并对无约束非线性最优化算法的评价标准和选择给出了说明。

第 5 章介绍了约束非线性最优化问题解的最优性条件和两类基本方法：罚函数法和可行方向法。针对三类特殊的约束非线性最优化问题阐述了其对应的算法：二次规划问题的两类方法、序列二次规划法、最小二乘问题的算法。

第 6 章在简要介绍启发式算法的起源后，分别介绍各种启发式算法(轨迹法、群体法和混合启发式算法)的思路。

第 7 章阐述模拟退火算法的基本原理，算法的结构和构成，算法的可行性及其改进性。

第 8 章从遗传算法的起源和基本概念出发，介绍遗传算法的结构和实现思路及改进算法。

第 9 章在基本粒子群算法的基础上，介绍 4 种改进粒子群算法。

本书读者需要具有微积分基础和线性代数基础。本书可供工科类专业的本科生学习和对最优化算法有兴趣的科技工作者入门使用。

编者

2017 年 10 月于珞珈山

目　　录

第1章　概　　论

实际工作经常会面临下面一些问题：

(1)工程设计中怎样选择参数，才能使设计方案既满足要求，又能降低成本？

(2)资源分配中，怎样的分配方案既能满足各方面的的基本要求，又能获得好的经济效益？

(3)生产计划安排中，选择怎样的计划方案才能提高产值和利润？

(4)原料配比问题中，怎样确定各种成分的比例，才能保证在提高质量的同时降低成本？

(5)城建规划中，怎样安排工厂、机关、学校、商店、医院、住宅和其他单位的合理布局，才能方便群众，有利于城市各行各业分工协作与发展？

(6)控制器参数整定中，如何选择不同的控制器参数组合，使得控制系统的稳定性、稳态性能和暂态性能达到平衡，更好地满足性能需求？

在各个领域中，诸如此类问题不胜枚举，这类问题的共同特点是：要在所有可能的方案中，选出最合理的、使期望目标达到最优的方案(最优方案，Optimum)。寻找最优方案的方法称为最优化方法(或者数学规划方法)，这类问题称为最优化问题(数学规划问题)。最优化问题是古老的课题，早在17世纪人们已经提出极值问题。

> 当高层建筑失火时，最紧迫也是最首要的问题是把高层中被困的人尽快地救离失火大楼并送至安全地区。这时，假设有一条长轨带可以使人躺在上面并滑到地面。人们便会自然地提出问题：这条长轨带应该是什么样的曲线，才能使人最快地逃离火海？满足该条件的曲线称为最速降线。这就是数学史上最著名的古典力学问题之一——最速降线问题(Problem of Brachistochrone)，也称为捷线问题。
>
> 1630年，意大利物理学家伽利略提出了一个问题：“一个质点在重力作用下，从一个给定点到不在它垂直下方的另一点，如果不计摩擦力，沿着什么曲线滑下所需时间最短？”
>
> 显然，直线不可能是最速降线，伽利略认为这条曲线应是圆弧，但这并不是正确的答案。

1696 年，瑞士数学家约翰·伯努利(John Bernoulli)在数学杂志《教师学报》(*Aeta Eruditorum*)上再次提出了该"最速降线"问题，并向欧洲所有的数学家征求解答。到次年挑战期限截止(1697 年底)，约翰共收到了 5 份答案，分别来自他自己、牛顿(Isaac Newton)、莱布尼兹(Gottfried Leibniz)、洛必达(L'Hospital)和雅可比·伯努利(Jacobi Bernoulli，约翰·伯努利的哥哥)。他们都得出正确的结论：最速降线是**下凹的旋轮线**。这几个解答中，约翰·伯努利的答案做得最漂亮，他是采用类比光学中的费马原理的方法做出来的。但是从影响来说，雅可比·伯努利的做法真正体现了变分思想，直接促进了变分学的萌芽和发展，他在著作《变分原理》(*Variational Principles*)中提出了著名的最小作用量原理(也称为哈密尔顿原理)，为后来变分法的发展奠定了基础。欧拉(Leonhard Euler)进一步发展了雅可比·伯努利的工作，并提出了欧拉-拉格朗日方程，并于 1744 年最先给出了这类问题的普遍解法，从而产生了变分法这一新的数学分支。

最速降线问题如图 1-1 所示，设点 $A(0,\ 0)$ 和 $B(c,\ d)$ 不在同一铅垂线上，有一重物(质点)沿曲线路径从 A 到 B 受重力作用自由下滑，摩擦阻力忽略不计，求重物下降的最快路径(时间最省)。

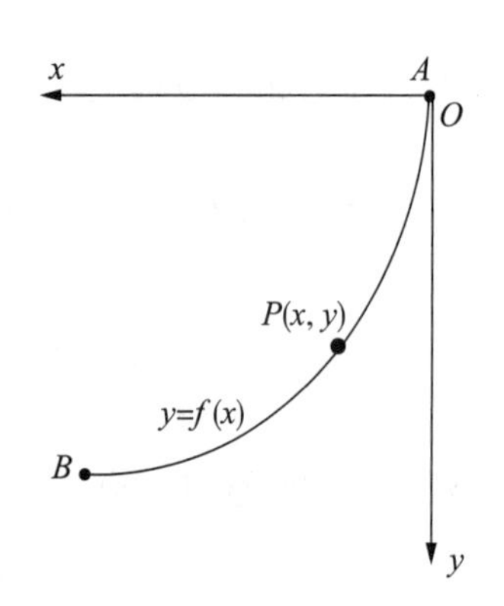

图 1-1　最速降线问题示意图

设满足条件的曲线方程为

$$y(x)=f(x),\quad x\in[0,\ c]$$

显然，上述函数满足边界条件：$y(0)=0$，$y(c)=d$。将下滑的重物视为一质点，该质点在下滑过程中位于曲线上某一点 $P(x,\ y)$ 处。需要考虑质点沿曲线从 A 点下滑到 B 点所需要的时间。

设重物的质量为 m，下滑过程中运动的速度为 v，根据能量守恒定律(失去势能，获得动能)，得

$$mgy=\frac{1}{2}mv^2,\ v=\frac{\mathrm{d}s}{\mathrm{d}t}=\sqrt{1+y'^2}\,\frac{\mathrm{d}x}{\mathrm{d}t}$$

可得

$$v=\sqrt{2gy},\ \mathrm{d}t=\frac{\sqrt{1+y'^2}}{v}\mathrm{d}x=\sqrt{\frac{1+y'^2}{2gy}}\mathrm{d}x$$

则重物从 A 点下滑到 B 点所需要的时间 $T(y(x))$ 为

$$T(y(x))=\int_0^c\sqrt{\frac{1+y'^2}{2gy}}\mathrm{d}x$$

这是一个泛函极值问题，如何求该泛函的极小值问题相当复杂，这里不作讨论(最速降线的解是旋轮线，旋轮线是圆沿着一条直线滚动时圆上一点的轨迹)。

自20世纪40年代以来，随着生产技术和科学研究突飞猛进地发展，求解最优化问题成为一种迫切需要，特别是计算机日益广泛应用，为最优化问题求解提供了强大的工具和方法，最优化理论和算法迅速发展起来，并在实际应用中发挥越来越大的作用，因此，有关最优化方法的基本知识已成为工程技术、管理人员所必备的基础知识之一。

常见的最优化问题可归类为线性规划问题、非线性最优化问题、多目标规划问题、目标规划问题、动态规划问题、多层规划问题、随机规划问题、模糊规划问题、粗糙规划问题、随机模糊规划问题等。

1.1 线性规划问题

线性规划问题指的是在一组线性约束条件下，使某个线性函数达到最小的优化问题。线性规划问题一般可以表示为

$$\min_{x \in D} \quad \boldsymbol{C}^{\mathrm{T}}\boldsymbol{x}$$

$$\text{s.t.} \quad \boldsymbol{A}\boldsymbol{x} \leqslant \boldsymbol{b}$$

式中，$\boldsymbol{C}=[c_1,\ c_2,\ \cdots,\ c_n]^{\mathrm{T}}$，$\boldsymbol{A}=(a_{ij})_{m\times n}$，$\boldsymbol{b}=[b_1,\ b_2,\ \cdots,\ b_m]^{\mathrm{T}}$为常数，$D$为不等式约束构成的决策变量$\boldsymbol{x}$的定义域。

如果$\boldsymbol{x}$满足$\boldsymbol{A}\boldsymbol{x}\leqslant\boldsymbol{b}$，则称$\boldsymbol{x}$为该问题的一个可行解。由所有可行解构成的集合$D$被称为可行解集。

如果满足$\boldsymbol{A}\boldsymbol{x}^*\leqslant\boldsymbol{b}$，且对$\forall\boldsymbol{x}\in D$都有$\boldsymbol{C}^{\mathrm{T}}\boldsymbol{x}^*\leqslant\boldsymbol{C}^{\mathrm{T}}\boldsymbol{x}$，则称$\boldsymbol{x}^*$为线性规划的一个最优解。

例1.1 某工厂有生产甲、乙两种产品的能力，生产1吨甲产品需要2个工日和0.15吨小麦，生产1吨乙产品需要3个工日和0.20吨小麦。该厂共有工人50人，一个月共能出1000个工日，小麦一个月可购买量不超过40吨。另外，预计生产1吨甲产品可盈利5万元，生产1吨乙产品可盈利6万元。问：工厂应如何安排这两种产品的月度生产计划，预期获得最大的利润？

解：由以上条件可得表1-1。

表1-1 **生产-产值关系表**

	甲	乙	总和
工日	2	3	1000
小麦	0.15	0.20	40
盈利	5	6	

设x_1，x_2分别表示一月中生产甲、乙两种产品的数量，称为决策变量。所得利润为

$z = 5x_1 + 6x_2$，该问题的目标是使得总利润函数有最大值。

关于工日的约束为

$$2x_1 + 3x_2 \leqslant 1000$$

关于原料小麦的约束为

$$0.15x_1 + 0.20x_2 \leqslant 40$$

于是该问题可归结为求目标函数在约束条件下的最大值问题，显然，上述目标函数和约束条件都是决策变量的线性函数，即可建立如下线性规划模型：

$$\begin{aligned} \min \quad & z = -(5x_1 + 6x_2) \\ \text{s.t.} \quad & 2x_1 + 3x_2 \leqslant 1000 \\ & 0.15x_1 + 0.20x_2 \leqslant 40 \\ & x_1,\ x_2 \geqslant 0 \end{aligned}$$

例 1.2 一个工厂有甲、乙、丙三个车间合作生产同一种产品，每件产品由 4 个零件 A 和 3 个零件 B 组成。生产零件需要耗用两种原材料。该厂每月购进两种原材料分别是 300 千克和 500 千克。每个生产班的原材料的耗用量和零件产量见表 1-2。问：这三个车间每月应各开多少班数，才能使这种产品的月度配套数达到最大？

表 1-2 **生产-产值关系表**

车间	每班用料量		每班产量	
	原料 1	原料 2	零件 A	零件 B
甲	8	6	7	5
乙	5	9	6	9
丙	3	8	8	4

解：设 x_1、x_2、x_3 是甲、乙、丙三个车间所开生产班数，由原材料的限制条件得

$$8x_1 + 5x_2 + 3x_3 \leqslant 300$$

$$6x_1 + 9x_2 + 8x_3 \leqslant 500$$

三车间共生产 A、B 零件总数分别为 $7x_1 + 6x_2 + 8x_3$、$5x_1 + 9x_2 + 4x_3$。因为目标函数是要使产品的配套数最大，而每个零件要 4 个 A 零件、3 个 B 零件，所以产品的最大量不超过 $\frac{7x_1 + 6x_2 + 8x_3}{4}$ 和 $\frac{5x_1 + 9x_2 + 4x_3}{3}$ 中较小的一个。

设 S 是产品的配套数，则 $S = \min\left\{\frac{7x_1 + 6x_2 + 8x_3}{4}, \frac{5x_1 + 9x_2 + 4x_3}{3}\right\}$。这个目标函数不是线性函数，但可以通过适当的变换把它化为线性的，设

$$y = \min\left\{\frac{7x_1 + 6x_2 + 8x_3}{4}, \frac{5x_1 + 9x_2 + 4x_3}{3}\right\}$$

则上式可以等价于下面两个不等式：

$$\frac{7x_1 + 6x_2 + 8x_3}{4} \geqslant y$$

$$\frac{5x_1 + 9x_2 + 4x_3}{3} \geqslant y$$

故可得如下最优化模型：

$$\begin{aligned}
\min\quad & z = -S = -y \\
\text{s.t.}\quad & 7x_1 + 6x_2 + 8x_3 - 4y \geqslant 0 \\
& 5x_1 + 9x_2 + 4x_3 - 3y \geqslant 0 \\
& 8x_1 + 5x_2 + 3x_3 \leqslant 300 \\
& 6x_1 + 9x_2 + 8x_3 \leqslant 500 \\
& x_1,\ x_2,\ x_3,\ y \geqslant 0
\end{aligned}$$

上述目标函数和约束条件都符合线性规划问题的一般形式，因此属于线性规划问题。

例 1.3 某投资公司目前拥有资金 1000 万元，拟在后续 5 年内考虑给下列项目投资：

项目 A：从第一年到第四年每年初需要投资，并于次年末收回本利 115%；

项目 B：第三年初需要投资，到第五年末收回本利 125%，最大的投资额不超过 400 万元；

项目 C：第二年初需要投资，到第五年末收回本利 140%，最大的投资额不超过 200 万元；

项目 D：5 年内每年初可购买国债，于当年末还本并加利息 6%。

问：应如何确定这些项目的投资额，使第五年末拥有的资金总额最大？

解：设 $x_{ij}(i = 1, 2, 3, 4; j = 1, 2, 3, 4)$ 表示第 i 年年初投资于项目 j 的金额。各年资金流见表 1-3。

表 1-3　　**年初、年末资金流表**

项目	第一年		第二年		第三年		第四年		第五年	
	年初投资	年末资金	年初投资	年末资金	年初投资	年末资金	年初投资	年末资金	年初投资	年末资金
A	x_{11}		x_{21}	$1.15x_{11}$	x_{31}	$1.15x_{21}$	x_{41}	$1.15x_{31}$	x_{51}	$1.15x_{41}$
B					x_{32}					$1.25x_{32}$
C			x_{23}							$1.4x_{23}$
D	x_{14}	$1.06x_{14}$	x_{24}	$1.06x_{24}$	x_{34}	$1.06x_{34}$	x_{44}	$1.06x_{44}$	x_{54}	$1.06x_{54}$

根据题意可得：

第一年初：
$$x_{11}+x_{14}\leqslant 1000$$

第二年初：
$$x_{21}+x_{23}+x_{24}\leqslant(1+6\%)x_{14}+(1000-x_{11}-x_{14})$$

即
$$x_{11}-0.06x_{14}+x_{21}+x_{23}+x_{24}\leqslant 1000$$

第三年初：
$$x_{31}+x_{32}+x_{34}\leqslant 1.15x_{11}+1.06x_{24}+[(1+6\%)x_{14}+(1000-x_{11}-x_{14})-(x_{21}+x_{23}+x_{24})]$$

即
$$-0.15x_{11}-0.06x_{14}+x_{21}+x_{23}-0.06x_{24}+x_{31}+x_{32}+x_{34}\leqslant 1000$$

第四年初：
$$x_{41}+x_{44}\leqslant 1.15x_{21}+1.06x_{34}+[1000-(-0.15x_{11}-0.06x_{14}+x_{21}+x_{23}-0.06x_{24}+x_{31}+x_{32}+x_{34})]$$

即
$$-0.15x_{11}-0.06x_{14}-0.15x_{21}+x_{23}-0.06x_{24}+x_{31}+x_{32}-0.06x_{34}+x_{41}+x_{44}\leqslant 1000$$

第五年初：
$$x_{54}\leqslant 1.15x_{31}+1.06x_{44}+[1000-(-0.15x_{11}-0.06x_{14}-0.15x_{21}+x_{23}-0.06x_{24}+x_{31}+x_{32}-0.06x_{34}+x_{41}+x_{44})]$$

即
$$-0.15x_{11}-0.06x_{14}-0.15x_{21}+x_{23}-0.06x_{24}-0.15x_{31}+x_{32}-0.06x_{34}+x_{41}-0.06x_{44}+x_{54}\leqslant 1000$$

项目C、D的投资有限额的规定，有 $x_{32}\leqslant 400$，$x_{23}\leqslant 200$。

第五年末该部门拥有的资金本利总额为：
$$S=1.40x_{23}+1.25x_{32}+1.15x_{41}+1.06x_{54}$$

建立问题的模型如下；
$$\begin{aligned}
\max\quad & S=1.40x_{23}+1.25x_{32}+1.15x_{41}+1.06x_{54}\\
\text{s.t.}\quad & x_{11}+x_{14}\leqslant 1000\\
& x_{11}-0.06x_{14}+x_{21}+x_{23}+x_{24}\leqslant 1000\\
& -0.15x_{11}-0.06x_{14}+x_{21}+x_{23}-0.06x_{24}+x_{31}+x_{32}+x_{34}\leqslant 1000\\
& -0.15x_{11}-0.06x_{14}-0.15x_{21}+x_{23}-0.06x_{24}+x_{31}+x_{32}-0.06x_{34}+x_{41}+x_{44}\leqslant 1000\\
& -0.15x_{11}-0.06x_{14}-0.15x_{21}+x_{23}-0.06x_{24}-0.15x_{31}+x_{32}-0.06x_{34}+x_{41}-0.06x_{44}+x_{54}\leqslant 1000\\
& x_{32}\leqslant 400,\\
& x_{23}\leqslant 200,\\
& x_{ij}\geqslant 0\quad(i=1,\cdots,5;\ j=1,\cdots,4)
\end{aligned}$$

同样，上述目标函数和约束条件都符合线性规划问题的一般形式，因此，属于线性规划问题。

1.2　非线性最优化问题

在现实生活中，很多优化决策问题的变量之间并不完全是线性关系，更多的情况是，在目标函数及约束条件中包含着一些非线性关系，也就是说，优化问题的可行域可能是由一组非线性不等式来描述的，这种情况下的最优化问题也被称为非线性规划问题，标准的非线性最优化问题形式如下：

$$\begin{aligned} \min \quad & f(\boldsymbol{x}) \\ \text{s.t.} \quad & g_i(\boldsymbol{x}) \leqslant 0 \quad (j=1,\ 2,\ \cdots,\ m) \end{aligned}$$

即在一组非线性等式或不等式约束条件下，极小化一个实值函数。如果把非线性最优化问题中的约束条件去掉，则该问题为无约束规划；如果函数 $f(\boldsymbol{x})$ 和 $g_j(\boldsymbol{x})(j=1,\ 2,\ \cdots,\ m)$ 均为凸函数，则该问题为凸优化问题；如果 $f(\boldsymbol{x})$ 可以表示为 $f(\boldsymbol{x})=\sum_{i=1}^{n} f_i(x_i)$，则该问题为可分离规划问题；如果函数 $f(\boldsymbol{x})$ 是二次的，并且所有约束函数 $g_j(\boldsymbol{x})$ 都是线性的，则该问题为二次规划问题。

在非线性最优化问题中，向量 $\boldsymbol{x}=[x_1,\ x_2,\ \cdots,\ x_n]^{\mathrm{T}}$ 称为决策向量，其中 n 个变量 $x_1,\ x_2,\ \cdots,\ x_n$ 称为决策分量，决策向量 $\boldsymbol{x}$ 的函数 f 称为目标函数。

例 1.4 拟建一形如图 1-2 所示的猪舍，要求围墙与隔墙的总长不能超过 40m，问：长、宽各多少时，该猪舍的面积最大？

解：设长、宽分别是 x_1，x_2，问题即为如下最优化问题：

$$\begin{aligned} \max \quad & x_1 x_2 \\ \text{s.t.} \quad & 2x_1 + 5x_2 \leqslant 40 \\ & x_1,\ x_2 \geqslant 0 \end{aligned}$$

该问题的目标函数是二次函数，其约束为线性函数，因此为二次规划。易知，本问题的最优解是 $x_1=10\text{m}$，$x_2=4\text{m}$。

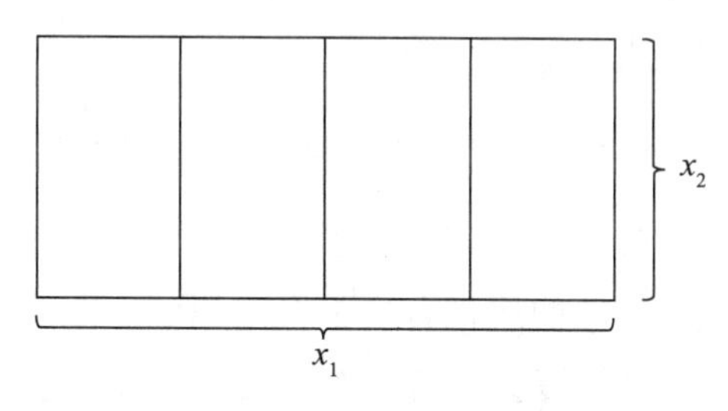

图 1-2 猪舍形状示意图

例 1.5 油厂圆柱状油罐车向电厂送燃料油：5000m³/月。已知油罐的制造成本为：上下底板：40 元/m²，侧面板：30 元/m²。油罐车一次往返运费：50 元。试确定使月度总费用最小的油罐尺寸及运送次数。

解：设油罐的底半径为 x_1，高为 x_2，月运送次数为 x_3。

假设该油罐的使用寿命为12个月，则分摊到每个月的油罐成本为 $\dfrac{40\times 2\pi x_1^2+30\times 2\pi x_1 x_2}{12}$。

另外，每个月的运输成本为 $50x_3$。

则根据题意可得，该问题的数学模型如下：

$$\min \quad f = \frac{40 \times 2\pi x_1^2 + 30 \times 2\pi x_1 x_2}{12} + 50x_3$$

$$\pi x_1^2 x_2 x_3 \geqslant 5000$$

$$x_1,\ x_2,\ x_3 \geqslant 0，且\ x_3\ 为整数$$

如果把该油罐车的使用寿命假设条件改为油罐的使用次数为 1000 次，则该问题的数学模型为

$$\min \quad f = \frac{40 \times 2\pi x_1^2 + 30 \times 2\pi x_1 x_2}{1000} x_3 + 50x_3$$

$$\pi x_1^2 x_2 x_3 \geqslant 5000$$

$$x_1,\ x_2,\ x_3 \geqslant 0，且\ x_3\ 为整数$$

可见，不同的假设条件下，同一决策问题可能表现为不同的数学表达形式。

例 1.6　确定经验公式——非线性回归分析。已知变量 x，y 之间有关系 $y = a + be^{-cx}$，系数 a，b，c 未知。通过实验获得 n 组数据 $(x_i,\ y_i)$，$i = 1,\ 2,\ \cdots,\ n$。求参数 a，b，c 的最佳估计值。

解：定义最佳估计：参数估计值 $\hat{a}$，$\hat{b}$，$\hat{c}$ 为使得拟合曲线 $\hat{y} = \hat{a} + \hat{b}e^{-\hat{c}x_i}$ 和实验曲线 y_i 在试验点之间的差值的平方和最小，即

$$\min_{\hat{a},\ \hat{b},\ \hat{c}} \quad \sum_{i}^{n} (y_i - \hat{y})^2 = \sum_{i}^{n} [y_i - (\hat{a} + \hat{b}e^{-\hat{c}x_i})]^2$$

另外，最佳估计也可以定义为：$\hat{a}$，$\hat{b}$，$\hat{c}$ 为使得拟合曲线 $\hat{y} = \hat{a} + \hat{b}e^{-\hat{c}x_i}$ 和实验曲线 y_i 在试验点之间的差值绝对值的最大值最小，即

$$\min_{\hat{a},\ \hat{b},\ \hat{c}} \max\{|y_i - \hat{y}|\} = \min_{\hat{a},\ \hat{b},\ \hat{c}} \max\{|y_i - (\hat{a} + \hat{b}e^{-\hat{c}x_i})|\}$$

该问题的模型就是所谓的最大最小问题。

上述两种处理方式在我们实验曲线拟合中都会应用到。

例 1.7（投资决策问题）　某投资公司有 n 个项目可供投资选择，且至少要对其中一个项目投资。已知该公司拥有总资金 A 元，投资于第 $i(i = 1,\ 2,\ \cdots,\ n)$ 个项目需花资金 a_i 元，并预计可收益 b_i 元。试为该公司确定最佳投资方案。

解：设投资决策变量为

$$x_i = \begin{cases} 1，决定投资项目\ i \\ 0，决定不投资项目\ i \end{cases} \quad (i = 1,\ 2,\ \cdots,\ n)$$

则可得投资总额为 $\sum_{i=1}^{n} a_i x_i$，投资总收益为 $\sum_{i=1}^{n} b_i x_i$。由于至少要对一个项目投资，并且总的投资金额不能超过总资金 A，转换为约束条件即是

$$\sum_{i=1}^{n} a_i x_i \in (0, A]$$

另外，由于 x_i 取值只能为 0 或 1，可用如下约束条件表示：

$$x_i(1 - x_i) = 0 \quad (i = 1, 2, \cdots, n)$$

假设最佳投资方案定义为投资额最小而总收益最大的方案，所以这个最佳投资决策问题进一步表示为总资金以及决策变量(取 0 或 1)的限制条件下，极大化总收益和总投资之比。该问题的数学模型表示为

$$\max \quad z = \frac{\sum_{i=1}^{n} b_i x_i}{\sum_{i=1}^{n} a_i x_i}$$

$$\text{s. t.} \quad \sum_{i=1}^{n} a_i x_i \in (0, A)$$

$$x_i(1 - x_i) = 0 \quad (i = 1, 2, \cdots, n)$$

本例是在一组等式或不等式的约束下，求一个函数的最大值(或最小值)问题，其中至少有一个非线性函数，这类问题称为非线性最优化问题。此外，由于决策变量仅能取值 0 或 1，故也是一个 0-1 规划问题。

例 1.8(最优控制器设计) 考虑图 1-3 所示的二阶倒立摆系统，设其小信号线性模型为

$$\dot{\boldsymbol{x}}(t) = \boldsymbol{A}\boldsymbol{x}(t) + \boldsymbol{b}u(t)$$

$$\boldsymbol{x}(t) = \begin{bmatrix} \theta_1(t) \\ \dot{\theta}_1(t) \\ \theta_2(t) \\ \dot{\theta}_2(t) \end{bmatrix}, \quad \boldsymbol{A} = \begin{bmatrix} 0 & 1 & 0 & 0 \\ \alpha & 0 & -\beta & 0 \\ 0 & 0 & 0 & 1 \\ -\alpha & 0 & \alpha & 0 \end{bmatrix}, \quad \boldsymbol{b} = \begin{bmatrix} 0 \\ -1 \\ 0 \\ 0 \end{bmatrix}$$

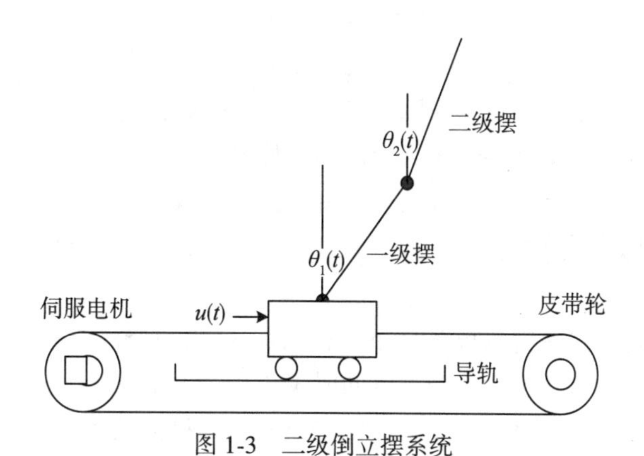

图 1-3 二级倒立摆系统

其中，$\theta_1(t)$，$\theta_2(t)$ 分别为倒立摆的偏角，$u(t)$ 为外部施加的控制力，A 为系统参数矩阵。

系统的控制目标为对小车 M 施加合适的控制力，从而补偿偏角使得倒立摆垂直，即 $\theta_1(t)=0$，$\theta_2(t)=0$。

解：假设在 $t=0$ 时，倒立摆出现偏角即 $\boldsymbol{x}(t)=\boldsymbol{x}_0\neq 0$，从而需要确定控制作用力 $u(t)$，使得系统能够在 $t=T_0$ 时返回平衡态 $\boldsymbol{x}(t)=0$。为了设计控制器，首先将系统方程离散化，可以得到

$$\boldsymbol{x}_{k+1}=\boldsymbol{\Phi}\boldsymbol{x}_k+\boldsymbol{g}u_k$$

其中，$\boldsymbol{\Phi}=\boldsymbol{I}+\Delta t\boldsymbol{A}$，$\boldsymbol{g}=\Delta t\boldsymbol{b}$，$\Delta t$ 为采样周期，$\boldsymbol{I}$ 为单位矩阵。假设 T_0 为采样周期 Δt 的整数倍，即 $T_0=K\Delta t$，则控制器的一个设计目标可以表示为寻找控制量序列 $u_k(k=1,\cdots,K-1)$，使得系统在 $t=T_0$ 时有 $\boldsymbol{x}(t)=0$。将控制量序列所消耗的能量表示为

$$J=\sum_{i=1}^{K-1}u_k^2$$

从而上述控制器的设计问题可用如下公式描述：

$$\begin{aligned}&\min_{u_k}\ J=\sum_{i=1}^{K-1}u_k^2\\&\text{s.t.}\ \ \boldsymbol{x}_K=0\end{aligned}$$

由状态转移方程可得

$$\boldsymbol{x}_K=\boldsymbol{\Phi}^K\boldsymbol{x}_0+\sum_{i=1}^{K-1}\boldsymbol{\Phi}^{K-(k+1)}\boldsymbol{g}u_k=-\boldsymbol{h}+\sum_{i=1}^{K-1}\boldsymbol{g}_k u_k$$

其中，$\boldsymbol{h}=-\boldsymbol{\Phi}^K x_0$，$\boldsymbol{g}_k=\boldsymbol{\Phi}^{K-(k+1)}\boldsymbol{g}$，从而最小化问题中的约束条件 $\boldsymbol{x}_K=0$ 与下式等价：

$$\sum_{i=1}^{K-1}\boldsymbol{g}_k u_k=\boldsymbol{h}$$

考虑到实际应用中，控制量 u_k 不可能无限大，从而其需要满足额外的约束条件 $|u_k|\leqslant U$，上述控制器设计问题最终可以表示为

$$\begin{aligned}&\min_{u_k}\ J=\sum_{i=1}^{K-1}u_k^2\\&\text{s.t.}\ \sum_{i=1}^{K-1}\boldsymbol{g}_k u_k=\boldsymbol{h}\\&\qquad |u_k|\leqslant U\end{aligned}$$

可见，本例中的控制器的设计问题被转化为一个优化问题，得到一个明确的最优化问题的数学表达，经由最优化算法计算后即可完成控制器的设计。

1.3　多目标规划问题

前述最优化问题是在一组约束条件下，极大(小)化一个(实值)目标函数。然而，在很多实际决策问题中，通常包含多个需要同时考虑的不相容目标。作为单目标规划推广，多目标规划定义为在一组约束条件下，优化多个不同的目标函数，一般形式为

$$\min_{\boldsymbol{x}}\ [f_1(\boldsymbol{x}),f_2(\boldsymbol{x}),f_3(\boldsymbol{x}),\cdots,f_m(\boldsymbol{x})]^{\mathrm{T}}$$

$$\text{s. t.} \quad g_j(\boldsymbol{x}) \leqslant 0 \quad (j=1, 2, \cdots, p)$$

其中，$\boldsymbol{x}=[x_1, x_2, \cdots, x_n]^{\mathrm{T}}$ 是一个 n 维决策向量，$f_i(\boldsymbol{x})$ 是第 i 个子目标函数，$g_j(\boldsymbol{x})$ 是问题约束条件。

当子目标函数相互冲突时，通常不存在最优解使得所有的子目标函数同时达最优。在这种情况下，可引入“有效解”这一概念，它表示在不牺牲其他目标函数的前提下，不可能再改进任何一个子目标函数值的可行解。一个解 $\boldsymbol{x}^*$ 称为有效解，如果不存在 $\boldsymbol{x} \in D$，使得 $f_i(\boldsymbol{x}) \leqslant f_i(\boldsymbol{x}^*)(i=1, 2, \cdots, m)$，且不等号至少对一个序号 j 成立。在函数连续的情况下，所有有效解构成的集合实际上是一个有效前沿面。一个有效解也称为非支配解、非劣解或 Pareto 解。

例 1.9 某工厂在一个计划期内生产甲、乙两种产品，各产品都要消耗 A、B、C 三种不同的资源。每件产品对资源的单位消耗、各种资源的限量以及各产品的单位价格、单位利润和所造成的单位污染见表 1-4。假定产品能全部销售出去，问：每期怎样安排生产，才能使利润和产值都最大，且造成的污染最小？

表 1-4　　**资源约束条件**

	甲	乙	资源限量
资源 A 单位消耗	9	4	240
资源 B 单位消耗	4	5	200
资源 C 单位消耗	3	10	300
单位产品的价格	400	600	
单位产品的利润	70	120	
单位产品的污染	3	2	

解：设生产甲乙两种产品各为 x_1，x_2，则有

利润函数为　$f_1(\boldsymbol{x})=70x_1+120x_2$

产值函数为　$f_2(\boldsymbol{x})=400x_1+600x_2$

污染函数为　$f_3(\boldsymbol{x})=3x_1+2x_2$

资源约束条件为

$$9x_1+40x_2 \leqslant 240$$
$$4x_1+5x_2 \leqslant 200$$
$$3x_1+10x_2 \leqslant 300$$

问题的多目标模型如下：

$$\begin{aligned}
&\max \quad f_1(\boldsymbol{x})=70x_1+120x_2\\
&\max \quad f_2(\boldsymbol{x})=400x_1+600x_2\\
&\min \quad f_3(\boldsymbol{x})=3x_1+2x_2\\
&\text{s. t.} \quad 9x_1+40x_2 \leqslant 240
\end{aligned}$$

$$4x_1 + 5x_2 \leqslant 200$$
$$3x_1 + 10x_2 \leqslant 300$$
$$x_1,\ x_2 \geqslant 0$$

对于上述模型的三个目标有多种处理方法。如果采用主要目标法，以工厂利润最大为主要目标，则另两个目标可以通过预测预先给定的希望达到的目标值转化为约束条件。假设工厂认为总产值至少应达到 20000 个单位，而污染控制在 90 个单位以下，即

$$f_2(\boldsymbol{x}) = 400x_1 + 600x_2 \geqslant 20000$$
$$f_3(\boldsymbol{x}) = 3x_1 + 2x_2 \leqslant 90$$

根据主要目标，可将该问题转换为如下单目标问题：

$$\begin{aligned}
\max\quad & f_1(\boldsymbol{x}) = 70x_1 + 120x_2 \\
\text{s. t.}\quad & f_2(\boldsymbol{x}) = 400x_1 + 600x_2 \geqslant 20000 \\
& f_3(\boldsymbol{x}) = 3x_1 + 2x_2 \leqslant 90 \\
& 9x_1 + 40x_2 \leqslant 240 \\
& 4x_1 + 5x_2 \leqslant 200 \\
& 3x_1 + 10x_2 \leqslant 300 \\
& x_1,\ x_2 \geqslant 0
\end{aligned}$$

可用单纯形法求得其最优解为 $x_1 = 12.5$，$x_2 = 26.25$，此时

$$f_1(\boldsymbol{x}) = 4025,\ f_2(\boldsymbol{x}) = 20750,\ f_3(\boldsymbol{x}) = 90$$

注意，上述求解建模中未考虑 x_1，x_2 为整数，是否合理?

例 1.10　某公司计划购进一批新卡车，可选择的卡车有 A_1，A_2，A_3，A_4 共 4 种类型。考虑因素包括：维修期限 f_1，每 100 升汽油所跑的里数 f_2，最大载重吨数 f_3，价格(万元) f_4，可靠性 f_5，灵敏性 f_6。各型号的卡车各因素指标值见表 1-5，问：该公司应采购哪种卡车?

表 1-5　　**四种类型卡车的各因素指标值**

f_{ij}	f_1	f_2	f_3	f_4	f_5	f_6
A_1	2.0	1500	4	55	一般	高
A_2	2.5	2700	3.6	65	低	一般
A_3	2.0	2000	4.2	45	高	很高
A_4	2.2	1800	4	50	很高	一般

解：(1)对不同度量单位和不同数量级的指标值进行标准化处理。先将定性指标定量化，见表 1-6。

表 1-6　　**定性评价指标值的量化取值**

效益型指标	很低	低	一般	高	很高	
	1	3	5	7	9	
	很高	高	一般	低	很低	成本型指标

可靠性和灵敏性都属于效益型指标，其打分见表 1-7。

表 1-7　　**卡车定性评价指标值的量化**

可靠性	低	一般	高	很高
	3	5	7	9
灵敏性	低	一般	高	很高
	3	5	7	9

对定量评价指标按以下公式作无量纲的标准化处理：

$$\alpha_{ij} = \frac{99 \times (f_{ij} - f_j^{m*})}{f_j^{M*} - f_j^{m*}} + 1$$

式中，$f_j^{M*} = \max_i f_{ij}$，$f_j^{m*} = \min_i f_{ij}$。

标准化处理后的指标值矩阵见表 1-8。

表 1-8　　**四种类型卡车的标准化评价指标值**

α_{ij}	f_1	f_2	f_3	f_4	f_5	f_6
$\boldsymbol{A}_1$	1	1	67	50.5	34	50.5
$\boldsymbol{A}_2$	100	100	1	100	1	1
$\boldsymbol{A}_3$	1	42.25	100	1	67	100
$\boldsymbol{A}_4$	40.6	25.75	67	25.75	100	1

设权系数向量为 $\boldsymbol{W} = [0.2, 0.1, 0.1, 0.1, 0.2, 0.3]$，则各类型卡车的评价值为

$$F(\boldsymbol{A}_1) = \boldsymbol{W} \times \boldsymbol{\alpha}_1^{\mathrm{T}} = \sum_{i=6}^{6} w_j \alpha_{1j} = 34$$

$$F(\boldsymbol{A}_2) = \boldsymbol{W} \times \boldsymbol{\alpha}_2^{\mathrm{T}} = \sum_{i=6}^{6} w_j \alpha_{2j} = 40.6$$

$$F(\boldsymbol{A}_3) = \boldsymbol{W} \times \boldsymbol{\alpha}_3^{\mathrm{T}} = \sum_{i=6}^{6} w_j \alpha_{3j} = 57.925$$

$$F(\boldsymbol{A}_4) = \boldsymbol{W} \times \boldsymbol{\alpha}_4^{\mathrm{T}} = \sum_{i=6}^{6} w_j \alpha_{4j} = 40.27$$

比较可得 $\boldsymbol{A}^* = \boldsymbol{A}_3$，$F(A^*) = 57.925$。故最优方案为：选购 A_3 型卡车。

例 1.11(生产计划问题)　某工厂生产甲乙两种产品，各产品的资源消耗和利润见表 1-9。

表 1-9　**产品的资源消耗和利润表**

	甲	乙	资源限额
工时	3	3	26
材料	2	3	24
单位利润	4	2	

现考虑市场等因素，提出如下目标：

(1)根据市场信息，甲产品的销量有下降的趋势，而乙产品的销量有上升的趋势，故考虑乙产品的产量应大于甲产品的产量；

(2)尽可能充分利用工时，不希望加班；

(3)应尽可能达到并超过计划利润 30。

问：在原材料不能超计划使用的前提下，如何安排生产，才能使上述目标依次实现？

解：(1)决策变量：仍设每天生产甲、乙两种产品各为 x_1 和 x_2。对于每一目标，我们引进正、负偏差变量 d_j^+，d_j^-，则可得下列等式约束。

如对于目标 1，设 d_1^- 表示乙产品的产量低于甲产品产量的数，d_1^+ 表示乙产品的产量高于甲产品产量的数，称它们分别为产量比较的负偏差变量和正偏差变量，则对于目标 1，可将它表示为等式约束的形式：

$$-x_1 + x_2 + d_1^- - d_1^+ = 0$$

同样，设 d_2^-，d_2^+ 分别表示安排生产时，低于可利用工时和高于可利用工时，即加班工时的偏差变量，则对目标 2，有：

$$3x_1 + 3x_2 + d_2^- - d_2^+ = 26$$

d_3^-，d_3^+ 分别表示安排生产时，低于计划利润 30 元和高于计划利润 30 元的偏差变量，对于目标 3，有：

$$4x_1 + 3x_2 + d_3^- - d_3^+ = 30$$

(2)不等式约束条件：有资源约束和目标约束：

$$3x_1 + 3x_2 \leqslant 26$$

$$2x_1 + 3x_2 \leqslant 24$$

(3)目标函数：三个目标依次为

$$\min \quad d_1^-, \quad \min \quad d_2^- + d_2^+, \quad \min \quad d_3^-$$

因而该问题的数学模型可表述如下：

$$\begin{aligned} &\min \quad d_1^-, \quad \min \quad d_2^- + d_2^+, \quad \min \quad d_3^- \\ &\text{s.t.} \quad 3x_1 + 3x_2 \leqslant 26 \end{aligned}$$

$$2x_1 + 3x_2 \leqslant 24$$
$$-x_1 + x_2 + d_1^- - d_1^+ = 0$$
$$3x_1 + 3x_2 + d_2^- - d_2^+ = 26$$
$$4x_1 + 3x_2 + d_3^- - d_3^+ = 30$$
$$x_1,\ x_2,\ d_j^+,\ d_j^- \geqslant 0 \quad (j = 1,\ 2,\ 3)$$

注意，对正负偏差存在隐形约束 $d_j^+ d_j^- = 0$。

例 1.12(提级加薪问题)　某公司的员工工资分四级，根据公司的业务发展情况，准备招收部分新员工，并将部分员工的工资提升一级。该公司的员工工资及提级前后的编制表见表 1-10，其中提级后编制是计划编制，允许有变化，其中 1 级员工中有 8%要退休。公司工资调整的目标如下：

表 1-10　**编制计划表**

级别	1	2	3	4
工资(千元)	8	6	4	3
现有员工数	10	20	40	30
编制员工数	10	22	52	30

(1)提级后在职员工的工资总额不超过 550 千元；

(2)各级员工不要超过定编人数；

(3)为调动积极性，各级员工的升级面不少于现有人数的 18%；

(4)总提级面不大于 20%，但尽可能多提；

(5)4 级不足编制人数可录用新工人。

问：应如何拟定一具满意的方案，才能接近上述目标？

解：设 $x_i(i = 1,\ 2,\ 3,\ 4)$ 分别表示提升到 1，2，3 级和新录用的员工数，d_j 为各目标的正、负偏差变量。

(1)根据题意，存在如下约束条件：

① d_1^- 表示提级后在职员工的工资总额低于控制总额(550 千元)的量，d_1^+ 表示提级后在职员工的工资总额高控制总额(550 千元)的量，有

$$(10 - 10 \times 8\% + x_1) \times 8 + (20 - x_1 + x_2) \times 6 + (40 - x_2 + x_3) \times 4$$
$$+ (30 - x_3 + x_4) \times 3 + d_1^- - d_1^+ = 550$$

② d_2^-，d_3^-，d_4^-，d_5^- 表示各级员工人数低于计划定编人数的量，d_2^+，d_3^+，d_4^+，d_5^+ 表示各级员工人数超过计划定编人数的量，可得

1 级有：　$10 - 10 \times 8\% + x_1 + d_2^- - d_2^+ = 10$

2 级有：　$20 - x_1 + x_2 + d_3^- - d_3^+ = 22$

3 级有：　$40 - x_2 + x_3 + d_4^- - d_4^+ = 52$

4 级有：　$30 - x_3 + x_4 + d_5^- - d_5^+ = 30$

③ d_6^-，d_7^-，d_8^- 表示各级员工的升级面少于现有人数的 18%的量，d_6^+，d_7^+，d_8^+ 表示各级员工的升级面超过现有人数的 18%的量，可得

对 2 级有：　　$x_1 + d_6^- - d_6^+ = 22 \times 18\%$

对 3 级有：　　$x_2 + d_7^- - d_7^+ = 40 \times 18\%$

对 4 级有：　　$x_3 + d_8^- - d_8^+ = 30 \times 18\%$

④ d_9^- 表示总提级面人数少于总人数的 20%的量，d_9^+ 表示总提级面人数多于总人数的 20%的量，可得

$$x_1 + x_2 + x_3 + d_9^- - d_9^+ = 100 \times 20\%$$

(2) 目标函数：

①提级后在职员工的工资总额不超过 550 千元，即超过部分尽可能小：

$$\min f_1 = d_1^+$$

②各级员工不要超过定编人数，即超编人数和尽可能小：

$$\min f_2 = d_2^+ + d_3^+ + d_4^+ + d_5^+$$

③为调动积极性，各级员工的升级面不少于现有人数的 18%，即升级负偏差尽可能小：

$$\min f_3 = d_6^- + d_7^- + d_8^-$$

④总提级面不大于 20%，但尽可能多提，即提级人数正负偏差都要求小：

$$\min f_4 = d_9^- + d_9^+$$

(3) 整体数学模型可表示为

$$\begin{gathered}
\min f_1 = d_1^+ \\
\min f_2 = d_2^+ + d_3^+ + d_4^+ + d_5^+ \\
\min f_3 = d_6^- + d_7^- + d_8^- \\
\min f_4 = d_9^- + d_9^+ \\
(10 - 10 \times 8\% + x_1) \times 8 + (20 - x_1 + x_2) \times 6 + (40 - x_2 + x_3) \times 4 \\
+ (30 - x_3 + x_4) \times 3 + d_1^- - d_1^+ = 550 \\
10 - 10 \times 8\% + x_1 + d_2^- - d_2^+ = 10 \\
20 - x_1 + x_2 + d_3^- - d_3^+ = 22 \\
40 - x_2 + x_3 + d_4^- - d_4^+ = 52 \\
30 - x_3 + x_4 + d_5^- - d_5^+ = 30 \\
x_1 + d_6^- - d_6^+ = 22 \times 18\% \\
x_2 + d_7^- - d_7^+ = 40 \times 18\% \\
x_3 + d_8^- - d_8^+ = 30 \times 18\% \\
x_1 + x_2 + x_3 + d_9^- - d_9^+ = 100 \times 20\% \\
x_i \geqslant 0,\ d_j^+,\ d_j^- \geqslant 0 \quad (i = 1, 2, 3, 4;\ j = 1, 2, \cdots, 9)
\end{gathered}$$

例 1.13　现有 3 个产地向 4 个销地供应物资。产地 $A_i(i = 1, 2, 3)$ 的供应量 a_i，销地 $B_j(j = 1, 2, 3, 4)$ 的需要量 b_j，各产销地之间的单位物资运费 c_{ij} 如表 1-11 所示。

表 1-11 **产销供应成本表**

B_j / c_{ij} / A_i	B_1	B_2	B_3	B_4	a_i
A_1	5	2	6	7	300
A_2	3	5	4	6	200
A_3	4	5	2	3	400
b_j	200	100	450	250	

(1)建立最优化模型，求出将全部物资运往销地使得运费最低的方案(由于供不应求，各销地的供应量不超过其需求量)，对应的运费为 C_{total}^m。

(2)寻找运输方案，按照优先级依次考虑下列 7 个目标：

P1：B_4 是重点保证单位，其需要量应尽可能全部满足；

P2：A_3 向 B_1 提供的物资不少于 100；

P3：每个销地得到的物资数量不少于其需要量的 80%；

P4：实际的总运费不超过最小总运费 C_{total}^m 的 110%；

P5：因路况原因，尽量避免安排 A_2 的物资运往 B_4；

P6：对 B_1 和 B_3 的供应率要尽可能相同；

P7：力求使总运费最省。

试建立该问题的最优化模型。

解：设由 A_i 运往 B_j 的物资为 x_{ij}。

(1)以总运费最小的目标为

$$\min_{x_{ij}\in \mathbf{R}^+} C_{\text{total}} = \sum_{i=1}^{3}\sum_{j=1}^{4} c_{ij}x_{ij}$$

根据题意，x_{ij} 满足如下约束关系：

$$\sum_{j=1}^{4} x_{1j} = 300,\quad \sum_{j=1}^{4} x_{2j} = 200,\quad \sum_{j=1}^{4} x_{3j} = 400,\quad \sum_{i=1}^{3} x_{i1} \leqslant 200$$

$$\sum_{i=1}^{3} x_{i2} \leqslant 100,\quad \sum_{i=1}^{3} x_{i3} \leqslant 450,\quad \sum_{i=1}^{3} x_{i4} \leqslant 250$$

$$x_{ij} \geqslant 0 \quad (i = 1,\ 2,\ 3;\ j = 1,\ 2,\ 3,\ 4)$$

此为线性规划问题。

(2)设由 P_i 目标的正负偏差分别为 d_i^+，d_i^-，则存在约束条件如下：

产量约束：
$$\sum_{j=1}^{4} x_{1j} \leqslant 300,\quad \sum_{j=1}^{4} x_{2j} \leqslant 200,\quad \sum_{j=1}^{4} x_{3j} \leqslant 400$$

B_4 销量要满足：
$$\sum_{i=1}^{3} x_{i4} + d_1^- - d_1^+ = 250$$

$$x_{31} + d_2^- - d_2^+ = 100$$

销量 80%的限制：

$$\sum_{i=1}^{3} x_{i1} + d_3^- - d_3^+ = 200 \times 80\%$$

$$\sum_{i=1}^{3} x_{i2} + d_4^- - d_4^+ = 100 \times 80\%$$

$$\sum_{i=1}^{3} x_{i3} + d_5^- - d_5^+ = 450 \times 80\%$$

费用差异：

$$\sum_{i=1}^{3} \sum_{j=1}^{4} c_{ij}x_{ij} + d_6^- - d_6^+ = C_{\text{total}}^m \times 110\%$$

避免线路：

$$x_{24} + d_7^- - d_7^+ = 0$$

供应率尽可能相同(其他)：

$$\frac{\sum_{i=1}^{3} x_{i1}}{200} - \frac{\sum_{i=1}^{3} x_{i1}}{450} + d_8^- - d_8^+ = 0$$

总运费最省：

$$\sum_{i=1}^{3} \sum_{j=1}^{4} c_{ij}x_{ij} + d_9^- - d_9^+ = C_{\text{total}}^m$$

其目标函数为

$$\begin{aligned}
\min\quad & f_1 = d_1^- \\
\min\quad & f_2 = d_2^- \\
\min\quad & f_3 = d_3^- + d_4^- + d_5^- \\
\min\quad & f_4 = d_6^+ \\
\min\quad & f_5 = d_7^+ \\
\min\quad & f_6 = d_8^- + d_8^+ \\
\min\quad & f_7 = d_9^+
\end{aligned}$$

1.4　目标规划问题

目标规划最早由 Charnes 和 Cooper 提出，并得到许多学者相继的研究与发展，目标规划可以看成多目标优化问题的一种特殊的妥协模型，目前已被广泛地应用到实际问题中。

在多目标决策问题中，假设决策者对每一个子目标都设计出了一个理想的目标值，目标规划的目的是极小化各子目标函数与理想目标值的偏差(正偏差或偏差)。在实际问题中，一个子目标通常只有在牺牲另一些目标的情况下才有可能实现最优，即这些子目标是不相容的。因此，在这些子目标之间，根据其重要的不同，建立一个优先结构是非常必要的，这样我们就可以按照这个优先构为所有子目标排序，从而尽可能地实现更多的子目标，为了平衡多个冲突的子目标，根据决策者的子目标水平和优先结构，一些实际的管理问题可以建模为目标规划模型，其一般形式如下：

$$\begin{aligned}
\min\quad & \sum_{j=1}^{l} P_j \sum_{\{i=1\}}^{m} (u_{ij}d_i^+ + v_{ij}d_i^-) \\
\text{s.t.}\quad & f_i(\boldsymbol{x}) + d_i^- - d_i^+ = b_i, \quad i = 1, 2, \cdots, m
\end{aligned}$$

$$g_j(\boldsymbol{x}) \leqslant 0, \quad j = 1, 2, \cdots, p$$
$$d_i^+, d_i^- \geqslant 0, \quad i = 1, 2, \cdots, m$$

其中，P_j 为优先因子，表示各个子目标的相对重要性，且 $\forall j$，有 $P_j \gg P_{j+1}$；u_{ij} 为对应优先级 j 的第 i 个子目标正偏差的权重因子；v_{ij} 为对应优先级 j 的第 i 个子目标负偏差的权重因子；d_i^+，d_i^- 为子目标 i 偏离目标值的正、负偏差，定义如下：

$$d_i^+ = [f_i(\boldsymbol{x}) - b_i] \vee 0, \quad d_i^- = [b_i - f_i(\boldsymbol{x})] \vee 0$$

式中，$\boldsymbol{x}$ 为 n 维决策向量，f_i 为目标约束中的函数，g_j 为系统约束中的函数，b_i 为目标 i 的目标值，l 为优先级个数，m 为目标约束个数，p 为系统约束个数，符号“$\vee$”表示取两者较大值。

对于求解线性目标规划模型，单纯形法是一种非常有效的方法。对于非线性目标规划问题，Saber 和 Ravindrant 对其求解方法进行了总结。这些方法的有效性各不相同，可将它们分类如下：

(1)基于单纯形的方法：如可分离规划技术、近似规划、二次目标规划技术。这些方法的主要思想在于把非线性目标规划转化为一组近似的线性目标，从而利用目标规划单纯形法进行求解。

(2)直接搜索法：如修正模式搜索算法和梯度搜索算法。在这种方法中，把给定的非线性目标规划问题转化为一组单目标非线性最优化问题，然后，使用解决单目标非线性最优化问题时已经讨论过的直接搜索方法加以求解。

(3)基于梯度的方法。该方法的思想是利用约束的梯度。确认一个可行的方向，然后，以可行方向法为基础对目标规划进行求解。

(4)人机交互法：在多次重复的人机交互过程中，通过决策者对求解过程的参与，最终得到一个满意解。

(5)遗传算法：可以处理结构复杂的非线性目标规划模型，但是所花费的 CPU 时间比较多。

显然，例 1.11 至例 1.13 可以构建为目标规划问题。

1.5 多层规划问题

多层规划主要研究分布式决策问题。假设某决策者及其下属有各自的决策变量和目标函数，决策者可以通过其决策对其下属施加影响，而下属则有充分权限决定如何对其各自目标进行决策，这些决策又将对其领导和下属产生影响。

下面我们对一个具有两层结构的决策系统进行讨论。假设有一决策者和 m 个下属，$\boldsymbol{x}$ 和 $\boldsymbol{y}_i$ 分别是决策者和第 i 个下属的决策向量，而 $F(\boldsymbol{x}, \boldsymbol{y}_1, \cdots, \boldsymbol{y}_m)$ 和 $f_i(\boldsymbol{x}, \boldsymbol{y}_1, \cdots, \boldsymbol{y}_m)(i = 1, 2, \cdots, m)$ 分别为其目标函数。

令 S 表示决策者的决策变量 $\boldsymbol{x}$ 的可行集：

$$S = \{\boldsymbol{x} \mid \boldsymbol{G}(\boldsymbol{x}) \leqslant \boldsymbol{0}\}$$

其中，$\boldsymbol{G}$ 是关于决策 $\boldsymbol{x}$ 的向量值函数，$\boldsymbol{0}$ 代表一个零值向量，即向量的各个元素都是零。

对于领导者选择的每一个决策 $\boldsymbol{x}$，其第 i 个下属的决策向量 $\boldsymbol{y}_i$ 不仅依赖于 $\boldsymbol{x}$，还依赖于 $\boldsymbol{y}_1$，$\boldsymbol{y}_2$，…，$\boldsymbol{y}_{i-1}$，$\boldsymbol{y}_{i+1}$，…，$\boldsymbol{y}_m$ 的相互影响，这样，对第 i 个下属来说，就有约束条件：

$$g_i(\boldsymbol{x}, \boldsymbol{y}_1, \boldsymbol{y}_2, \cdots, \boldsymbol{y}_m) \leqslant 0, \quad i = 1, 2, \cdots, m$$

其中，g_i 是向量值函数。

假定决策者首先在其可行集中选择决策 $\boldsymbol{x}$，而其下属们根据这个决策制定了相应的决策 $[\boldsymbol{y}_1, \boldsymbol{y}_2, \cdots, \boldsymbol{y}_m] \in \boldsymbol{Y}(\boldsymbol{x})$。这样，就得到了如下形式的二层规划模型：

$$\begin{aligned} \max_{\boldsymbol{x}} \quad & F(\boldsymbol{x}, \boldsymbol{y}_1, \cdots, \boldsymbol{y}_m) \\ \text{s.t.} \quad & \boldsymbol{G}(\boldsymbol{x}) \leqslant 0 \end{aligned}$$

其中，对于每一个 y_i，$i = 1, \cdots, m$ 都是如下规划问题的解：

$$\begin{aligned} \max_{y_i} \quad & f_i(\boldsymbol{x}, \boldsymbol{y}_1, \boldsymbol{y}_2, \cdots, \boldsymbol{y}_m) \\ \text{s.t.} \quad & g_i(\boldsymbol{x}, \boldsymbol{y}_1, \boldsymbol{y}_2, \cdots, \boldsymbol{y}_m) \leqslant 0 \end{aligned}$$

例 1.14　假设有三级供应链，其中有一个制造商生产产品给一个批发商，再由批发商批发给零售商。

(1)制造商生产 n 种商品，批发商根据制造商确定的批发价 $\boldsymbol{x}_1 = [x_{11}, x_{12}, \cdots, x_{1n}]^{\mathrm{T}}$，订购数量 $\boldsymbol{q}_1 = [q_{11}, q_{12}, \cdots, q_{1n}]^{\mathrm{T}}$。

(2)零售商根据批发商确定的批发价 $\boldsymbol{x}_2 = [x_{21}, x_{22}, \cdots, x_{2n}]^{\mathrm{T}}$，订购数量 $\boldsymbol{q}_2 = [q_{21}, q_{22}, \cdots, q_{2n}]^{\mathrm{T}}$，设 $\boldsymbol{c} = [c_1, c_2, \cdots, c_n]^{\mathrm{T}}$ 是零售商的产品零售商价格。

制造商为了鼓励批发商多订购产品，采用了回购策略，即对卖不出去的产品进行回购，按批发价的 $\gamma_i(0 \leqslant \gamma_i \leqslant 1, i = 1, 2, \cdots, n)$ 折扣进行回购；同样，批发商为了鼓励零售商多订购产品，也采用了回购策略，按批发价的 $\beta_i(0 \leqslant \beta_i \leqslant 1, i = 1, 2, \cdots, n)$ 折扣进行回购，设顾客对每一种商品的需求是一个随机变量 $\mu_i(i = 1, 2, \cdots, n)$，对应的概率分布密度函数为 $p_i(\mu_i)(i = 1, 2, \cdots, n)$，假设当 $\mu_i \leqslant 0$, $p_i(\mu_i) = 0(i = 1, 2, \cdots, n)$。

那么制造商，批发商和零售商都有两种风险，即供不应求和供过于求的风险损失。

制造商的供过于求损失和供不应求损失为

$$f_{1i}(x_{1i}, q_{1i}, u_i) = \gamma_i x_{1i}(q_{1i} - u_i)^+ + x_{1i}(q_{1i} - u_i)^-, \quad i = 1, 2, \cdots, n$$

其中，x_{1i} 是制造商的决策变量，式中左边的第 1 项是供过于求的回购损失，左边第 2 项是供不应求的机会损失。

批发商的供过于求损失和供不应求损失为

$$\begin{aligned} f_{2i}(x_{1i}, q_{1i}, x_{2i}, q_{2i}, u_i) = {} & (1 - \gamma_i)(q_{1i} - u_i)^+ + (x_{2i} - x_{1i})(u_i - q_{1i})^+ \\ & + \beta_i x_{2i}(q_{2i} - u_i)^+ + (x_{2i} - x_{1i})(u_i - q_{2i})^+, \quad i = 1, 2, \cdots, n \end{aligned}$$

其中，(q_{1i}, x_{2i}) 是批发商的决策变量，式中左边第 1 项是订购时产生的供过于求的损失，左边第 2 项是订购时产生的供不应求的机会损失，左边第 3 项是批发时产生的供过于求的回购损失，左边第 4 项是批发时产生的供不应求的机会损失。

零售商的供过于求损失和供不应求损失为

$$f_{3i}(x_{2i}, q_{2i}, u_i) = (1 - \beta_i)x_{2i}(q_{2i} - u_i)^+ + (c_i - x_{2i})(q_{2i} - u_i)^-, \quad i = 1, 2, \cdots, n$$

其中，q_{2i} 是零售商的决策变量，式中右边第 1 项是供过于求的损失，右边第 2 项是供不应求的机会损失。设对应的权值和置信水平：λ_{ji}，$\alpha_{ji}(i=1, 2, 3; j=1, 2, 3)$。建立对应的基于 CVaR 多损失三层规划模型：

$$\text{TP} \quad \min_{x_1, z_1} \sum_{i=1}^{n} \lambda_{1i} \left\{ z_{1i} + \frac{1}{1-\alpha_{1i}} \int_0^{+\infty} [f_{1i}(x_{1i}, q_{1i}, u_i) - z_{1i}]^+ p_i(\mu_i) du_i \right\}$$

$$\text{s.t.} \quad \underline{x}_{1i} \leqslant x_{1i} \leqslant \bar{x}_{1i}, \quad i=1, 2, \cdots, n$$

$$\boldsymbol{z}_1 = [z_{11}, z_{12}, \cdots, z_{1n}]^{\mathrm{T}} \in \mathrm{R}^n$$

$(\boldsymbol{q}_1, \boldsymbol{x}_2, \boldsymbol{z}_2)$ 是下面问题 $P(\boldsymbol{x}_1, \boldsymbol{z}_1)$ 的最优解：

$$\min_{q_1, x_2, z_2} \sum_{i=1}^{n} \lambda_{2i} \left\{ z_{2i} + \frac{1}{1-\alpha_{2i}} \int_0^{+\infty} [f_{2i}(x_{1i}, q_{1i}, x_{2i}, q_{2i}, u_i) - z_{2i}]^+ p_i(\mu_i) \mathrm{d}u_i \right\}$$

$$\text{s.t.} \quad q_{1i} \geqslant 0, \ \underline{x}_{2i} \leqslant x_{2i} \leqslant \bar{x}_{2i}, \quad i=1, 2, \cdots, n$$

$$\boldsymbol{z}_2 = [z_{21}, z_{22}, \cdots, z_{2n}]^{\mathrm{T}} \in \mathrm{R}^n$$

$(\boldsymbol{q}_2, \boldsymbol{z}_3)$ 是下面问题 $P(\boldsymbol{x}_2, \boldsymbol{z}_2)$ 的最优解：

$$\min_{q_2, z_3} \quad \sum_{i=1}^{n} \lambda_{3i} \left\{ z_{3i} + \frac{1}{1-\alpha_{3i}} \int_0^{+\infty} [f_{3i}(x_{2i}, q_{2i}, u_i) - z_{3i}]^+ p_i(\mu_i) \mathrm{d}u_i \right\}$$

$$\text{s.t.} \quad q_{2i} \geqslant 0, \quad i=1, 2, \cdots, n$$

$$\boldsymbol{z}_3 = [z_{31}, z_{32}, \cdots, z_{3n}]^{\mathrm{T}} \in \mathrm{R}^n$$

其中，$\underline{x}_{1i}$，$\underline{x}_{2i}$ 为产品的最低定价；$\bar{x}_{1i}$，$\bar{x}_{2i}$ 为产品的最高定价。

实际问题中，根据历史销售数据，上述模型中需求分布为有限离散分布（K 个确定值），假设为 $\sum_{i=1}^{3} p_i(\mu_i) = 1$，则模型(TP)成为一个三层线性规划(LTP)：

$$\text{TP} \quad \min_{x_1, z_1} \sum_{i=1}^{n} \lambda_{1i} \left\{ z_{1i} + \frac{1}{1-\alpha_{1i}} \sum_{k=1}^{K} [f_{1i}(x_{1i}, q_{1i}, u_{ki}) - z_{1i}]^+ p_i(u_{ki})) \right\}$$

$$\text{s.t.} \quad \underline{x}_{1i} \leqslant x_{1i} \leqslant \bar{x}_{1i}, \quad i=1, 2, \cdots, n$$

$$\boldsymbol{z}_1 = [z_{11}, z_{12}, \cdots, z_{1n}]^{\mathrm{T}} \in \mathrm{R}^n$$

$(\boldsymbol{q}_1, \boldsymbol{x}_2, \boldsymbol{z}_2)$ 是下面问题 $P(x_1, z_1)$ 的最优解：

$$\min_{q_1, x_2, z_2} \sum_{i=1}^{n} \lambda_{2i} \left\{ z_{2i} + \frac{1}{1-\alpha_{2i}} \sum_{k=1}^{K} [f_{2i}(x_{1i}, q_{1i}, x_{2i}, q_{2i}, u_i) - z_{2i}]^+ p_i(u_{ki}) \right\}$$

$$\text{s.t.} \quad q_{1i} \geqslant 0, \ \underline{x}_{2i} \leqslant x_{2i} \leqslant \bar{x}_{2i}, \quad i=1, 2, \cdots, n$$

$$\boldsymbol{z}_2 = [z_{21}, z_{22}, \cdots, z_{2n}]^{\mathrm{T}} \in \mathrm{R}^n$$

$(\boldsymbol{q}_2, \boldsymbol{z}_3)$ 是下面问题 $P(x_2, z_2)$ 的最优解：

$$\min_{q_2, z_3} \quad \sum_{i=1}^{n} \lambda_{3i} \left\{ z_{3i} + \frac{1}{1-\alpha_{3i}} \sum_{k=1}^{K} [f_{3i}(x_{2i}, q_{2i}, u_i) - z_{3i}]^+ p_i(u_{ki}) \right\}$$

$$\text{s.t.} \quad q_{2i} \geqslant 0, \quad i=1, 2, \cdots, n$$

$$\boldsymbol{z}_3 = [z_{31}, z_{32}, \cdots, z_{3n}]^{\mathrm{T}} \in \mathrm{R}^n$$

习题 1

1.1　寻找身边发生的最优化问题，并举例说明其中的决策变量和决策目标。

1.2　查阅文献，探索本专业相关的最优化问题，并体会其中的决策变量和目标各是什么。

1.3　生产计划优化：假设一个制造公司生产两种产品：产品 A 和产品 B。产品 A 每单位售价为 10 元，生产所需的原材料成本为 5 元，生产一单位需要 1 小时；产品 B 每单位售价为 15 元，生产所需的原材料成本为 8 元，生产一单位需要 2 小时。每天有 8 小时的生产时间可用。建立一个数学模型，以确定每种产品的最佳日生产数量，以达到最大利润。

1.4　物流网络优化：假设一家物流公司需要将货物从仓库 A 运送到仓库 B 和仓库 C。仓库 A 到仓库 B 的运输距离为 100 千米，货物量为 200 个单位；仓库 A 到仓库 C 的运输距离为 150 千米，货物量为 150 个单位。B 到 C 距离为 80 千米，已知单车次的运送量不超过 30 个单位，运输 m 个单位货物成本为 $(40+m)\times 10$ 元/千米。建立一个数学模型，考虑货物的起点、目的地、运输距离和货物量等因素，并确定最佳的货物配送方案，以降低总体运输成本。

1.5　资源分配优化：假设在一个软件开发项目中，有三个任务需要完成，分别需要人力资源和时间资源。任务一需要 2 个开发人员和 3 天时间；任务二需要 1 个开发人员和 2 天时间；任务三需要 3 个开发人员和 5 天时间。假设可用的开发人员数量为 4 人，可用的时间为 7 天。建立一个数学模型，考虑任务的优先级、资源的可用性和任务完成时间等因素，并确定最佳的资源分配方案，以实现项目的最大效益。

1.6　投资组合优化：假设一个投资者有三种资产可以选择投资：股票 A、债券 B 和黄金 C。预期收益率分别为股票 A 的 8%、债券 B 的 4% 和黄金 C 的 2%，风险分别为 30%、20% 和 5%。投资者希望最大化投资组合的回报，同时控制风险。建立一个数学模型，考虑资产的预期收益、风险指标和资产之间的相关性，并确定最佳的投资组合，以实现最大化的回报和风险控制。

1.7　某电力公司需要合理调度两个发电机组和一个能源存储设备，以满足每天不同时间段的电力需求，并降低能源成本。现在假设共有 24 个时间段(小时)，需要确定每个时间段的发电机组和能源存储设备的状态，以实现电力供应的最优化。

资源限制条件：

(1)电力需求：每个时间段的电力需求量不同，分别为 D1，D2，…，D24。

(2)发电机组：有两个发电机组，分别为 G1 和 G2。发电机组 1 的效率为 80%，发电机组 2 的效率为 90%。

(3)能源存储设备：有一个能源存储设备，可以进行充电和放电。能源存储设备的充电效率为 70%，放电效率为 80%。

(4)发电机组和能源存储设备的资源限制：

①发电机组 1 的最大功率输出为 P1，发电机组 2 的最大功率输出为 P2；

②能源存储设备的最大充电功率为 E1，最大放电功率为 E2；

③发电机组和能源存储设备的运行状态可以是开启(1)或关闭(0)，分别用变量 G1_state，G2_state 和 E_state 表示。

试建立一个数学模型，考虑电力需求的变化、发电机组的效率和能源存储设备的充放电效率，并确定最佳的能源调度方案，以实现电力供应的最优化。其中，最优化指标可以是电力成本最低、能源利用效率最高或其他相关目标。

第2章　最优化模型

解决最优化问题是最为常见的数学应用之一。无论进行何种决策，总是希望达到最好的结果，而使不好的方面或消耗等降到最低。这类应用都有一个共同的数学模式：有一个或多个可以控制的变量(通常受一些实际条件的限制)，通过对这些变量的控制，使某个或某些其他的变量达到最优的结果。最优化模型的建立步骤包括：确定问题的约束条件，确定受约束的可控变量的取值范围，确定目标函数，采用适当的方法解决该数学问题，并还原回答实际问题。

对最优化模型的讨论，可以从单变量最优化问题开始。单变量最优化问题又称为极大-极小化问题，在微积分课程中已有相关介绍。很多领域的实际应用问题直接应用微积分的方法就可以处理。本章首先以一个简单问题的建模使读者熟悉最优化问题的建模一般步骤。然后介绍关于最优化算法的一般过程、评价方法等。最后介绍在最优化问题中常用的一些数学概念和基本定理。

2.1　五步方法建模

模型是相对于原型而言的，原型是指客观世界中存在的现实对象、实际问题、研究对象和系统等；模型是指根据实物按照比例或其他特征构建的与实物相似的一个对象，分为物理模型和数学模型。数学模型是用数学语言对原型进行表示的数学公式、图形或算法等形式，是原型系统的一种抽象，是研究和掌握原型系统运行规律的有力工具，是分析、设计、预测和调控原型系统的基础。

数学建模可以看作把问题转换为数学模型的过程。对于复杂问题的建模，通常很难一步到位，需要采取逐步演化的方式来进行。从简单的模型开始(忽略一些难以处理的因素)，然后通过逐步添加更多相关因素让模型演化，使其与实际问题更接近。

本节介绍数学建模解决问题的一般过程，我们称之为五步方法。下面以解决一个典型的单变量极大化问题为例来介绍这个过程。

例 2.1　一头猪重 100 千克，每天增重 2 千克，饲养费 2.5 元/天，猪的市场价格目前为 5.45 元/千克，但此后每天下降 0.07 元/千克，求出售猪的最佳时间。

解：解决该问题的数学建模方法包括五个步骤：①提出问题；②选择建模方法；③推导模型的数学表达式；④求解模型；⑤回答问题。

第一步是提出问题，并用数学语言表达。这个过程中，往往需要对实际问题做一些假设，在这个阶段不需要做出推测，因为还可以在后面的过程中随时返回和做出更好的推测。在用数学术语提出问题之前，要定义所用的术语(变量、常量等)。首先列出整个问题涉及的变量，包括恰当的单位，然后写出关于这些变量所做的假设，列出已知的或假设的这些量之间的关系式，包括等式和不等式。这些工作做完后，就可以提出问题了，用明确的数学语言写出这个问题的目标的表达式，再加上前面写出的变量、等式、不等式及所做假设，就构成了完整的问题。

在例 2.1 中，全部的变量包括：猪的重量 w（千克），从现在到决定售猪期间经历时间 t（天），t 天内饲养猪的花费 C（元），猪的市场价格 p（元/公斤），售猪所获得的收益 R（元），最终获得的净收益 P（元）。这里还有一些其他的有关量，如猪的初始重量(100 千克)等，但它们不是变量，我们需要把变量和那些保持常数的量区分开。

假设 1：每天增重 2 千克。

$$w = 100 + 2t$$

假设 2：每天饲养需花费 2.5 元。

$$C = 2.5t$$

假设 3：猪的市场价格每天下降 0.07 元。

$$p = 5.45 - 0.07t$$

此外，变量关系：　　$R = w \times p,\ P = R - C,\ t \geqslant 0$

问题的目标为

$$\max_{t \geqslant 0} \quad P$$

第二步是选择建模方法。现在已经有了一个用数学语言表述的问题，需要选择一种数学方法来获得解。许多问题都可以表示成一个已有有效的一般求解方法的标准形式。应用数学变换知识将所讨论问题归结为一般化最优化问题，并提出解决该类问题的有效方法。例如，可将例 2.1 定位为单变量最优化问题或极大-极小化问题。

第三步是推导模型的数学表达式。把第一步得到的问题应用于第二步，写成所选建模方法需要的标准形式，以便于运用标准的算法过程求解。如果所选的建模方法通常采用一些特定的变量名，为了方便，常常更换问题中的变量名。如在例 2.1 中：

$$\max_{t \geqslant 0} \quad P = (5.45 - 0.07t)(100 + 2t) - 2.5t$$

可改写为

$$\max_{x \geqslant 0} \quad y = (5.45 - 0.07x)(100 + 2x) - 2.5x$$

第四步是利用确定的标准过程求解这个模型。根据微积分中的极值条件，可计算得 $(x,\ y) = (5,\ 553.5)$ 是其极值点。

第五步是回答第一步中提出的问题：何时售猪可以达到最大的净收益。由数学模型得到的答案是：经过 5 天后再出售，可获最大利润 553.5 元。

上述以一个示例介绍数学建模的五步方法，将这一方法总结归纳如下：

(1)提出问题，列出问题中涉及的变量，包括适当的单位。注意不要混淆变量和常量，列出有关假设，包括等式和不等式。检查单位，从而保证假设有意义。用准确的数学术语给出问题的目标。

(2)选择建模方法，选择解决问题的一般的求解方法。一般地，这一步需要具备经验、技巧，熟悉相关文献。

(3)推导模型的数学表达式，将(1)中得到的问题重新表达成(2)中选定的建模方法所需要的形式。可能需要将(1)中的一些变量名改成与(2)中所用的记号一致。记下任何补充假设，这些假设是为了使(1)中描述的问题与(2)中选定的数学结构相适应而做出的。

(4)求解模型，将(2)中所选的一般求解过程应用于(3)中所得数学问题。注意数学推导，检查是否有错误，答案是否有意义；采用适当的技术、工具、软件等。

(5)回答问题，用非技术性的语言将第四步的结果重新表述，避免使用数学符号和术语。

2.2　灵敏性分析

在数学建模过程中，存在对问题作出的一些假设。这些假设一般有一定合理性，但假设很少能保证都是完全正确的或者说是恒定的，因此需要分析所得结果对每一条假设的敏感程度，这种灵敏性分析是数学建模中的一个重要方面，具体内容与所用的建模方法有关。

在例 2.1 中，用售猪时间问题来说明数学建模的五步方法。建模过程中列出了在求解该问题中所做的所有假设，包括如下关系：

$$p = 5.45 - 0.07t$$
$$w = 100 + 2t$$
$$C = 2.5t$$
$$R = w \times p$$
$$P = R - C$$
$$t \geqslant 0$$

在例 2.1 中，数据和假设都有非常详细的说明。即使这样，也有必要再严格检查假设的合理性和不确定性。模型中的数据是由测量、观察甚至是猜测得到的，因此需要考虑数据不准确的可能性。

假设中部分数据要比其他数据的可靠性高得多，如生猪现在的重量、现在的价格、每天的饲养花费都很容易测量，而且有相当大的确定性。但是猪的生长率则不那么确定，价格的下降率确定性更低，记价格的下降率为 r。在例 2.1 中，给定假设为 $r = 0.07$ 元/天，现在假设实际市场价格为不同的取值。对几个不同的 r 值重复前面的求解过程，可以加深理解问题的解关于 r 的敏感程度。表 2-1 给出了选择几个不同的 r 值求出的计算结果，图 2-1 所示为图示结果。可以看出，出售的最优时间 t 对参数 r 是很敏感的。

表 2-1　**售猪问题中最佳售猪时间 t 关于价格的下降率 r 的灵敏性**

r (元/天)	0.05	0.06	0.07	0.08	0.09
t (天)	7	5.8	5	4.4	3.9

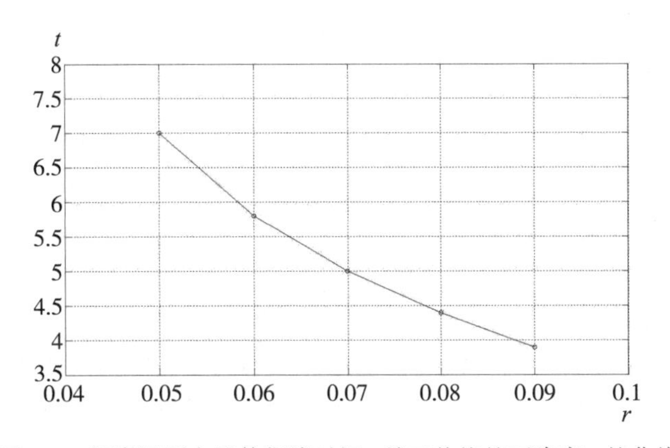

图 2-1 售猪问题中最佳售猪时间 t 关于价格的下降率 r 的曲线

对灵敏性的更系统的分析可以通过计算得到 t^* 关于 r 的解析表达式。将 r 作为未知的参数，按前面的步骤求解，写出

$$p = 5.45 - rt$$

并代入可得 $(5.45 - 0.07x)(100 + 2x) - 2.5x$，令

$$y = (5.45 - rx)(100 + 2x) - 2.5x$$

可得极值点为
$$t^* = \frac{8.4 - 100r}{4r} = \frac{2.1}{r} - 25$$

根据题意，仅要求 $t \geqslant 0$，即 $0 \leqslant r \leqslant 0.084$，最佳的售猪时间就由上式确定；对 $r > 0.084$，抛物线 $t(r)$ 的最高点落在了求最大值的区间 $t \geqslant 0$ 之外，此时，由于在整个区间 $[0, +\infty]$ 上都有 $\frac{\mathrm{d}t}{\mathrm{d}r} < 0$，所以最佳的售猪时间为 $t = 0$。

类似地，对猪的生长率 g 进行灵敏性分析，可以得到 t^* 关于 g 的解析表达式，$t^* = \frac{5.45g - 9.5}{0.14g}$。图 2-2 给出了最佳售猪时间 t^* 和生长率 g 之间的关系。

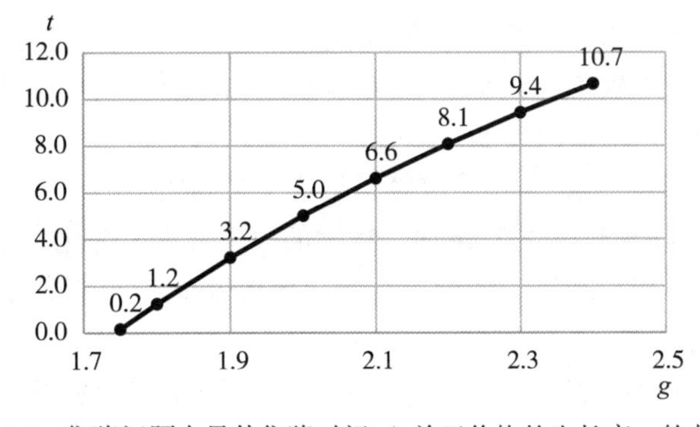

图 2-2 售猪问题中最佳售猪时间 t^* 关于价格的生长率 g 的曲线

将灵敏性数据表示成相对改变量或百分比改变的形式，要比表示成绝对改变量的形式

更自然，也更实用，例如，r 的 10%的下降导致 t^* 的 66.7%的增加，而 g 的 10%的下降导致 t^* 的 76%的下降。

如果 Δt 表示 t^* 的改变量，则其相对改变量为 $\Delta t/t^*$，百分比改变量为 $100\Delta t/t^*$。如果 r 改变了 Δr，导致 t^* 有 Δt 的改变量，则相对改变量的比值为 $\Delta t/t^*$ 与 $\Delta r/r$ 的比值。令 $\Delta r \to 0$，按照导数的定义，有

$$\frac{\Delta t/t}{\Delta r/r} \to \frac{\mathrm{d}t}{\mathrm{d}r} \cdot \frac{r^*}{t^*}$$

这个极限值称为 t^* 对 r^* 的灵敏性，记作 $S(t, r)$。在售猪问题中，在点 $r = 0.07$ 和 $t = 5$ 处得到

$$S(t = 5, r = 0.07) = -6$$

即若 r 增加 2%，则 t 下降 12%。

同样地，可以得到

$$S(t = 5, g = 2) = 6.8$$

该结果表明，在假设点附近，若 g 增加 1%，则 t 要多等待 6.8% 的时间出栏。

成功应用灵敏性分析需要较好的判断力，即需要慎重考虑哪些变量/假设需要进行敏感性分析。在实际工作中，不可能也没有必要对模型中的每个参数都计算灵敏性系数，只需要根据假设情况合理选择那些有较大不确定的参数进行灵敏性分析。数据的不确定程度会影响答案的置信度，所以对灵敏性系数的解释还要依赖于参数的不确定程度。当影响较小时，说明最优值对参数不敏感。

例 2.2　例 1.1 中，初始条件改为生产一吨甲产品可盈利 a 万元，生产一吨乙产品可盈利 b 万元。当 $a = 5$，$b = 6$ 时有

$$\begin{aligned} \min \quad & z = -(5x_1 + 7x_2) \\ \text{s.t.} \quad & 2x_1 + 3x_2 \leqslant 1000 \\ & 0.15x_1 + 0.20x_2 \leqslant 40 \\ & x_1, x_2 \geqslant 0 \end{aligned}$$

通过计算可得 $x_1 = 0$，$x_2 = 200$ 时，盈利最大值为 1400 万元，即为了获得更大的盈利，该厂的生产计划应该全部用来生产乙产品 200 吨。

若产品的盈利存在不确定性，比如 a、b 均有变化，那么这种变动对生产计划有何影响？这就是灵敏性分析。下面具体展开分析。

保持 $b = 7$，通过改变 a 的取值来计算该最优决策问题，结果如图 2-3 所示。

由图 2-3 可见，当 $a = 5.24 \sim 5.26$ 时，问题的决策发生了变化。当 $a \leqslant 5.24$ 时，问题的最优决策为全部来生产乙产品(200 吨)；当 $a \geqslant 5.26$ 时，问题的最优决策为全部来生产甲产品(266.67 吨)。

保持 $a = 5$，通过改变 b 的取值来计算该最优决策问题，结果如图 2-4 所示。可见，当 $b = 6.66 \sim 6.67$ 时，问题的决策发生了变化。当 $b \leqslant 6.66$ 时，问题的最优决策为全部来生产甲产品(266.67 吨)；当 $b \geqslant 6.67$ 时，问题的最优决策为全部来生产乙产品(200 吨)。

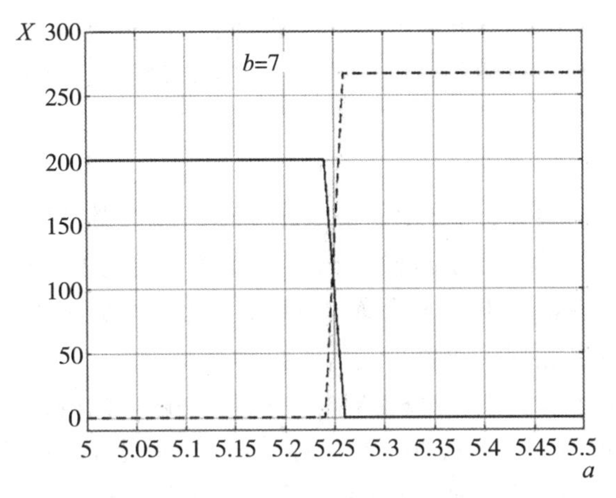

图 2-3 决策随 a 变化时（$b = 7$）的演化过程

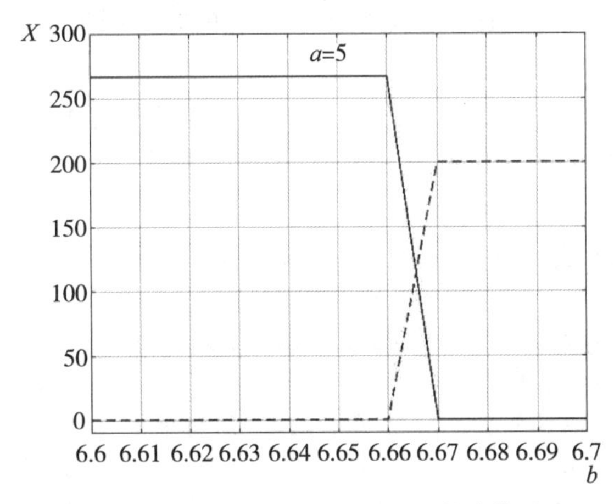

图 2-4 决策随 b 变化时（$a = 5$）的演化过程

从上述分析可以看出，问题的决策与假设参数密切相关，参数对最终决策会产生一定的影响。

2.3 稳健性分析

若某个模型不完全精确，存在一些假设条件，但由其导出的结果也可能是正确的，不受不确定性的影响，则称该数学模型是稳健的。在实际问题中，一方面，一般不会有绝对准确的信息；另一方面，即使能够建立一个完美的精确模型，但为了简化问题，也可能采用较简单和易于处理的近似方法，故模型总是存在一些不精确因素。因此，在数学建模问题中，关于稳健性的研究是很有必要的。

灵敏性分析的过程本质上是针对假设来评估模型稳健性的方法。在数学建模过程的第一步中，还有其他的假设需要检查，出于数学处理的方便和简化的目的，常常要做一些假设，建模者通常需要考察这些假设是否太特殊而导致建模过程的结果变得无效。

在例 2.1 中列出了求解售猪问题所做的全部假设。除了数据的取值外，主要的假设是猪的重量和每磅的价格都是时间的线性函数，这显然是做了简化的，根据这些假设，从现在起的一年后，猪的重量显然不可能是的线性函数，且随着时间的推移，不确定性必然会增加。

如果假设是错的，模型又怎能给出正确的答案呢？虽然数学建模力求做到完美是不可能的。更确切的说法应该是：数学建模力求接近完美。我们说一个好的数学模型是稳健的，是指虽然它给出的答案并不完全精确，但足够近似，从而可以应用于实际问题，在最优化问题中，即为接近最优解，或者对最优值影响不大。

现在要给出上一节中对灵敏性分析结果的一个更一般化的解释。回顾前面的结果，最佳售猪时间（t^*）对猪的生长率的改变的灵敏性为 6.8。假设在今后几周内猪的实际生长率在每天 1.9~2.1 千克之间，即在假定值的 5%之内，则最佳猪出售时间会在 5 天的 34%之内，即 3.3~6.7 天。如果执行在第 5 天售出的决策，通过比较可知，在实际生长率在每天 1.9~2.1 千克之间变化时，在第 5 天卖出所导致的收益损失不超过 0.5 元，相对损失约为 0.1%。

同样，可对例 2.2 的计算结果进行分析。假设对于产品的盈利存在不确定性，比如 a 的变化范围为 5 ~ 5.8，b 的变化范围为 6.5 ~ 7.5，那么这种变动对最终盈利有何影响？这就是稳健性分析。

保持 $b = 7$，通过改变 a 的取值来计算该最大盈利问题，结果如图 2-5 所示。

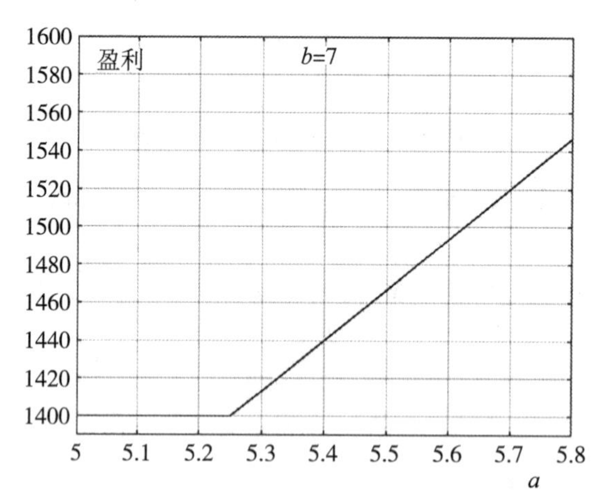

图 2-5　盈利随 a 变化时（$b = 7$）的演化过程

由图 2-5 可见，在保持 $b = 7$ 时，当 $a < 5.25$ 时，盈利水平保持不变，但是当 $a > 5.25$ 时，盈利水平随着 a 的增加而增长，说明此时问题的盈利水平对参数 a 比较敏感。

保持 $a = 5$，通过改变 b 的取值来计算该最大盈利问题，结果如图 2-6 所示。

由图 2-6 可见，在保持 $a = 5$ 时，当 $b < 6.67$ 时，盈利水平保持不变，但是当 $b > 6.67$ 时，盈利水平随着 b 的增加而增长，说明此时问题的盈利水平对参数 b 比较敏感。

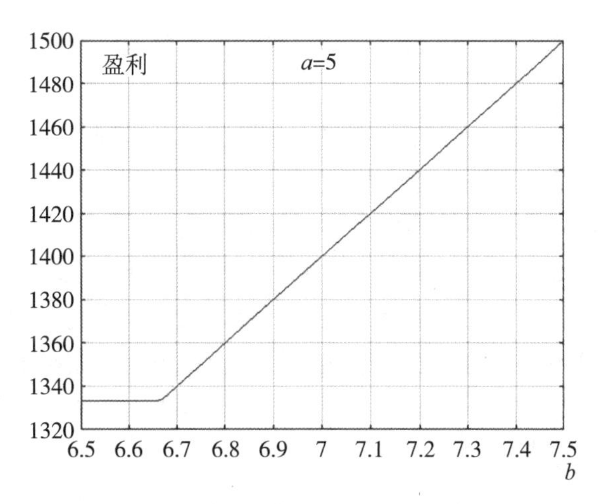

图 2-6 盈利随 b 变化时 ($a = 5$) 的演化过程

2.4 最优化模型的评价

一个好的最优化模型不仅要比较真实地反映实际问题，还要具备以下几个特点：

(1)模型形式简单明了，易于理解。模型越大、越复杂、越精确，不一定意味着越好。应当把实际问题中那些不重要的因素删去。这样做有两方面的好处：一方面，形成的模型由于变量和约束个数较少，便于计算求解；另一方面，也更易于揭示主要因素对问题的影响以及它们之间的关系。

模型中的变量、函数符号要接近所代表的实际因素、资源和目标的原意，易于理解模型所表示的实际问题的结构。而且当变量和约束个数很多时，对于模型建立和解释也便利。

(2)模型形式(结构与排序等)有序，易于探查错误。模型的错误一般有两种：①书写错误；②模型与实际问题不符。后一种错误在构建模型时应尽量避免，在评价模型及其解时，应能方便地找出错误并改正。对于书写错误的避免，一方面要求细心，另一方面要求模型的书写形式要规范，变量次序固定不变。在某个函数关系中应该保留全部变量，对于函数中不出现的变量，其位置最好以空白代替。在约束条件中，按一定的规则有序地将约束分成等式约束与不等式约束；不等式约束中又可以分为“≥”类不等式与“≤”类不等式。为便于清楚地表明每个约束所代表的对实际资源的限制，在初始阶段，应遵照物理意义撰写约束关系，不必把两种类型的不等式统一成一种。

(3)模型易于计算。最优化问题是否易于求解，取决于问题的规模、复杂程度、当前的计算技术水平和求解该类问题的算法。可以通过以下几个途径降低问题的复杂程度和规模：

①采用简单的函数关系。与其在建模时花费大量时间、精力，寻找很好地反映现实情况但非常复杂的函数，不如在误差允许的范围内，采用简单的函数描述变量关系。适当的

简化是必要的，也是可接受的。比如，在可以接受的范围内，尽量用线性函数逼近非线性函数，以减少计算方面的困难。

②删除不必要的变量和约束条件。在建立模型前，分析问题时，就应该注意简化或去掉那些不重要的因素和资源限制。建立模型后，则应注意删去那些过剩的约束条件。过剩的约束条件是指不影响可行解集的约束条件，尤其要删除那些多余的非线性约束条件。但是如何判断条件过剩，目前没有实用的一般方法。尽管如此，在求解最优化问题前，从数学上的分析、讨论模型的特性是非常有意义的，可以帮助判断约束的过剩性。

③函数变换。通过将复杂的函数进行代数处理，也可以达到降低模型复杂程的目的。

2.5　最优化模型求解

2.5.1　求解算法的评价

算法(Algorithm)是指解题方案或步骤的准确、完整的描述，是用来解决某一问题的一系列明确的指令。算法代表着用系统的方法描述解决某类问题的策略机制，即在获得规范的输入后，算法能在有限时间内输出问题的解。如果一个算法有缺陷，或不适合于求解某个问题，执行该算法将不会解决该问题。解决某一问题，可以采用不同的算法，不同的算法可能需要不同的时间、空间或效率。一个算法的优劣可以用空间复杂度与时间复杂度来衡量。

一般最优化问题都可以归结到某一类。而针对某一类问题，一般存在多种算法供选择，甚至某些特别的问题也有专门算法可选择。但是某个算法可能对某类问题特别有效，而对于其他问题无效，因此建立模型时要注意哪些算法对求解该类问题是有效的。在计算误差与计算时间允许的范围内，选择那些相对比较有效的算法来求解该问题。因此，模型建立者应对最优化算法有一个较为系统的了解，熟悉每种算法的优势与缺点。

根据优化算法理论发展与算法原型，可将现有的最优化算法分为经典最优化算法和启发式算法大类。经典最优化算法和启发式算法都是迭代算法，但是它们又有很大区别，具体如下：

(1)经典算法以一个可行解为迭代的初始值，而启发式算法则可能以一组可行解为初始值。

(2)经典算法的搜索策略为确定型的，而启发式算法的搜索策略则是结构化和随机化的。

(3)经典算法大多需要(偏)导数信息，而启发式算法则可能仅用到目标函数值的信息。

(4)经典算法对函数性质有着严格要求，而启发式算法则往往对函数性质没有太多要求。

(5)经典算法的计算量一般要比启发式算法小很多，而启发式算法对问题的适应性则比经典算法强。如针对函数性质比较差的最优化问题，经典算法的效果不好，启发式算法则一般有效。一般地，启发式算法的计算量较大。

在计算时，最优化算法的迭代过程主要由找寻搜索方向和确定搜索步长组成。搜索方向和搜索步长的选取决定了最优化算法的搜索广度和搜索深度。经典优化算法和启发式优化算法的区别主要是两者的搜索机制不同。经典算法的搜索方向和搜索步长是由局部信息(如(偏)导数)决定的，一般只能对局部进行有效的深度搜索，而不能进行有效的广度搜索，所以经典优化算法很难跳出局部最优；启发式优化算法为了避免陷入局部最优，采用了相对有效的广度搜索，但是在问题规模较大的时候，这样做的结果往往使得计算量大得难以承受。

纵观优化算法的发展，完美的算法是不存在的。用来评价算法好坏的标准常包括：①算法收敛速度；②算法使用范围(普适性)；③算法的时间复杂度；④算法得到解的质量(局部性或全局性，对绝对最优解的近似程度)；⑤算法的可实现性。可以说，这些标准是不可公度的(不可能同时都好)。以全局最优问题为例，如果要求计算时间少，那么搜索广度就无法保证，解的质量就差；如果要求收敛速度快，则需要有效的搜索方向，有了搜索方向，就降低了搜索广度，这样解的全局最优性就无法保证。

根据计算复杂性理论，全局优化问题是 NP-complete 问题(定义详见后文)，一般根据实际问题采用不同的算法。算法的评价标准不可公度，而且在具体问题中，这些标准不是等重要的。比如，某些问题对解的要求降低 10%，它的计算时间就可以减少 50%，这样做是否值得，要根据实际情况而定。

有时各种算法对同一个问题都有可能给出最优解，为了判定各种算法的效率，人们给出了算法复杂性的度量，以多项式和指数的时间函数形式来表达。计算复杂性理论是研究算法有效性和问题难度的一种工具，它是最优化问题的基础，涉及如何判断一个问题的难易程度。只有了解所研究问题的复杂性，才能更有针对性地设计相关算法，以及提高算法效率。

2.5.2 算法的时间复杂度

算法/程序的时间复杂度表示应用该算法/程序来解决问题时(程序运行出结果)所需时间 T_c 与问题规模 n 之间的关系。一个算法/程序处理某一个特定规模问题的效率不能全面地评价一个算法/程序的好坏，而更应该看 T_c 与 n 之间的关系。

当算法解决问题的时间 T_c 不随问题规模 n 变化而变化，保持为常数时，就称这个算法很好，具有 $O(1)$ 的时间复杂度，也称常数级复杂度。

当算法时间 T_c 与问题规模 n 呈线性关系时，这个程序的时间复杂度就是 $O(n)$，比如找 n 个数中的最大值。

当算法时间 T_c 与问题规模的 n^2 呈线性关系时，该算法的时间复杂度就是 $O(n^2)$。

当算法时间 T_c 与 n 呈几何阶数关系时，比如一些穷举类算法，称该算法具有 $O(a^n)$ 的指数级复杂度。

除此之外，甚至还有部分算法时间具有 $O(n!)$ 的阶乘级复杂度。

此处，O 表示数量级约等于的意思，比如 $O(2n^2+3)=O(n^2)$，$O(2^n+n^2)=O(2^n)$，

量级高(阶数大)的可以直接覆盖量级低(阶数小)的，同时将倍数置成 1。一般而言，

$$O(1) < O(n) < O(n\log n) < O(n^2) < O(n^3) < O(2^n) < O(n!)$$

其中，$O(1)$ 表示算法有限次执行，跟数据量无关；$O(n)$ 表示算法运次时间跟数据量呈线性关系。

$f(n)$ 是描述算法运算次数与数据量 n 之间的一个函数，比如 $f(n)=2n+2$，此时记作 $O(n)$，在表述算法复杂度时，该符号表示“这个算法的时间复杂度是跟数据量呈线性关系的”，而不是“这个算法的时间复杂度和数据量呈现 2 倍加 2 的关系”。

若存在常数 c 和函数 $f(n)$，使得当 $n \geqslant c$ 时 $T_c(n) \leqslant f(n)$，则称 $T_c(n)$ 以 $f(n)$ 为界，或者称 $T_c(n)$ 受限于 $f(n)$，并可以写出 $T_c(n)=O(f(n))$，即无论自变量 n 如何取，$T_c(n)$ 的值永远都不会超过 $f(n)$，此时用一个大数的估计值 $f(n)$ 来表示 $T_c(n)$ 的增长幅度。

那么，如何计算 $f(n)$，以及算法的执行次数呢?

(1)对于一个循环，默认循环体的执行次数为 1，循环次数为 n，则这个循环的时间复杂度为 $O(n)$。

(2)对于多个循环，默认循环体的执行次数为 1，从内向外，各个循环的循环次数分别是 a，b，c，… (a，b，c 可以是 n 的函数)，则这个循环的时间复杂度为 $O(1\times a\times b\times c\times\cdots)$。

(3)对于顺序执行的语句或者算法，总的时间复杂度等于其中最大的时间复杂度。

(4)对于条件判断语句，总的时间复杂度等于其中时间复杂度最大的路径的时间复杂度。

时间复杂度分析的基本策略是：从内向外分析，从最深层开始分析。如果遇到函数调用，要深入函数进行分析。

例 2.3　分析如下过程的时间复杂度 $T(n)$。

```
def exe1(n)
  for i=1: n    % 循环次数为 n
    for j=i: n  % 循环次数为 n-j
       print("hello world! \n")    % 执行次数为 1
     end
    end
```

解：分析上述算法的时间复杂度：

当 $j=0$ 时，内循环执行 n 次运算；

当 $j=1$ 时，内循环执行 $n-1$ 次运算；

……

当 $j=n-1$ 时，内循环执行 1 次运算；

所以，执行次数为

$$f(n)=n+(n-1)+(n-2)+\cdots+1=\frac{n(n+1)}{2}=\frac{n^2}{2}+\frac{n}{2}$$

$f(n)$ 的最高次是 n^2，所以 $T_c(n)=O(f(n))=O\left(\frac{n^2}{2}+\frac{n}{2}\right)=O(n^2)$，该算法的时间复杂度为 $O(n^2)$。

例 2.4 分析如下过程的时间复杂度 $T(n)$。

```
def exe2(n)
  for i=2:n    % 循环次数为 n
    i=i*2
    print("hello world! \n")
  end
```

解：假设循环次数为 t，则循环条件满足 $2^t<n$。可以得出，执行次数 $t=\log_2 n$，即 $f(n)=\log_2 n$，可见时间复杂度为 $T(n)=O(\log_2 n)$，即 $O(\log n)$。

例 2.5 分析如下过程的时间复杂度 $T_c(n)$。

```
def exe3(n)
if (n \leq 1)    % 循环次数为 n
    retrun 1
else
    return exe3(n-1)+exe3(n-2)
end
```

解：设对于给定 n 对应的运行次数 $f(n)$，显然可得 $f(0)=f(1)=1$。

当 $n>1$ 时，$f(n)=f(n-1)+f(n-2)+1$，这里的 1 是其中的加法算一次执行。

显然，$f(n)=f(n-1)+f(n-2)$ 是一个斐波那契数列，通过归纳证明法可以证明：当 $n\geqslant 1$ 时 $f(n)<\left(\frac{5}{3}\right)^n$，同时当 $n>4$ 时 $f(n)\geqslant\left(\frac{3}{2}\right)^n$。

所以，该算法的时间复杂度可以表示为 $O\left(\left(\frac{5}{3}\right)^n\right)$，简化后为 $O(2^n)$。

按照是否可以用多项式表示，时间复杂度可分为两种级别：一种是多项式级的复杂度，如 $O(1)$、$O(\log(n))$、$O(n^a)$ 等，因为它的规模 n 出现在底数的位置；另一种是非多项式级的复杂度，如 $O(a^n)$ 和 $O(n!)$ 型的复杂度，其复杂度计算机往往不能承受。对算法的一个通常要求是具有多项式级的复杂度，非多项式级的复杂度算法求解过程需要的时间太多，往往会超时，进而在有限时间往往得不到最优解。

但是，并不是所有的问题都可以找到复杂度为多项式级的算法，如 Hamilton 回路问题：给定一个拓扑图，能否找到一条经过每个顶点一次且恰好一次(不遗漏也不重复)，最后又走回来的路(满足这个条件的路径叫做 Hamilton 回路)？这个问题目前还没有多项式级的算法。

还有些问题甚至根本找到一个正确的算法来求解，称为"不可解问题"(Undecidable Decision Problem)，例如 The Halting Problem。

定义 2-1 P(Polynomial，多项式)问题是可以在关于问题本身参数(如维数、约束个数等)多项式时间内被确定机(通常意义的计算机)解决的问题。如果一个问题可以找到一个能在多项式的时间里求解的算法，那么这个问题就属于 P 问题。

定义 2-2　NP(Non-deterministic Polynomial，非确定多项式)问题是指可以在多项式时间内被非确定机(他可以猜，他总是能猜到最能满足你需要的那种选择)解决的问题，或者说是指可以在多项式的时间里验证(而非寻找)一个解的问题。

例如，张三和李四拿到了一个求最短路径的问题，问：从起点到终点是否有一条小于 100 个单位长度的路线。张三根据提供信息画好了图，但怎么也算不出来，于是问李四：你看怎么选条路走得最少？李四没有仔细计算，直接就在图上画了几条线，说就这条吧。张三按李四指的路径把权值加起来一看：路径长度 98，比 100 小。于是答案出来了，存在比 100 小的路径。张三会问李四这题怎么做出来的，李四说因为他找到了一个比 100 小的解。

在上述这个问题中，找一个解很困难，但验证一个解很容易。验证一个解只需要 $O(n)$ 的时间复杂度，也就是说，李四可以花 $O(n)$ 的时间把他猜的路径的长度计算出来。那么，只要李四猜得准，他一定能在多项式的时间里解决这个问题。这就是 NP 问题。

通常只有 NP 问题才可能找到多项式的算法。不能指望一个用多项式验证一个解都不行的问题存在一个解决它的多项式级的算法。

定义 2-3　如果可以用问题 B 的求解方法来求解问题 A，则称问题 A 可以约化(reduce)为问题 B。

显然，当问题 A 可以约化为问题 B 时，问题 B 的时间复杂度高于或者等于 A 的时间复杂度。约化具有传递性。如果问题 A 可约化为问题 B，问题 B 可约化为问题 C，则问题 A 一定可约化为问题 C。

一般所说的可约化，是指的可“多项式的”约化(Polynomial-time Reducible)，即约化过程具有多项式级的复杂度。约化的过程只有不超过多项式时间复杂度才有意义。

一个问题约化为另一个问题，尽管时间复杂度可能增加了，但问题求解算法的应用范围也增大了。通过对某些问题的不断约化，我们能够不断寻找复杂度更高、应用范围更广的算法来代替复杂度虽然低、只能用于很小的一类问题的算法。

定义 2-4　所有复杂度为多项式时间的问题，称为易解的问题类。如果一个问题不属于易解问题类，那么就称其为难解的问题。

显然，所有的 P 类问题都是 NP 问题。能在多项式时间内解决一个问题，必然能在多项式时间内验证一个问题的解。既然正解都出来了，验证任意给定的解也只需要比较一下就可以了。关键是，人们想知道，是否所有的 NP 问题都是 P 类问题，即是否所有在非确定机上多项式时间内可解的问题都能在确定机上用多项式时间内求解。

定义 2-5　NPC(NP Complete)问题指的是同时满足两个条件的问题：①它得是一个 NP 问题；②所有的 NP 问题都可以约化成它。

既然所有的 NP 问题都能约化成 NPC 问题，那么只要任意一个 NPC 问题找到了一个多项式的算法，那么所有的 NP 问题都能用这个算法解决了，NP 问题也就是 P 问题了。给 NPC 找一个多项式算法太不可思议了。NPC 问题目前没有多项式时间的有效算法，只能用指数级或阶乘级的时间复杂度的算法。

定义 2-6 NP-Hard 问题是指所有的 NP 问题都可以约化成它。NP-Hard 问题不一定是 NP 问题，难以找到多项式的算法。

NPC 问题是 NP 问题中最难解的。事实上，求解大规模的 NPC 完全问题已经成为当今计算机科学技术、人工智能等领域的瓶颈。

2.6 常用的算法搜索结构

优化模型为

$$(fS)\ \min_{x \in D} f(\boldsymbol{x})$$

在最优化问题的求解过程中，所用的算法一般是迭代方法。它的基本思想是：给定一初始点 $\boldsymbol{x}_0 \in \mathrm{R}^n$，按照某一迭代规则产生一个点列 $\{\boldsymbol{x}_k\}$，使得当 $\{\boldsymbol{x}_k\}$ 的最后一个点或其极限点是最优化问题的最优解。研究最优化算法，具体来说，主要是研究初始点 $\boldsymbol{x}_0$ 的选择(有时是任意的)、迭代点的产生过程(迭代规则)以及停止规则(最后一个点或其极限点)等。

下面就算法涉及的一般概念、性质、构造途径等作简要介绍。

2.6.1 收敛性的概念

算法的收敛性是使一个迭代算法有意义的最低要求。

由于迭代算法是以产生一系列的迭代点为目的的，因此算法的收敛性表现为产生的点列 $\{x_k\}$ 的收敛性。

定义 2-7 设 $\boldsymbol{x}^*$ 为问题 (fS) 的全局最优解，某算法产生一个序列 $\{\boldsymbol{x}_k\}$，当满足下列条件之一时：称算法收敛到最优解 x^*。

(1) 当 $\{\boldsymbol{x}_k\}$ 是有穷点列时，$\boldsymbol{x}^*$ 为 $\{\boldsymbol{x}_k\}$ 的最后一个点；

(2) 当 $\{\boldsymbol{x}_k\}$ 是无穷点列时，$\boldsymbol{x}_k \neq \boldsymbol{x}^*$，$\forall k$，但满足 $\lim\limits_{k\to\infty}\boldsymbol{x}_k = \boldsymbol{x}^*$。

但求解非线性最优化问题时，通常迭代序列 $\{\boldsymbol{x}_k\}$ 收敛于全局最优解相当困难，如求解函数 $f(x) = |x|$ 的极小值，显然 $x = 0$ 是唯一极小点。现构造极小化序列：

$$x_{k+1} = \begin{cases} \dfrac{1}{2}(x_k - 1) + 1, & |x_k| > 1 \\ \dfrac{1}{2}x_k, & |x_k| \leqslant 1 \end{cases}$$

容易证明这是一个下降序列。若取初始点 $|x_0| > 1$，则所有 $x_k > 1$，因此迭代序列不能收敛到极小点 0；但若取初始点 $|x_0| \leqslant 1$，则极小化序列会收敛到极小点 0。

另外，定义 2-7 给定的理想收敛的要求在实际运算中往往很难达到，因此需要建立实用的收敛性概念。

定义 2-8 定义集合 Ω 为解集，当集合 Ω 为具有某种可接受性质的点集。例如：

(1) $\Omega = \{\boldsymbol{x}^* \mid \boldsymbol{x}^*$ 为问题(fS) 的全局最优解$\}$，此即理想收敛；

(2) $\Omega = \{\boldsymbol{x}^* \mid \boldsymbol{x}^*$ 为问题(fS) 的局部最优解$\}$；

(3) $\Omega = \{x^* \mid x^*$ 满足某种最优性条件$\}$;

(4) $\Omega = \{x^* \mid x^* \in S$, 且 $f(x^*) \leqslant \beta, \}$, 其中 β 为可接受的目标函数值的上界。

定义 2-9　若算法产生的点列 $\{x_k\}$ 满足下列条件之一，则称算法收敛:

(1) $\{x_k\} \cap \Omega \neq \varnothing$;

(2) $\{x_k\}$ 任意收敛子列的极限点属于 Ω。

全局收敛和局部收敛主要考虑在求解问题时初始点对算法收敛性的影响。

定义 2-10　若算法对任意初始点或任意可行的初始点都收敛，则称算法具有全局收敛性。

定义 2-11　若算法只有当限制初始点在解集 Ω 附近 (Ω 非连通时，指在 Ω 内某点附近)时才收敛，则称算法具有局部收敛性。

2.6.2　收敛性的证明

在使用优化算法时，算法的收敛性需要我们认真考虑，例如已知梯度下降是一阶收敛，而牛顿法是二阶收敛，因此一般情况下，牛顿法会比梯度下降运行更快。了解算法的收敛性后，我们才能更好地应用算法。下面将介绍两类证明数值算法收敛性的方法。

1. 不动点类

不动点类中，收敛性的证明多使用不动点定理(Fixed Point Theorems)进行证明。不动点定理是数学证明中一个非常重要的定理，许多重要的数学定理都是由不动点定理证明的，例如偏微分方程解的存在性、博弈论中纳什均衡点的存在性，以及数值算法的收敛性等。下面先介绍不动点定理，然后介绍如何使用不动点定理进行算法收敛性证明。

简单地说，对一个函数 $f(x)$, 如果有一个点 x^*, 使得 $f(x^*) = x^*$, 那么称 x^* 为 $f(x)$ 的一个不动点。例如，对于函数 $f(x) = x$, 任意一点都是 $f(x)$ 的不动点，对于 $f(x) = x^3$, $x^* = 1$ 为 $f(x)$ 的不动点。

但并不是所有的函数都是有不动点的，例如 $f(x) = x + 1$ 就不具有不动点。那么一个自然的问题就是: $f(x)$ 在具有什么样的条件下有不动点呢? 对此，巴拿赫固定点定理(Banach Fixed Point Theorem)给出了部分答案(充分性)，该定理又称为压缩映射原理(Contraction Mapping Principle)。

从一个度量空间映射到它自身的函数 f, 称为一个算子。

一个算子 f: $D \to D$, $\forall x, y \in D$, $\exists L \in \mathrm{R}^+$, 满足:

$$|f(x) - f(y)| \leqslant L|x - y|$$

则称 f 为李普希茨连续映射，其中使得上式成立的 L 最小值称为李普希茨常数。

特别地，当存在 $L \in (0, 1)$ 时，f 又称为压缩映射(contraction mapping)，即压缩映射是李普希茨常数被限定在 $(0, 1)$ 的李普希茨连续算子。

若李普希茨常数 $L = 1$, 则 f 为非扩张映射。

如果 f: $D \to D$ 为压缩映射，则 $\forall x \in D$, 序列 $\{x, f(x), f(f(x)), \cdots\}$ 为柯西列。

巴拿赫固定点定理　如果 f: $D \to D$ 为压缩映射，且 D 为完备度量空间(如果其中每个柯西列都是收敛列，且其极限位于该空间中，则称其为完备度量空间），则 $\boldsymbol{f}$ 具有唯一不动点 $\boldsymbol{x}^* \in D$，即 $\boldsymbol{f}(\boldsymbol{x}^*)=\boldsymbol{x}^*$，且从任意起始点 $\boldsymbol{x}_0$ 开始，如上定义的柯西列均收敛于该不动点。

证明：(1)存在性。因为 D 为完备度量空间，因此柯西列必收敛于空间中某点，记为 $\boldsymbol{x}^*$。对 $\forall \epsilon > 0$，$\exists K$，使得 $\forall k > K$。

根据收敛性定义，$$|\boldsymbol{x}^* - \boldsymbol{x}_k| < \frac{\epsilon}{3}$$

根据柯西列定义，$$|\boldsymbol{x}_{k+1} - \boldsymbol{x}_k| < \frac{\epsilon}{3}$$

根据压缩映射定义，$$|\boldsymbol{f}(\boldsymbol{x}_k) - \boldsymbol{f}(\boldsymbol{x}^*)| \leqslant L|\boldsymbol{x}^* - \boldsymbol{x}_k| < \frac{\epsilon}{3}$$

根据距离(度量)的三角不等式，有

$$|\boldsymbol{x}^* - \boldsymbol{f}(\boldsymbol{x}^*)| < |\boldsymbol{x}^* - \boldsymbol{x}_k| + |\boldsymbol{x}_k - \boldsymbol{x}_{k+1}| + |\boldsymbol{f}(\boldsymbol{x}_k) - \boldsymbol{f}(\boldsymbol{x}^*)| < \epsilon$$

即 $\forall \epsilon > 0$，$|\boldsymbol{x}^* - \boldsymbol{f}(\boldsymbol{x}^*)| < \epsilon$ 均成立，即 $\boldsymbol{x}^* - \boldsymbol{f}(\boldsymbol{x}^*) = 0$，$x^*$ 为不动点。

(2)唯一性。设存在两个不相等的不动点 $\boldsymbol{x}^*$，$\boldsymbol{x}^o \in D$，即 $\boldsymbol{x}^* \neq \boldsymbol{x}^o$，且满足 $f(\boldsymbol{x}^o) = \boldsymbol{x}^o$，$f(\boldsymbol{x}^*) = \boldsymbol{x}^*$，则有

$$|\boldsymbol{x}^* - \boldsymbol{x}^o| = |f(\boldsymbol{x}^o) - f(\boldsymbol{x}^*)| \neq 0$$

又因为 $\boldsymbol{x}^* \neq \boldsymbol{x}^o$，根据压缩映射定义，有

$$|\boldsymbol{x}^* - \boldsymbol{x}^o| = |f(\boldsymbol{x}^o) - f(\boldsymbol{x}^*)| < L|\boldsymbol{x}^* - \boldsymbol{x}^o|$$

由于 $L \in (0,\ 1)$，$|\boldsymbol{x}^* - \boldsymbol{x}^o| < L|\boldsymbol{x}^* - \boldsymbol{x}^o|$，则必有 $|\boldsymbol{x}^* - \boldsymbol{x}^o| = 0$。而根据距离(度量)定义这就是 $\boldsymbol{x}^* = \boldsymbol{x}^o$，矛盾。因此仅有唯一不动点。

那么，如何判断一个映射是否为压缩映射呢？下面将给出 Blackwell 充分条件。通过验证这一充分条件，可以得知给定的算子是否为压缩映射(若满足，可知是压缩映射；若不满足，则不知道是不是压缩映射)。

令 f 为度量空间 $(X,\ d_\infty)$ 上的一个算子，其中 X 为函数空间，如果算子 f 满足以下条件，则 f 是以 L 为压缩常数的压缩映射：

(1)单调性。对于任意 $\boldsymbol{x}_1$，$\boldsymbol{x}_2 \in X$，$\boldsymbol{x}_1 \geqslant \boldsymbol{x}_2$ 意味着 $f(\boldsymbol{x}_{(1)}) \geqslant f(\boldsymbol{x}_2)$；

(2)贴现性。令 c 表示在 X 中所有函数的定义域上均为常值的函数，对于任意这样一个 c 和每个 $\boldsymbol{x} \in X$，都存在一个 $L \in (0,\ 1)$，使得 $f(\boldsymbol{x} + c) \leqslant f(\boldsymbol{x}) + Lc$。

证明：对于所有的 $\boldsymbol{x}_1$，$\boldsymbol{x}_2 \in X$，$\boldsymbol{x}_1 \leqslant \boldsymbol{x}_2 + |\boldsymbol{x}_1 - \boldsymbol{x}_2|$。由于单调性可知

$$f(\boldsymbol{x}_1) \leqslant f(\boldsymbol{x}_2 + |\boldsymbol{x}_1 - \boldsymbol{x}_2|)$$

根据贴现性，进一步有 $f(\boldsymbol{x}_2 + |\boldsymbol{x}_1 - \boldsymbol{x}_2|) \leqslant f(\boldsymbol{x}_2) + L|\boldsymbol{x}_1 - \boldsymbol{x}_2|$，因此有

$$f(\boldsymbol{x}_1) \leqslant f(\boldsymbol{x}_2) + L|\boldsymbol{x}_1 - \boldsymbol{x}_2|$$

同理，根据 $\boldsymbol{x}_2 \leqslant \boldsymbol{x}_1 + |\boldsymbol{x}_1 - \boldsymbol{x}_2|$，可得 $f(\boldsymbol{x}_2) \leqslant f(\boldsymbol{x}_1) + L|\boldsymbol{x}_1 - \boldsymbol{x}_2|$。

于是就有

$$|f(\boldsymbol{x}_1) - f(\boldsymbol{x}_2)| \leqslant L|\boldsymbol{x}_1 - \boldsymbol{x}_2|$$

即 f 是以 L 为压缩常数的压缩映射。

巴拿赫固定点定理提供了寻找不动点 $\boldsymbol{x}^*$ 的方法：找一个初始点 $\boldsymbol{x}_0$，并按照 $\boldsymbol{x}_{n+1}=f(\boldsymbol{x}_n)$ 的方法生成一个序列 $\{\boldsymbol{x}_n\}$，那么 $\boldsymbol{x}_n$ 收敛到 $\boldsymbol{x}^*$。

注意到巴拿赫固定点定理不仅给出了不动点的存在性，而且给出了唯一性以及构造不动点的办法。那么，我们如何使用这个不动点定理来进行算法收敛性证明和指导算法设计呢？

给定一个算法，为了证明其收敛性，我们可以将算法的每一次迭代视为一个函数 $f(\boldsymbol{x})$，算法第 n 次的输入为 $\boldsymbol{x}_n$ 而输出为 $\boldsymbol{x}_{n+1}$，那么可以通过证明 $f(\boldsymbol{x})$ 为压缩映射，根据巴拿赫固定点定理，$f(\boldsymbol{x})$ 就有的固定点存在，即整个迭代算法收敛。

反过来，如果要设计一个迭代算法，求解一个值 $\boldsymbol{x}$，那么就需要构造一个压缩映射 $\boldsymbol{f}(\boldsymbol{x})$，将 $\boldsymbol{x}^*$ 作为 $\boldsymbol{f}(\boldsymbol{x})$ 的一个不动点，再以任意一个初值 $\boldsymbol{x}_0$ 出发，按照 $\boldsymbol{x}_{n+1}=\boldsymbol{f}(\boldsymbol{x}_n)$ 的迭代方式，生成序列 $\{\boldsymbol{x}_n\}$，最终当迭代次数足够多的时候，$\boldsymbol{x}_n$ 将离 $\boldsymbol{x}^*$ 非常近，即为 $\boldsymbol{x}^*$ 的一个好的估计值。

下面通过例子来介绍巴拿赫固定点定理如何指导算法的设计，详细的证明可以参见更专业的文献。

有单个函数优化问题

$$\min_{\boldsymbol{x}} \quad f(\boldsymbol{x})$$

假设 $f(\boldsymbol{x})$ 足够的光滑，具有很好的性质。那么根据微积分里的定理，如果 $\boldsymbol{x}^*$ 为上述问题的解，那么 $\boldsymbol{x}^*$ 满足：

$$\nabla f(\boldsymbol{x}^*)=0$$

若想使用巴拿赫不动点定理来设计一个算法求解该问题，那么，我们必须找到一个函数 G，将 $\boldsymbol{x}^*$ 作为 $\boldsymbol{G}$ 的不动点，并且在不动点处，$\boldsymbol{x}^*$ 能满足条件 $\boldsymbol{x}^*=G(\boldsymbol{x}^*)$。如何寻找这么一个函数 G 呢？可以从最简单的开始，将梯度条件取负后两边同时加上一个 $\boldsymbol{x}^*$，得到

$$\boldsymbol{x}^* - \nabla f(\boldsymbol{x}^*) = \boldsymbol{x}^*$$

定义 $G(\boldsymbol{x})=\boldsymbol{x}-\nabla f(\boldsymbol{x})$，那么 $\boldsymbol{x}^*$ 即为 $G(\boldsymbol{x})$ 的一个不动点，所以可能会期望按照算法 $\boldsymbol{x}_{n+1}=G(\boldsymbol{x}_n)$ 的方式生成一个序列 $\{\boldsymbol{x}_n\}$ 并且 $\boldsymbol{x}_n$ 会收敛到 $\boldsymbol{x}^*$。这时，需要使用巴拿赫固定点定理去验证 $G(\boldsymbol{x})$ 是不是一个压缩映射，即是否满足条件。

假设 $\forall \boldsymbol{x}_1, \boldsymbol{x}_2 \in \mathrm{R}^n$，有

$$|G(\boldsymbol{x}_1)-G(\boldsymbol{x}_2)|^2 = |\boldsymbol{x}_1-\boldsymbol{x}_2-(\nabla f(\boldsymbol{x}_1)-\nabla f(\boldsymbol{x}_2))|^2$$
$$= |\boldsymbol{x}_1-\boldsymbol{x}_2|^2 + |\nabla f(\boldsymbol{x}_1)-\nabla f(\boldsymbol{x}_2)|^2 - 2\langle(\boldsymbol{x}_1-\boldsymbol{x}_2),(\nabla f(\boldsymbol{x}_1)-\nabla f(\boldsymbol{x}_2))\rangle$$

从上述式子可以看出，对于一般的函数 $f(\boldsymbol{x})$，上式并不会给出压缩映射的结果。因此，需要限定 $f(\boldsymbol{x})$ 的讨论范围。假设 $f(\boldsymbol{x})$ 满足下列性质：存在 $\mu>0$，$L>0$，使得 $\forall \boldsymbol{x}_1, \boldsymbol{x}_2$ 满足：

$$\langle(\boldsymbol{x}_1-\boldsymbol{x}_2),(\nabla f(\boldsymbol{x}_1)-\nabla f(\boldsymbol{x}_2))\rangle \geqslant \mu|\boldsymbol{x}_1-\boldsymbol{x}_2|^2$$
$$|\nabla f(\boldsymbol{x}_1)-\nabla f(\boldsymbol{x}_2)|^2 < L|\boldsymbol{x}_1-\boldsymbol{x}_2|^2$$

由此可得

$$|G(\boldsymbol{x}_1)-G(\boldsymbol{x}_2)|^2 \leqslant (1-2\mu+L)|\boldsymbol{x}_1-\boldsymbol{x}_2|^2$$

因此，要使 $G(x)$ 满足压缩映射的条件，需要 $0 \leqslant (1-2\mu+L) < 1$，即 $2\mu-1 \leqslant L < 2\mu$。那么可以有下列定理：

假设 $f(x)$ 足够光滑且满足：

$$\langle \boldsymbol{x}_1-\boldsymbol{x}_2, \nabla f(\boldsymbol{x}_1)-\nabla f(\boldsymbol{x}_2) \rangle \geqslant \mu |\boldsymbol{x}_1-\boldsymbol{x}_2|^2$$

$$|\nabla f(\boldsymbol{x}_1)-\nabla f(\boldsymbol{x}_2)|^2 < L|\boldsymbol{x}_1-\boldsymbol{x}_2|^2$$

且 $2\mu-1 \leqslant L < 2\mu$，定义函数 $G(\boldsymbol{x})=\boldsymbol{x}-\nabla f(\boldsymbol{x})$，那么 $G(\boldsymbol{x})$ 有唯一不动点 $\boldsymbol{x}^*$，且 $\boldsymbol{x}^*$ 满足 $\boldsymbol{x}^*=\nabla f(\boldsymbol{x}^*)$。从 $\boldsymbol{x}_0$ 开始，按照下列方式生成一个序列 $\{\boldsymbol{x}_n\}$，该序列收敛到 x^*：

$$\boldsymbol{x}_{n+1}=G(\boldsymbol{x}_n)=\boldsymbol{x}_n-\nabla f(\boldsymbol{x}_n)$$

可以观察到，如果取 $G(\boldsymbol{x})=\boldsymbol{x}+\nabla f(\boldsymbol{x})$，在 $G(\boldsymbol{x})$ 的不动点处 $\boldsymbol{x}^*$，仍然有 $\nabla f(\boldsymbol{x}^*)=0$，看起来如此定义的 $G(x)$ 也是一个生成迭代算法的函数，但是该 $G(\boldsymbol{x})$ 是否满足压缩映射的假设呢？

由 $G(\boldsymbol{x})=\boldsymbol{x}-\nabla f(\boldsymbol{x})$ 生成的迭代算法即为梯度下降算法。类似的构造算法还有牛顿法，可以取

$$G(\boldsymbol{x})=\boldsymbol{x}-[\nabla^2 f(\boldsymbol{x})]^{-1}\nabla f(\boldsymbol{x})$$

可以搜索相关文献查阅 $G(x)$ 为压缩映射需要满足的条件。

考虑下列两个函数和的最优化问题：

$$\min_{\boldsymbol{x}} \quad \psi(\boldsymbol{x})+\varphi(\boldsymbol{x})$$

该问题在图像处理、最优运输、最优控制等问题中都有出现。可将 $\psi(\boldsymbol{x})+\varphi(\boldsymbol{x})$ 看做一个函数，再使用梯度下降来求解。然而，由于 $\psi(\boldsymbol{x})+\varphi(\boldsymbol{x})$ 是两个函数的和，又可以采用这个特点设计新的算法。为了更清楚地说明整个思想，假设 $\psi(\boldsymbol{x})$ 和 $\varphi(\boldsymbol{x})$ 都是足够光滑的，即 $\psi(\boldsymbol{x})$ 和 $\varphi(\boldsymbol{x})$ 的 导数存在。

根据微积分的定理，我们知道如果 $\boldsymbol{x}^*$ 为 $\psi(\boldsymbol{x})+\varphi(\boldsymbol{x})$ 中的最小值点，则有

$$\nabla\varphi(\boldsymbol{x}^*)+\nabla\psi(\boldsymbol{x}^*)=0$$

类似构造梯度下降的生成函数的思路，我们需要根据上述条件，将 $\boldsymbol{x}^*$ 表示为某个函数 $G(\boldsymbol{x})$ 的不动点。下面介绍几种算子的划分算法。

1) Forward-Backward Splitting

从 $\nabla\varphi(\boldsymbol{x}^*)+\nabla\psi(\boldsymbol{x}^*)=0$，可以得到

$$\nabla\varphi(\boldsymbol{x}^*)=-\nabla\psi(\boldsymbol{x}^*)$$

将其两边同时加上 $\boldsymbol{x}^*$，得到

$$\boldsymbol{x}^*+\nabla\varphi(\boldsymbol{x}^*)=\boldsymbol{x}^*-\nabla\psi(\boldsymbol{x}^*)=(I-\nabla\psi)(\boldsymbol{x}^*)$$

其中，$I(\boldsymbol{x})$ 为 Identity Map，即对任意的 $\boldsymbol{x}$，有 $I(\boldsymbol{x})=\boldsymbol{x}$。在中，对算子 $(I-\nabla\psi)$ 求逆，得到

$$\boldsymbol{x}^*=(I-\nabla\psi)^{-1}\boldsymbol{x}^*+\nabla\varphi(\boldsymbol{x}^*)$$

因此，可以定义

$$G(\boldsymbol{x})=(I-\nabla\psi)^{-1}\boldsymbol{x}+\nabla\varphi(\boldsymbol{x})$$

即 x^* 为 $G(x)$ 的一个不动点。

据此，可以使用生成算法：

$$\boldsymbol{y}^{n+1} = \boldsymbol{x}^n - \nabla\varphi(\boldsymbol{x}^n)$$
$$\boldsymbol{x}^{n+1} = (I - \nabla\psi)^{-1}\boldsymbol{y}^{n+1}$$

可以看出，第一个公式为沿着 φ 的负梯度方向进行一次梯度下降，而第二个公式为沿着 ψ 的梯度方向找到梯度上升后能够到达 $\boldsymbol{y}^{n+1}$ 的位置的点。因此，上述两式被称作 Forward-Backward Splitting。读者可以查看相关文献查阅 $G(\boldsymbol{x})$ 为压缩算子所需要的条件。

2) Douglas-Rachford Splitting

为了书写的方便，定义：

$$\boldsymbol{R}_\varphi = (I + \nabla\varphi)^{-1}$$
$$\boldsymbol{R}_\psi = (I + \nabla\psi)^{-1}$$
$$\boldsymbol{x} = (I + \nabla\varphi)^{-1}\boldsymbol{z}$$
$$G(\boldsymbol{z}) = [(1-\alpha)I + \alpha\boldsymbol{R}_\psi\boldsymbol{R}_\varphi]\boldsymbol{z},\ \alpha \in (0,\ 1)$$

可以验证，如果 $\boldsymbol{z}^*$ 是 $G(\boldsymbol{z})$ 的不动点，那么根据如上定义得到的 $\boldsymbol{x}^*$ 满足不动点条件，因此，我们可以使用函数 $G(\boldsymbol{z})$ 来生成迭代算法。

从上面例子可以看出，有非常多的方法可将优化算法的解表示为某个函数 G 的不动点，然后根据函数 G 来生成算法。但是，并不是每一个这样构造的算法都收敛。为了保证收敛性，我们需要构造的函数 G 是压缩映射。

2. 能量函数类

单个函数优化问题：

$$\min_{x}\ f(\boldsymbol{x})$$

假设 $\boldsymbol{x}^*$ 为函数的极小值。如果采用某种迭代算法来获得 $\{\boldsymbol{x}_n\}$ 进而获得 $\boldsymbol{x}^*$ 的近似解。为了证明该序列收敛，可以找到一个能量函数(或者称为 Lyapunov 函数)，该函数度量了 $\boldsymbol{x}_n$ 与 $\boldsymbol{x}^*$ 之间的距离，记为 $E(\boldsymbol{x}^*,\ \boldsymbol{x}_n) \geqslant 0$，进一步地，如果该能量函数满足下式，那么该序列就收敛：

$$E(\boldsymbol{x}^*,\ \boldsymbol{x}_{n+1}) \leqslant E(\boldsymbol{x}^*,\ \boldsymbol{x}_n)$$

常见的能量函数有：

(1) $E(\boldsymbol{x}^*,\ \boldsymbol{x}_n) = |\boldsymbol{x}^* - \boldsymbol{x}_n|^2$。该函数度量了 $\boldsymbol{x}^*$ 到 $\boldsymbol{x}_n$ 的欧几里得距离，如果 $|\boldsymbol{x}^* - \boldsymbol{x}_n|^2$ 减小到足够小，那么 $\boldsymbol{x}_n$ 可作为最小值点的近似值。

(2) $E(\boldsymbol{x}^*,\ \boldsymbol{x}_n) = f(\boldsymbol{x}_n) - f(\boldsymbol{x}^*)$。该函数度量的是函数值之间的距离，如果 E 很小，那么 $f(\boldsymbol{x}_n)$ 离 $f(\boldsymbol{x}^*)$ 很近，但是可能 $\boldsymbol{x}_n$ 离 $\boldsymbol{x}^*$ 并不近，例如函数 f 的底部非常平坦，那么算法可能在离 $\boldsymbol{x}^*$ 很远的地方就停下来了。因此，使用该距离可能会产生较大的误差，需要根据函数的特性来定。

(3) $E(\boldsymbol{x}^*,\ \boldsymbol{x}_n) = h(\boldsymbol{x}_n) - h(\boldsymbol{x}^*) - \langle\nabla h(\boldsymbol{x}_n),\ \boldsymbol{x}^* - \boldsymbol{x}_n\rangle$。其中，$h$ 为一凸函数。函数 E 定义了 $\boldsymbol{x}^*$ 与 $\boldsymbol{x}_n$ 之间的 Bregman 距离。

能量函数并不拘泥于上述三种形式，在实际问题中，对于具体的问题如何设计好能量函数，仍然比较依赖科研人员的直觉和经验。

2.6.3 收敛准则(停止条件)

在应用迭代求解最优化问题时，其最优解 $\boldsymbol{x}^*$ 是未知的，所知道的只有每次计算的迭代点 $\boldsymbol{x}_k$，因此，只能从已知迭代点所提供的信息来判断是否应该迭代结束。

对应于不同的解集定义，可以规定相应的迭代停止条件。如解集 Ω 的定义 2-8 中(3)和(4)本身就可作为停止条件。此外，下列几种停止条件也是最常用的，设 $\{\boldsymbol{x}_{(k)}\}$ 为算法产生的点列，且 $\epsilon_i > 0$ 为给定的误差限(ϵ_i 取值依具体问题而定)：

(1)相邻两次迭代绝对误差。

可行域内：
$$\|\boldsymbol{x}_{k+1} - \boldsymbol{x}_k\| \leqslant \epsilon_1$$

函数阈值：
$$\|f(\boldsymbol{x}_{k+1}) - f(\boldsymbol{x}_k)\| \leqslant \epsilon_2$$

(2)相邻两次迭代相对误差。

可行域内：
$$\frac{\|\boldsymbol{x}_{k+1} - \boldsymbol{x}_k\|}{\|\boldsymbol{x}_k\|} \leqslant \epsilon_3$$

函数阈值：
$$\frac{\|f(\boldsymbol{x}_{k+1}) - f(\boldsymbol{x}_k)\|}{\|f(x_k)\|} \leqslant \epsilon_4$$

(3)梯度模足够小。

$$\|\nabla f(\boldsymbol{x}_{k+1})\| < \epsilon_5$$

注意，以上 ϵ_i 为预先给定的充分小正数，对于定义域上的凸函数 f，梯度模足够小的终止条件是完全正确的，但是如果是非凸函数 f，则可能导致误把驻点当作最优点。

在具体求解问题时，应对算法及问题进行必要的分析，从而选择合适的停止条件；否则，可能出现计算停止但没有得到解的情况，称为早停。

2.6.4 收敛速度

满足前面迭代终止条件的算法，称为实用收敛性算法，与之对应的还有一类理论收敛性算法。

此外，判断算法的好坏，一看是否收敛，二看收敛速度。如果算法产生的迭代序列虽然收敛到最优解，但收敛速度太慢，导致在允许的时间内得不到满意结果，那么这类算法显然不能称为好算法。能以较快速度收敛于最优解的算法，才是好算法。

定义 2-12 由算法 A 产生的迭代序列 $\{\boldsymbol{x}_k\}$ 收敛于 $\boldsymbol{x}^*$，即 $\lim\limits_{k\to+\infty}\|\boldsymbol{x}_k - \boldsymbol{x}^*\| = 0$，若

$$\lim_{k\to+\infty}\frac{\|\boldsymbol{x}_{k+1} - \boldsymbol{x}^*\|}{\|\boldsymbol{x}_k - \boldsymbol{x}^*\|} = \beta$$

存在，则：

(1)当 $\beta = 0$ 时，称 $\{\boldsymbol{x}_k\}$ 具体超线性收敛速度或算法 A 为超线性收敛；

(2)当 $\beta \in (0, 1)$ 时，称 $\{\boldsymbol{x}_k\}$ 具有线性收敛速度，或算法 A 为线性收敛；

(3) 当 $\beta = 1$ 时，称 $\{\boldsymbol{x}_k\}$ 具有次线性收敛速度或算法 A 为次线性收敛。

例 2.6　现有如下四个收敛序列：

$$\boldsymbol{x}_k = \frac{1}{k},\ \boldsymbol{x}_k = \frac{1}{k^2},\ \boldsymbol{x}_k = \frac{1}{2^k},\ \boldsymbol{x}_k = \frac{1}{2^{2^k}}$$

试判断其收敛速度为次线性收敛、线性收敛还是超线性收敛。

解：显然，对于上述四个序列，其收敛点都为 $\boldsymbol{x}^* = 0$。于是分别有

$$\lim_{k \to +\infty} \frac{\left\| \frac{1}{k+1} \right\|}{\left\| \frac{1}{k} \right\|} = \lim_{k \to +\infty} \left\| \frac{k}{k+1} \right\| = 1,$$ 该序列为次线性收敛；

$$\lim_{k \to +\infty} \frac{\left\| \frac{1}{(k+1)^2} \right\|}{\left\| \frac{1}{k^2} \right\|} = \lim_{k \to +\infty} \left\| \frac{k^2}{(k+1)^2} \right\| = 1,$$ 该序列为次线性收敛；

$$\lim_{k \to +\infty} \frac{\left\| \frac{1}{2^{k+1}} \right\|}{\left\| \frac{1}{2^k} \right\|} = \lim_{k \to +\infty} \left\| \frac{2^k}{2^{k+1}} \right\| = \frac{1}{2},$$ 该序列为线性收敛；

$$\lim_{k \to +\infty} \frac{\left\| \frac{1}{2^{2^{k+1}}} \right\|}{\left\| \frac{1}{2^{2^k}} \right\|} = \lim_{k \to +\infty} \left\| \frac{2^{2^k}}{2^{2^{k+1}}} \right\| = 0,$$ 该序列为超线性收敛。

如图 2-7 所示。

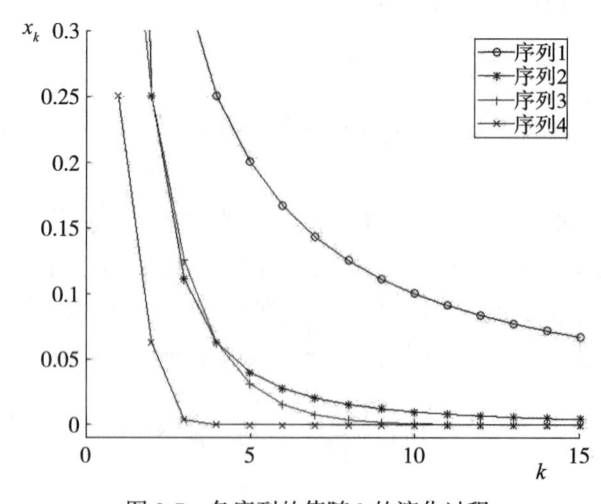

图 2-7　各序列的值随 k 的演化过程

定义 2-13 由算法 A 产生的迭代序列 $\{\boldsymbol{x}_k\}$ 收敛于 $\boldsymbol{x}^*$，若存在某个实数 $\alpha > 0$，有

$$\lim_{k\to+\infty}\frac{\|\boldsymbol{x}_{k+1}-\boldsymbol{x}^*\|}{\|\boldsymbol{x}_k-\boldsymbol{x}^*\|^{\alpha}}=\beta$$

则称算法是 α 收敛的，或称算法 A 所产生的迭代序列 $\{\boldsymbol{x}_k\}$ 具有 α 阶收敛速度。$\alpha=1$，称算法 A 为一阶收敛，$\alpha=2$ 时为二阶收敛，一般 $\alpha>1$ 时都可称为好算法。

需要说明的是，说一个算法是线性收敛的，是指算法产生的迭代序列 $\{x_k\}$ 在最坏的情况下是线性收敛的，收敛性和收敛速度的理论结果并不一定保证在实际运用时一定有好的计算过程和结果，其原因是，一方面，理论分析忽略了计算过程中一些环节的影响，比如数值计算中的舍入精度；另一方面，理论分析通常要对函数加一些不容易验证的特殊限定，而这些限定在实际中不一定能得到满足。

在最优化问题的算法中，最常涉及的收敛性有线性收敛、超线性收敛、二阶收敛。

定理 2-1 设序列 $\{\boldsymbol{x}_k\}$，且 $\boldsymbol{x}_k\neq\boldsymbol{x}^*$，$\forall k$，

(1)若 $\exists\alpha\in(0,1)$，使当 k 充分大时，$\dfrac{\|\boldsymbol{x}_{k+1}-\boldsymbol{x}^*\|}{\|\boldsymbol{x}_k-\boldsymbol{x}^*\|}\leqslant\alpha$，则 $\{\boldsymbol{x}_k\}$ 收敛于 $\boldsymbol{x}^*$，且至少是线性收敛；

(2)当存在正数列 $\{\alpha_k\}\to0$，使当 k 充分大时，$\dfrac{\|\boldsymbol{x}_{k+1}-\boldsymbol{x}^*\|}{\|\boldsymbol{x}_k-\boldsymbol{x}^*\|}\leqslant\alpha_k$，则 $\{\boldsymbol{x}_k\}$ 超线性收敛于 $\boldsymbol{x}^*$；

(3)序列 $\{\boldsymbol{x}_k\}$ 超线性收敛于 $\boldsymbol{x}^*\Leftrightarrow\lim\limits_{k\to\infty}\dfrac{\|\boldsymbol{x}_k+1-\boldsymbol{x}^*\|}{\|\boldsymbol{x}_k-\boldsymbol{x}^*\|}=0\Rightarrow\lim\limits_{k\to\infty}\dfrac{\|\boldsymbol{x}_{k+1}-\boldsymbol{x}_k\|}{\|\boldsymbol{x}_k-\boldsymbol{x}^*\|}=1$。

构造算法时，希望其具有超线性收敛速度，至少应有线性收敛速度。

2.6.5 线搜索算法

在多变量最优化问题的算法中，迭代过程如下(设已得到迭代点 $\boldsymbol{x}_k$)：

(1)确定搜索方向 $\boldsymbol{d}_k$；

(2)求 λ_k，使 $f(\boldsymbol{x}_k+\lambda_k\boldsymbol{d}_k)=\min\limits_{\lambda\in R_k}\{f(\boldsymbol{x}_k+\lambda\boldsymbol{d}_k)\}$；

(3)新迭代点：令 $\boldsymbol{x}_{k+1}=\boldsymbol{x}_k+\lambda_k\boldsymbol{d}_k$。

上述过程中，步骤(1)的 $\boldsymbol{d}_k$ 的产生方法不同，可得到不同的算法；步骤(2)是表示从 $\boldsymbol{x}_k$ 点出发沿方向 $\boldsymbol{d}_k$ 寻找在对步长因子 λ 的一定限制范围内的最小值点，称为线搜索或一维搜索，R_k 是针对问题得到的限制集合(一般情况下 $R_k\in R^+$)；步骤(3)是产生新解。

步骤(2)中的线搜索是一种一维变量的最优化问题，一般不能经有限步得到解。线搜索过程与算法的收敛性及收敛速度有着密切的联系。一般说来，线搜索达到相应方向上的“极小”是收敛性所要求的，即精确一维搜索。当 $\boldsymbol{x}_{k+1}$ 距离 $\boldsymbol{x}_k$ 很远时，要求精确一维搜索的必要性不大，精确一维搜索往往需要较多的计算工作量，这时可按照一定的要求来选择 λ_k，使函数下降一定的量即可，从而使计算量较小，控制每次迭代所需的时间，期望得到“整体”较快的收敛。这类线搜索方法称为不精确一维搜索方法。

线搜索有关内容将在第 4 章详细介绍。

2.7　凸集和凸函数

凸集和凸函数在最优化理论和算法的研究中起着非常重要的作用。下面介绍其中的一些基本定义和定理。

2.7.1　凸集

定义 2-14　集合 $D \subset \mathrm{R}^n$ 为凸集，如果对 $\forall \boldsymbol{x}, \boldsymbol{y} \in D$ 都有

$$\lambda \boldsymbol{x} + (1-\lambda)\boldsymbol{y} \in D,\ \lambda \in [0,\ 1]$$

也就是说，集合 D 中任意两点间直线段上所有的点也在集合 D 中。

规定：单点集 $\{\boldsymbol{x}_0\}$ 为凸集，空集 $\varnothing$ 为凸集。

例 2.7　证明集合 $D=\{\boldsymbol{x} \mid \boldsymbol{Ax}=\boldsymbol{b}\}$ 是凸集。其中，$\boldsymbol{A}$ 为 $m \times n$ 矩阵，$\boldsymbol{b}$ 为 m 维(列)向量。

证明：设 $\boldsymbol{x}_1, \boldsymbol{x}_2 \in D$，则有 $\boldsymbol{Ax}_1=\boldsymbol{b}$，$\boldsymbol{Ax}_2=\boldsymbol{b}$，令 $\boldsymbol{y}=\lambda \boldsymbol{x}_1+(1-\lambda)\boldsymbol{x}_2$，$\lambda \in [0,\ 1]$，则

$$\boldsymbol{Ay}=\lambda \boldsymbol{Ax}_1+(1-\lambda)\boldsymbol{Ax}_2=\lambda \boldsymbol{b}+(1-\lambda)\boldsymbol{b}=\boldsymbol{b}$$

即 $\boldsymbol{y} \in D$，证明集合 D 为凸集。

凸集具有如下基本性质：设 $D_1, D_2 \subset \mathrm{R}^n$ 为凸集，则

(1) $D_1 \cap D_2=\{\boldsymbol{x} \in \mathrm{R}^n \mid \boldsymbol{x} \in D_1,\ \boldsymbol{x} \in D_2\}$ 是凸集；

(2) $D_1 \pm D_2=\{\boldsymbol{x} \pm \boldsymbol{y} \in \mathrm{R}^n \mid \boldsymbol{x} \in D_1,\ \boldsymbol{y} \in D_2\}$ 是凸集；

(3) $\alpha D_1=\{\boldsymbol{y} \mid \boldsymbol{y}=\alpha \boldsymbol{x},\ \boldsymbol{x} \in D_1,\ \alpha$ 为任意非零实数$\}$ 是凸集；

(4) 凸集的内点集是凸集；

(5) 凸集的闭包是凸集。

定义 2-15　设 $\boldsymbol{x}_i \in \mathrm{R}^n$，$\alpha_i \in \mathrm{R}^+$，$i=1, 2, \cdots, m$，且 $\sum_{i=1}^{m}\alpha_i=1$，则

$$\boldsymbol{x}=\sum_{i=1}^{m}\alpha_i \boldsymbol{x}_i$$

称为 $\boldsymbol{x}_i \in \mathrm{R}^n (i=1, 2, \cdots, m)$ 的凸组合。

定理 2-2　集合 $D \subset \mathrm{R}^n$ 为凸集的充分必要条件是 D 中任意 m 个点的凸组合仍属于 D，即

$$\sum_{i=1}^{m}\alpha_i \boldsymbol{x}_i \in D,\ \alpha_i \geqslant 0,\ \boldsymbol{x}_i \in D,\ \sum_{i=1}^{m}\alpha_i=1$$

定义 2-16　多胞形 $H(\boldsymbol{x}_1, \boldsymbol{x}_2, \cdots, \boldsymbol{x}_m)$：由 $\boldsymbol{x}_1, \boldsymbol{x}_2, \cdots, \boldsymbol{x}_m$ 的所有凸组合构成。

定义 2-17　单纯形：若多胞形 $H(\boldsymbol{x}_1, \boldsymbol{x}_2, \cdots, \boldsymbol{x}_m)$满足，$\boldsymbol{x}_2-\boldsymbol{x}_1$，$\boldsymbol{x}_3-\boldsymbol{x}_1$，$\cdots$，$\boldsymbol{x}_m-\boldsymbol{x}_1$ 线性无关。

定义 2-18　$C \subseteq \mathrm{R}^n$，若 $\forall \boldsymbol{x} \in C$，$\lambda > 0$，有 $\lambda \boldsymbol{x} \in C$，则称 C 是以 0 为顶点的锥。如果 C 还是凸集，则称为凸锥。

集合$\{0\}$、R^n 是凸锥。

定理 2-3 C 是凸锥⇔C 中任意有限点的半正组合属于 C。

2.7.2 凸函数

定义 2-19 设集合 $D\subset \mathrm{R}^n$ 为凸集，函数f：$D\to \mathrm{R}$，若 $\forall \boldsymbol{x}_1$，$\boldsymbol{x}_2\in D$，$\lambda\in[0,\ 1]$，均有

$$f(\lambda\boldsymbol{x}_1+(1-\lambda)\boldsymbol{x}_2)\leqslant\lambda f(\boldsymbol{x}_1)+(1-\lambda)f(\boldsymbol{x}_2)$$

则称$f(\boldsymbol{x})$ 为凸集 D 上的凸函数。

定义 2-20 若进一步在 $\lambda\in(0,\ 1)$，上面不等式以严格成立，则称$f(\boldsymbol{x})$ 为凸集 D 上的严格凸函数。

定义 2-21 当 $-f(\boldsymbol{x})$ 为凸函数(严格凸函数)时，则称$f(\boldsymbol{x})$ 为凹函数(严格凹函数)。如图 2-8 所示。

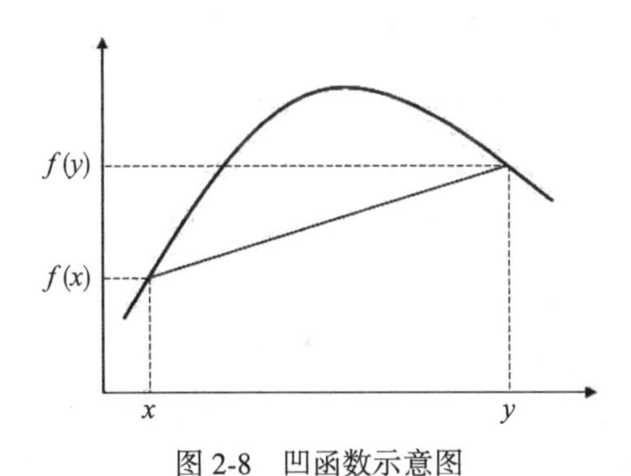

图 2-8 凹函数示意图

凸函数的定义表明，当$f(\boldsymbol{x})$ 为凸集 D 上的凸函数，则对凸集上的任意两点 $\boldsymbol{x}_1$，$\boldsymbol{x}_2$，连接 $(\boldsymbol{x}_1,\ f(\boldsymbol{x}_1))$ 与$(\boldsymbol{x}_2,\ f(\boldsymbol{x}_2))$ 的弦位于函数图形的上方。

例 2.8 已知 $F_1=\{\boldsymbol{x}\mid c_i(\boldsymbol{x})\geqslant 0,\ i=1,\ 2,\ \cdots,\ m\}\neq\varnothing$，$F_2=\{\boldsymbol{x}\mid c_i(\boldsymbol{x})\leqslant 0,\ i=1,\ 2,\ \cdots,\ m\}\neq\varnothing$。试证明：(1)如果 $c_i(\boldsymbol{x})$ 都是凹函数，则 F_1 为凸集；(2)如果 $c_i(\boldsymbol{x})$ 都是凸函数，则 F_2 为凸集。

证明：(1)如果 $c_i(\boldsymbol{x})$ 都是凹函数，则对于 $\forall\boldsymbol{x}_1$，$\boldsymbol{x}_2\in F_1$，$\lambda\in[0,\ 1]$，有

$$c_i(\lambda\boldsymbol{x}_1+(1-\lambda)\boldsymbol{x}_2)\geqslant\lambda c_i(\boldsymbol{x}_1)+(1-\lambda)c_i(\boldsymbol{x}_2)\geqslant 0$$

即 $\lambda\boldsymbol{x}_1+(1-\lambda)\boldsymbol{x}_2\in F_1$，也就是说，$F_1$ 为凸集。

(2)如果 $c_i(\boldsymbol{x})$ 都是凸函数，则对于 $\forall\boldsymbol{x}_1$，$\boldsymbol{x}_2\in F_2$，$\lambda\in[0,\ 1]$ 有

$$c_i(\lambda\boldsymbol{x}_1+(1-\lambda)\boldsymbol{x}_2)\leqslant\lambda c_i(\boldsymbol{x}_1)+(1-\lambda)c_i(\boldsymbol{x}_2)\leqslant 0$$

即 $\lambda\boldsymbol{x}_1+(1-\lambda)\boldsymbol{x}_2\in F_2$，也就是说，$F_2$ 为凸集。

定理 2-4 当 $c_i(\boldsymbol{x})$ 既是凹函数，也是凸函数时，$F=\{\boldsymbol{x}\mid c_i(\boldsymbol{x})=0,\ i=1,\ 2,\ \cdots,\ m\}\neq\varnothing$ 为凸集。

证明：对于 $\forall\boldsymbol{x}_1$，$\boldsymbol{x}_2\in F$，$\lambda\in[0,\ 1]$。因为 $c_i(\boldsymbol{x})$ 都是凹函数，则有

$$c_i(\lambda\boldsymbol{x}_1+(1-\lambda)\boldsymbol{x}_2)\geqslant\lambda c_i(\boldsymbol{x}_1)+(1-\lambda)c_i(\boldsymbol{x}_2)=0$$

又因为 $c_i(\boldsymbol{x})$ 都是凹函数，则有

$$c_i(\lambda \boldsymbol{x}_1 + (1-\lambda)\boldsymbol{x}_2) \leqslant \lambda c_i(\boldsymbol{x}_1) + (1-\lambda)c_i(\boldsymbol{x}_2) = 0$$

综上，可得 $c_i(\lambda \boldsymbol{x}_1 + (1-\lambda)\boldsymbol{x}_2) = 0$，即 $\lambda \boldsymbol{x}_1 + (1-\lambda)\boldsymbol{x}_2 \in F$，也就是说，$F$ 为凸集。

特别地，当 $c_i(\boldsymbol{x}) = a_i\boldsymbol{x} + b_i$ 时(为 $\boldsymbol{x}$ 的线性函数)，其既为凸函数，也为凹函数，那么由线性方程组描述的空间即为凸集，即 $F = \{\boldsymbol{x} \mid a_i\boldsymbol{x} + b_i = 0,\ i = 1, 2, \cdots, m\} \neq \varnothing$ 为凸集。

例 2.9　试证明：

(1) $f(\boldsymbol{x}) = \boldsymbol{A}\boldsymbol{x} + \boldsymbol{b}(\boldsymbol{x} \in \mathrm{R}^n)$ 既是凸函数，也是凹函数；

(2) $f(x) = \dfrac{1}{2}x^2(x \in \mathrm{R})$ 为凸函数；

(3) $f(x) = |x|(x \in \mathrm{R})$ 为凸函数；

(4) $f(\boldsymbol{x}) = \dfrac{1}{2}\boldsymbol{x}^{\mathrm{T}}\boldsymbol{G}\boldsymbol{x} + \boldsymbol{b}^{\mathrm{T}}\boldsymbol{x}(\boldsymbol{G} \geqslant 0,\ \boldsymbol{x} \in \mathrm{R}^n)$ 为凸函数；

(5) $f(x) = 2x^3,\ x \in \mathrm{R}^+$ 为凸函数；

证明：(1) $\forall \boldsymbol{x}_1, \boldsymbol{x}_2 \in \mathrm{R}^n,\ \lambda \in [0, 1]$，

$$f(\boldsymbol{x}_1) = \boldsymbol{A}\boldsymbol{x}_1 + \boldsymbol{b},\ f(\boldsymbol{x}_2) = \boldsymbol{A}\boldsymbol{x}_2 + \boldsymbol{b}$$

$$\begin{aligned} f(\lambda \boldsymbol{x}_1 + (1-\lambda)\boldsymbol{x}_2) &= \boldsymbol{A}[\lambda \boldsymbol{x}_1 + (1-\lambda)\boldsymbol{x}_2] + b \\ &= \lambda(\boldsymbol{A}\boldsymbol{x}_1 + \boldsymbol{b}) + (1-\lambda)(\boldsymbol{A}\boldsymbol{x}_2 + \boldsymbol{b}) \\ &= \lambda f(\boldsymbol{x}_1) + (1-\lambda)f(\boldsymbol{x}_2) \end{aligned}$$

即 $f(\lambda \boldsymbol{x}_1 + (1-\lambda)\boldsymbol{x}_2) \geqslant \lambda f(\boldsymbol{x}_1) + (1-\lambda)f(\boldsymbol{x}_2)$，$f(\boldsymbol{x})$ 为凹函数；

且 $f(\lambda \boldsymbol{x}_1 + (1-\lambda)\boldsymbol{x}_2) \leqslant \lambda f(\boldsymbol{x}_1) + (1-\lambda)f(\boldsymbol{x}_2)$，$f(\boldsymbol{x})$ 为凸函数；

所以，$f(\boldsymbol{x}) = \boldsymbol{A}\boldsymbol{x} + \boldsymbol{b}(\boldsymbol{x} \in \mathrm{R}^n)$ 既是凸函数，也是凹函数．

(2) $\forall x_1, x_2 \in \mathrm{R},\ \lambda \in [0, 1]$，

$$f(x_1) = \frac{1}{2}x_1^2,\ f(x_2) = \frac{1}{2}x_2^2$$

$$f(\lambda x_1 + (1-\lambda)x_2) = \frac{1}{2}(\lambda x_1 + (1-\lambda)x_2)^2$$

$$\begin{aligned} & 2[f(\lambda x_1 + (1-\lambda)x_2) - \lambda f(x_1) - (1-\lambda)f(x_2)] \\ =& [\lambda x_1 + (1-\lambda)x_2]^2 - \lambda x_1^2 - (1-\lambda)x_2^2 \\ =& -\lambda(1-\lambda)(x_1 - x_2)^2 \leqslant 0 \end{aligned}$$

可得

$$f(\lambda x_1 + (1-\lambda)x_2) \leqslant \lambda f(x_1) + (1-\lambda)f(x_2)$$

即 $f(x)$ 为凸函数。

(3) $\forall x_1, x_2 \in \mathrm{R},\ \lambda \in [0, 1]$，

$$f(x_1) = |x_1|,\ f(x_2) = |x_2|$$

$$f(\lambda x_1 + (1-\lambda)x_2) = |\lambda x_1 + (1-\lambda)x_2|$$

$$\begin{aligned}&f[\lambda x_1+(1-\lambda)x_2]-[\lambda f(x_1)+(1-\lambda)f(x_2)]\\=&\lambda|x_1|+(1-\lambda)|x_2|-|\lambda x_1+(1-\lambda)x_2|\\\geqslant&\lambda|x_1|+(1-\lambda)|x_2|-|\lambda x_1|-|(1-\lambda)x_2|=0\end{aligned}$$

可得

$$f(\lambda x_1+(1-\lambda)x_2)\leqslant\lambda f(x_1)+(1-\lambda)f(x_2)$$

即 $f(x)$ 为凸函数。

(4) $\forall \boldsymbol{x}_1,\ \boldsymbol{x}_2\in \mathbf{R}^n,\ \lambda\in[0,\ 1]$,

$$f(\boldsymbol{x}_1)=\frac{1}{2}\boldsymbol{x}_1^{\mathrm{T}}\boldsymbol{G}\boldsymbol{x}_1+\boldsymbol{b}^{\mathrm{T}}\boldsymbol{x}_1,\ f(\boldsymbol{x}_2)=\frac{1}{2}\boldsymbol{x}_2^{\mathrm{T}}\boldsymbol{G}\boldsymbol{x}_2+\boldsymbol{b}^{\mathrm{T}}\boldsymbol{x}_2$$

$$\begin{aligned}f(\lambda\boldsymbol{x}_1+(1-\lambda)\boldsymbol{x}_2)&=\frac{1}{2}[\lambda\boldsymbol{x}_1+(1-\lambda)\boldsymbol{x}_2]^{\mathrm{T}}\boldsymbol{G}[\lambda\boldsymbol{x}_1+(1-\lambda)\boldsymbol{x}_2]+\boldsymbol{b}^{\mathrm{T}}(\lambda\boldsymbol{x}_1+(1-\lambda)\boldsymbol{x}_2]\\&=\frac{1}{2}\lambda^2\boldsymbol{x}_1^{\mathrm{T}}\boldsymbol{G}\boldsymbol{x}_1+\frac{1}{2}(1-\lambda)^2\boldsymbol{x}_2^{\mathrm{T}}\boldsymbol{G}\boldsymbol{x}_2+\frac{1}{2}\lambda(1-\lambda)\boldsymbol{x}_1^{\mathrm{T}}\boldsymbol{G}\boldsymbol{x}_2\\&\quad+\frac{1}{2}(1-\lambda)\lambda\boldsymbol{x}_2^{\mathrm{T}}\boldsymbol{G}\boldsymbol{x}_1+[\lambda\boldsymbol{b}^{\mathrm{T}}\boldsymbol{x}_1+(1-\lambda)\boldsymbol{b}^{\mathrm{T}}\boldsymbol{x}_2]\end{aligned}$$

$$\begin{aligned}&2\{f[\lambda\boldsymbol{x}_1+(1-\lambda)\boldsymbol{x}_2]-(\lambda f(\boldsymbol{x}_1)+(1-\lambda)f(\boldsymbol{x}_2)]\}\\=&-\lambda(1-\lambda)\boldsymbol{x}_1^{\mathrm{T}}\boldsymbol{G}\boldsymbol{x}_1-(1-\lambda)\lambda\boldsymbol{x}_2^{\mathrm{T}}\boldsymbol{G}\boldsymbol{x}_2+\lambda(1-\lambda)\boldsymbol{x}_1^{\mathrm{T}}\boldsymbol{G}\boldsymbol{x}_2+(1-\lambda)\lambda\boldsymbol{x}_2^{\mathrm{T}}\boldsymbol{G}\boldsymbol{x}_1\\=&\lambda(1-\lambda)\boldsymbol{x}_1^{\mathrm{T}}\boldsymbol{G}(\boldsymbol{x}_2-\boldsymbol{x}_1)-\lambda(1-\lambda)\boldsymbol{x}_2^{\mathrm{T}}G(\boldsymbol{x}_2-\boldsymbol{x}_1)\\=&-\lambda(1-\lambda)(\boldsymbol{x}_2-\boldsymbol{x}_1)^{\mathrm{T}}\boldsymbol{G}(\boldsymbol{x}_2-\boldsymbol{x}_1)\end{aligned}$$

考虑 $\boldsymbol{G}\geqslant 0$，即 $(\boldsymbol{x}_2-\boldsymbol{x}_1)^{\mathrm{T}}\boldsymbol{G}(\boldsymbol{x}_2-\boldsymbol{x}_1)\geqslant 0$，且 $\lambda\in[0,\ 1]$，即 $\lambda(1-\lambda)\geqslant 0$，可得

$$f(\lambda\boldsymbol{x}_1+(1-\lambda)\boldsymbol{x}_2)-[\lambda f(\boldsymbol{x}_1)+(1-\lambda)f(\boldsymbol{x}_2)]\leqslant 0$$

也就是有

$$f(\lambda\boldsymbol{x}_1+(1-\lambda)\boldsymbol{x}_2)\leqslant\lambda f(\boldsymbol{x}_1)+(1-\lambda)f(\boldsymbol{x}_2)$$

即 $f(\boldsymbol{x})$ 为凸函数。

当 $f_0(\boldsymbol{x})=x_1^2+5x_2^2+2x_1x_2-10x_1+10x_2,\ x_1,\ x_2\in\mathbf{R}$，转化为矩阵形式可得

$$\boldsymbol{G}=\begin{bmatrix}1&1\\1&5\end{bmatrix}$$

由线性代数的知识，可以计算得到 $\boldsymbol{G}>0$，因此函数 $f_0(x)$ 为严格凸函数。

(5) $\forall x_1,\ x_2\in\mathbf{R}^+,\ \lambda\in[0,\ 1]$,

$$f(x_1)=2x_1^3,\quad f(x_2)=2x_2^3$$

$$\begin{aligned}&f(\lambda x_1+(1-\lambda)x_2)\\=&2[\lambda x_1+(1-\lambda)x_2]^3\\=&2[\lambda^3x_1^3+3\lambda^2(1-\lambda)x_1^2x_2+3\lambda(1-\lambda)^2x_1x_2^2+(1-\lambda)^3x_2^3]\end{aligned}$$

$$\begin{aligned}&\frac{1}{2}\{f[\lambda x_1+(1-\lambda)x_2]-[\lambda f(x_1)+(1-\lambda)f(x_2)]\}\\=&\lambda(\lambda^2-1)x_1^3+3\lambda^2(1-\lambda)x_1^2x_2+3\lambda(1-\lambda)^2x_1x_2^2+\lambda(1-\lambda)(\lambda-2)x_2^3\\=&\lambda(1-\lambda)[-(1+\lambda)x_1^3+3x_1^2x_2+3(1-\lambda)x_1x_2^2+(\lambda-2)x_2^3]\end{aligned}$$

$$= \lambda(1-\lambda)(x_1-x_2)[-\lambda(x_1-x_2)^2-(x_1-x_2)(2x_2-x_1)]$$
$$= \lambda(1-\lambda)(x_1-x_2)^2[(\lambda-2)x_2-(1+\lambda)x_1]$$

因为 $x_1, x_2 \in \mathrm{R}^+$，$\lambda \in [0, 1]$，所以 $(\lambda-2)x_2-(1+\lambda)x_1 < 0$，且

$$\lambda(1-\lambda)(x_1-x_2)^2[(\lambda-2)x_2-(1+\lambda)x_1] < 0$$

可得

$$f(\lambda x_1+(1-\lambda)x_2) < \lambda f(x_1)+(1-\lambda)f(x_2)$$

即证明了 $f(x)$ 为凸函数。

例 2.10　试证明二次函数 $f(\boldsymbol{x})=\frac{1}{2}\boldsymbol{x}^{\mathrm{T}}\boldsymbol{G}\boldsymbol{x}+\boldsymbol{b}^{\mathrm{T}}\boldsymbol{x}$ 是 R^n 上的严格凸函数的充要条件是 $\boldsymbol{G}>0$。

证明：(1)充分性，已经证明如上。

(2)必要性，即当 $f(\boldsymbol{x})$ 为严格凸函数时，需要证明 $\boldsymbol{G}>0$。

$$\forall \boldsymbol{x}_1, \boldsymbol{x}_2 \in \mathrm{R}^n, \lambda \in [0, 1],$$

$$2\{f[\lambda\boldsymbol{x}_1+(1-\lambda)\boldsymbol{x}_2]-[\lambda f(\boldsymbol{x}_1)+(1-\lambda)f(\boldsymbol{x}_2)]\}$$
$$=-\lambda(1-\lambda)\boldsymbol{x}_1^{\mathrm{T}}\boldsymbol{G}\boldsymbol{x}_1-(1-\lambda)\lambda\boldsymbol{x}_2^{\mathrm{T}}\boldsymbol{G}\boldsymbol{x}_2+\lambda(1-\lambda)\boldsymbol{x}_1^{\mathrm{T}}\boldsymbol{G}\boldsymbol{x}_2+(1-\lambda)\lambda\boldsymbol{x}_2^{\mathrm{T}}\boldsymbol{G}\boldsymbol{x}_1$$
$$=\lambda(1-\lambda)\boldsymbol{x}_1^{\mathrm{T}}\boldsymbol{G}(\boldsymbol{x}_2-\boldsymbol{x}_1)-\lambda(1-\lambda)\boldsymbol{x}_2^{\mathrm{T}}\boldsymbol{G}(\boldsymbol{x}_2-\boldsymbol{x}_1)$$
$$=-\lambda(1-\lambda)(\boldsymbol{x}_2-\boldsymbol{x}_1)^{\mathrm{T}}\boldsymbol{G}(\boldsymbol{x}_2-\boldsymbol{x}_1)$$

由于 $\lambda \in [0, 1]$，$-\lambda(1-\lambda) \leqslant 0$。

设 $\boldsymbol{y}=\boldsymbol{x}_2-\boldsymbol{x}_1$，则根据 $\forall \boldsymbol{x}_1, \boldsymbol{x}_2 \in \mathrm{R}^n$，可知 $\boldsymbol{y} \in \mathrm{R}^n$ 可为任意 n 维列向量。

由于 $f(\boldsymbol{x})$ 为严格凸函数，即可得 $\boldsymbol{y}^{\mathrm{T}}\boldsymbol{G}\boldsymbol{y}>0$。

由 $\boldsymbol{y}$ 的任意性和矩阵正定的定义，可得 $\boldsymbol{G}>0$。

定理 2-5　对于二次函数 $f(\boldsymbol{x})=\frac{1}{2}\boldsymbol{x}^{\mathrm{T}}\boldsymbol{G}\boldsymbol{x}+\boldsymbol{b}^{\mathrm{T}}\boldsymbol{x}+c$，其中 $\boldsymbol{G}$ 为对称阵，则

(1)当 $\boldsymbol{G}\geqslant 0$ 时，二次函数 $f(\boldsymbol{x})$ 为凸函数；

(2)当 $\boldsymbol{G}>0$ 时，二次函数 $f(\boldsymbol{x})$ 为严格凸函数；

(3)当 $\boldsymbol{G}\leqslant 0$ 时，二次函数 $f(\boldsymbol{x})$ 为凹函数；

(4)当 $\boldsymbol{G}<0$ 时，二次函数 $f(\boldsymbol{x})$ 为严格凹函数；

(5)当 $\boldsymbol{G}$ 不定时，$f(\boldsymbol{x})$ 既不是凸函数，也不是凹函数。

证明：$\forall \boldsymbol{x}_1, \boldsymbol{x}_2 \in \mathrm{R}^n$，$\lambda \in [0, 1]$，可得

$$2\{f[\lambda\boldsymbol{x}_1+(1-\lambda)\boldsymbol{x}_2]-[\lambda f(\boldsymbol{x}_1)+(1-\lambda)f(\boldsymbol{x}_2)]\}$$
$$=-\lambda(1-\lambda)(\boldsymbol{x}_2-\boldsymbol{x}_1)^{\mathrm{T}}\boldsymbol{G}(\boldsymbol{x}_2-\boldsymbol{x}_1)$$

(1)当 $\boldsymbol{G}\geqslant 0$ 时：

$$f[\lambda\boldsymbol{x}_1+(1-\lambda)\boldsymbol{x}_2] \leqslant \lambda f(\boldsymbol{x}_1)+(1-\lambda)f(\boldsymbol{x}_2)$$

二次函数 $f(\boldsymbol{x})$ 为凸函数。

(2)当 $\boldsymbol{G}>0$ 时：

$$f[\lambda\boldsymbol{x}_1+(1-\lambda)\boldsymbol{x}_2] < \lambda f(\boldsymbol{x}_1)+(1-\lambda)f(\boldsymbol{x}_2)$$

二次函数 $f(\boldsymbol{x})$ 为严格凸函数。

(3) 当 $\boldsymbol{G} \leqslant 0$ 时：

$$f[\lambda \boldsymbol{x}_1 + (1-\lambda)\boldsymbol{x}_2] \geqslant \lambda f(\boldsymbol{x}_1) + (1-\lambda)f(\boldsymbol{x}_2)$$

二次函数 $f(\boldsymbol{x})$ 为凹函数。

(4) 当 $\boldsymbol{G} < 0$ 时，

$$f[\lambda \boldsymbol{x}_1 + (1-\lambda)\boldsymbol{x}_2] > \lambda f(\boldsymbol{x}_1) + (1-\lambda)f(\boldsymbol{x}_2)$$

二次函数 $f(\boldsymbol{x})$ 为严格凹函数。

(5) 当 $\boldsymbol{G}$ 不定时，$f(\lambda \boldsymbol{x}_1 + (1-\lambda)\boldsymbol{x}_2)$，$\lambda f(\boldsymbol{x}_1) + (1-\lambda)f(\boldsymbol{x}_2)$ 大小无法比较，$f(\boldsymbol{x})$ 既不是凸函数，也不是凹函数。

凸函数的基本性质如下：

(1) 如果 $f(\boldsymbol{x})$ 为 D 上的凸函数，实数 $\alpha \geqslant 0$，则 $\alpha f(\boldsymbol{x})$ 为 D 上的凸函数，且 $-\alpha f(\boldsymbol{x})$ 为 D 上的凹函数；

(2) 如果 $f_1(\boldsymbol{x})$，$f_2(\boldsymbol{x})$ 为 D 上的凸函数，实数 α_1，$\alpha_2 \geqslant 0$，则 $\alpha_1 f_1(\boldsymbol{x}) + \alpha_2 f_2(\boldsymbol{x})$ 为 D 上的凸函数；

(3) 如果 $f_i(\boldsymbol{x})(i = 1,2,\cdots,m)$ 为 $D(\neq \varnothing)$ 上凸函数，则如下函数也为 D 上凸函数。

$$f(\boldsymbol{x}) = \max_{i=1,2,\cdots,m} f_i(\boldsymbol{x})$$

$$f(\boldsymbol{x}) = \sum_{i=1}^{m} \alpha_i f_i(\boldsymbol{x}),\ \alpha_i \geqslant 0$$

定义 2-22 可行域是凸集，目标函数是凸函数的最优化问题称为凸优化问题。

对于凸优化问题，有如下结论：设 $\boldsymbol{x}^*$ 为凸优化问题的一个局部最优解，则 $\boldsymbol{x}^*$ 也是该问题的一个全局最优解；当目标函数是严格凸函数时，$\boldsymbol{x}^*$ 也是该问题的唯一全局最优解。

凸函数的判别定理如下：

定理 2-6 函数 $f(\boldsymbol{x})$ 是 R^n 上的凸函数的充分必要条件是：对 $\forall \boldsymbol{x}_1$，$\boldsymbol{x}_2 \in \mathrm{R}^n$，单变量函数 $\phi(\alpha) = f(\boldsymbol{x}_1 + \alpha \boldsymbol{x}_2)$ 是关于 α 的凸函数。

证明：设 $\forall \boldsymbol{x}_1$，$\boldsymbol{x}_2 \in \mathrm{R}^n$，$\lambda \in (0, 1)$，$\alpha_1$，$\alpha_2 \in \mathrm{R}$，

$$\phi(\alpha_1) = f(\boldsymbol{x}_1 + \alpha_1 \boldsymbol{x}_2),\ \phi(\alpha_2) = f(\boldsymbol{x}_1 + \alpha_2 \boldsymbol{x}_2)$$

$$\begin{aligned}\phi(\lambda\alpha_1 + (1-\lambda)\alpha_2) &= f(\boldsymbol{x}_1 + [\lambda\alpha_1 + (1-\lambda)\alpha_2]x_2) \\ &= f(\lambda(\boldsymbol{x}_1 + \alpha_1\boldsymbol{x}_2) + (1-\lambda)(\boldsymbol{x}_1 + \alpha_2\boldsymbol{x}_2)) \\ &= f(\lambda \boldsymbol{z}'_1 + (1-\lambda)\boldsymbol{z}'_2)\end{aligned}$$

其中，$\boldsymbol{z}'_1 = \boldsymbol{x}_1 + \alpha_1\boldsymbol{x}_2$，$\boldsymbol{z}'_2 = \boldsymbol{x}_1 + \alpha_2\boldsymbol{x}_2$。

(1) 充分性。已知 $\phi(\alpha) = f(\boldsymbol{x}_1 + \alpha\boldsymbol{x}_2)$ 是关于 α 的凸函数，则有

$$\phi(\lambda\alpha_1 + (1-\lambda)\alpha_2) \leqslant \lambda\phi(\alpha_1) + (1-\lambda)\phi(\alpha_2)$$

由此可得

$$f(\boldsymbol{x}_1 + [\lambda\alpha_1 + (1-\lambda)\alpha_2]\boldsymbol{x}_2) \leqslant \lambda f(\boldsymbol{x}_1 + \alpha_1\boldsymbol{x}_2) + (1-\lambda)f(\boldsymbol{x}_1 + \alpha_2\boldsymbol{x}_2)$$

将 $\boldsymbol{x}_1 + [\lambda\alpha_1 + (1-\lambda)\alpha_2]\boldsymbol{x}_2$ 改写为 $\lambda(\boldsymbol{x}_1 + \alpha_1\boldsymbol{x}_2) + (1-\lambda)(\boldsymbol{x}_1 + \alpha_2\boldsymbol{x}_2)$，则有如下表达式：

$$f(\lambda(\boldsymbol{x}_1+\alpha_1\boldsymbol{x}_2)+(1-\lambda)(\boldsymbol{x}_1+\alpha_2\boldsymbol{x}_2))\leqslant\lambda f(\boldsymbol{x}_1+\alpha_1\boldsymbol{x}_2)+(1-\lambda)f(\boldsymbol{x}_1+\alpha_2\boldsymbol{x}_2)$$

设 $\boldsymbol{z}_1=\boldsymbol{x}_1+\alpha_1\boldsymbol{x}_2$，$\boldsymbol{z}_2=\boldsymbol{x}_1+\alpha_2\boldsymbol{x}_2$，由 $\boldsymbol{x}_1$，$\boldsymbol{x}_2$，α_1，α_2 的任意性，可知 $\boldsymbol{z}_1$，$\boldsymbol{z}_2$ 也可是任意的 n 维向量，从而对 $\forall\boldsymbol{z}_1,\ \boldsymbol{z}_2\in\mathrm{R}^n$，$\lambda\in(0,\ 1)$，有

$$f(\lambda\boldsymbol{z}_1+(1-\lambda)\boldsymbol{z}_2)\leqslant\lambda f(\boldsymbol{z}_1)+(1-\lambda)f(\boldsymbol{z}_2)$$

由凸函数定义可得 $f(\boldsymbol{x})$ 是 R^n 上的凸函数。

(2)必要性。已知 $f(\boldsymbol{x})$ 是 R^n 上的凸函数，即对 $\forall\boldsymbol{z}_1,\ \boldsymbol{z}_2\in\mathrm{R}^n$，$\lambda\in(0,\ 1)$，有

$$f(\lambda\boldsymbol{z}_1+(1-\lambda)\boldsymbol{z}_2)\leqslant\lambda f(\boldsymbol{z}_1)+(1-\lambda)f(\boldsymbol{z}_2)$$

$$\begin{aligned}&\phi(\lambda\alpha_1+(1-\lambda)\alpha_2)-[\lambda\phi(\alpha_1)+(1-\lambda)\phi(\alpha_2)]\\=&f(\boldsymbol{x}_1+[\lambda\alpha_1+(1-\lambda)\alpha_2]\boldsymbol{x}_2)-\lambda f(\boldsymbol{x}_1+\alpha_1\boldsymbol{x}_2)+(1-\lambda)f(\boldsymbol{x}_1+\alpha_2\boldsymbol{x}_2)\\=&f((\boldsymbol{x}_1+\alpha_1\boldsymbol{x}_2)+(1-\lambda)(\boldsymbol{x}_1+\alpha_2\boldsymbol{x}_2))-\lambda f(\boldsymbol{x}_1+\alpha_1\boldsymbol{x}_2)+(1-\lambda)f(\boldsymbol{x}_1+\alpha_2\boldsymbol{x}_2)\end{aligned}$$

令 $\boldsymbol{z}_1=\boldsymbol{x}_1+\alpha_1\boldsymbol{x}_2$，$\boldsymbol{z}_2=\boldsymbol{x}_1+\alpha_2\boldsymbol{x}_2$，则有

$$\begin{aligned}&\phi(\lambda\alpha_1+(1-\lambda)\alpha_2)-[\lambda\phi(\alpha_1)+(1-\lambda)\phi(\alpha_2)]\\=&f(\lambda\boldsymbol{z}_1+(1-\lambda)\boldsymbol{z}_2)-[\lambda f(\boldsymbol{z}_1)+(1-\lambda)f(\boldsymbol{z}_2)]\end{aligned}$$

由 $f(\boldsymbol{x})$ 是 R^n 上的凸函数，所以上式不大于 0，即

$$\phi(\lambda\alpha_1+(1-\lambda)\alpha_2)\leqslant\lambda\phi(\alpha_1)+(1-\lambda)\phi(\alpha_2)$$

由凸函数定义可得 $\phi(\alpha)=f(\boldsymbol{x}_1+\alpha\boldsymbol{x}_2)$ 是关于 α 的凸函数。

定理 2-7　设 $f(\boldsymbol{x})$ 是 $D\neq\varnothing$ 上的可微函数，则

(1) $f(\boldsymbol{x})$ 是凸函数的充要条件是：对 $\forall\boldsymbol{x}_1,\ \boldsymbol{x}_2\in D$，

$$f(\boldsymbol{x}_2)\geqslant f(\boldsymbol{x}_1)+[\nabla f(\boldsymbol{x})]^{\mathrm{T}}(\boldsymbol{x}_2-\boldsymbol{x}_1)$$

(2) $f(\boldsymbol{x})$ 是严格凸函数的充要条件：对 $\forall\boldsymbol{x}_1\neq\boldsymbol{x}_2\in D$，

$$f(\boldsymbol{x}_2)>f(\boldsymbol{x}_1)+[\nabla f(\boldsymbol{x})]^{\mathrm{T}}(\boldsymbol{x}_2-\boldsymbol{x}_1)$$

证明：(1)必要性。设 $f(\boldsymbol{x})$ 是 D 上的凸函数，$\forall\boldsymbol{x}_1,\ \boldsymbol{x}_2\in D$ 及 $\alpha\in[0,\ 1]$，有

$$f(\alpha\boldsymbol{x}_1+(1-\alpha)\boldsymbol{x}_2)\leqslant\alpha f(\boldsymbol{x}_1)+(1-\alpha)f(\boldsymbol{x}_2)$$

即

$$f(\boldsymbol{x}_2+\alpha(\boldsymbol{x}_1-\boldsymbol{x}_2))\leqslant f(\boldsymbol{x}_2)+\alpha[f(\boldsymbol{x}_1)-f(\boldsymbol{x}_2)]$$

根据泰勒公式有

$$f(\boldsymbol{x}_2+\alpha(\boldsymbol{x}_1-\boldsymbol{x}_2))=f(\boldsymbol{x}_2)+\alpha[\nabla f(\boldsymbol{x}_2)]^{\mathrm{T}}(\boldsymbol{x}_1-\boldsymbol{x}_2)+o(\alpha(\boldsymbol{x}_1-\boldsymbol{x}_2))$$

由此不等式转换为

$$f(\boldsymbol{x}_2)+\alpha[\nabla f(\boldsymbol{x}_2]^{\mathrm{T}}(\boldsymbol{x}_1-\boldsymbol{x}_2)+o(\alpha(\boldsymbol{x}_1-\boldsymbol{x}_2))\leqslant f(\boldsymbol{x}_2)+\alpha[f(\boldsymbol{x}_1)-f(\boldsymbol{x}_2)]$$

即

$$\alpha[f(\boldsymbol{x}_2)-f(\boldsymbol{x}_1)]+\alpha\nabla f(\boldsymbol{x}_2)^{\mathrm{T}}(\boldsymbol{x}_1-\boldsymbol{x}_2)+o(\alpha(\boldsymbol{x}_1-\boldsymbol{x}_2))\leqslant 0$$

变换后可得

$$f(\boldsymbol{x}_1)-f(\boldsymbol{x}_2)\geqslant\nabla f(\boldsymbol{x}_2)^{\mathrm{T}}(\boldsymbol{x}_1-\boldsymbol{x}_2)+\frac{o(\alpha(\boldsymbol{x}_1-\boldsymbol{x}_2))}{\alpha}$$

上式两端取极限，令 $\alpha\to 0$ 有

$$f(\boldsymbol{x}_1)\geqslant f(\boldsymbol{x}_2)+\nabla f(\boldsymbol{x}_2)^{\mathrm{T}}(\boldsymbol{x}_1-\boldsymbol{x}_2)$$

充分性。D 为凸集，$\forall\boldsymbol{x}_1,\ \boldsymbol{x}_2\in D$ 及 $\alpha\in[0,\ 1]$，有 $\alpha\boldsymbol{x}_1+(1-\alpha)\boldsymbol{x}_2\in D$。

设 $\boldsymbol{z}=\alpha\boldsymbol{x}_1+(1-\alpha)\boldsymbol{x}_2$，根据 $f(\boldsymbol{x}_2)\geqslant f(\boldsymbol{x}_1)+[\nabla f(\boldsymbol{x})]^{\mathrm{T}}(\boldsymbol{x}_2-\boldsymbol{x}_1)$，可得

$$f(\boldsymbol{x}_1)-f(\boldsymbol{z})\geqslant\nabla f(\boldsymbol{z})^{\mathrm{T}}(\boldsymbol{x}_1-\boldsymbol{z})$$
$$f(\boldsymbol{x}_2)-f(\boldsymbol{z})\geqslant\nabla f(\boldsymbol{z})^{\mathrm{T}}(\boldsymbol{x}_2-\boldsymbol{z})$$

上面两式分别乘以 α，$1-\alpha(>0)$，得

$$\alpha[f(\boldsymbol{x}_1)-f(\boldsymbol{z})]\geqslant\alpha\nabla f(\boldsymbol{z})^{\mathrm{T}}(\boldsymbol{x}_1-\boldsymbol{z})$$
$$(1-\alpha)[f(\boldsymbol{x}_2)-f(\boldsymbol{z})]\geqslant(1-\alpha)[\nabla f(\boldsymbol{z})]^{\mathrm{T}}(\boldsymbol{x}_2-\boldsymbol{z})$$

两边相加可得

$$\begin{aligned}&\alpha[f(\boldsymbol{x}_1)-f(\boldsymbol{z})]+(1-\alpha)[f(\boldsymbol{x}_2)-f(\boldsymbol{z})]\\&\geqslant\alpha\nabla f(\boldsymbol{z})^{\mathrm{T}}(\boldsymbol{x}_1-\boldsymbol{z})+(1-\alpha)\nabla f(\boldsymbol{z})^{\mathrm{T}}(\boldsymbol{x}_2-\boldsymbol{z})\\&=[\nabla f(\boldsymbol{z})]^{\mathrm{T}}(\alpha\boldsymbol{x}_1-\alpha\boldsymbol{z}+(1-\alpha)\boldsymbol{x}_2-(1-\alpha)\boldsymbol{z})\\&=[\nabla f(\boldsymbol{z})]^{\mathrm{T}}(\alpha\boldsymbol{x}_1+(1-\alpha)\boldsymbol{x}_2-\boldsymbol{z})=0\end{aligned}$$

$$\alpha[f(\boldsymbol{x}_1)-f(\boldsymbol{z})]+(1-\alpha)[f(\boldsymbol{x}_2)-f(\boldsymbol{z})]=\alpha f(\boldsymbol{x}_1)+(1-\alpha)f(\boldsymbol{x}_2)-f(\boldsymbol{z})$$

从而有 $\alpha f(\boldsymbol{x}_1)+(1-\alpha)f(\boldsymbol{x}_2)-f(\boldsymbol{z})\geqslant0$，即

$$f(\alpha\boldsymbol{x}_1+(1-\alpha)\boldsymbol{x}_2)\leqslant\alpha f(\boldsymbol{x}_1)+(1-\alpha)f(\boldsymbol{x}_2)$$

根据凸函数定义可知 $f(\boldsymbol{x})$ 是凸函数。

(2)严格性的证明同上。

定理 2-8 设 $f(\boldsymbol{x})$ 是 $D\neq\varnothing$ 上的二阶可微函数，则

(1) $f(\boldsymbol{x})$ 是凸函数的充要条件是 $\nabla^2 f(\boldsymbol{x})\geqslant0$；

(2) $f(\boldsymbol{x})$ 是严格凸函数，则 $\nabla^2 f(\boldsymbol{x})\geqslant0$；

(3) $\nabla^2 f(\boldsymbol{x})>0$，则 $f(\boldsymbol{x})$ 是严格凸函数。

证明：必要性。$\forall\boldsymbol{x}\in D$，$\forall\boldsymbol{y}\in\mathrm{R}^n(y\neq0)$，因为 D 为开集，所以存在 $\varepsilon>0$，当 $\alpha\in[-\varepsilon,\varepsilon]$ 时，$\boldsymbol{x}+\alpha\boldsymbol{y}\in D$，由一阶条件可得

$$f(\boldsymbol{x}+\alpha\boldsymbol{y})\geqslant f(\boldsymbol{x})+\alpha[\nabla f(\boldsymbol{x})]^{\mathrm{T}}\boldsymbol{y}$$

由泰勒公式有 $\boldsymbol{G}(\boldsymbol{x})=\nabla^2 f(\boldsymbol{x})$

$$f(\boldsymbol{x}+\alpha\boldsymbol{y})=f(\boldsymbol{x})+\alpha[\nabla f(\boldsymbol{x})]^{\mathrm{T}}\boldsymbol{y}+\frac{1}{2}\alpha^2\boldsymbol{y}^{\mathrm{T}}\boldsymbol{G}(\boldsymbol{x})\boldsymbol{y}+o(\alpha^2)$$

比较可得

$$\frac{1}{2}\alpha^2\boldsymbol{y}^{\mathrm{T}}\boldsymbol{G}(\boldsymbol{x})\boldsymbol{y}+o(\alpha^2)\geqslant0$$

所以

$$\boldsymbol{y}^{\mathrm{T}}\boldsymbol{G}(\boldsymbol{x})\boldsymbol{y}+\frac{2o(\alpha^2)}{\alpha^2}\geqslant0$$

令 $\alpha\to0$，取极限得

$$\boldsymbol{y}^{\mathrm{T}}\boldsymbol{G}(\boldsymbol{x})\boldsymbol{y}\geqslant0$$

由 $\boldsymbol{y}\in\mathrm{R}^n(\boldsymbol{y}\neq0)$，即证明 $\boldsymbol{G}(\boldsymbol{x})$ 半正定。

充分性。任取 $\boldsymbol{x}$，$\boldsymbol{y}\in D$，因为 $\boldsymbol{G}(\boldsymbol{x})$ 半正定，由泰勒公式可得

$$f(\boldsymbol{y})=f(\boldsymbol{x})+\nabla f(\boldsymbol{x})^{\mathrm{T}}(\boldsymbol{y}-\boldsymbol{x})+\frac{1}{2}(\boldsymbol{y}-\boldsymbol{x})^{\mathrm{T}}\boldsymbol{G}(\xi)(\boldsymbol{y}-\boldsymbol{x})\geqslant f(\boldsymbol{x})+[\nabla f(\boldsymbol{x})]^{\mathrm{T}}(\boldsymbol{y}-\boldsymbol{x})$$

其中，$\boldsymbol{\xi} = \boldsymbol{x} + \alpha(\boldsymbol{y} - \boldsymbol{x})$，$\alpha \in (0, 1)$。

根据定理 2-7，由一阶条件可得 $f(x)$ 为凸函数。

定理 2-9　设 $f(x)$ 是 $D \neq \varnothing$ 上连续凸函数，则如下定义 L_α 是一个闭凸集：

$$L_\alpha = \{\boldsymbol{x} \in D \mid f(\boldsymbol{x}) \leqslant \alpha\}$$

证明：如果 L_α 为空集，按照定义，显然 L_α 为一凸集。

如果 L_α 为非空集，$\forall \boldsymbol{x}_1, \boldsymbol{x}_2 \in L_\alpha$，则有

$$f(\boldsymbol{x}_1) \leqslant \alpha,\ f(\boldsymbol{x}_2) \leqslant \alpha$$

对 $\lambda \in [0, 1]$，根据凸函数定义则有

$$f(\lambda \boldsymbol{x}_1 + (1-\lambda)\boldsymbol{x}_2) \leqslant \lambda f(\boldsymbol{x}_1) + (1-\lambda) f(\boldsymbol{x}_2) \leqslant \alpha$$

即 $\lambda \boldsymbol{x}_1 + (1-\lambda)\boldsymbol{x}_2 \in L_\alpha$。

$L_\alpha = \{\boldsymbol{x} \in D \mid f(\boldsymbol{x}) \leqslant \alpha\}$ 是一个闭凸集得证。

习题 2

2.1　简述最优化问题建模步骤和需要注意的问题。

2.2　灵敏性分析和稳健性分析的含义及其意义各是什么？

2.3　最优化模型的评价指标是什么？

2.4　简述什么是 P 问题、NP 问题、NPC 问题和 NP-hard 问题。

2.5　最优化算法的评价指标包括哪些？

2.6　超、线性收敛速度的含义什么？

2.7　计算机搜索算法的一般过程是什么？

2.8　凸集和凸函数的含义各是什么？

2.9　判断下列函数是否为(严格)凸函数。

(1) $f(X) = x_1^2 + 2x_2^2$；

(2) $f(X) = 2x_1 + 4x_3$；

(3) $f(X) = x_1^2 + 2x_2^2 - 5x_1x_2 + 10x_1 + 20x_2 + 500$；

(4) $f(X) = 3x_1^2 + 2x_2^2 + ax_1x_2 + 10x_1 - 20x_2 + 500 (a = 5, 4.5)$；

(5) $f(X) = \max\{f_1(X), f_2(X)\}$，其中 $f_1(X)$，$f_2(X)$ 皆为凸函数；

(6) $f(X) = \min\{f_1(X), f_2(X)\}$，其中 $f_1(X)$，$f_2(X)$ 皆为凸函数。

2.10　求解 α 的取值范围，使得如下函数为凸函数：

$$f(X) = x_1^2 + 5x_2^2 + \alpha x_1x_2 - 10x_1 + 10x_2,\ x_1x_2 \in \mathrm{R}$$

2.11　试证明：如果对任意 $\boldsymbol{x} \in R^n$ 和实数 $\alpha > 0$，都有 $f(\alpha \boldsymbol{x}) = \alpha f(\boldsymbol{x})$，那么 $f(\boldsymbol{x})$ 为凸函数的充要条件是对 $\forall \boldsymbol{x}_1, \boldsymbol{x}_2 \in \mathrm{R}^n$，都有 $f(\boldsymbol{x}_1 + \boldsymbol{x}_2) \leqslant f(\boldsymbol{x}_1) + f(\boldsymbol{x}_2)$。

第3章　线性规划

当最优化问题中的目标函数与约束函数都是决策变量 $\boldsymbol{x} \in \mathrm{R}^n$ 的线性函数时，该问题称为线性规划(Linear Programming，LP)。

很多实际最优决策问题是线性的(至少能够用线性函数很好地近似表示)，所以学习线性规划问题的求解方法很有意义。

工程与管理科学中大量的问题都是变量数目为成百上千乃至成千上万或数十万的线性规划问题。学习和研究线性规划的求解方法，不仅可以用于求解大量的实际线性规划问题，而且可以用于非线性最优化问题的求解，这是因为当用迭代法求解一个非线性最优化问题时，如果在迭代点对问题中的非线性函数取局部线性近似，所得的近似问题就是一个线性规划问题。

本章将介绍求解线性规划问题的常用方法，包括单纯形法、大 M 法和两阶段算法等。

3.1　线性规划的标准形式

单纯形法要求线性规划具有所谓的标准形式，本节接下来的讨论将围绕标准形式的线性规划问题展开。

在本书中，线性规划的标准形式表示为：

$$
\begin{aligned}
\text{LP}\quad \min\quad & z = \boldsymbol{C}^{\mathrm{T}}\boldsymbol{x} \\
\text{s. t.}\quad & \sum_{j=1}^{n} a_{ij}x_j = b_i \quad (i = 1,\ 2,\ \cdots,\ m) \\
& x_j \geqslant 0 \quad (j = 1,\ 2,\ \cdots,\ n)
\end{aligned}
$$

其中，$b_i \geqslant 0$，$i = 1,\ 2,\ \cdots,\ m$。

标准形式的主要特点是：①约束中仅存在线性等式约束和对变量的非负约束；②目标函数为决策变量的线性组合；③等式约束的右边常数为非负。在本书中，统一规定标准形式的最优化目标为函数的最小值。

其他各种形式的线性规划模型都可转化为以下标准形式：

(1)如果最优化问题的目标是求目标函数 $z = \sum_{j=1}^{n} c_j x_j$ 的最大值，即 $\max z$，那么可令 $f = -z$，把原问题转化为在相同约束条件下求解 $\min f$。显然，新问题和原问题在最优解上是相同的，而目标函数值是等价的(相差一个符号)。

(2)如果约束条件中具有如下形式的不等式约束：

$$\sum_{j=1}^{n} a_{ij}x_j \leqslant b_i$$

则可引入一个新变量 x'_i(称为松弛变量)，并用下面两个约束条件取代该不等式：

$$\sum_{j=1}^{n} a_{ij}x_j + x'_i = b_i$$

$$x'_i \geqslant 0$$

(3)如果约束条件中具有如下形式的不等式约束：

$$\sum_{j=1}^{n} a_{ij}x_j \geqslant b_i$$

则可引入一个新变量 x''_i (称为剩余变量)，并用下面两个约束条件取代该不等式：

$$\sum_{j=1}^{n} a_{ij}x_j - x''_i = b_i$$

$$x''_i \geqslant 0$$

(4)如果约束条件中出现 $x_j \geqslant h_j(h_j \neq 0)$，则可引进新变量 $y_j = x_j - h_j$ 替代原问题中的变量 x_j，于是问题中原有的约束 $x_j \geqslant h_j$ 就转化为 $y_j \geqslant 0$。

(5)如果变量 x_j 的符号不受限制，则可引进两个新变量 y'_j 和 y''_j，并以 $x_j = y'_j - y''_j$ 代入问题的目标函数和约束条件消去 x_j，同时在约束条件中增加 $y'_j \geqslant 0$ 和 $y''_j \geqslant 0$ 两个约束条件。

例 3.1　把如下线性规划化为标准形式：

$$\begin{aligned}
\max \quad & z = x_1 + x_2 - 2x_3 \\
\text{s. t.} \quad & x_1 + x_2 + x_3 \leqslant 10 \\
& x_1 + 3x_2 + x_3 \geqslant 2 \\
& x_1 \geqslant 0,\ x_2 \geqslant 3,\ x_3 \in \mathrm{R}
\end{aligned}$$

解：观察可知该形式中共有 5 处不符合标准形的要求，对目标函数 z 是求最大值，x_2 的约束不是大于 0，x_3 的符号没有要求，第一、第二两个约束条件为不等式，为此：

(1)将目标函数改为标准的求最小值，即

$$\min \quad f = -z = -x_1 - x_2 + 2x_3$$

(2)增加一松弛变量 x_4，将第一个约束改为

$$x_1 + x_2 + x_3 + x_4 = 10$$

(3)增加一剩余变量 x_5，将第二个约束改为

$$x_1 + 3x_2 + x_3 - x_5 = 2$$

(4)引入新的变量 $x'_2 = x_2 - 3$，并代入规划问题。

(5)引入新的变量 x'_3 和 x''_3，用 $x_3 = x'_3 - x''_3$ 代入规划问题。

最终可得标准形如下：

$$\begin{aligned}
\min \quad & f = -z = -x_1 - x'_2 + 2x'_3 - 2x''_3 - 3 \\
\text{s. t.} \quad & x_1 + x'_2 + x'_3 - x''_3 + x_4 = 7 \\
& -x_1 - 3x'_2 - x'_3 + x''_3 + x_5 = 7
\end{aligned}$$

$$x_1, x_2', x_3', x_3'', x_4, x_5 \geqslant 0$$

3.2 基本定理

关于一般线性规划的标准形用矩阵表示为

$$\begin{aligned} \text{LP1} \quad \min \quad & z = \boldsymbol{C}^{\mathrm{T}}\boldsymbol{x} \\ \text{s. t.} \quad & \boldsymbol{Ax} = \boldsymbol{b} \\ & \boldsymbol{x} \geqslant 0 \end{aligned}$$

其中，$\boldsymbol{C} = [c_1, c_2, \cdots, c_n]^{\mathrm{T}}$，$\boldsymbol{x} = [x_1, x_2, \cdots, x_n]^{\mathrm{T}}$，$\boldsymbol{A} = (a_{ij})_{m \times n}$，$\boldsymbol{b} = [b_1, b_2, \cdots, b_m]^{\mathrm{T}}$。

不妨设矩阵 $\boldsymbol{A}$ 的秩 $r(\boldsymbol{A}) = m$（即线性方程组 $\boldsymbol{Ax} = \boldsymbol{b}$ 无多余方程）。

满足等式约束和不等式约束约束条件的 $\boldsymbol{x}$，即线性方程组 $\boldsymbol{Ax}=\boldsymbol{b}$ 的非负解，称为线性规划问题的可行解。由可行解组成的集合(所有满足约束条件的解组成的集合)称为可行域。可行域中使目标函数达到最小值的解称为最优解。最优解构成的集合称为解集。最优解对应的目标函数的值称为最优值。

因为 $r(\boldsymbol{A}) = m$，故存在一个分解 $\boldsymbol{A} = [\boldsymbol{B}, \boldsymbol{N}]$，$\boldsymbol{B} = [\boldsymbol{a}_1, \boldsymbol{a}_2, \cdots, \boldsymbol{a}_m]$，其中 $\boldsymbol{B}$ 非奇异，即 $|\boldsymbol{B}| \neq 0$，此时称 $\boldsymbol{B}$ 为线性规划问题的一个基，$\boldsymbol{a}_j (j = 1, 2, \cdots, m)$ 称为基向量，x_j 称为基变量。在 $\boldsymbol{Ax} = \boldsymbol{b}$ 中，令对应基 B 的非基变量为 0 求解所得的解，称为基 $\boldsymbol{B}$ 的基本解，称非负的基本解为基可行解。对应于基可行解的基，称为可行基。

解的集合之间的关系可用图 3-1 表示。

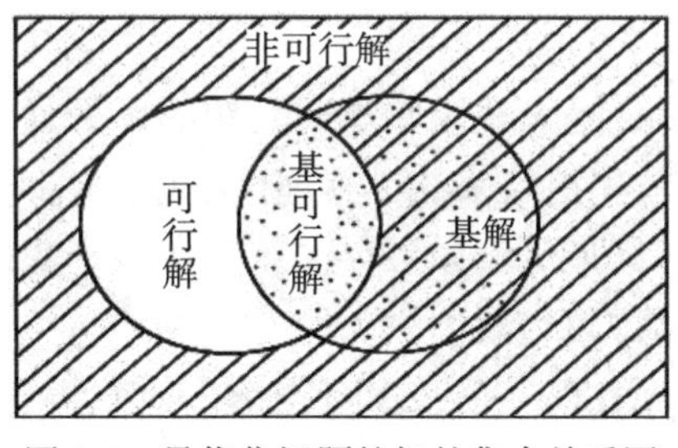

图 3-1　最优化问题的解的集合关系图

约束方程具有的基本可行解的数目最多是 $r(\boldsymbol{A}) = m$ 个，一般基本可行解的数目要小于基本解的数目。

当某基本解中的非零分量的个数小于 m 时，该基本解被称为退化解。

关于线性规划的基本定理表述如下：

定理 3-1　对于线性规划(LP)：

(1)若有可行解，则一定有基本可行解；

(2)若有最优解，则一定有最优基可行解。

证明：(1)不妨设 $\boldsymbol{x} = [x_1, x_2, \cdots, x_l, 0, \cdots, 0]^{\mathrm{T}}$ 为 LP 的可行解，其中 $x_i \geqslant 0 (i =$

$1,2,\cdots,l$)，在 $\boldsymbol{A}$ 中与之对应的列向量是 $\boldsymbol{a}_i \geqslant 0(i = 1,2,\cdots,l)$，若 $\boldsymbol{a}_1$，…，$\boldsymbol{a}_l$ 线性无关，则 $\boldsymbol{x}$ 即为基本可行解。若 $\boldsymbol{a}_1$，…，$\boldsymbol{a}_l$ 线性相关，则必存在不全为零的数 λ_1，…，λ_l，使

$$\sum_{i=1}^{l} \lambda_i \boldsymbol{a}_i = 0$$

令 $\boldsymbol{y} = [\lambda_1, \lambda_2, \cdots, \lambda_l, 0, \cdots, 0]^{\mathrm{T}}$，上式即可写为 $\boldsymbol{Ay} = 0$。设 $\boldsymbol{u}(\epsilon) = \boldsymbol{x} + \epsilon \boldsymbol{y}$，显然 $\boldsymbol{Au}(\epsilon) = \boldsymbol{b}$，注意到 $x_i \geqslant 0$，λ_i 不全为0($i=1, 2, \cdots, l$)，所以必有 $\epsilon = \bar{\epsilon}$ 能使 $x_i + \bar{\epsilon}\lambda_i \geqslant 0(i = 1, \cdots, l)$，而且其中至少有一个等于零，于是 $\boldsymbol{u}(\bar{\epsilon})$ 为 LP 的最多有 $l-1$ 个正分量的可行解。若 $\boldsymbol{u}(\bar{\epsilon})$ 是基本可行解，则证明完成，否则再继续上述步骤，得到正分量个数继续减少的 LP 的可行解，可知经有限步必然能成为基本可行解。

(2)不妨设 $\boldsymbol{x} = [x_1, x_2, \cdots, x_l, 0, \cdots, 0]^{\mathrm{T}}$ 为 LP 的最优解，其中 $x_i \geqslant 0$，$i = 1, 2, \cdots, l$，且对应的 $\boldsymbol{a}_1$，$\boldsymbol{a}_2$，…，$\boldsymbol{a}_l$ 线性相关. 于是存在不全为0的 λ_1，λ_2，…，λ_l，使

$$\sum_{i=1}^{l} \lambda_i \boldsymbol{a}_i = 0$$

令 $\boldsymbol{y} = [\lambda_1, \lambda_2, \cdots, \lambda_l, 0, \cdots, 0]^{\mathrm{T}}$，由 $x_i \geqslant 0(i = 1, 2, \cdots, l)$，所以，当 $|\epsilon|$ 足够小时，$x + \epsilon y$ 均为 LP 的可行解，由 $\boldsymbol{x}$ 为最优解，所以

$$\boldsymbol{C}^{\mathrm{T}}\boldsymbol{x} \leqslant \min_{|\epsilon| \leqslant 0} \boldsymbol{C}^{\mathrm{T}}(\boldsymbol{x} + \epsilon \boldsymbol{y}) = \boldsymbol{C}^{\mathrm{T}}\boldsymbol{x} + \min_{|\epsilon| \leqslant 0} \boldsymbol{C}^{\mathrm{T}}(\epsilon \boldsymbol{y})$$

由 ϵ 可正可负，所以 $\boldsymbol{C}^{\mathrm{T}}(\epsilon \boldsymbol{y}) = 0$。因此(1)证明中的 $\boldsymbol{u}(\bar{\epsilon}) = \boldsymbol{x} + \bar{\epsilon}\boldsymbol{y}$ 亦为最优解，即正分量个数少于 l 个的最优解，若它为基本可行解即止；否则继续这个过程必可得最优的基本可行解。

3.3　单纯形法

单纯形法(Simplex Method)是求解线性规划问题的一种通用方法。该方法是美国数学家 George Dantzig 于 1947 年首先提出来的，其理论根据是：线性规划问题的可行域是 n 维向量空间 R^n 中的多面凸集，其最优值如果存在，必在该凸集的某顶点处达到，且每个顶点所对应的可行解为 LP 的基本可行解。

单纯形法的基本思想：先找出一个基本可行解，对它进行检查，判断是否为最优解。若是，停止搜索，输出最优解；若不是，则按照一定法则转换到另一改进的基本可行解，再检查；若仍不是，则再转换，按此重复进行。

因基本可行解的个数有限，故经有限次转换必能得到问题的最优解。如果问题无最优解，也可用此法判别。

单纯形法的一般步骤如下：

(1)把线性规划问题的约束方程组表示成标准型方程组，找出基本解作为初始解；

(2)若基本可行解不存在，即约束条件有矛盾，则 LP 无解；

(3)若基本可行解存在，从初始解作为起点，根据最优性条件可行性条件，引入非基变量取代某一基变量，找出使目标函数值更优的另一基可行解；

(4)按步骤(3)进行迭代，直到对应检验数满足最优性条件(这时目标数值不能再改

善)，即得到问题的最优解；

(5)若迭代过程中发现问题的目标数值无界，则终止迭代。

3.3.1 标准形式的等价形式——典式

设 LP 的约束集非空，$\boldsymbol{B}$ 是 LP 的基，并假设 $\boldsymbol{A}=[\boldsymbol{B}_{m\times m},\ \boldsymbol{N}_{m\times(n-m)}]$，$\boldsymbol{x}=[\boldsymbol{x}_B,\ \boldsymbol{x}_N]^{\mathrm{T}}$，$\boldsymbol{C}=[\boldsymbol{c}_B,\ \boldsymbol{c}_N]^{\mathrm{T}}$，则等式约束可写为

$$\boldsymbol{B}\boldsymbol{x}_B+\boldsymbol{N}\boldsymbol{x}_N=\boldsymbol{b}$$

因为 $\boldsymbol{B}$ 是 LP 的基，故 $\boldsymbol{B}^{-1}$ 存在，即上式等价于

$$\boldsymbol{x}_B=\boldsymbol{B}^{-1}\boldsymbol{b}-\boldsymbol{B}^{-1}\boldsymbol{N}\boldsymbol{x}_N$$

由此得目标函数为

$$\boldsymbol{z}=\boldsymbol{C}^{\mathrm{T}}\boldsymbol{x}=\boldsymbol{c}_B^{\mathrm{T}}\boldsymbol{x}_B+\boldsymbol{c}_N^{\mathrm{T}}\boldsymbol{x}_N=\boldsymbol{c}_B^{\mathrm{T}}\boldsymbol{B}^{-1}\boldsymbol{b}-(\boldsymbol{c}_B^{\mathrm{T}}\boldsymbol{B}^{-1}\boldsymbol{N}-\boldsymbol{c}_N^{\mathrm{T}})\boldsymbol{x}_N$$

于是，LP 可等价地转化为

$$\begin{aligned}\text{LP2}\quad \min\quad & z=\boldsymbol{c}_B^{\mathrm{T}}\boldsymbol{B}^{-1}\boldsymbol{b}-(\boldsymbol{c}_B^{\mathrm{T}}\boldsymbol{B}^{-1}\boldsymbol{N}-\boldsymbol{c}_N^{\mathrm{T}})\boldsymbol{x}_N\\ \text{s.t.}\quad & \boldsymbol{x}_B+\boldsymbol{B}^{-1}\boldsymbol{N}\boldsymbol{x}_N=\boldsymbol{B}^{-1}\boldsymbol{b}\\ & \boldsymbol{x}_B\geqslant 0,\ \boldsymbol{x}_N\geqslant 0\end{aligned}$$

LP2 称为 LP 的典式。典式 LP2 的特点是：

(1)目标函数用非基变量表示；

(2)第 i 个基变量所对应的系数列向量为第 i 个单位向量 $\boldsymbol{e}_i$。

记 $\boldsymbol{z}_0=\boldsymbol{c}_B^{\mathrm{T}}\boldsymbol{B}^{-1}\boldsymbol{b}$，$\boldsymbol{b}_0=[b_1,\ \cdots,\ b_m]^{\mathrm{T}}=\boldsymbol{B}^{-1}\boldsymbol{b}$，$\boldsymbol{a}_j^0=[a_{1j}^0,\ \cdots,\ a_{mj}^0]^{\mathrm{T}}=\boldsymbol{B}^{-1}\boldsymbol{a}_j$，$j\in I_N$，$\boldsymbol{r}^{\mathrm{T}}=[r_B^{\mathrm{T}},\ r_N^{\mathrm{T}}]=\boldsymbol{c}_B^{\mathrm{T}}\boldsymbol{B}^{-1}\boldsymbol{A}-\boldsymbol{c}^{\mathrm{T}}$，则有

$$\boldsymbol{r}_B^{\mathrm{T}}=0,\ \boldsymbol{r}_N^{\mathrm{T}}=\boldsymbol{c}_B^{\mathrm{T}}\boldsymbol{B}^{-1}\boldsymbol{N}-\boldsymbol{c}_N^{\mathrm{T}}$$

并且，$\boldsymbol{r}$ 对应非基变量的分量

$$r_j=\boldsymbol{c}_B^{\mathrm{T}}\boldsymbol{B}^{-1}\boldsymbol{a}_j-\boldsymbol{c}_j=\boldsymbol{c}_B^{\mathrm{T}}\boldsymbol{a}_j^0-\boldsymbol{c}_j,\ j\in I_N$$

称 $\boldsymbol{r}$ 为关于 $\boldsymbol{B}$ 的检验向量，r_j 为 x_j 关于 $\boldsymbol{B}$ 的检验数。于是，LP 关于基 $\boldsymbol{B}$ 的典式可具体表示为

$$\begin{aligned}\min\quad & z=z_0-\sum_{j\in I_N}r_jx_j\\ \text{s.t.}\quad & x_{B_i}+\sum_{j\in I_N}a_{ij}^0x_j=b_i^0\quad(i=1,\ 2,\ \cdots,\ m)\\ & x_{B_i}\geqslant 0\quad(i=1,\ 2,\ \cdots,\ m)\\ & x_j\geqslant 0,\ j\in I_N\end{aligned}$$

显然，当 $r_j\leqslant 0$，$j\in I_N$ 时，目标函数在 $x_j=0$，$j\in I_N$ 时取得最小值。此时 $\boldsymbol{x}_B=\boldsymbol{B}^{-1}\boldsymbol{b}$，即 $\boldsymbol{x}^*=\begin{bmatrix}\boldsymbol{x}_B\\ \boldsymbol{x}_N\end{bmatrix}=\begin{bmatrix}\boldsymbol{B}^{-1}\boldsymbol{b}\\ \boldsymbol{0}\end{bmatrix}$，对应的最优值为 $\boldsymbol{z}^*=\boldsymbol{z}_0=\boldsymbol{C}_B^{\mathrm{T}}\boldsymbol{B}^{-1}\boldsymbol{b}$。

3.3.2 单纯形算法

下面介绍针对标准的线性规划问题的单纯形算法。

算法 3.1 单纯形算法基本步骤

Step 1 取得一个初始可行基 $\boldsymbol{B}$，写出初始基可行解 $\boldsymbol{Ax}=[\boldsymbol{x}_B,\ \boldsymbol{x}_N]^{\mathrm{T}}=[\boldsymbol{B}^{-1}\boldsymbol{b},\ 0]^{\mathrm{T}}$，以及当前的目标函数值 $\boldsymbol{z}=\boldsymbol{C}_B^{\mathrm{T}}\boldsymbol{x}_B=\boldsymbol{C}_B^{\mathrm{T}}\boldsymbol{B}^{-1}\boldsymbol{b}$，计算所有检验数 r_j，$j=1,2,\cdots,n$，$\boldsymbol{r}_N=\boldsymbol{c}_B^{\mathrm{T}}\boldsymbol{B}^{-1}\boldsymbol{N}-\boldsymbol{c}_N^{\mathrm{T}}$。

Step 2 考察所有检验数 $r_j(j=1,2,\cdots,n)$，若所有检验数 $r_j\leqslant 0$，则当前基为最优解，停止计算；否则转 Step 3。

Step 3 令 $r_k=\max\{r_j \mid r_j>0\}$。若 $\boldsymbol{B}^{-1}\boldsymbol{a}_k\leqslant 0$，则无最优解，目标函数值无下界，停止计算；否则转 Step 4(进基变量为 $\boldsymbol{x}_k$)。

Step 4 令 $\theta=\min\left\{\dfrac{(\boldsymbol{B}^{-1}\boldsymbol{b})_i}{(\boldsymbol{B}^{-1}\boldsymbol{p}_k)_i}\middle|(\boldsymbol{B}^{-1}\boldsymbol{a}_k)_i>0\right\}=\dfrac{(\boldsymbol{B}^{-1}\boldsymbol{b})_r}{(\boldsymbol{B}^{-1}\boldsymbol{a}_k)_r}$，则退基变量为 $\boldsymbol{x}_r$，用 $\boldsymbol{x}_k$ 代替 $\boldsymbol{x}_r$，得新基。

Step 5 新得的基可行解及判别数：

$$\forall j=1,2,\cdots,n$$

$$a_{rj}=\frac{a_{rj}}{a_{rk}},\ a_{ij}=a_{ij}-\frac{a_{rj}}{a_{rk}}a_{ik},\ i\neq r$$

$$b_r=\frac{b_r}{a_{rk}},\ b_i=b_i-\frac{b_r}{a_{rk}}a_{ik},\ i\neq r$$

$$\sigma_j=\sigma_j-\frac{a_{rj}}{a_{rk}}\sigma_k$$

转 Step 2。

3.4 单纯形表

3.4.1 一般单纯形表格法

应用单纯形表可以求解较为简单的线性规划问题。将标准单纯形中的有关数据列成表 3-1。

表 3-1 **LP 单纯形表格形式**

$\boldsymbol{c}_B$	$\boldsymbol{x}_B$	$\boldsymbol{b}$	c_1	$\cdots$	c_n	c_{n+1}	$\cdots$	c_{n+m}	$\boldsymbol{\theta}$
			x_1	$\cdots$	x_n	x_{n+1}	$\cdots$	x_{n+m}	
c_{n+1}	x_{n+1}	b_1	a_{11}	$\cdots$	a_{1n}	$a_{1(1+n)}$	$\cdots$	$a_{1(m+n)}$	θ_1
c_{n+2}	x_{n+2}	b_2	a_{21}	$\cdots$	a_{2n}	$a_{2(1+n)}$	$\cdots$	$a_{2(n+m)}$	θ_2
$\vdots$	$\vdots$	$\vdots$	$\vdots$		$\vdots$	$\vdots$		$\vdots$	$\vdots$
c_{n+m}	x_{n+m}	b_m	a_{m1}	$\cdots$	a_{mn}	$a_{m(1+n)}$	$\cdots$	$a_{m(m+n)}$	θ_m
$\boldsymbol{z}$			r_1	$\cdots$	r_n	0	$\cdots$	0	

表中，$\boldsymbol{r}_j = \boldsymbol{c}_B^{\mathrm{T}}\boldsymbol{B}^{-1}\boldsymbol{a}_j - \boldsymbol{c}_j = \boldsymbol{c}_B^{\mathrm{T}}\boldsymbol{a}_j^0 - \boldsymbol{c}_j$，$j \in I_N$；$\boldsymbol{\theta}_i = \dfrac{(\boldsymbol{B}^{-1}\boldsymbol{b})_i}{(\boldsymbol{B}^{-1}\boldsymbol{a}_k)_i}$，$i \in I_B$，$\boldsymbol{z} = \boldsymbol{c}_B^{\mathrm{T}}\boldsymbol{B}^{-1}\boldsymbol{b}$。

称表 3-1 为 LP 关于基 $\boldsymbol{B}$ 的单纯形表，记作 $T(\boldsymbol{B})$，其矩阵形式见表 3-2。

表 3-2　　**LP 的矩阵形式单纯形表格**

			$\boldsymbol{c}_N$	$\boldsymbol{c}_B$	
			$\boldsymbol{x}_N$	$\boldsymbol{x}_B$	
$\boldsymbol{c}_B$	$\boldsymbol{x}_B$	$\boldsymbol{b}$	$\boldsymbol{N}$	$\boldsymbol{B}$	$\boldsymbol{\theta}$
$\boldsymbol{z}$			$\boldsymbol{r}_N$	$\boldsymbol{0}$	

表中，$\boldsymbol{r}_N = \boldsymbol{c}_B^{\mathrm{T}}\boldsymbol{B}^{-1}\boldsymbol{N} - \boldsymbol{c}_N^{\mathrm{T}}$，$\boldsymbol{\theta} = \dfrac{\boldsymbol{B}^{-1}\boldsymbol{b}}{\boldsymbol{B}^{-1}\boldsymbol{a}_k}$，$\boldsymbol{z} = \boldsymbol{c}_B^{\mathrm{T}}\boldsymbol{B}^{-1}\boldsymbol{b}$。

如果标准型为典式标准型，即 $\boldsymbol{B} = \boldsymbol{I}_{n\times n}$，则 $\boldsymbol{B}^{-1} = \boldsymbol{I}$ 可表达为表 3-3 所列形式。

表 3-3　　**LP 典式标准型的单纯形表格**

$\boldsymbol{c}_B$	$\boldsymbol{x}_B$	$\boldsymbol{b}$	c_1	…	c_n	c_{n+1}	…	c_{n+m}	$\boldsymbol{\theta}$
			x_1	…	x_n	x_{n+1}	…	x_{n+m}	
c_{n+1}	x_{n+1}	b_1	a_{11}	…	a_{1n}	1	…	0	θ_1
c_{n+2}	x_{n+2}	b_2	a_{21}	…	a_{2n}	0	…	0	θ_2
⋮	⋮	⋮	⋮		⋮	⋮		⋮	⋮
c_{n+m}	x_{n+m}	b_m	a_{m1}	…	a_{mn}	0	…	1	θ_m
$\boldsymbol{z}$			r_1	…	r_n	0	…	0	

表中，$\boldsymbol{r}_j = \boldsymbol{c}_B^{\mathrm{T}}\boldsymbol{a}_j - \boldsymbol{c}_j$，$j \in I_N$；$\boldsymbol{\theta}_i = \dfrac{\boldsymbol{b}_i}{\boldsymbol{a}_{ik}}$，$i \in I_B$，$\boldsymbol{z} = \boldsymbol{c}_B^{\mathrm{T}}\boldsymbol{b}$。

当 $\boldsymbol{B}$ 是可行基时，必有 $\boldsymbol{b}^0 = \boldsymbol{B}^{-1}\boldsymbol{b} \geqslant 0$，即 $b_i^0 \geqslant 0(i=1,\ \cdots,\ m)$。这时，从表 3-1 或表 3-2 很容易得到关于基 $\boldsymbol{B}$ 的基本可行解 x_0 中，$\boldsymbol{x}_B^0 = \boldsymbol{B}^{-1}\boldsymbol{b}$，$\boldsymbol{x}_N^0 = 0$，即

基本可行解：

$$\boldsymbol{x}_{B_i}^0 = \boldsymbol{b}_i^0, \quad i = 1,\ \cdots,\ m$$

$$\boldsymbol{x}_{B_i}^0 = 0,\ j \in I_N$$

它的目标函数值为 $\boldsymbol{c}^{\mathrm{T}}\boldsymbol{x}_B^0 = \boldsymbol{z}_0$。

由上述可知，在单纯形表变换过程中，必须保证 $\boldsymbol{b}^0 = \boldsymbol{B}^{-1}\boldsymbol{b} \geqslant 0$，否则不能保证关于基 $\boldsymbol{B}$ 的解就为可行解。

3.4.2 最优性条件

利用单纯形表 3-1 已经得到关于可行基 $\boldsymbol{B}$ 的基本可行解，那么如何判断该解是否为

LP 的最优解呢?

下面的定理给出了基本可行解为最优解的条件。

定理 3-2　设 $\boldsymbol{B}$ 是可行域中一个可行基。若在单纯形表 $T(\boldsymbol{B})$ 中关于 $\boldsymbol{B}$ 的检验向量满足 $\boldsymbol{r}_N \leqslant 0$，则关于 $\boldsymbol{B}$ 的基本可行解就是 LP 的最优解，对应的目标函数值是 LP 的最优值。

证明：任取 LP 的可行解 $\boldsymbol{x}$，则对任意的 $j \in I_N$，有 $x_j \geqslant 0$。于是，根据典式和 $r_j \leqslant 0$，可知

$$\boldsymbol{z} = \boldsymbol{c}^{\mathrm{T}}\boldsymbol{x} = \boldsymbol{z}_0 - \sum_{j \in I_N} r_j x_j \geqslant \boldsymbol{z}_0 = \boldsymbol{c}^{\mathrm{T}}\boldsymbol{x}^0$$

由此得 $\boldsymbol{x}^0$ 是 LP 的最优解，$\boldsymbol{z}_0 = \boldsymbol{c}^{\mathrm{T}}\boldsymbol{x}^0$ 得 $\boldsymbol{z}_0$ 是 LP 的最优值。当存在 $\boldsymbol{r}_j = 0$ 时，最优解不唯一，即该非基变量可以取任意值，而不改变目标函数值，LP 存在无数解。

根据定理 3-2，如果关于可行基的所有非基变量的检验数均不大于零，那么这时的基本可行解一定是最优解；否则，一定存在 $k \in I_n$ 使 $r_k = \max\limits_{j \in I_N}\{r_j\} > 0$。这时，是否可找到使目标函数值改进(减少)的基本可行解呢?

构造 LP 的可行解 $\bar{\boldsymbol{x}} = [\bar{x}_1, \bar{x}_2, \cdots, \bar{x}_n]^{\mathrm{T}}$，使 $j \in I_N$ 时，

$$\begin{cases} \bar{x}_j > 0, & j = k \\ \bar{x}_j = 0, & \text{其他} \end{cases}$$

则根据典式 LP2，要求：

$$\bar{x}_{B_i} = b_i^0 - \sum_{j \in I_N} a_{ij}^0 \bar{x}_j = b_i^0 - a_{ik}^0 \bar{x}_k \geqslant 0, \quad i = 1, \cdots, m$$

可行解 $\bar{x}$ 对应的目标函数值为

$$\bar{\boldsymbol{z}} = \boldsymbol{z}_0 - \sum_{j \in I_N} r_j x_j = \boldsymbol{z}_0 - \boldsymbol{r}_k \bar{\boldsymbol{x}}_k < \boldsymbol{z}_0$$

那么，这样的可行解 $\bar{x}$ 是否存在呢?

根据 a_{ik}^0 的符号分为以下两种情况讨论：

情况一：先考虑对所有的 $i = 1, \cdots, m$，有 $a_{ik}^0 \leqslant 0$ 的情况。

定理 3-3　设 $\boldsymbol{B}$ 是 LP1 的可行基。若存在 $k \in I_N$，使 $\boldsymbol{r}_k > 0$，并且 $k \in I_n$，使 $\boldsymbol{a}_k^0 = \boldsymbol{B}^{-1}\boldsymbol{a}_k \leqslant 0$，则 LP 无下界。

证明：根据条件 $a_k^0 \leqslant 0$ 知，对所有 $i = 1, \cdots, m$，有 $a_{ik}^0 \leqslant 0$。此时，对任意的 $\boldsymbol{x}_k > 0$，不仅可以保证 $\bar{\boldsymbol{x}}$ 的可行性，而且可以使 $\bar{\boldsymbol{z}}$ 任意小，由此得 LP 无下界。

情况二：再考虑存在 $i \in \{1, \cdots, m\}$，使 $a_{ik}^0 > 0$ 的情况。

设 LP 是非退化的，即对应的基变量都不为零，即 $\boldsymbol{x}_B^0 = \boldsymbol{b}^0 = [b_1^0, \cdots, b_m^0]^{\mathrm{T}} = \boldsymbol{B}^{-1}\boldsymbol{b} > 0$。令

$$\bar{x}_k = \bar{b}_r = \min_{i=1, \cdots, m}\left\{\frac{b_i^0}{a_{ik}^0} \middle| a_{ik}^0 > 0\right\} > 0, \ \bar{b}_r = \frac{b_r^0}{a_{rk}^0}$$

$$\bar{x}_j = 0, \ j \in I_N, \ j \neq k$$

$$\bar{x}_{B_r} = 0$$

代入 $\boldsymbol{Ax} = \boldsymbol{b}$，可得其他变量为

$$\bar{\boldsymbol{x}}_{B_i} = \bar{\boldsymbol{b}}_i = \boldsymbol{b}_i^0 - \boldsymbol{a}_{ik}^0 \frac{\boldsymbol{b}_r^0}{\boldsymbol{a}_{rk}^0} \geqslant 0, \quad i = 1, 2, \cdots, m, i \neq r$$

对应的目标函数值为

$$\bar{\boldsymbol{z}} = \boldsymbol{z}_0 - \boldsymbol{r}_k \frac{\boldsymbol{b}_r^0}{\boldsymbol{a}_{rk}^0} < \boldsymbol{z}_0$$

即可行解 $\bar{\boldsymbol{x}}$ 确实使目标函数得到了改进。可以证明，可行解 $\bar{\boldsymbol{x}}$ 也是 LP 的基本可行解。

定理 3-3 说明当我们无法找到退基变量时，LP 无下界；当我们可以找到退基变量时，LP 的解可以进一步迭代，目标可以改进。

3.4.3　单纯形表的改进

利用关于 $\boldsymbol{B}$ 的单纯形表 $T(\boldsymbol{B})$ 即表 3-3(典式)，得到关于 $\bar{\boldsymbol{B}}$ 的单纯形表 $T(\bar{\boldsymbol{B}})$。转换过程的关键是通过等价的行初等变换，将表 3-1 中 $\boldsymbol{x}_k$ 所对应的系数列向量变换为 $\boldsymbol{e}_r$，$\boldsymbol{x}_k$ 的检验数变换为 0。为此，对 $T(\boldsymbol{B})$ 即表 3-1 作以下变换，称之为以 (r, k) 元素为主元的旋转变换。

算法 3.2　以 (r, k) 元素为主元的旋转变换基本步骤

Step 1　变化第 r 行。$n+1$ 个元素分别除以 a_{rk}^0，得 $\bar{a}_{rj}^0 (j = 1, 2, \cdots, n)$ 和 $\bar{b}_r$；

Step 2　变化第 i 行 $(i = 1, 2, \cdots, m+1; i \neq r)$。$n+1$ 个元素分别减去第 r 行对应元素的 a_{ik}^0 倍，得 $\bar{a}_{ij}^0 (j = 1, 2, \cdots, n)$ 和 $\bar{b}_i$，$\bar{r}_j (j = 1, 2, \cdots, n)$ 和 $\bar{z}$。

Step 3　变化名称。将第 r 个基变量名称 $\boldsymbol{x}_{B_r}$ 改为 $\boldsymbol{x}_k$。

由此得到关于可行基 $\bar{\boldsymbol{B}}$ 的单纯形表 $T(\bar{\boldsymbol{B}})$，见表 3-4。重复该过程，可得 LP 的解。

表 3-4　　**LP 关于可行基 $\bar{B}$ 的单纯形表 $T(\bar{B})$**

$\boldsymbol{c}_B$	$\boldsymbol{x}_B$	$\boldsymbol{b}$	c_1	$\cdots$	c_k	$\cdots$	c_n	c_{n+1}	$\cdots$	c_r	$\cdots$	c_{n+m}	$\boldsymbol{\theta}$
			x_1	$\cdots$	x_k	$\cdots$	x_n	x_{n+1}	$\cdots$	x_r	$\cdots$	x_{n+m}	
c_{n+1}	x_{n+1}	$\bar{b}_1$	$\bar{a}_{11}$	$\cdots$	0	$\cdots$	$\bar{a}_{1n}$	1	$\cdots$	$\bar{a}_{r1}$	$\cdots$	0	$\bar{\theta}_1$
$\vdots$	$\vdots$	$\vdots$	$\vdots$		0		$\vdots$		$\cdots$	$\cdots$	$\cdots$	$\vdots$	$\vdots$
c_k	x_k	$\bar{b}_r$	$\bar{a}_{r1}$	$\cdots$	1	$\cdots$		$\cdots$	$\cdots$	$\bar{a}_{rr}$	$\cdots$		$\bar{\theta}_r$
$\vdots$	$\vdots$	$\vdots$	$\vdots$		$\vdots$		$\vdots$			$\vdots$		$\vdots$	$\vdots$
c_{n+m}	x_{n+m}	$\bar{b}_m$	$\bar{a}_{m1}$	$\cdots$	0	$\cdots$	$\bar{a}_{mn}$	0	$\cdots$	$\bar{a}_{rm}$	$\cdots$	1	$\bar{\theta}_m$
$\bar{\boldsymbol{z}}$			$\bar{r}_{-1}$	$\cdots$	0	$\cdots$	$\bar{r}_n$	0	$\cdots$	$\bar{r}_r$	$\cdots$	0	

算法 3.3　已知初始可行基的单纯形法基本步骤

Step 1　初始化。根据初始可行基 $\boldsymbol{B}$ 形成初始单纯形表 $T(\boldsymbol{B})$，设所得单纯形表，其中 $b_i^0 \geqslant 0(i=1, \cdots, m)$。

Step 2　最优性判别。若对所有的 $j \in I_N$，均有 $r_j \leqslant 0$，则停止，得最优解 $\boldsymbol{x}^* = [\boldsymbol{x}_B^*, \boldsymbol{x}_N^*]^{\mathrm{T}}$，其中，$\boldsymbol{x}_B^* = \boldsymbol{b}^0$，$\boldsymbol{x}_N^* = 0$，最优值 $\boldsymbol{z}^* = \boldsymbol{z}_0$；否则转 Step 3)。

Step 3　确定进基变量。取 $k \in I_N$，使 $\boldsymbol{r}_k = \max\{r_j \mid j \in I_N\}$。若 $\boldsymbol{a}_{ik}^0 \leqslant 0(i=1, 2, \cdots, n)$，则停止，LP 无下界；否则转 Step 4)。

Step 4　确定出基变量。取 $r \in \{1, 2, \cdots, m\}$，使

$$\frac{b_r^0}{a_{rk}^0} = \min_{i=1, \cdots, m}\left\{\frac{b_i^0}{a_{ik}^0} \middle| a_{ik}^0 > 0\right\} > 0$$

Step 5　修改单纯形表。以 (r, k) 为主元进行旋转变换，得到新的单纯形表。转 Step 2。

例 3.2　考虑如下线性规划问题：

$$\begin{aligned} \min \quad & z = -x_1 - 3x_2 \\ \text{s.t.} \quad & x_1 + x_2 + x_3 = 6 \\ & -x_1 + 2x_2 + x_4 = 8 \\ & x_1, x_2, x_3, x_4 \geqslant 0 \end{aligned}$$

解：(1)根据题意写出关于 $\boldsymbol{B}$ 的单纯形表(表 3-5)。

表 3-5　**第一张单纯形表(1)**

$\boldsymbol{c}_B$	$\boldsymbol{x}_B$	$\boldsymbol{b}$	−1	−3	0	0	$\boldsymbol{\theta}$
			x_1	x_2	x_3	x_4	
		6	1	1	1	0	
		8	−1	2	0	1	

它已经是关于 $\boldsymbol{B}=[a_3, a_4]=\boldsymbol{I}$ 的典式，故选择 x_3，x_4 作为基变量，写出 $\boldsymbol{x}_B$，$\boldsymbol{c}_B$，见表 3-6。

表 3-6　**第一张单纯形表(2)**

$\boldsymbol{c}_B$	$\boldsymbol{x}_B$	$\boldsymbol{b}$	−1	−3	0	0	$\boldsymbol{\theta}$
			x_1	x_2	x_3	x_4	
0	x_3	6	1	1	1	0	
0	x_4	8	−1	2	0	1	

(2)计算对应非基变量的判别数，由于存在 $r_j > 0$，故不是最优解。选取进基变量为 x_2。由对应 x_2 的 $a_{i2}^0 > 0$，故不能判断无下界。见表 3-7。

表 3-7　　第一张单纯形表(3)

$\boldsymbol{c}_B$	$\boldsymbol{x}_B$	$\boldsymbol{b}$	-1	-3	0	0	$\boldsymbol{\theta}$
			x_1	x_2	x_3	x_4	
0	x_3	6	1	1	1	0	
0	x_4	8	-1	2	0	1	
			1	3↑			

(3)根据进基变量，计算 $\boldsymbol{\theta}$，找出退基变量为 x_4。见表 3-8。

表 3-8　　第一张单纯形表(4)

$\boldsymbol{c}_B$	$\boldsymbol{x}_B$	$\boldsymbol{b}$	-1	-3	0	0	$\boldsymbol{\theta}$
			x_1	x_2	x_3	x_4	
0	x_3	6	1	1	1	0	6
0	x_4	8	-1	(2)	0	1	(4)→
			1	3↑			

此时，关于 $\boldsymbol{B}$ 的基本可行解 $\boldsymbol{x}^{(0)} = [0, 0, 6, 8]^{\mathrm{T}}$，相应目标函数值为 $\boldsymbol{c}^{\mathrm{T}}\boldsymbol{x} = 0$。这一步是否可以不计算呢?

(4)根据表 3-8 的结果选取的进基和退基变量，得到新的基变量和非基变量，并以 $(k, r) = (2, 2)$ 为主元进行旋转，重复步骤(2)(3)，得计算结果如单纯形表 3-9 所示。

表 3-9　　第二张单纯形表

$\boldsymbol{c}_B$	$\boldsymbol{x}_B$	$\boldsymbol{b}$	-1	-3	0	0	$\boldsymbol{\theta}$
			x_1	x_2	x_3	x_4	
0	x_3	2	$\frac{3}{2}$	0	1	$-\frac{1}{2}$	$\frac{4}{3}$→
-3	x_2	4	$-\frac{1}{2}$	1	0	$\frac{1}{2}$	-8
			$\frac{5}{2}$↑			$-\frac{3}{2}$	

(5)重复上述过程，再求得 $k=1$，$r=1$，则以(1，1)为主元进行旋转，进而得单纯形表 3-10。

表 3-10　　　　　　　　　　　**第三张单纯形表**

c_B	x_B	b	-1	-3	0	0	θ
			x_1	x_2	x_3	x_4	
-1	x_1	$\frac{4}{3}$	1	0	$\frac{2}{3}$	$-\frac{1}{3}$	
-3	x_2	$\frac{14}{3}$	0	1	$\frac{1}{3}$	$\frac{1}{3}$	
$-\frac{46}{3}$					$-\frac{5}{3}$	$-\frac{2}{3}$	

这时，对所有的非基变量，其检验数都有 $r_j < 0$，根据判别条件，因此得最优解 $\boldsymbol{x}^* = \left[\frac{4}{3}, \frac{14}{3}, 0, 0\right]^{\mathrm{T}}$，最优值 $z^* = -\frac{46}{3}$。

3.4.4　退化情形

前面的讨论是在非退化的情况下进行的。如果 LP 是退化的又会发生什么情况呢？

先看一个循环现象。用单纯形法求解 LP 得单纯形表，设所对应的可行基 B 是退化的，即 $\boldsymbol{b}^0 = \boldsymbol{B}^{-1}\boldsymbol{b}$ 中存在零分量，使得对应的可行解中含有零分量。

此时，可能出现 $\bar{b}_r = 0$ 的情况，即

$$\bar{b}_r = \frac{b_r^0}{a_{rk}^0} = \min_{i=1, \cdots, m}\left\{\frac{b_i^0}{a_{ik}^0} \middle| a_{ik}^0 > 0\right\} = 0$$

这样，通过转换目标函数值为 $\bar{z} = z_0 - r_k \frac{b_r^0}{a_{rk}^0} = z_0$，目标函数值没有得到改进。如果这种情况反复发生，就形成了 $\bar{z} = z_0$ 循环。下例为 Beale 给出的一个退化情形。

例 3.3　考虑线性规划问题

$$\min \quad z = -\frac{3}{4}x_4 + 20x_5 - \frac{1}{2}x_6 + 6x_7$$

$$\begin{aligned} \text{s.t} \quad & x_1 + \frac{1}{4}x_4 - 8x_5 - x_6 + 9x_7 = 0, \\ & x_2 + \frac{1}{2}x_4 - 12x_5 - \frac{1}{2}x_6 + 3x_7 = 0 \\ & x_3 + x_6 = 1 \\ & x_j \geqslant 0, \quad j = 1, 2, \cdots, 7 \end{aligned}$$

用单纯形法求解得到下列各张单纯形表，见表 3-11～表 3-17。

表 3-11 **例 3.3 第一张单纯形表**

c_B	x_B	b	0	0	0	$-\frac{3}{4}$	20	$-\frac{1}{2}$	6	θ
			x_1	x_2	x_3	x_4	x_5	x_6	x_7	
0	x_1	0	1	0	0	$\frac{1}{4}$	−8	−1	9	0→
0	x_2	0	0	1	0	$\frac{1}{2}$	−12	$-\frac{1}{2}$	3	0
0	x_3	1	0	0	1	0	0	1	0	+∞
						$\frac{3}{4}$↑	−20	$\frac{1}{2}$	−6	

表 3-12 **例 3.3 第二张单纯形表**

c_B	x_B	b	0	0	0	$-\frac{3}{4}$	20	$-\frac{1}{2}$	6	θ
			x_1	x_2	x_3	x_4	x_5	x_6	x_7	
$-\frac{3}{4}$	x_4	0	4	0	0	1	−32	−4	36	0
0	x_2	0	−2	1	0	0	4	$\frac{3}{2}$	−15	0→
0	x_3	1	0	0	1	0	0	1	0	+∞
			0				4↑	$\frac{7}{2}$	−6	

表 3-13 **例 3.3 第三张单纯形表**

c_B	x_B	b	0	0	0	$-\frac{3}{4}$	20	$-\frac{1}{2}$	6	θ
			x_1	x_2	x_3	x_4	x_5	x_6	x_7	
$-\frac{3}{4}$	x_4	0	−12	8	0	1	0	8	−84	0→
20	x_5	0	$-\frac{1}{2}$	$\frac{1}{4}$	0	0	1	$\frac{3}{8}$	$-\frac{15}{4}$	0
0	x_3	1	0	0	1	0	0	1	0	1
			−1	−1				2↑	−18	

表 3-14　　**例 3.3 第四张单纯形表**

c_B	x_B	b	0	0	0	$-\frac{3}{4}$	20	$-\frac{1}{2}$	6	θ
			x_1	x_2	x_3	x_4	x_5	x_6	x_7	
$-\frac{1}{2}$	x_6	0	$-\frac{3}{2}$	1	0	$\frac{1}{8}$	0	1	$-\frac{21}{2}$	0
20	x_5	0	$-\frac{1}{16}$	$-\frac{1}{8}$	0	$-\frac{3}{64}$	1	0	$\frac{3}{16}$	0→
0	x_3	1	$\frac{3}{2}$	−1	1	$-\frac{1}{8}$	0	0	$\frac{21}{2}$	$\frac{2}{21}$
			2	−3		−1			9↑	

表 3-15　　**例 3.3 第五张单纯形表**

c_B	x_B	b	0	0	0	$-\frac{3}{4}$	20	$-\frac{1}{2}$	6	θ
			x_1	x_2	x_3	x_4	x_5	x_6	x_7	
$-\frac{1}{2}$	x_6	0	2	−6	0	$-\frac{5}{2}$	56	1	0	0→
6	x_7	0	$\frac{1}{3}$	$-\frac{2}{3}$	0	$-\frac{1}{4}$	$\frac{16}{3}$	0	1	0
0	x_3	1	−2	6	1	$\frac{5}{2}$	−56	0	0	1
			1↑	−3		−1	−16			

表 3-16　　**例 3.3 第六张单纯形表**

c_B	x_B	b	0	0	0	$-\frac{3}{4}$	20	$-\frac{1}{2}$	6	θ
			x_1	x_2	x_3	x_4	x_5	x_6	x_7	
0	x_1	0	1	−3	0	$-\frac{5}{4}$	28	$\frac{1}{2}$	0	0
6	x_7	0	0	$\frac{1}{3}$	0	$\frac{1}{6}$	−4	$-\frac{1}{6}$	1	0→
0	x_3	1	0	0	1	0	0	1	0	1
				2↑		$\frac{7}{4}$	−44	$\frac{1}{2}$		

表 3-17　　**例 3.3 第七张单纯形表**

c_B	x_B	b	0	0	0	$-\frac{3}{4}$	20	$-\frac{1}{2}$	6	θ
			x_1	x_2	x_3	x_4	x_5	x_6	x_7	
0	x_1	0	1	0	0	$\frac{1}{4}$	−8	−1	9	0
0	x_2	0	0	1	0	$\frac{1}{2}$	−12	$-\frac{1}{2}$	3	0
0	x_3	1	0	0	1	0	0	1	0	1
						$\frac{3}{4}$	20	$\frac{1}{2}$	−6	

经过 6 次迭代，得到的单纯形表 3-17 与第一张单纯形表 3-11 完全一样，因此再做下去将出现无限循环的情况。

目前，有许多可避免出现循环的方法，如摄动法、字典序法等。Bland 规则是其中的一种比较简单的方法，它是 R. G. Bland 于 1976 年提出的。

为解决循环问题，确定主元的 Bland 规则介绍如下：

算法 3.4　确定主元的 Bland 规则基本步骤

Step 1　进基规则：取 $k=\min\{j \mid r_j>0,\ j\in I_N\}$。

Step 2　出基规则：令 $R=\left\{r \mid \dfrac{b_r^0}{a_{rk}^0}=\min\limits_{i=1,\cdots,m}\left\{\dfrac{b_i^0}{a_{ik}^0}\,\middle|\, a_{ik}^0>0\right\}\right\}$，取 $r=\min\{i \mid i\in \mathrm{R}\}$。

利用单纯形法求解 LP 时，若采用 Bland 规则选取主元 $(r,\ k)$，那么一定不会出现循环，于是经过有限步迭代，或得知 LP 无下界，或得到 LP 的最优基本可行解。

例 3.4　考虑在例 3.3 的求解过程中用 Bland 规则确定主元。前四张表同例 3.3 的前四张表，后三张表格见表 3-18～表 3～20。

表 3-18　　**例 3-4 第五张单纯形表**

c_B	x_B	b	0	0	0	$-\frac{3}{4}$	20	$-\frac{1}{2}$	6	θ
			x_1	x_2	x_3	x_4	x_5	x_6	x_7	
$-\frac{1}{2}$	x_6	0	0	−2	0	−1	24	1	−6	0
0	x_1	0	1	−2	0	$-\frac{3}{4}$	16	0	3	0
0	x_3	1	0	2	1	1	−24	0	6	1→
				1↑		$\frac{5}{4}$	0		3	

表 3-19　　　　　　　　　　　**例 3.4 第六张单纯形表**

$\boldsymbol{c}_B$	$\boldsymbol{x}_B$	$\boldsymbol{b}$	0	0	0	$-\frac{3}{4}$	20	$-\frac{1}{2}$	6	$\boldsymbol{\theta}$
			x_1	x_2	x_3	x_4	x_5	x_6	x_7	
$-\frac{1}{2}$	x_6	1	0	0	0	0	0	1	0	0
0	x_1	1	1	0	1	$\frac{1}{4}$	-8	0	9	4
0	x_2	$\frac{1}{2}$	0	1	$\frac{1}{2}$	$\frac{1}{2}$	-12	0	3	1→
					0	$\frac{3}{4}$↑	2		6	

表 3-20　　　　　　　　　　　**例 3.4 第七张单纯形表**

$\boldsymbol{c}_B$	$\boldsymbol{x}_B$	$\boldsymbol{b}$	0	0	0	$-\frac{3}{4}$	20	$-\frac{1}{2}$	6	$\boldsymbol{\theta}$
			x_1	x_2	x_3	x_4	x_5	x_6	x_7	
$-\frac{1}{2}$	x_6	1	0	0	0	0	0	1	0	
0	x_1	$\frac{3}{4}$	1	$-\frac{1}{2}$	$\frac{3}{4}$	0	-2	0	$\frac{15}{2}$	
$-\frac{3}{4}$	x_4	1	0	2	1	1	-24	0	6	
$-\frac{5}{4}$				$-\frac{3}{2}$	$-\frac{5}{4}$		-2		$-\frac{21}{2}$	

最后，得到最优解 $\boldsymbol{x}^* = \left[\frac{3}{4}, 0, 0, 1, 0, 1, 0\right]^{\mathrm{T}}$，最优值 $\boldsymbol{z}^* = -\frac{5}{4}$。

但是，大量的计算实践表明，在单纯形法求解过程中出现循环情况是极其罕见的，而采用 Bland 规则或其他避免循环的措施，往往会增加计算量。因此，一般并不需要采用这些防范措施。

3.5　两阶段法与大 *M* 法

对于一般的 LP，要得到其典式标准型不容易。那么，如何快速地确定其初始可行基呢？在实践中可以采用两阶段法和大 M 法确定初始可行基。

3.5.1 两阶段法

1. 阶段 Ⅰ

对于线性规划问题(LP)，即

$$\begin{aligned}\min\quad & \boldsymbol{z}=\boldsymbol{C}^{\mathrm{T}}\boldsymbol{x}\\ \text{s.t.}\quad & \boldsymbol{Ax}=\boldsymbol{b}\\ & \boldsymbol{x}\geqslant 0\end{aligned}$$

其中，$\boldsymbol{b}>0$，可以构造它的辅助线性规划问题(ALP)：

$$\begin{aligned}\min\quad & f=\boldsymbol{e}^{\mathrm{T}}\boldsymbol{y}\\ \text{s.t.}\quad & \boldsymbol{Ax}+\boldsymbol{y}=b\\ & \boldsymbol{x}\geqslant 0,\ \boldsymbol{y}\geqslant 0\end{aligned}$$

ALP 称为 LP 的第一阶段问题，其中 $\boldsymbol{e}=[1,\ \cdots,\ 1]^{\mathrm{T}}\in \mathrm{R}^{m\times 1}$，向量 $\boldsymbol{y}=[y_1,\ \cdots,\ y_m]^{\mathrm{T}}$ 称为人工变量。

先证明 ALP 一定存在最优解。

定理 3-4 ALP 一定存在最优解，且其最优值 $f^*\geqslant 0$。

证明：显然，$[\boldsymbol{x}^{\mathrm{T}},\ \boldsymbol{y}^{\mathrm{T}}]=[\boldsymbol{0},\ \boldsymbol{b}^{\mathrm{T}}]$ 是 ALP 的一个可行解。因对 ALP 的任一可行解，其目标函数值 $f\geqslant 0$，故 ALP 有下界。由此知，ALP 存在最优解，并且最优值 $f^*\geqslant 0$。证毕。

现在讨论 LP 与 ALP 之间的关系。

定理 3-5 LP 存在可行解的充要条件是，ALP 的最优值 $f^*=0$。

证明：(1)必要性。设 LP 存在可行解 $\bar{x}$，则 $[\bar{x},\ 0]$ 显然是 ALP 的可行解，并且其目标函数值 $f=0$，达到 ALP 的下界，因此 $[\bar{x},\ 0]$ 是 ALP 的最优解，最优值 $f^*=0$。

(2)充分性。ALP 的最优值 $f^*=0$ 在 $[\bar{\boldsymbol{x}},\ \bar{\boldsymbol{y}}]$ 处达到，由 $f^*=\boldsymbol{e}^{\mathrm{T}}\bar{\boldsymbol{y}}$ 及 $\bar{\boldsymbol{y}}\geqslant 0$ 知 $\bar{\boldsymbol{y}}=0$，于是根据 ALP 的约束条件得 $\boldsymbol{A}\bar{\boldsymbol{x}}=\boldsymbol{b}$ 和 $\bar{\boldsymbol{x}}\geqslant 0$，即 $\bar{\boldsymbol{x}}$ 是 LP 的可行解。证毕。

显然，$\boldsymbol{B}=\boldsymbol{I}$ 可作为 ALP 的初始可行基，列出单纯形表格 $T_1(\boldsymbol{B})$，进而求解 ALP 的最优解。其判别如下：

①若 $f^*>0$，则根据定理 3-2，得知 LP 无可行解；

②若 $f^*=0$，并且对所有 $y_i(i=1,\ \cdots,\ m)$ 均为关于 $\boldsymbol{B}$ 的非基变量，则关于 $\boldsymbol{B}$ 的基变量均为 $\boldsymbol{x}$ 的分量，并且 $\boldsymbol{B}$ 是 $\boldsymbol{A}$ 的可逆子矩阵，由此可得 LP 的可行基 $\boldsymbol{B}$，转入阶段Ⅱ继续求解。

③若 $f^*=0$，但存在某个 $y_i(i=1,\ \cdots,\ m)$ 为关于 $\boldsymbol{B}$ 的(退化)基变量，则 $T_1(\boldsymbol{B})$ 的第 r 行对应的方程为

$$y_r+\sum_{j\in I_{N_x}} a_{rj}^{(0)}x_j+\sum_{j\in I_{N_y}} a_{rj}^{(0)}y_j=0$$

其中，I_{N_x} 和 I_{N_y} 分别为 x 和 y 中关于 $\boldsymbol{B}$ 的非基变量指标集。

若对任意的 $j \in I_{N_x}$，均有 $a_{rj}^{(0)}=0$，则可得 $y_r=-\sum\limits_{j \in I_{N_y}} a_{rj}^{(0)} y_j$，这说明 LP 中第 r 个方程可用其他方程表示，即该方程是多余的。此时，在 $T_1(\boldsymbol{B})$ 去掉第 r 行及 y_r 所在的列。变化后的单纯形表仍可记作 $T_1(\boldsymbol{B})$，再次回到步骤②；

若对某个 $a_{rk}^{(0)} \neq 0(k \in I_{N_x})$，则选择人工变量 y_r 为出基变量，$\boldsymbol{x}_k$ 为进基变量，并对 $T_1(\boldsymbol{B})$ 进行以 (r, k) 为主元的旋转变换。回到步骤②。

2. 阶段Ⅱ

在 $T_1(\boldsymbol{B})$ 去掉人工变量 $y_1, \cdots, y_m$ 所在列，并重新求得 LP 关于 $\boldsymbol{B}$ 的检验数及目标函数值。

$$\boldsymbol{r}_j=\boldsymbol{c}_B^{\mathrm{T}} \boldsymbol{B}^{-1} \boldsymbol{a}_j-\boldsymbol{c}_j=\boldsymbol{c}_B^{\mathrm{T}} \boldsymbol{a}_j^0-\boldsymbol{c}_j, \ j=1, 2, \cdots, n$$

$$\boldsymbol{z}_0=\boldsymbol{c}_B^{\mathrm{T}} \boldsymbol{B}^{-1} \boldsymbol{b}=\boldsymbol{y}_1 \boldsymbol{b}^0$$

由此得到 LP 关于 $\boldsymbol{B}$ 的单纯形表 $T(\boldsymbol{B})$。将 $T(\boldsymbol{B})$ 作为初始单纯形表用单纯形法对 LP 继续求解。

例 3.5　求解线性规划问题

$$\begin{aligned}
\min \quad & z=-x_1-3x_2-6x_3 \\
\text{s.t.} \quad & x_1+x_2+x_3 \leqslant 8 \\
& x_1+x_2+2x_3=4 \\
& -x_1+2x_2+x_3=4 \\
& x_1, x_2, x_3 \geqslant 0
\end{aligned}$$

解：第一阶段：构造辅助问题为

$$\begin{aligned}
\min \quad & f=y_1+y_2 \\
\text{s.t.} \quad & x_1+x_2+x_3+x_4=8 \\
& x_1+x_2+2x_3+y_1=4 \\
& -x_1+2x_2+x_3+y_2=4 \\
& x_1, x_2, x_3, x_4, y_1, y_2 \geqslant 0
\end{aligned}$$

利用单纯形法求解得到单纯形表 3-21～表 3-23。注意在表 3-21 中：

$$\boldsymbol{r}_j=\boldsymbol{c}_B^{\mathrm{T}} \boldsymbol{B}^{-1} \boldsymbol{a}_j-\boldsymbol{c}_j=\boldsymbol{c}_B^{\mathrm{T}} \boldsymbol{a}_j, \ j=1, 2, 3$$

表 3-21　　**例 3.5 第一张单纯形表**

$\boldsymbol{c}_B$	$\boldsymbol{x}_B$	$\boldsymbol{b}$	0	0	0	0	1	1	$\boldsymbol{\theta}$
			x_1	x_2	x_3	x_4	y_1	y_2	
0	x_4	8	1	1	1	1	0	0	8
1	y_1	4	1	1	2	0	1	0	4
1	y_2	4	−1	2	1	0	0	1	2→
			0	3↑	3				

表 3-22　　**例 3.5 第二张单纯形表**

c_B	x_B	b	0	0	0	0	1	1	θ
			x_1	x_2	x_3	x_4	y_1	y_2	
0	x_4	6	$\frac{3}{2}$	0	$\frac{1}{2}$	1	0	0	4
1	y_1	2	$\frac{3}{2}$	0	$\frac{3}{2}$	0	1	$-\frac{1}{2}$	$\frac{4}{3}\rightarrow$
0	x_2	2	$-\frac{1}{2}$	1	$\frac{1}{2}$	0	0	$\frac{1}{2}$	
			$\frac{3}{2}\uparrow$		$\frac{3}{2}$			$-\frac{3}{2}$	

表 3-23　　**例 3.5 第三张单纯形表**

c_B	x_B	b	0	0	0	0	1	1	θ
			x_1	x_2	x_3	x_4	y_1	y_2	
0	x_4	4	0	0	−1	1	−1	0	
0	x_1	$\frac{4}{3}$	1	0	1	0	$\frac{2}{3}$	$-\frac{1}{3}$	
0	x_2	$\frac{8}{3}$	0	1	1	0	$\frac{1}{3}$	$\frac{1}{3}$	
0					0		−1	−1	

第二阶段：利用表 3-21 得到原问题的初始单纯形表 3-24，其中 $\boldsymbol{r}_3 = \boldsymbol{c}_B^{\mathrm{T}}\boldsymbol{B}^{-1}\boldsymbol{a}_3 - \boldsymbol{c}_3 = \boldsymbol{c}_B^{\mathrm{T}}\boldsymbol{a}_3^0 - \boldsymbol{c}_3 = 2$。再利用单纯形法求解得到表 3-25。

表 3-24　　**例 3.5 第四张单纯形表**

c_B	x_B	b	−1	−3	−6	0	θ
			x_1	x_2	x_3	x_4	
0	x_4	4	0	0	−1	1	
−1	x_1	$\frac{4}{3}$	1	0	1	0	$\frac{4}{3}\rightarrow$
−3	x_2	$\frac{8}{3}$	0	1	1	0	$\frac{8}{3}$
0					$2\uparrow$		

表 3-25　　例 3.5 第五张单纯形表

c_B	x_B	b	-1	-3	-6	0	θ
			x_1	x_2	x_3	x_4	
0	x_4	$\frac{16}{3}$	1	0	0	1	
-6	x_3	$\frac{4}{3}$	1	0	1	0	
-3	x_2	$\frac{4}{3}$	-1	1	0	0	
-12			-2				

因此，得 $\boldsymbol{x}^* = \left[0,\ \frac{4}{3},\ \frac{4}{3}\right]^{\mathrm{T}}$，$Z^* = -12$。

3.5.2　大 M 法

实际上，可以采用将两阶段法中的阶段Ⅰ和阶段Ⅱ合二为一的处理方式，确定初始基，求解一般的线性规划问题。

对于线性规划问题(LP)：

$$\begin{aligned} \min \quad & \boldsymbol{z} = \boldsymbol{C}^{\mathrm{T}}\boldsymbol{x} \\ \text{s. t.} \quad & \boldsymbol{Ax} = \boldsymbol{b} \\ & \boldsymbol{x} \geqslant 0 \end{aligned}$$

其中，$\boldsymbol{b} > 0$，考虑含大 M 参数的线性规划问题(LPM)：

$$\begin{aligned} \min \quad & \boldsymbol{f} = \boldsymbol{C}^{\mathrm{T}}\boldsymbol{x} + \boldsymbol{Me}^{\mathrm{T}}\boldsymbol{y} \\ \text{s. t.} \quad & \boldsymbol{Ax} + \boldsymbol{y} = \boldsymbol{b} \\ & \boldsymbol{x} \geqslant 0,\ \boldsymbol{y} \geqslant 0 \end{aligned}$$

其中，$M \in \mathrm{R}^+$ 是一个充分大的正数，即它比任何常数都大，$\boldsymbol{e} = [1,\ 2,\ \cdots,\ 1]^{\mathrm{T}} \in \mathrm{R}^{m\times 1}$，$\boldsymbol{Me}^{\mathrm{T}}\boldsymbol{y}$ 称为惩罚项，目的是使人工变量 $\boldsymbol{y}$ 变为 0。

显然，$\boldsymbol{B} = \boldsymbol{I}$ 可作为 LPM 的初始可行基，对应的基可行解为 $(x,\ y) = (0,\ b)$，并且

$$\boldsymbol{f} = \boldsymbol{c}^{\mathrm{T}}\boldsymbol{x} + \boldsymbol{Me}^{\mathrm{T}}\boldsymbol{y} = \boldsymbol{c}^{\mathrm{T}}\boldsymbol{x} + \boldsymbol{Me}^{\mathrm{T}}(\boldsymbol{b} - \boldsymbol{Ax}) = \boldsymbol{M}\sum_{i=1}^{m} b_i - \sum_{j=1}^{mn}\left(\boldsymbol{M}\sum_{i=1}^{m} a_{ij} - c_j\right)x_j$$

可得非基变量 x_j 的检验数：

$$r_j = \boldsymbol{M}\sum_{i=1}^{m} a_{ij} - c_j, \quad j = 1,\ 2,\ \cdots,\ n$$

目标值为 $\boldsymbol{M}\sum_{i=1}^{m} b_i$，因此 LPM 关于 $\boldsymbol{B} = \boldsymbol{I}$ 的单纯形表如表 3-26 所示。

表 3-26 **LPM 关于 $B=I$ 的单纯形表**

c_B	x_B	b	c_1	…	c_n	M	…	M	θ_i
			x_1	…	x_n	y_1	…	y_m	
M	y_1	b_1	a_{11}	…	a_{1n}	1	…	0	θ_1
M	y_2	b_2	a_{21}	…	a_{2n}	0	…	0	θ_2
⋮	⋮	⋮	⋮		⋮	⋮		⋮	⋮
M	y_m	b_m	a_{m1}	…	a_{mn}	0	…	1	θ_m
$z=\sum_{i=1}^{m} b_i$			$M\sum_{i=1}^{m} a_{i1}-c_1$		$M\sum_{i=1}^{m} a_{in}-c_n$				

将表 3-26 作为初始单纯形表，用单纯形法求解 LPM(人工变量出基后不再进基)，得到 LPM 的最优解 $(\boldsymbol{x}^*,\ \boldsymbol{y}^*)$ 或得知 LPM 无下界。

定理 3.6 设 $(\boldsymbol{x}^*\boldsymbol{y}^*)$ 是 LPM 的最优解。若 $\boldsymbol{y}^*=0$，则 $\boldsymbol{x}^*$ 是 LP 的最优解，否则 LP 无可行解。

证明：若 $\boldsymbol{y}^*=\boldsymbol{0}$，则 LPM 的最优值等于 $\boldsymbol{c}^{\mathrm{T}}\boldsymbol{x}^*$，并且 $\boldsymbol{x}^*$ 是 LP 的可行解。

应用反证法，假如 $\boldsymbol{x}^*$ 不是 LP 的可行解，则 LP 存在可行解 $\boldsymbol{c}^{\mathrm{T}}\bar{\boldsymbol{x}}<\boldsymbol{c}^{\mathrm{T}}\boldsymbol{x}^*$，显然 $(\bar{\boldsymbol{x}},\ \boldsymbol{0})$ 是 LPM 的可行解，并且

$$\boldsymbol{c}^{\mathrm{T}}\bar{\boldsymbol{x}}+M\boldsymbol{e}^{\mathrm{T}}\boldsymbol{0}=\boldsymbol{c}^{\mathrm{T}}\bar{\boldsymbol{x}}<\boldsymbol{c}^{\mathrm{T}}\boldsymbol{x}^*$$

即 LPM 在 $(\bar{\boldsymbol{x}},\ \boldsymbol{0})$ 处的目标值小于 LPM 的最优值，这与最优值概念矛盾，故 x^* 是 LP 的可行解。

若 $\boldsymbol{y}^*\neq 0$，则 LPM 的最优值等于 $\boldsymbol{c}^{\mathrm{T}}\boldsymbol{x}^*+M\boldsymbol{e}^{\mathrm{T}}\boldsymbol{y}^*$，其中 $\boldsymbol{e}^{\mathrm{T}}\boldsymbol{y}^*>0$。假设 LP 存在可行解 $\bar{\boldsymbol{x}}$。显然，$(\bar{\boldsymbol{x}},\ \boldsymbol{0})$ 是 LPM 的可行解，并且当 M 充分大时，有

$$\boldsymbol{c}^{\mathrm{T}}\bar{\boldsymbol{x}}+M\boldsymbol{e}^{\mathrm{T}}\boldsymbol{0}=\boldsymbol{c}^{\mathrm{T}}\bar{\boldsymbol{x}}<\boldsymbol{c}^{\mathrm{T}}\boldsymbol{x}^*+M\boldsymbol{e}^{\mathrm{T}}\boldsymbol{y}^*$$

即 LPM 在 $(\bar{\boldsymbol{x}},\ \boldsymbol{0})$ 处的目标值小于 LPM 的最优值，这与最优值概念矛盾，故 LP 无可行解。

定理 3.7 设 LPM 无下界，即在其最终单纯形表中，$r_k=\max\limits_{j\in I_N}\{r_j>0\}$，$a_{ik}^0\leqslant 0(i=1,2,\cdots,m)$，对应的基可行解为 $(\bar{\boldsymbol{x}},\ \bar{\boldsymbol{y}})$。若 $\bar{\boldsymbol{y}}=\boldsymbol{0}$，则 LP 无下界，否则 LP 无可行解。

证明：若 $\bar{\boldsymbol{y}}=0$，则 $\bar{\boldsymbol{x}}$ 是 LP 的可行解。假如 LP 有下界，则 LP 存在最优解，设为 $\boldsymbol{x}^*$。显然，$(\boldsymbol{x}^*,\ \boldsymbol{0})$ 是 LPM 的可行解，并且 $(\boldsymbol{x}^*,\ \boldsymbol{0})$ 是 LPM 的最优解，否则存在 LPM 的可行解 $(\tilde{\boldsymbol{x}}\tilde{\boldsymbol{y}})$，使

$$\boldsymbol{c}^{\mathrm{T}}\tilde{\boldsymbol{x}}+M\boldsymbol{e}^{\mathrm{T}}\tilde{\boldsymbol{y}}<\boldsymbol{c}^{\mathrm{T}}\boldsymbol{x}^*+M\boldsymbol{e}^{\mathrm{T}}\boldsymbol{0}=\boldsymbol{c}^{\mathrm{T}}\boldsymbol{x}^*$$

由 M 的任意大性质可知 $\boldsymbol{e}^{\mathrm{T}}\tilde{\boldsymbol{y}}=0$，即 $\tilde{\boldsymbol{y}}=0$，因此 $\tilde{\boldsymbol{x}}$ 是 LP 的可行解，并且由上式得 $\boldsymbol{c}^{\mathrm{T}}\tilde{\boldsymbol{x}}<\boldsymbol{c}^{\mathrm{T}}\boldsymbol{x}^*$，与 $\boldsymbol{x}^*$ 是 LP 的最优解相矛盾。

因此，LP 无下界。

若 $\bar{\boldsymbol{y}}\neq 0$，不妨设若 $y_i(i=1,\ 2,\ \cdots,\ p)$ 是非基变量，$y_i(i=p+1,\ \cdots,\ m)$ 是第 i 个基

变量，最终单纯形表见表 3-27，则

表 3-27 **大 M 法对应的单纯形表**

c_B	x_B	b^0	…	c_j	…	c_k	…	M	…	M	…	M	θ
			…	x_j	…	x_k	…	y_1	…	y_{p+1}	…	y_m	
c_{B_1}	x_{B_1}	b_1^0	…	a_{1j}^0	…	a_{1k}^0	…	$a_{1(n+1)}^0$	…	0	…	0	θ_1
⋮	⋮	⋮		⋮		⋮		⋮		⋮		⋮	⋮
c_{B_p}	x_{B_p}	b_p^0	…	a_{pj}^0	…	a_{pk}^0	…	$a_{p(n+1)}^0$	…	0	…	0	⋮
M	y_{p+1}	b_{p+1}^0	…	$a_{(p+1)j}^0$	…	$a_{(p+1)k}^0$	…	$a_{(p+1)(n+1)}^0$	…	1	…	0	⋮
⋮	⋮	⋮		⋮		⋮		⋮		⋮		⋮	⋮
M	y_m	b_m^0	…	a_{mj}^0	…	a_{mk}^0	…	$a_{m(n+1)}^0$	…	0	…	1	θ_m

$$\boldsymbol{e}^{\mathrm{T}}\overline{\boldsymbol{y}} = \sum_{i=p+1}^{m} y_i = \sum_{i=p+1}^{m} b_i^0 > 0$$

先证 $\sum\limits_{i=p+1}^{m} a_{ij}^0 \leqslant 0$，$j \in I_{N_x}$，其中 I_{N_x} 是 x 中非基变量下标集。

当 $j = k$ 时，由条件 $a_{ik}^0 \leqslant 0(i = 1, \cdots, m)$ 知 $\sum\limits_{i=p+1}^{m} a_{ik}^0 \leqslant 0$ 成立。

当 $j \in I_{N_x}k\}$ 时，由 M 任意大和：

$$r_j = \sum_{i=1}^{p} c_{B_i} a_{ij}^0 + M\sum_{i=p+1}^{m} a_{ij}^0 - c_j \leqslant r_k = \sum_{i=1}^{p} c_{B_i} a_{ik}^0 + M\sum_{i=p+1}^{m} a_{ik}^0 - c_k \leqslant \sum_{i=1}^{p} c_{B_i} a_{ik}^0 - c_k$$

可知 $\sum\limits_{i=p+1}^{m} a_{ij}^0 \leqslant 0$ 成立。

将表 3-27 中后 $m - p$ 个方程相加，得

$$\sum_{i=p+1}^{m}\left(\sum_{j\in I_{N_x}}^{m} a_{ij}^0 x_j + y_i\right) = \sum_{i=p+1}^{m} b_i^0$$

即

$$\sum_{i=p+1}^{m}\left(\sum_{j\in I_{N_x}}^{m} a_{ij}^0 x_j\right) + \sum_{i=p+1}^{m} y_i = \sum_{i=p+1}^{m} b_i^0$$

假设 LP 存在可行解 $\widetilde{x}$，则 $(\widetilde{x}0)$ 是 LPM 的可行解，代入上式，得

$$0 \geqslant \sum_{j\in I_{N_x}}^{m}\left(\sum_{i=p+1}^{m} a_{ij}^0\right)\widetilde{x}_j = \sum_{i=p+1}^{m} b_i^0 > 0$$

矛盾。因此 LP 无可行解。

例 3.6(同例 3.5) 求解线性规划问题

$$
\begin{aligned}
\min \quad & z=-x_1-3x_2-6x_3 \\
\text{s.t.} \quad & x_1+x_2+x_3 \leqslant 8 \\
& x_1+x_2+2x_3=4 \\
& -x_1+2x_2+x_3=4 \\
& x_1,\ x_2,\ x_3 \geqslant 0
\end{aligned}
$$

解：对应的大 M 问题为

$$
\begin{aligned}
\min \quad & f=-x_1-3x_2-6x_3+My_1+My_2 \\
\text{s.t.} \quad & x_1+x_2+x_3+x_4=8 \\
& x_1+x_2+2x_3+y_1=4 \\
& -x_1+2x_2+x_3+y_2=4 \\
& x_1,\ x_2,\ x_3,\ x_4,\ y_1,\ y_2 \geqslant 0
\end{aligned}
$$

利用单纯形法求解得到单纯形表 3-28~表 3-30。注意在表 3-28 中：

$$\boldsymbol{r}_j=\boldsymbol{c}_B^{\mathrm{T}}\boldsymbol{B}^{-1}\boldsymbol{a}_j-\boldsymbol{c}_j=\boldsymbol{c}_B^{\mathrm{T}}\boldsymbol{a}_j-\boldsymbol{c}_j,\ j=1,\ 2,\ 3$$

在 r_j 比较中，下列结论成立：

(1)当 $\alpha \geqslant \beta$，$p>q$ 时，$\alpha M+p \geqslant \beta M+q$；

(2)当 $\alpha=\beta$，$p=q$ 时，$\alpha M+p=\beta M+q$。

表 3-28　**用大 M 法求例 3-6 第一张单纯形表**

$\boldsymbol{c}_B$	$\boldsymbol{x}_B$	$\boldsymbol{b}$	-1	-3	-6	0	M	M	$\boldsymbol{\theta}$
			x_1	x_2	x_3	x_4	y_1	y_2	
0	x_4	8	1	1	1	1	0	0	8
M	y_1	4	1	1	2	0	1	0	2→
M	y_2	4	-1	2	1	0	0	1	4
			1	$3M+2$	$3M+6$↑				

表 3-29　**用大 M 法求例 3-6 第二张单纯形表**

$\boldsymbol{c}_B$	$\boldsymbol{x}_B$	$\boldsymbol{b}$	-1	-3	-6	0	M	M	$\boldsymbol{\theta}$
			x_1	x_2	x_3	x_4	y_1	y_2	
0	x_4	6	$\frac{1}{2}$	$\frac{1}{2}$	0	1	$-\frac{1}{2}$	0	12
-6	x_3	2	$\frac{1}{2}$	$\frac{1}{2}$	1	0	$\frac{1}{2}$	0	4
M	y_2	2	$-\frac{3}{2}$	$\frac{3}{2}$	0	0	$-\frac{1}{2}$	1	3→
			$\frac{3}{2}M-2$	$\frac{3}{2M}$↑			$-\frac{3}{2}M-3$		

表 3-30　　**用大 M 法求例 3-6 的第三张单纯形表**

c_B	x_B	b	-1	-3	-6	0	M	M	θ
			x_1	x_2	x_3	x_4	y_1	y_2	
0	x_4	$\frac{16}{3}$	1	0	0	1	$-\frac{1}{3}$	$-\frac{1}{3}$	
−6	x_3	$\frac{4}{3}$	1	0	1	0	$\frac{2}{3}$	$-\frac{1}{3}$	
−3	x_2	$\frac{4}{3}$	−1	1	0	0	$-\frac{1}{3}$	$\frac{2}{3}$	
−12			−2				$-M-3$	$-M$	

得到最优解为 $\boldsymbol{x}^* = \left[0, \frac{4}{3}, \frac{4}{3}\right]^{\mathrm{T}}$，$z^* =-12$。

习题 3

3.1　将如下线性规划问题转化为标准形式：

$$
\begin{aligned}
\max \quad & z = 3.6x_1 + 2x_2 - 5x_3 \\
\text{s.t.} \quad & 2.3x_1 + 5x_2 - 7x_3 \leqslant 16 \\
& 3x_1 + 7x_3 \leqslant 23 \\
& x_1 + x_2 + x_3 = 45 \\
& x_1 \leqslant 15,\ x_2 \geqslant 2
\end{aligned}
$$

3.2　某工厂拥有 A、B、C 三种类型的设备，生产甲、乙两种产品。每件产品在生产中需要占用的设备机时数，每件产品可以获得的利润以及三种设备可利用的时数如下表所示，问：工厂应如何安排生产可获得最大的总利润？（建立模型并用单纯形表求解）

	产品甲	产品乙	设备能力
设备 A	4	3	60
设备 B	2	1	40
设备 C	1	3	72
利润(元/件)	1600	2000	

3.3　用大 M 法求解线性规划问题

$$
\begin{aligned}
\max \quad & z = 5x_1 + 2x_2 + 3x_3 - 2x_4 \\
\text{s.t.} \quad & x_1 + 2x_2 + 3x_3 = 15 \\
& 2x_1 + x_2 + 5x_3 = 20
\end{aligned}
$$

$$x_1 + 2x_2 + 4x_3 + x_4 = 20$$
$$x_1,\ x_2,\ x_3,\ x_4 \geqslant 0$$

3.4 用单纯形法求解下列线性规划问题。

(1) $\min \quad z = -4x_1 - x_2$

$$\text{s.t.}\quad \begin{cases} -x_1 + 2x_2 \leqslant 4 \\ 2x_1 + 3x_2 \leqslant 12 \\ x_1 - x_2 \leqslant 3 \\ x_1,\ x_2 \geqslant 0 \end{cases}$$

(2) $\min \quad z = 2x_1 + x_2$

$$\text{s.t.}\quad \begin{cases} -x_1 - 2x_2 \geqslant 4 \\ 2x_1 + 3x_2 \leqslant 12 \\ x_1,\ x_2 \geqslant 0 \end{cases}$$

(3) $\min \quad z = x_1 - 3x_2 + x_3$

$$\text{s.t.}\quad \begin{cases} 2x_1 - x_2 + x_3 = 8 \\ 2x_1 + 3x_2 \geqslant 2 \\ x_1 + 2x_2 \leqslant 10 \\ x_1,\ x_2,\ x_3 \geqslant 0 \end{cases}$$

(4) $\min \quad z = -3x_1 + x_2 + x_3$

$$\text{s.t.}\quad \begin{cases} x_1 - 2x_2 + x_3 \leqslant 11 \\ -4x_1 + x_2 + 2x_3 \geqslant 3 \\ -2x_1 + x_3 = 1 \\ x_1,\ x_2,\ x_3 \geqslant 0 \end{cases}$$

3.5 用单纯形法求解如下线性规划问题：

$$\max_{x_1,\ x_2,\ x_3} \quad F = x_1 + 2x_2 + x_3$$
$$\text{s.t.}\quad \begin{cases} 2x_1 + x_2 - x_3 \leqslant 2 \\ -2x_1 + x_2 - 5x_3 \geqslant -6 \\ 4x_1 + x_2 + x_3 \leqslant 6 \\ x_i \geqslant 0,\ i = 1,\ 2,\ 3 \end{cases}$$

3.6 求解最优化问题：

$$\min_{x_i} \quad f = -3x_1 - 2x_2$$
$$\text{s.t.}\quad \begin{cases} x_1 - x_2 \leqslant 1 \\ 3x_1 - 2x_2 \leqslant 6 \\ x_i \geqslant 0,\ i = 1,\ 2 \end{cases}$$

第 4 章　无约束非线性最优化方法

本章讨论无约束非线性最优化问题(Unconstrained Nonlinear Programming)：

$$\min_{x \in \mathrm{R}^n} \quad f(\boldsymbol{x})$$

其中，$f \in \mathrm{R}$，是 $\boldsymbol{x}$ 的实值连续函数，通常假定 f 对 $\boldsymbol{x}$ 具有二阶连续偏导数。

无约束非线性最优化方法是理解有约束非线性最优化方法的基础。

4.1　最优性条件

无约束优化问题的最优性条件包含一阶条件和二阶条件。下面给出极小点的定义，它分为全局极小点和局部极小点。

定义 4-1　称 $\boldsymbol{x}^*$ 为 f 的一个全局极小点(global minimum)，若 $\forall \boldsymbol{x} \in \mathrm{R}^n$，下式都成立：

$$f(\boldsymbol{x}^*) \leqslant f(\boldsymbol{x})$$

特别地，当 $\boldsymbol{x} \neq \boldsymbol{x}^*$ 时，上述不等式严格成立，则称 $\boldsymbol{x}^*$ 为 f 的一个严格全局极小点(strictly global minimum)。

定义 4-2　称 $\boldsymbol{x}^*$ 为 f 的一个局部极小点(local minimum)，若存在 $\delta > 0$，使得 $\forall \boldsymbol{x} \in N(\boldsymbol{x}^*, \delta) = \{\boldsymbol{x} \in R^n \mid \|\boldsymbol{x} - \boldsymbol{x}^*\| < \delta\}$，下式都成立：

$$f(\boldsymbol{x}^*) \leqslant f(\boldsymbol{x})$$

特别地，当 $\boldsymbol{x} \neq \boldsymbol{x}^*$ 时，上述不等式严格成立，则称 $\boldsymbol{x}^*$ 为 f 的一个严格局部极小点(strictly local minimum)。

由上述定义可知，全局极小点一定是局部极小点，反之则不然。一般来说，求全局极小点是相当困难的，因此，通常只求局部极小点(在实际应用中，有时求得局部极小点已满足了问题的要求)。

定理 4-1(局部极小点的一阶必要条件)　设 $f(\boldsymbol{x})$ 在开集 D 上一阶连续可微。若 $\boldsymbol{x}^* \in D$ 是最优化问题的一个局部极小点，则必有其梯度 $g(\boldsymbol{x}^*) \triangleq \nabla f(\boldsymbol{x}^*) = 0$。

证明：取 $\boldsymbol{x} = \boldsymbol{x}^* - \alpha g(\boldsymbol{x}^*) \in D$，其中 $\alpha > 0$ 为某个常数，则有 $\boldsymbol{x} - \boldsymbol{x}^* = -\alpha g(x^*)$，有

$$\begin{aligned} f(\boldsymbol{x}) &= f(\boldsymbol{x}^*) + g(\boldsymbol{x}^*)(\boldsymbol{x} - \boldsymbol{x}^*) + o(\|\boldsymbol{x} - \boldsymbol{x}^*\|) \\ &= f(\boldsymbol{x}^*) - \alpha g(\boldsymbol{x}^*)^{\mathrm{T}} g(\boldsymbol{x}^*) + o(\alpha) \\ &= f(\boldsymbol{x}^*) - \alpha \|g(\boldsymbol{x}^*)\|^2 + o(\alpha) \end{aligned}$$

可得

$$f(\boldsymbol{x}^*) - f(\boldsymbol{x}) = \alpha \|g(\boldsymbol{x}^*)\|^2 - o(\alpha)$$

注意到$f(\boldsymbol{x}^*) \leqslant f(\boldsymbol{x})$ 及$\alpha > 0$，于是有

$$0 \leqslant \|g(\boldsymbol{x}^*)\|^2 \leqslant \frac{o(\alpha)}{\alpha}$$

令$\alpha \to 0$，得$\|g(\boldsymbol{x}^*)\| = 0$，即$g(\boldsymbol{x}^*) = 0$。证毕。

一元函数的讨论中，已知满足一阶必要条件的点(称为驻点)未必是局部极小点。其充分性必须考虑二阶导数的符号。推广到多元函数，可仿一元函数的情形，利用泰勒展开式来导出局部极小点的充分条件。

定理 4-2(二阶必要条件) 设$f(\boldsymbol{x})$ 在开集D上二阶连续可微。若$\boldsymbol{x}^* \in D$是最优化问题的一个局部极小点，则必有$g(\boldsymbol{x}^*) = \nabla f(\boldsymbol{x}^*) = 0$，且其对应的 Hessian 阵$H(\boldsymbol{x}^*) = \nabla^2 f(\boldsymbol{x}^*)$ 是半正定矩阵。

证明：设$\boldsymbol{x}^*$ 是一局部极小点，那么由定理 4-1 可知$g(\boldsymbol{x}^*) = 0$。

下面只需证明$H(\boldsymbol{x}^*) = \nabla^2 f(\boldsymbol{x}^*)$ 的半正定性，任取$\boldsymbol{x} = \boldsymbol{x}^* + \alpha \boldsymbol{d} \in D$，其中$\alpha > 0$且$\boldsymbol{d} \in \mathrm{R}^n$。由泰勒展开式得

$$0 \leqslant f(\boldsymbol{x}) - f(\boldsymbol{x}^*) = \frac{1}{2}\alpha^2 \boldsymbol{d}^{\mathrm{T}} H(\boldsymbol{x}^*) \boldsymbol{d} + o(\alpha^2)$$

即

$$\boldsymbol{d}^{\mathrm{T}} H(\boldsymbol{x}^*) \boldsymbol{d} + \frac{o(2\alpha^2)}{\alpha^2} \geqslant 0$$

令$\alpha \to 0$，得$\boldsymbol{d}^{\mathrm{T}} H(\boldsymbol{x}^*) \boldsymbol{d} \geqslant 0$，根据$\boldsymbol{d}$的任意性可知，$H(\boldsymbol{x}^*) \geqslant 0$。

定理 4-3(二阶充分条件) 设$f(\boldsymbol{x})$ 在开集D上二阶连续可微。若$\boldsymbol{x}^* \in D$满足$g(\boldsymbol{x}^*) = \nabla f(\boldsymbol{x}^*) = 0$及$H(\boldsymbol{x}^*) = \nabla^2 f(\boldsymbol{x}^*) > 0$，则$\boldsymbol{x}^*$ 是$f(\boldsymbol{x})$ 的一个局部极小点。

证明：任取$\boldsymbol{x} = \boldsymbol{x}^* + \alpha \boldsymbol{d} \in D$，其中$\alpha > 0$且$\boldsymbol{d} \in \mathrm{R}^n$。由泰勒公式得

$$f(\boldsymbol{x}^* + \alpha \boldsymbol{d}) = f(\boldsymbol{x}^*) + g(\boldsymbol{x}^*)^{\mathrm{T}} \boldsymbol{d} + \frac{1}{2}\alpha^2 \boldsymbol{d}^{\mathrm{T}} H(\boldsymbol{x}^* + \theta \alpha \boldsymbol{d}) \boldsymbol{d}$$

其中，$\theta \in (0, 1)$。注意到$g(\boldsymbol{x}^*) = 0$及$H(\boldsymbol{x}^*) > 0$和f二阶连续可微，故存在$\delta > 0$，使得$\boldsymbol{H}(\boldsymbol{x}^* + \theta \alpha \boldsymbol{d})$ 在$\|\theta \alpha \boldsymbol{d}\| \leqslant \delta$范围内正定，因此，由上式即得

$$f(\boldsymbol{x}^* + \alpha \boldsymbol{d}) > f(\boldsymbol{x}^*)$$

即$f(\boldsymbol{x}^*)$ 在局部范围内$N(\boldsymbol{x}^*, \delta) = \{\boldsymbol{x} \mid \|\boldsymbol{x} - \boldsymbol{x}^*\| \leqslant \delta\}$ 为极小值，即$\boldsymbol{x}^*$ 是一个局部极小点。

一般来说，目标函数的驻点不一定是极小点。但对于目标函数$f(x)$ 是凸函数的无约束优化问题，其驻点、局部极小点和全局极小点三者是等价的。

定理 4-4 设$f(\boldsymbol{x})$ 在开集R^n上是凸函数，并且是一阶连续可微的，则$\boldsymbol{x}^* \in \mathrm{R}^n$是全局极小点的充要条件是$\boldsymbol{g}(\boldsymbol{x}^*) = \nabla f(\boldsymbol{x}^*) = 0$。

证明：必要性是显而易见的，只需证明其充分性。

设$\boldsymbol{g}(\boldsymbol{x}^*) = \nabla f(\boldsymbol{x}^*) = 0$，由凸函数的判别定理 2-7 可得对任意$x \in \mathrm{R}^n$，下式都成立：

$$f(\boldsymbol{x}) \geqslant f(\boldsymbol{x}^*) + \boldsymbol{g}(\boldsymbol{x}^*)^{\mathrm{T}} (\boldsymbol{x} - \boldsymbol{x}^*) = f(\boldsymbol{x}^*)$$

即$\boldsymbol{x}^*$ 是全局极小点。

4.2　非线性最优化算法步骤

在数值最优化方法中，一般采用迭代法求解如下无约束优化问题的极小值：

$$\min_{x \in \mathrm{R}^n} \ f(\boldsymbol{x})$$

迭代法的基本思想：给定一个初始点 $\boldsymbol{x}_0$，按照某一迭代规则产生一个迭代序列 $\{\boldsymbol{x}_k\}$。

(1)若该序列是有限的，则最后一个点就是无约束优化问题的极小点；

(2)当序列 $\{\boldsymbol{x}_k\}$ 是无穷点列且序列存在极限时，则该极限点即为无约束优化问题的极小点。

设 $\boldsymbol{x}_k$ 为第 k 次迭代点，$\boldsymbol{d}_k$ 为第 k 次搜索方向，α_k 为第 k 次步长因子，则第 k 次迭代完成后可得到新一轮(第 $k+1$ 次)的迭代点为

$$\boldsymbol{x}_{k+1} = \boldsymbol{x}_k + \alpha_k \boldsymbol{d}_k$$

在迭代算法中，最重要的是确定每次迭代的搜索方向 $\boldsymbol{d}_k$ 和步长因子 α_k。这两者确定方法的不同就得到不同的算法。

算法 4.1　无约束优化问题的一般算法框架

Step 1　给定初始化参数及初始迭代点 $\boldsymbol{x}_0$，置 $k=0$。

Step 2　若 $\boldsymbol{x}_k$ 满足某种终止准则，停止迭代，以 $\boldsymbol{x}_k$ 作为近似极小点；否则转下一步。

Step 3　通过求解 $\boldsymbol{x}_k$ 处的某个子问题确定下降方向 $\boldsymbol{d}_k$。

Step 4　通过某种搜索方式确定步长因子 α_k，使得 $f(\boldsymbol{x}_k + \alpha_k \boldsymbol{d}_k) < f(x_k)$。

Step 5　令 $\boldsymbol{x}_{k+1} = \boldsymbol{x}_k + \alpha_k \boldsymbol{d}_k$，$k=k+1$，转 Step 2。

算法中的 $\boldsymbol{s}_k = \alpha_k \boldsymbol{d}_k$ 为第 k 次迭代的位移。为了保证算法的收敛性，一般要求搜索方向 $\boldsymbol{d}_k$ 为如下定义的下降方向：

定义 4-3　称 $\boldsymbol{d}_k(\neq 0)$ 为 $f(\boldsymbol{x})$ 在 $\boldsymbol{x}_k$ 处的一个下降方向，若存在 $\bar{\alpha}>0$，使得对任意的 $\alpha \in (0, \bar{\alpha}]$，下式都成立：

$$f(\boldsymbol{x}_k + \alpha \boldsymbol{d}_k) < f(\boldsymbol{x}_k)$$

若目标函数 $f(\boldsymbol{x})$ 是一阶连续可微的，则存在如下判别条件，可以用来判别 $\boldsymbol{d}_k$ 是否为下降方向：

定理 4-5　设函数 f：$D \to R$ 在开集 $D \subset \mathrm{R}^n$ 上一阶连续可微，则 $\boldsymbol{d}_k$ 为 $f(\boldsymbol{x})$ 在 $\boldsymbol{x}_k$ 处的一个下降方向的充要条件是 $\nabla f(\boldsymbol{x}_k)^{\mathrm{T}} \boldsymbol{d}_k < 0$。

证明：由泰勒展开式得

$$f(\boldsymbol{x}_k + \alpha \boldsymbol{d}_k) = f(\boldsymbol{x}_k) + \alpha \nabla f(\boldsymbol{x}_k)^{\mathrm{T}} \boldsymbol{d}_k + o(\alpha)$$

(1)充分性。根据定义可知，若 $\nabla f(x_k)^{\mathrm{T}} d_k < 0$ 成立，则对于充分小的 $\alpha > 0$，显然有 $f(\boldsymbol{x}_k + \alpha \boldsymbol{d}_k) < f(\boldsymbol{x}_k)$，即 $\boldsymbol{d}_k$ 为 $f(\boldsymbol{x})$ 在 $\boldsymbol{x}_k$ 处的一个下降方向。

(2)必要性。若 $\boldsymbol{d}_k$ 为 $f(\boldsymbol{x})$ 在 $\boldsymbol{x}_k$ 处的一个下降方向，则有

$$\alpha \nabla f(\boldsymbol{x}_k)^{\mathrm{T}}\boldsymbol{d}_k + o(\alpha) < 0$$

即

$$\nabla f(\boldsymbol{x}_k)^{\mathrm{T}}\boldsymbol{d}_k + \frac{o(\alpha)}{\alpha} < 0$$

由于，$\lim\limits_{\alpha \to 0} \dfrac{o(\alpha)}{\alpha} = 0$，因此可得

$$\nabla f(\boldsymbol{x}_k)^{\mathrm{T}}\boldsymbol{d}_k < 0$$

证毕。

由定理4-5可知，为了保证无约束优化问题算法的收敛性，除了在算法步骤(4)中要选用适当的线搜索技术外，步骤(3)中搜索方向 d_k 也需满足一定的条件，即对于所有的 d_k 与 $-g_k$ 的夹角 θ_k 满足：

$$-\frac{\pi}{2} < \theta_k < \frac{\pi}{2}$$

即

$$\cos\theta_k = \frac{-g_k^{\mathrm{T}}\boldsymbol{d}_k}{\|g_k\|\|\boldsymbol{d}_k\|} \in (0, 1)$$

4.3 步长因子的搜索(一维搜索)

在无约束优化问题迭代算法步骤中，步骤(4)是这样一个搜索过程：通过某种搜索方式确定步长因子 α_k，使得 $f(\boldsymbol{x}_k + \alpha \boldsymbol{d}_k) < f(\boldsymbol{x}_k)$。

这实际上是目标函数 $f(\boldsymbol{x})$ 在一个规定的方向上移动所形成的单变量优化问题，也就是所谓的“线搜索”或“一维搜索”问题。令

$$\phi(\alpha) = f(\boldsymbol{x}_k + \alpha \boldsymbol{d}_k)$$

这样步长搜索就等价于求取步长 α_k，使得

$$\phi(\alpha_k) < \phi(0)$$

线搜索有精确线搜索和非精确线搜索之分，所谓精确线搜索，是指计算得到 α_k，使得标函数 $f(\boldsymbol{x})$ 沿方向 $\boldsymbol{d}_k$ 达到极小，即

$$f(\boldsymbol{x}_k + \alpha_k \boldsymbol{d}_k) = \min_{\alpha \in \mathrm{R}^+} f(\boldsymbol{x}_k + \alpha \boldsymbol{d}_k)$$

或者

$$\phi(\alpha_k) = \min_{\alpha \in \mathrm{R}^+} \phi(\alpha)$$

若 $f(\boldsymbol{x})$ 是连续可微的，那么由精确线搜索得到的步长因子 α_k 具有如下性质：

$$\nabla f(\boldsymbol{x}_k + \alpha_k \boldsymbol{d}_k)^{\mathrm{T}}\boldsymbol{d}_k = 0$$

所谓非精确线搜索，是指计算或者选取 α_k，使得目标函数 $f(\boldsymbol{x})$ 的下降量在可接受的范围内，即 $\Delta f_k = f(\boldsymbol{x}_k) - f(\boldsymbol{x}_k + \alpha_k \boldsymbol{d}_k) > \epsilon > 0$ 是可接受的。

4.3.1 精确线搜索

精确线搜索的基本思想是：首先确定包含线搜索问题最优解 α_k 的搜索区间 $[a, b]$，然后采用某种插值或分割技术缩小这个区间，进行搜索求解。下面给出搜索区间的定义。

定义 4-4 设 $\phi(\alpha)$ 是定义在 $\alpha \in [0, +\infty)$ 上一元实函数，$\exists \alpha^* \in (0, +\infty)$，

并且

$$\phi(\alpha^*) = \min_{\alpha \in R^+} \phi(\alpha)$$

若存在区间 $[a, b] \subset (0, +\infty)$，使得上述问题的最优解 $\alpha^* \in (a, b)$，则称 $[a, b]$ 为上述极小化问题的一个搜索区间。

进一步，若 α^* 使得 $\phi(\alpha)$ 在 $[a, \alpha^*]$ 上严格递减，在 $[\alpha^*, b]$ 严格递增，则称 $[a, b]$ 为 $\phi(\alpha)$ 的一个单峰区间，$\phi(\alpha)$ 为 $[a, b]$ 上的单峰函数。

下面介绍一种直观式确定搜索区间，并保证具有近似单峰性质的一种数值算法——进退法，其基本思想：从一点 α_0 出发，按一定步长，试图确定使函数值 ϕ 呈现“高—低—高”的三点，从而得到一个近似的单峰区间。

算法 4.2　进退法算法基本步骤

Step 1　选取 $\alpha_0 \geqslant 0$，$h_0 > 0$。计算 $\phi_0 = \phi(\alpha_0)$，置 $k = 0$。

Step 2　令 $\alpha = \alpha_0 + h_0$，计算 $\phi = \phi(\alpha)$。若 $\phi < \phi_0$，转 Step 3；如果 $\phi > \phi_0$，转 Step 6；如果 $\phi = \phi_0$，转 Step 9。

Step 3　令 $a = \alpha_0$。

Step 4　加大步长，令 $\alpha_0 = \alpha$，$\phi_0 = \phi$，$h_0 = 2h_0$，$\alpha = \alpha_0 + h_0$，计算 $\phi(\alpha)$。

Step 5　若 $\phi < \phi_0$，转 Step 4，否则记下 $b = \alpha$，输出搜索区间 $[a, b]$。

Step 6　令 $b = \alpha$，反向搜索步长，$h_0 = -h_0$。

Step 7　令 $\alpha_0 = \alpha$，$\phi_0 = \phi$，$h_0 = 2h_0$，$\alpha = \alpha_0 + h_0$，计算 $\phi(\alpha)$。

Step 8　若 $\phi < \phi_0$，转 Step 7；否则记下 $a = \alpha$，输出搜索区间 $[a, b]$。

Step 9　$a = \min\{\alpha, \alpha_0\}$，$b = \max\{\alpha, \alpha_0\}$，输出 $[a, b]$。

例 4.1　应用进退法求解函数 $f(t) = t^4 - t^2 - 2t + 5$ 一个极值区间（初始点为 0，初始步长为 0.1）。

解：初始值 $t_0 = 0$，$h_0 = 0.1$，$t = t_0 + h_0 = 0.1$，计算得

$$f(t_0) = t_0^4 - t_0^2 - 2t_0 + 5 = 5$$

$$f(t) = t^4 - t^2 - 2t + 5 = 4.7901$$

可以看出，$f_0 > f$，令 $a = t_0 = 0$，$t_0 = t = 0.1$，$f_0 = f = 4.7901$，$h_0 = 2h_0 = 0.2$，$t = t_0 + h_0 = 0.3$，计算得

$$f(t_0) = t_0^4 - t_0^2 - 2t_0 + 5 = 4.7901$$

$$f(t) = t^4 - t^2 - 2t + 5 = 4.3181$$

可以看出，$f_0 > f$。令 $t_0 = t = 0.3$，$f_0 = f = 4.3181$，$h_0 = 2h_0 = 0.4$，$t = t_0 + h_0 = 0.7$，计算得

$$f(t_0) = t_0^4 - t_0^2 - 2t_0 + 5 = 4.3181$$

$$f(t) = t^4 - t^2 - 2t + 5 = 3.3501$$

可以看出，$f_0 > f$，令 $t_0 = t = 0.7$，$f_0 = f = 3.3501$，$h_0 = 2h_0 = 0.8$，$t = t_0 + h_0 = 1.5$，计算得

$$f(t_0)=t_0^4-t_0^2-2t_0+5=3.3501$$

$$f(t)=t^4-t^2-2t+5=4.8125$$

可以看出，$f_0<f$，因此 $b=t=1.5$ 可得一个搜索区间为 [0, 1.5]，函数 f 在 $t=0$，0.7，1.5 上形成了“高—低—高”的特征。

实际上，上述算法还可以进一步优化，可得区间为 [0.3, 1.5]。

例 4.2　应用进退法求解函数 $f(t)=e^{0.5(t-5)}-0.8t$ 极值区间(初始点为 10，初始步长为 0.1)。

解：初始值 $t_0=10$，$h_0=0.1$，$t=t_0+h_0=10.1$，计算得

$$f(t_0)=4.1825,\ f(t)=4.7271$$

可以看出，$f_0<f$，令 $b=t=10$，$h_0=-h_0=-0.1$，$t_0=10$，$f_0=f=4.1825$，$h_0=2h_0=-0.2$，$t=t_0+h_0=9.8$，计算得

$$f(t_0)=4.7271,\ f(t)=3.1832$$

可以看出，$f<f_0$，$t_0=t=9.8$，$\phi_0=\phi=3.1832$，$h_0=2h_0=-0.4$，$t=t_0+h_0=9.4$，计算得

$$f(t_0)=3.1832,\ f(t)=1.5050$$

可以看出，$f<f_0$，$t_0=t=9.4$，$f_0=f=1.5050$，$h_0=2h_0=-0.8$，$t=t_0+h_0=8.8$，计算得

$$f(t_0)=1.5050,\ f(t)=-0.3541$$

可以看出，$f<f_0$，$t_0=t=8.8$，$f_0=f=-0.3541$，$h_0=2h_0=-1.6$，$t=t_0+h_0=7.2$，计算得

$$f(t_0)=-0.3541,\ f(t)=-2.7558$$

可以看出，$f<f_0$，$t_0=t=7.2$，$f_0=f=-2.7558$，$h_0=2h_0=-3.2$，$t=t_0+h_0=4$，计算得

$$f(t_0)=-2.7558,\ f(t)=-2.5935$$

可以看出，$f_0<f$，因此 $a=t=4$ 可得搜索区间为 [4, 10]，函数 f 在 $t=4$，7.2，10 上形成了“高—低—高”的特征。

上述算法还可以进一步优化，可得区间为 [4, 8.8]。请思考如何进一步修正算法 4.2。

精确线搜索分为两类，一类是不用导数的搜索，如 0.618 法、分数法及成功-失败法等；另一类是使用导数的搜索，如插值法、牛顿法及抛物线法等。

1. 优选法(黄金分割法)

在生产、生活和科学试验中，为了达到高产、低耗、优化工艺参数等目的，需要对相关因素的最佳组合进行筛选，这就是优选问题。优选法是一种适用于单峰函数变化规律的优化方案。在单峰函数中有一个最低点或最高点，那就是我们要寻找的最优解。

在某区间上表示目标和因素之间关系的函数称为目标函数。很多实际问题中，我们可能只知道目标函数是一个单峰函数，但对函数关系一无所知。如果因素的影响效果(函数

值)可以量化，在区间 $[a,\ b]$ 上任意安排两次不同的试验点 p，q，如图 4-1 所示。我们把效果较好(离峰值近)的点称为好点，把效果较差(离峰值远)的称为差点。针对因素的影响效果可以量化的目标函数(函数关系未知)，我们可以通过不断试验来找到最优解。也许有人会说，那就做大量的试验，把所有可能性穷尽了，找到最优解，但是这样要花去很多的时间和算力。而我们总希望能用较少的试验次数较快地找到最优解。

为了操作的方便，我们可每次按照某固定比例 t 在区间 $[a,\ b]$ 上选取试验点 p，q，通过舍弃差点之外的区间片段，逐步将区间 $[a,\ b]$ 缩短，不断逼近最优解，当区间间隔缩短到一定程度(不大于要求的精度)后就可以停止试验。

那么，比例 t 该定为多少才能较快(步数较少)地确定出最优点呢？

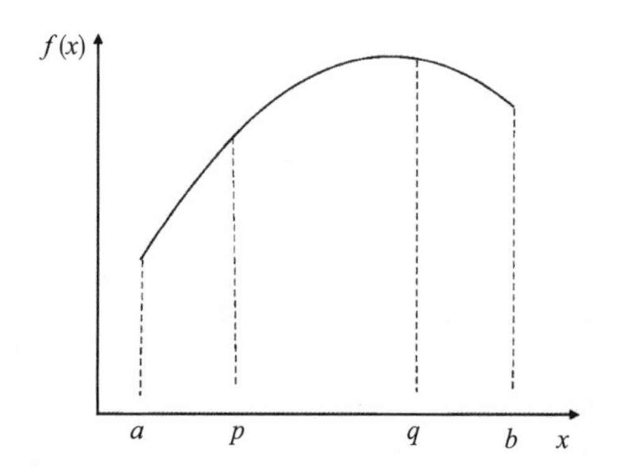

图 4-1　区间$[a,\ b]$上选取试探点 p，q 的示意图

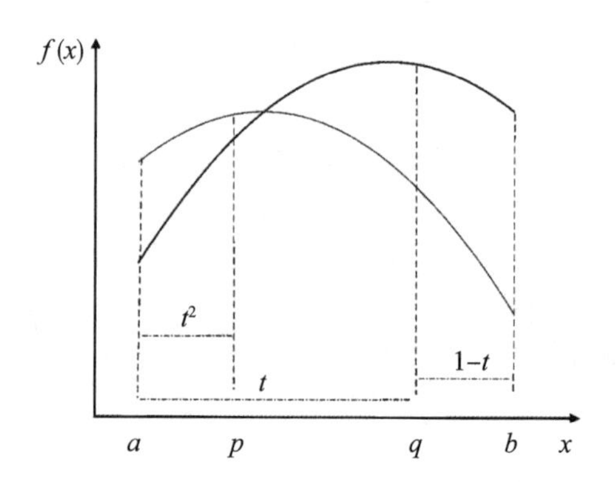

图 4-2　按照比例 t 选取新的试探点示意图

如图 4-2 所示，区间 $[a,\ b]$ 上的目标函数，令区间长为 1，第一次按比例 t 在区间上取试验点 q，第二次再在区间 $[a,\ q]$ 上按比例 t 取试验点 p (即在总区间比例 t^2 处)。比较两次试验，若 p 处为好点，则舍弃 q 点右侧区间；若 q 处为好点，则舍弃 p 点左侧区间。由于要尽快地确定出最优点，我们总想每次试验能去除尽量长的区间片段。若 q 处为好点，我们希望 t^2 段较长，若 p 处为好点，我们希望 $1-t$ 段较长，然而我们并不能事先知道目标函数的趋势，所以最好能对各种目标函数都有不错的去除效果。当"$t^2=1-t$"时，就"都不吃亏了"，很明显，这个方程的正根即是黄金分割比 $\dfrac{\sqrt{5}-1}{2}$，所以我们每次按黄金分割比在区间上选取试验点便是最佳方案(每次去除差点之外区间片段，在剩余区间上继续按黄金分割比继续取试验点，并重复操作，逐渐逼近最优点)，这一方案便被称为优选法，也称为黄金分割法或 0.618 法。

优选法在国内的广泛运用离不开数学家华罗庚(1910—1985 年)的大力推广。20 世纪 60 年代，当时数学界掀起了理论联系实际和数学直接为国民经济服务之风，华罗庚率领一大批数学家走出校门到工农业生产单位去寻求数学理论的实际应用案例。华罗庚先生考虑在生产工艺中如何选取工艺参数，以快速提高产品质量的数学应用模型，提出了优选法。

优选法的基本思想是通过比较试探点函数值，迭代式地产生新的试探点，从而不断缩小包含极小点的搜索区间。若已知函数的解析表达式，则该方法仅需要计算函数值，适用范围广、使用方便。

设 $\phi(s)=f(x_k+sd_k)$，其中 $\phi(s)$ 为搜索区间 $s\in[a_1, b_1]$ 上的单峰函数。设第 i 次迭代时，搜索区间为 $[a_i, b_i]$。取两个试探点为 p_i，$q_i\in[a_i, b_i]$，且 $p_i<q_i$，计算并比较 $\phi(p_i)$ 和 $\phi(q_i)$，根据单峰函数的性质，可能会出现如下两种情况之一：

(1)若 $\phi(p_i)\leqslant\phi(q_i)$，则令 $a_{i+1}=a_i$，$b_{i+1}=q_i$；

(2)若 $\phi(p_i)>\phi(q_i)$，则令 $a_{i+1}=p_i$，$b_{i+1}=b_i$。

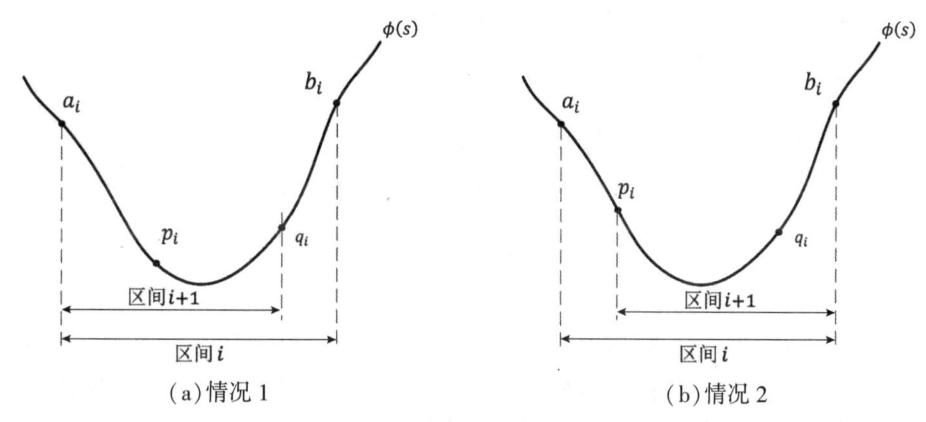

(a)情况 1　　(b)情况 2

图 4-3　搜索区间缩小情况

从而使得每次缩小区间时都能将极小解包含在新的搜索区间中，两种情况如图 4-3 所示。在此过程中，两个试探点 p_i，q_i 要满足下述两个条件：

(1) $[a_i, q_i]$ 与 $[p_i, b_i]$ 的长度相同，即 $b_i-p_i=q_i-a_i$；

(2)区间长度的缩短率相同，即 $b_{i+1}-a_{i+1}=t(b_i-a_i)$。

由这两个条件知，每次减少的长度为 $(1-t)(b_i-a_i)$，从而可得

$$p_i=a_i+(1-t)(b_i-a_i)$$

$$q_i=a_i+t(b_i-a_i)$$

考虑情况 1 时，新的搜索区间为

$$[a_{i+1}, b_{i+1}]=[a_i, q_i]$$

为了进一步缩短搜索区间，需取新的试探点 p_{i+1}，q_{i+1}。

$$p_{i+1}=a_i+(1-t)t(b_i-a_i)$$

$$q_{i+1}=a_i+t^2(b_i-a_i)$$

为了减少中间计算过程，可使 $q_{i+1}=p_i$，即 $t^2=1-t$，$t>0$。

$$q_{i+1}=a_{i+1}+(1-t)(b_i-a_i)=p_i$$

类似地，分析情况 2，也有相同的结论。

解方程 $t^2=1-t$，得区间长度缩短率为

$$t=\frac{\sqrt{5}-1}{2}\approx 0.618$$

算法 4.3　精确搜索算法——0.618 法基本步骤

Step 1　确定初始搜索区间 $[a_0, b_0]$ 和容许误差 $\epsilon>0$。计算初始试探点 $p_0=a_0+0.382(b_0-a_0)$，$q_0=a_0+0.618(b_0-a_0)$，及相应的函数值 $\phi(p_0)$，$\phi(q_0)$。置 $i=0$。

Step 2　若 $\phi(p_i)\leqslant\phi(q_i)$，转 Step 3；否则，转 Step 4。

Step 3　计算左试探点．若 $|q_i-a_i|\leqslant\epsilon$，停算，输出 p_i；否则，令

$$a_{i+1}=a_i,\ b_{i+1}=q_i,\ \phi(q_{i+1})=\phi(p_i)$$

$$q_{i+1}=p_i,\ p_{i+1}=a_{i+1}+0.382(b_{i+1}-a_{i+1})$$

计算 $\phi(p_{i+1})$，$i=i+1$，转 Step 2.

Step 4　计算右试探点，若 $|b_i-p_i|\leqslant\epsilon$，停算，输出 q_i；否则，令

$$a_{i+1}=p_i,\ b_{i+1}=b_i,\ \phi(p_{i+1})=\phi(q_i)$$

$$p_{i+1}=q_i,\ q_{i+1}=a_{i+1}+0.618(b_{i+1}-a_{i+1})$$

计算 $\phi(q_{i+1})$，$i=i+1$，转 Step 2。

需要说明的是，由于每次迭代搜索区间的收缩率是 $t=0.618$，故优选法只是线性收敛的，即这一方法的计算效率并不高，但该方法每次迭代只需计算一次函数值的优点可以弥补这一缺憾。

例 4.3　用黄金分割法求解如下问题：

$$f(x)=2x^2-x-1$$

初始区间取 $[-1, 1]$，区间精度取 $\delta=0.08$（黄金分割比近似取为 0.6）。

解：第一步取 $x_1=-1$，$x_2=1$，则 $p=-1+0.4\times2=-0.2$，$q=-1+0.6\times2=0.2$，此时

$$f(x_1)=2,\ f(x_2)=0,\ f(p)=-0.72,\ f(q)=-1.12$$

因此下一步取 $x_1=-0.2$，$x_2=1$，$p=0.2$，$q=-0.2+0.6\times1.2=0.52$，此时

$$f(x_1)=-0.72,\ f(x_2)=0,\ f(p)=-1.12,\ f(q)=-1$$

因此下一步取 $x_1=-0.2$，$x_2=0.52$，$p=-0.2+0.4(0.52+0.2)=0.088$，$q=0.2$，此时

$$f(x_1)=-0.72,\ f(x_2)=-1,\ f(p)=-1.073,\ f(q)=-1.12$$

因此下一步取 $x_1=0.088$，$x_2=0.52$，$p=0.2$，$q=0.088+0.6\times(0.52-0.088)=0.347$，此时

$$f(x_1)=-1.073,\ f(x_2)=-1,\ f(p)=-1.12,\ f(q)=-1.106$$

因此下一步取 $x_1=0.088$，$x_2=0.347$，$p=0.088+0.4\times(0.347-0.088)=0.192$，$q=0.2$，此时

$$f(x_1)=-1.073,\ f(x_2)=-1.106,\ f(p)=-1.118,\ f(q)=-1.12$$

因此下一步取 $x_1=0.192$，$x_2=0.347$，$p=0.2$，$q=0.192+0.6\times(0.347-0.192)=0.285$，此时

$$f(x_1)=-1.118,\ f(x_2)=-1.106,\ f(p)=-1.12,\ f(q)=-1.123$$

因此下一步取 $x_1=0.2$，$x_2=0.347$，$p=0.285$，$q=0.2+0.6\times(0.347-0.2)=0.288$，此时

$$f(x_1)=-1.12,\ f(x_2)=-1.106,\ f(p)=-1.123,\ f(q)=-1.122$$

因此下一步取 $x_1=0.2$，$x_2=0.288$，$p=0.2+0.4\times(0.288-0.2)=0.235$，$q=0.285$，此时

$$f(x_1)=-1.12,\ f(x_2)=-1.122,\ f(p)=-1.125,\ f(q)=-1.123$$

因此下一步取 $x_1=0.2$，$x_2=0.285$，$p=0.2+0.4\times(0.285-0.2)=0.234$，$q=0.235$，此时

$$f(x_1)=-1.12,\ f(x_2)=-1.123,\ f(p)=-1.124,\ f(q)=-1.125$$

因此下一步取 $x_1=0.234$，$x_2=0.285$，$p=0.235$，$q=0.234+0.6\times(0.285-0.234)=0.265$，此时

$$f(x_1)=-1.124,\ f(x_2)=-1.123,\ f(p)=-1.125,\ f(q)=-1.125$$

此时 $x_2-x_1=0.285-0.234=0.051<0.08$，满足收敛条件，得到 $x^*=\dfrac{x_1+x_2}{2}=0.26$。

如果用折半法计算，即 $\lambda=0.5$，计算过程如下：

第一步取 $x_1=-1$，$x_2=1$，则 $p=-1+0.5\times2=0$，此时

$$f(x_1)=2,\ f(x_2)=0,\ f(p)=-1$$

$x_2-x_1=2>0.08$，未收敛，继续计算。此时选取 $x_1=0$，$x_2=1$，则 $p=0+0.5\times1=0.5$，则有

$$f(x_1)=-1,\ f(x_2)=0,\ f(p)=-1$$

$x_2-x_1=1>0.08$，未收敛，继续计算。此时选取 $x_1=0$，$x_2=0.5$，则 $p=0+0.5\times0.5=0.25$，则有

$$f(x_1)=-1,\ f(x_2)=-1,\ f(p)=-1.125$$

$x_2-x_1=0.5>0.08$，未收敛，继续计算。此时选取 $x_1=0$，$x_2=0.25$，则 $p=0+0.5\times0.25=0.125$，则有

$$f(x_1)=-1,\ f(x_2)=-1.125,\ f(p)=-1.094$$

$x_2-x_1=0.25>0.08$，未收敛，继续计算。此时选取 $x_1=0.125$，$x_2=0.25$，则 $p=0.125+0.5\times0.125=0.188$，则有

$$f(x_1)=-1.094,\ f(x_2)=-1.125,\ f(p)=-1.117$$

$x_2-x_1=0.125>0.08$，未收敛，继续计算。此时选取 $x_1=0.188$，$x_2=0.25$，则 $p=0.188+0.5\times(0.25-0.188)=0.219$，则有

$$f(x_1)=-1.117,\ f(x_2)=-1.125,\ f(p)=-1.123$$

$x_2 - x_1 = 0.062 < 0.08$，收敛，满足收敛条件，得到 $x^* = \dfrac{x_1 + x_2}{2} = 0.219$。

2. 抛物线法

抛物线法也称为二次插值法，其基本思想是在搜索区间中不断地使用二次多项式(插值方法构造)去近似目标函数，并逐步用插值多项式的极值点去逼近如下线搜索问题的极值点。

$$\min_{s>0} \quad \phi(s) = f(\boldsymbol{x}_k + s\boldsymbol{d}_k)$$

设已知三点 s_0，$s_1 = s_0 + h$，$s_2 = s_0 + 2h(h > 0)$ 处的函数值 $\phi_i(i = 1, 2, 3)$ 且满足 $\phi_1 < \phi_0$，$\phi_1 < \phi_2$。

上述条件保证了函数 $\phi(s)$ 在区间 $[s_0, s_2]$ 上是单峰函数，则满则满足上述条件的二次拉格朗日插值多项式为

$$q(s) = \frac{(s - s_1)(s - s_2)}{2h^2}\phi_0 - \frac{(s - s_0)(s - s_2)}{h^2}\phi_1 + \frac{(s - s_0)(s - s_1)}{2h^2}\phi_2$$

其一阶导数为

$$q'(s) = \frac{2s - s_1 - s_2}{2h^2}\phi_0 - \frac{2s - s_0 - s_2}{h^2}\phi_1 - \frac{2s - s_0 - s_1}{2h^2}\phi_2$$

令 $q'(s) = 0$，可得 $q(s)$ 的极小点 $\bar{s} = s_0 + \bar{h}$，其中

$$\bar{h} = \frac{4\phi_1 - 3\phi_0 - \phi_2}{2(2\phi_1 - \phi_0 - \phi_2)}h$$

可检验 $q(s)$ 在 $\bar{s}$ 处的二阶导数为

$$q''(s)\big|_{s=\bar{s}} = \frac{\phi_0 - 2\phi_1 + \phi_2}{h^2} > 0$$

显然，$q(s)$ 为凸二次函数，上面求得的 $\bar{s}$ 是 $q(s)$ 的全局极小点。

注意到 $\bar{s} = s_0 + \bar{h}$ 比 s_0 更好地逼近 s^*，故可用 $\bar{s}$，$\bar{h}$ 分别替换 s_0 和 h，得到新的插值多项式 $q(s)$，并重复上述计算过程，求出新的 $\bar{s}$，$\bar{h}$。重复这一迭代过程，直到得到所需的精度为止。值得说明的是，这一算法中目标函数的导数隐式地用来确定二次插值多项式的极小点，而算法实现中并不需要使用导数值。

以上式等间隔的选取三个点：s_0，$s_1 = s_0 + h$，$s_2 = s_0 + 2h$。如果任意选取三点情况会怎么样？设任意选取三点 $s_0 < s_1 < s_2$，对应的函数值 ϕ_0，ϕ_1，ϕ_2 满足 $\phi_1 < \phi_2$，$\phi_1 < \phi_0$，形成“两头大，中间小”的一组点。对该三点进行二次插值，得到多项式

$$q(s) = \phi_0 L_0(s) + \phi_1 L_1(s) + \phi_2 L_2(s)$$

其中，$L_0(s) = \dfrac{(s - s_1)(s - s_2)}{(s_0 - s_1)(s_0 - s_2)}$，$L_1(s) = \dfrac{(s - s_0)(s - s_2)}{(s_1 - s_0)(s_1 - s_2)}$，$L_2(s) = \dfrac{(s - s_0)(s - s_1)}{(s_2 - s_0)(s_2 - s_1)}$，$L_i(s)$ 为二次插值基函数。

显然，下列等式成立：

$$q(s_0)=\phi_0L_0(s_0)=\phi_0$$
$$q(s_1)=\phi_1L_1(s_1)=\phi_1$$
$$q(s_2)=\phi_2L_2(s_2)=\phi_2$$

由 $q'(s)=0$，可得极值点为

$$\bar{s}=\frac{1}{2}\frac{(s_2^2-s_1^2)\phi_0-(s_2^2-s_0^2)\phi_1+(s_1^2-s_0^2)\phi_2}{(s_2-s_1)\phi_0-(s_2-s_0)\phi_1+(s_1-s_0)\phi_2}$$

化简可得 $\bar{s}=\frac{1}{2}\left(s_0+s_3-\frac{c_1}{c_2}\right)$，其中，$c_1=\frac{\phi_2-\phi_0}{s_2-s_0}$，$c_2=\frac{c_1-\frac{\phi_1-\phi_0}{s_1-s_0}}{s_2-s_1}$。

算法 4.4 精确搜索算法——抛物线法基本步骤

Step 1 由算法 4.1 确定三点 $s_0<s_1<s_2$，对应的函数值 ϕ_0，ϕ_1，ϕ_2 满足：

$$\phi_1<\phi_2,\ \phi_1<\phi_0$$

设定容许误差 $\epsilon>0$。

Step 2 若 $|s_2-s_0|<\epsilon$，停算，输出 $s^*=s_1$。

Step 3 计算 $\bar{s}$ 和 $\bar{\phi}=\phi(\bar{s})$。若 $\phi_1\leqslant\bar{\phi}$，转 Step 5；否则，转 Step 4。

Step 4 若 $s_1>\bar{s}$，则令 $s_2=s_1$，$s_1=\bar{s}$，$\phi_2=\phi_1$，$\phi_1=\bar{\phi}$，转 Step 2；否则，令 $s_0=s_1$，$s_1=\bar{s}$，$\phi_0=\phi_1$，$\phi_1=\bar{\phi}$，转 Step 2。

Step 5 若 $s_1\leqslant\bar{s}$，则令 $s_2=\bar{s}$，$\phi_2=\bar{\phi}$，转 Step 2；否则，令 $s_0=\bar{s}$，$\phi_0=\bar{\phi}$，转 Step 2。

例 4.4 用抛物线法求解 $f(x)=x^3-2x-1$，$x\in\mathrm{R}$ 的极小值，初始区间取 $[-1,1]$，区间精度取 $\delta=0.08$。

解：(1) 用等间距的三点法。用抛物线法，可以选取 $x_0=-1$，$x_1=0$，$x_2=1$，$h=1$，计算可得

$$\phi_0=f(x_0)=0,\ \phi_1=f(x_1)=-1,\ \phi_2=f(x_2)=-2$$

$$\bar{h}=\frac{4\phi_1-3\phi_0-\phi_2}{2(2\phi_1-\phi_0-\phi_2)}h=\frac{4\times(-1)-3\times0-(-2)}{2[2\times(-1)-0-(-2)]}\times1=\infty$$

说明这三点拟合得到的是一条直线，观察函数值变化情况，应该是倾斜向下的直线。因此适当改变 x_0 的取值，重新拟合，比如取 $x_0=0$，$x_1=0.5$，$x_2=1$，$h=0.5$。

$$\phi_0=f(x_0)=-1,\ \phi_1=f(x_1)=-1.875,\ \phi_2=f(x_2)=-2$$

$$\bar{h}=\frac{(4\phi_1-3\phi_0-\phi_2)}{2(2\phi_1-\phi_0-\phi_2)}h=\frac{4\times(-1.875)-3\times(-1)-(-2)}{2[2\times(-1.875)-(-1)-(-2)]}\times0.5=0.833$$

$$\bar{s}=s_0+\bar{h}=0.833$$

下一步选取 $x_0=0.833$，$x_1=1.666$，$x_2=2.499$，$h=0.833$，计算可得

$$\phi_0=f(x_0)=-2.088,\ \phi_1=f(x_1)=0.292,\ \phi_2=f(x_2)=9.608$$

$$\bar{h}=\frac{(4\phi_1-3\phi_0-\phi_2)}{2(2\phi_1-\phi_0-\phi_2)}h=\frac{4\times0.292-3\times(-2.088)-9.608}{2(2\times0.292-(-2.088)-9.608)}\times0.833=0.131$$

$$\bar{s}=s_0+\bar{h}=0.964$$

下一步选取 $x_0=0.964$，$x_1=1.095$，$x_2=1.226$，$h=0.131$，计算可得

$$\phi_0=f(x_0)=-2.033,\ \phi_1=f(x_1)=-1.877,\ \phi_2=f(x_2)=-1.609$$

$$\bar{h}=\frac{(4\phi_1-3\phi_0-\phi_2)}{2(2\phi_1-\phi_0-\phi_2)}h=\frac{4\times(-1.877)-3\times(-2.033)-(-1.609)}{2(2\times(-1.877)-(-2.033)-(-1.609))}\times0.131$$
$$=-0.117$$

$$\bar{s}=s_0+\bar{h}=0.847$$

下一步选取 $x_0=0.847$，$x_1=0.073$，$x_2=0.613$，$h=-0.117$，计算可得

$$\phi_0=f(x_0)=-2.086,\ \phi_1=f(x_1)=-2.071,\ \phi_2=f(x_2)=-1.996$$

$$\bar{h}=\frac{(4\phi_1-3\phi_0-\phi_2)}{2(2\phi_1-\phi_0-\phi_2)}h=\frac{4\times(-2.071)-3\times(-2.086)-(-1.996)}{2(2\times(-2.071)-(-2.086)-(-1.996))}\times(-0.117)$$
$$=-0.029$$

$$\bar{s}=s_0+\bar{h}=0.818$$

下一步选取 $x_0=0.818$，$x_1=0.689$，$x_2=0.560$，$h=-0.029$，此时 $|x_2-x_1|=2|h|=0.058<0.08$，算法收敛，故对应函数最小值的最优值为 $x^*=x_0=0.818$。

（2）用任意选取三点法。可以选取 $s_0=-1$，$s_1=0$，$s_2=5$，计算可得

$$\phi_0=f(s_0)=0,\ \phi_1=f(s)=-1,\ \phi_2=f(s_2)=114$$

符合高低高的要求（$\phi_1<\phi_2$，$\phi_1<\phi_0$）。

$|s_2-s_0|=6>\epsilon$，需要进一步迭代计算。

$$\bar{s}=\frac{1}{2}\frac{(s_2^2-s_1^2)\phi_0-(s_2^2-s_0^2)\phi_1+(s_1^2-s_0^2)\phi_2}{(s_2-s_1)\phi_0-(s_2-s_0)\phi_1+(s_1-s_0)\phi_2}$$
$$=\frac{1}{2}\frac{(5^2-0)\times0-[5^2-(-1)^2]\times(-1)+[0-(-1)^2]\times114}{(5-0)\times0-(5+1)\times(-1)+(0+1)\times114}$$
$$=-0.375$$

$$\bar{\phi}=f(\bar{s})=-0.3027$$

$\phi_1<\bar{\phi}$，$s_1>\bar{s}$，故令

$$s_0=\bar{s}=-0.375,\ \phi_0=-0.3027$$

$|s_2-s_0|=5.3027>\epsilon$，需要进一步迭代计算。

$$\bar{s}=\frac{1}{2}\frac{(s_2^2-s_1^2)\phi_0-(s_2^2-s_0^2)\phi_1+(s_1^2-s_0^2)\phi_2}{(s_2-s_1)\phi_0-(s_2-s_0)\phi_1+(s_1-s_0)\phi_2}$$
$$=\frac{1}{2}\frac{(5^2-0)\times(-0.3027)-[5^2-(-0.375)^2]\times(-1)+[0-(-0.375)^2]\times114}{(5-0)\times(-0.3027)-(5+0.375)\times(-1)+(0+0.375)\times114}$$
$$=0.0135$$

$$\bar{\phi}=f(\bar{s})=-1.027$$

$\phi_1>\bar{\phi}$，$s_1<\bar{s}$，故令

$$s_0=s_1=0,\ \phi_0=\phi_1=-1,\ s_1=\bar{s}=0.0135,\ \phi_1=\bar{\phi}=-1.027$$

$|s_2-s_0|=5>\epsilon$，需要进一步迭代计算。

$$\bar{s}=\frac{1}{2}\frac{(s_2^2-s_1^2)\phi_0-(s_2^2-s_0^2)\phi_1+(s_1^2-s_0^2)\phi_2}{(s_2-s_1)\phi_0-(s_2-s_0)\phi_1+(s_1-s_0)\phi_2}$$

$$=\frac{1}{2}\frac{(5^2-0.0135^2)\times(-1)-[5^2-(0)^2]\times(-1.027)+[0.0135^2-(0)^2]\times 114}{(5-0.0135)\times(-1)-(5+0)\times(-1.027)+(0.0135+0)\times 114}$$

$$=0.2062$$

$$\bar{\phi}=f(\bar{s})=-1.4036$$

$\phi_1>\bar{\phi}$，$s_1<\bar{s}$，故令

$$s_0=s_1=0.0135,\ \phi_0=\phi_1=-1.027,\ s_1=\bar{s}=0.2062,\ \phi_1=\bar{\phi}=-1.4036$$

$|s_2-s_0|=4.9865>\epsilon$，需要进一步迭代计算。

$$\bar{s}=\frac{1}{2}\frac{(s_2^2-s_1^2)\phi_0-(s_2^2-s_0^2)\phi_1+(s_1^2-s_0^2)\phi_2}{(s_2-s_1)\phi_0-(s_2-s_0)\phi_1+(s_1-s_0)\phi_2}$$

$$=\frac{1}{2}\frac{(5^2-0.2062^2)\times(-1.027)-[5^2-(0.0135)^2]\times(-1.4036)+[0.2062^2-(0.0135)^2]\times 114}{(5-0.2062)\times(-1.027)-(5-0.0135)\times(-1.4036)+(0.2062-0.0135)\times 114}$$

$$=0.2971$$

$$\bar{\phi}=f(\bar{s})=-1.568$$

$\phi_1>\bar{\phi}$，$s_1<\bar{s}$，故令

$$s_0=s_1=0.2062,\ \phi_0=\phi_1=-1.4036,\ s_1=\bar{s}=0.2971,\ \phi_1=\bar{\phi}=-1.568$$

$|s_2-s_0|=4.7938>\epsilon$，需要进一步迭代计算。

$$\bar{s}=\frac{1}{2}\frac{(s_2^2-s_1^2)\phi_0-(s_2^2-s_0^2)\phi_1+(s_1^2-s_0^2)\phi_2}{(s_2-s_1)\phi_0-(s_2-s_0)\phi_1+(s_1-s_0)\phi_2}$$

$$=\frac{1}{2}\frac{(5^2-0.2971^2)\times(-1.4036)-[5^2-(0.2062)^2]\times(-1.568)+[0.2971^2-(0.2062)^2]\times 114}{(5-0.2971)\times(-1.4036)-(5-0.2062)\times(-1.568)+(0.2971-0.2062)\times 114}$$

$$=0.4160$$

$$\bar{\phi}=f(\bar{s})=-1.76.$$

$\phi_1>\bar{\phi}$，$s_1<\bar{s}$，故令

$$s_0=s_1=0.2971,\ \phi_0=\phi_1=-1.568,\ s_1=\bar{s}=0.4160,\ \phi_1=\bar{\phi}=-1.76$$

$|s_2-s_0|=4.7029>\epsilon$，需要进一步迭代计算。

$$\bar{s}=\frac{1}{2}\frac{(s_2^2-s_1^2)\phi_0-(s_2^2-s_0^2)\phi_1+(s_1^2-s_0^2)\phi_2}{(s_2-s_1)\phi_0-(s_2-s_0)\phi_1+(s_1-s_0)\phi_2}$$

$$=\frac{1}{2}\frac{(5^2-0.4160^2)\times(-1.568)-[5^2-(0.2971)^2]\times(-1.76)+[0.4160^2-(0.2971)^2]\times 114}{(5-0.4160)\times(-1.568)-(5-0.2971)\times(-1.76)+(0.4160-0.2971)\times 114}$$

$=0.4979$

$$\bar{\phi}=f(\bar{s})=-1.8724$$

$\phi_1>\bar{\phi}$，$s_1<\bar{s}$，故令

$$s_0=s_1=0.4160,\ \phi_0=\phi_1=-1.76,\ s_1=\bar{s}=0.4979,\ \phi_1=\bar{\phi}=-1.8724$$

$|s_2-s_0|=4.584>\epsilon$，需要进一步迭代计算。

$$\bar{s}=\frac{1}{2}\frac{(s_2^2-s_1^2)\phi_0-(s_2^2-s_0^2)\phi_1+(s_1^2-s_0^2)\phi_2}{(s_2-s_1)\phi_0-(s_2-s_0)\phi_1+(s_1-s_0)\phi_2}$$

$$=\frac{1}{2}\frac{(5^2-0.4979^2)\times(-1.76)-[5^2-(0.4160)^2]\times(-1.8724)+[0.4979^2-(0.4160)^2]\times 114}{(5-0.4979)\times(-1.76)-(5-0.4160)\times(-1.8724)+(0.4979-0.4160)\times 114}$$

$=0.5730$

$$\bar{\phi}=f(\bar{s})=-1.9579$$

$\phi_1>\bar{\phi}$，$s_1<\bar{s}$，故令

$$s_0=s_1=0.4949,\ \phi_0=\phi_1=-1.8724,\ s_1=\bar{s}=0.573,\ \phi_1=\bar{\phi}=-1.9579$$

如此计算下去，其计算中间结果如表 4-1 所示。

表 4-1　　**迭代过程中间结果**

次数 \ 变量	s_0	s_1	s_2	ϕ_0	ϕ_1	ϕ_2
1	−1	0	5	0	−1	114
2	−0. 375	0	5	−0. 3027	−1	114
3	0	0. 0135	5	−1	−1. 0270	114
4	0. 0135	0. 2062	5	−1. 0270	−1. 4036	114
5	0. 2062	0. 2971	5	−1. 4036	−1. 5679	114
6	0. 2971	0. 4159	5	−1. 5679	−1. 7599	114
…	…	…	…	…	…	…
12	0. 7094	0. 7362	5	−1. 4036	−1. 5679	114
…	…	…	…	…	…	…
20	0. 8063	0. 8089	5	−2. 0884	−2. 0885	114
…	…	…	…	…	…	…
37	0. 8164	0. 8165	5	−2. 0887	−2. 0887	114

得到解为 $s^* = 0.8165$，已经非常接近最优解，但是此时 $s_2 - s_1$ 仍然很大，不能满足收敛条件 $|s_2 - s_0| < \epsilon$。这说明上述单一的收敛条件不合理，那么该如何设置收敛条件呢？同时可以观察到在迭代过程中，s_2 一直保持不变，为什么？

当初始取值范围为 [0, 1.5] 时，其迭代过程见表 4-2。

表 4-2　　迭代过程中间结果

次数＼变量	s_0	s_1	s_2	ϕ_0	ϕ_1	ϕ_2
1	0	0.7500	1.5000	−1.0000	−2.0781	−0.6250
2	0.6944	0.7500	1.5000	−2.0540	−2.0781	−0.6250
3	0.7500	0.7960	1.5000	−2.0781	−2.0876	−0.6250
4	0.7960	0.8070	1.5000	−2.0876	−2.0884	−0.6250
5	0.8070	0.8132	1.5000	−2.0884	−2.0886	−0.6250
6	0.8132	0.8151	1.5000	−2.0886	−2.0887	−0.6250
…	0.8151	0.8160	1.5000	−2.0887	−2.0887	−0.6250
12	0.8160	0.8163	1.5000	−2.0887	−2.0887	−0.6250
…	0.8163	0.8164	1.5000	−2.0887	−2.0887	−0.6250
20	0.8164	0.8165	1.5000	−2.0887	−2.0887	−0.6250

得到解为 $s^* = 0.8165$，同样已经非常接近最优解，但是此时 $s_2 - s_1$ 仍然很大，不能满足收敛条件 $|s_2 - s_0| < \epsilon$。同时可以观察到在迭代过程中，s_2 一直保持不变，为什么？

例 4.5　用抛物线法求解如下问题：

$$f(x) = 2x^2 - x - 1$$

初始区间取 $[-1, 1]$，区间精度取 $\delta = 0.08$。

解：用抛物线法，则可以选取 $x_0 = -1$，$x_1 = 0$，$x_2 = 1$，$h = 1$，计算可得

$$\phi_0 = f(x_0) = 2,\ \phi_1 = f(x_1) = -1,\ \phi_2 = f(x_2) = 0$$

$$\bar{h} = \frac{4\phi_1 - 3\phi_0 - \phi_2}{2(2\phi_1 - \phi_0 - \phi_2)}h = \frac{4\times(-1) - 3\times 2 - 0}{2[2\times(-1) - 2 - 0]}\times 1 = 1.25$$

$$\bar{s} = s_0 + \bar{h} = -1 + 1.25 = 0.25$$

下一步选取 $x_0 = 0.25$，$x_1 = 1.5$，$x_2 = 2.75$，$h = 1.25$，计算可得

$$\phi_0 = f(x_0) = -1.125,\ \phi_1 = f(x_1) = 2,\ \phi_2 = f(x_2) = 11.375$$

$$\bar{h}=\frac{4\phi_1-3\phi_0-\phi_2}{2(2\phi_1-\phi_0-\phi_2)}h=\frac{4\times 2-3\times(-1.125)-11.375}{2[2\times 2-(-1.125)-11.375]}\times 1.25=0$$

此时得到 $\bar{h}=0$，意味着接下来的 x_0，x_1，x_2 都为 0.25，也就是说，$\bar{x}=0.25$ 为所求函数最小值对应的精确解。

此例题中，目标函数为二次函数，迭代过程仅需要迭代计算一次就得到最优解 0.25。为什么？

3. 斐波那契法

满足如下关系的数列 $\{F_n\}$ 称为斐波那契(Fibonacci)数列：

$$F_0=F_1=1,\ F_n=F_{n-2}+F_{n-1},\quad n=2,\ 3,\ \cdots$$

F_n 称为第 n 个斐波那契数，相邻两个斐波那契数之比 $\frac{F_{n-1}}{F_n}$ 称为斐波那契分数。

可以看出，斐波那契分数总是不大于 1，且 n 越大，其值越小。当选用 n 个斐波那契分数来缩短某一区间时，区间长度的第一次缩短率为 $\frac{F_{n-1}}{F_n}$，其后各次分别为 $\frac{F_{n-1}}{F_n}$，$\frac{F_{n-3}}{F_{n-2}}$，…，$\frac{F_1}{F_2}$，那么用 F_n 表示计算 n 个函数值能缩短为单位长区间的最大原区间长度。其特点是，开始时区间缩小比例不停变化。斐波那契分数随着 n 的变化情况如图 4-4 所示，可见，当 $n>7$ 时，斐波那契分数与黄金分割数几乎一致。

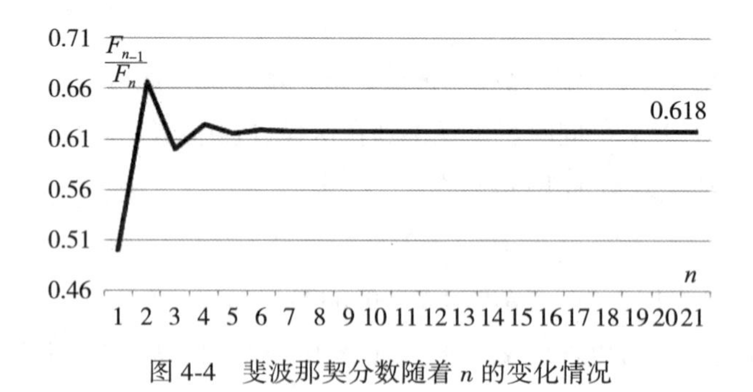

图 4-4　斐波那契分数随着 n 的变化情况

由此，若 α_1 和 $\alpha_2(<\alpha_1)$ 是单峰区间 $[a,\ b]$ 中第 1 个和第 2 个探索点，那么应有比例关系：

$$\frac{\alpha_1-a}{b-a}=\frac{F_{n-1}}{F_n},\quad \frac{\alpha_2-a}{b-a}=\frac{F_{n-2}}{F_n}$$

从而

$$\alpha_1 = a + \frac{F_{n-1}}{F_n}(b - a),\ \alpha_2 = a + \frac{F_{n-2}}{F_n}(b - a)$$

它们是关于 $[a, b]$ 对称的点。

如果要求经过一系列探索点搜索之后，使最后的探索点和最优解之间的距离不超过精度 $\delta > 0$，就要求最后区间的长度不超过 δ，即

$$\frac{b - a}{F_n} \leqslant \delta$$

上式给出了搜索精度与 n 的关系，如果预先给定的精度 δ，确定使上式成立的最小整数 n 作为搜索次数，直到进行到第 n 个探索点时停止。

Kiefer(1953 年)提出的斐波那契法：用上述办法不断缩短函数 $f(\alpha)$ 的单峰区间 $[a, b]$，通过迭代求得问题的近似解。

算法 4.5　精确搜索算法——斐波那契法基本步骤

Step 1　选取初始数据，确定单峰区间 $[a_0, b_0]$，给出搜索精度 $\delta > 0$，由 $\dfrac{b - a}{F_n} \leqslant \delta$ 确定搜索次数 n。

Step 2　令 $k = 1$，$a = a_0$，$b = b_0$，计算最初两个搜索点，计算 α_1 和 α_2。

Step 3　判断是否满足退出条件 $k < n - 1$，是则转 Step 5；否则计算 $f_1 = f(\alpha_1)$，$f_2 = f(\alpha_2)$，转 Step 4。

Step 4　若 $f_1 < f_2$，则 $a = \alpha_2$，$\alpha_2 = \alpha_1$，$\alpha_1 = a + \dfrac{F(n - 1 - k)}{F(n - k)}(b - a)$，转 Step 5；否则，$b = \alpha_1$，$\alpha_1 = \alpha_2$，$\alpha_2 = b + \dfrac{F(n - 1 - k)}{F(n - k)}(a - b)$，转 Step 5。

Step 5　令 $k = k + 1$，转 Step 3。

Step 6　令 $\alpha_1 = \alpha_2 = \dfrac{1}{2}(a + b)$，取 $\begin{cases} \alpha_2 = \dfrac{1}{2}(a + b) \\ \alpha_1 = a + \left(\dfrac{1}{2} + \epsilon\right)(b - a) \end{cases}$，在 α_1 和 α_2 这两点中，以函数值较小者为近似极小点，相应的函数值为近似极小值。

由上述分析可知，斐波那契法使用对称搜索的方法，逐步缩短所考察的区间，它能以尽量少的函数求值次数，达到预定的某一缩短率。

定理 4-6(收敛性定理)　设 $\{x_k\}$ 是由算法 4.5 产生的序列，$f(x)$ 有下界且对任意的 $x_0 \in \mathrm{R}$，$\nabla f(x)$ 在水平集

$$L(x_0) = \{x \in \mathrm{R}^n \mid f(x) \leqslant f(x_0)\}$$

上存在且一致连续。若下降方向 d_k 满足条件 $\nabla f(x_k + \alpha_k d_k)^{\mathrm{T}} d_k = 0$，且搜索步长 α_k 满足精确线搜索条件：

$$\alpha_k = \min_{\alpha > 0} f(x_k + \alpha d_k)$$

则下列两式中至少一个成立：

$$\nabla f(x_k) = 0$$

$$\lim_{k \to \infty} \|\nabla f(x_k)\| = 0$$

例 4.6　用斐波那契法求解如下问题：

$$f(x) = 2x^2 - x - 1$$

初始区间取 $[-1, 1]$，区间精度取 $\delta = 0.08$。

解：根据 $\dfrac{b-a}{F_n} \leqslant \delta$，可得 $F_n \geqslant \dfrac{b-a}{\delta} = \dfrac{2}{0.08} = 25$。

根据斐波那契数列$\{1, 1, 2, 3, 5, 8, 13, 21, 34\}$，选取 $x_1 = -1$，$x_2 = 1$，

则 $p = -1 + \dfrac{13}{34} \times 2 = -0.235$，$q = -1 + \dfrac{21}{34} \times 2 = 0.235$，此时

$$f(x_1) = 2,\ f(x_2) = 0,\ f_p = f(p) = -0.655,\ f_q = f(q) = -1.125$$

选取 $x_1 = -0.235$，$x_2 = 1$，则 $p = 0.235$，$q = -0.235 + \dfrac{13}{21} \times (1 + 0.235) = 0.530$，此时

$$f(x_1) = -0.655,\ f(x_2) = 0,\ f_p = f(p) = -1.125,\ f_q = f(q) = -0.968$$

选取 $x_1 = -0.235$，$x_2 = 0.530$，则 $p = -0.235 + \dfrac{5}{13} \times (0.530 + 0.235) = 0.059$，$q = 0.235$，此时

$$f(x_1) = -0.655,\ f(x_2) = -1.052,\ f_p = f(p) = -1.125,\ f_q = f(q) = -0.968$$

选取 $x_1 = -0.235$，$x_2 = 0.235$，则 $p = -0.235 + \dfrac{3}{8} \times (0.235 + 0.235) = -0.059$，$q = 0.059$，此时

$$f(x_1) = -0.655,\ f(x_2) = -1.125,\ f_p = f(p) = -0.934,\ f_q = f(q) = -1.125$$

选取 $x_1 = -0.059$，$x_2 = 0.235$，则 $p = 0.059$，$q = -0.059 + \dfrac{3}{5} \times (0.235 + 0.059) = 0.1174$，此时

$$f(x_1) = -0.934,\ f(x_2) = -1.125,\ f_p = f(p) = -1.052,\ f_q = f(q) = -1.090$$

选取 $x_1 = 0.059$，$x_2 = 0.235$，则 $p = 0.117$，$q = 0.059 + \dfrac{2}{3} \times (0.235 - 0.059) = 0.176$，此时

$$f(x_1) = -1.052,\ f(x_2) = -1.125,\ f_p = f(p) = -1.090,\ f_q = f(q) = -1.114$$

选取 $x_1 = 0.117$，$x_2 = 0.235$，则 $p = 0.176$，$q = 0.117 + \dfrac{1}{2} \times (0.235 - 0.117) = 0.176$，此时

$$f(x_1) = -1.090,\ f(x_2) = -1.125,\ f_p = f(p) = -1.114,\ f_q = f(q) = -1.114$$

可得其中较小的点为 $x_2 = 0.235$，取该点为近似最优解。

4.3.2 非精确线搜索

搜索技术是求解许多优化问题下降算法的基本组成部分，但精确线搜索往往需要计算迭代点的函数值和梯度值，进而耗费较多的计算资源，特别是迭代过程中，当迭代点远离最优点时，精确线搜索通常既不合理，也不必要。对于许多优化算法，其整体收敛速度并不依赖于迭代过程每一步的精确搜索过程，因此，既能保证目标函数具有可接受的下降量，又能使最终形成的迭代序列收敛的非精确线搜索越来越受到重视。下面着重介绍非精确线搜索中的 Wolfe 准则和 Armijo 准则。

1. Wolfe 准则

Wolfe 准则指给定 $\rho \in (0, 0.05)$，$\sigma \in (\rho, 1)$，求 α_k 使下面两个不等式同时成立：

$$f(\boldsymbol{x}_k + \alpha_k \boldsymbol{d}_k) \leqslant f(\boldsymbol{x}_k) + \rho + \alpha_k \boldsymbol{g}_k^{\mathrm{T}} \boldsymbol{d}_k$$

$$\nabla f(\boldsymbol{x}_k + \alpha_k \boldsymbol{d}_k)^{\mathrm{T}} \boldsymbol{d}_k \geqslant \sigma \boldsymbol{g}_k^{\mathrm{T}} \boldsymbol{d}_k$$

其中，$\boldsymbol{g}_k = \boldsymbol{g}(\boldsymbol{x}_k) = \nabla f(\boldsymbol{x}_k)$。第二个不等式有时也用另一个更强的不等式代替。

$$|\nabla f(\boldsymbol{x}_k + \alpha_k \boldsymbol{d}_k)^{\mathrm{T}} \boldsymbol{d}_k| \leqslant -\sigma \boldsymbol{g}_k^{\mathrm{T}} \boldsymbol{d}_k$$

这样，当 $\sigma > 0$ 充分小时，可保证上式变成近似精确线搜索。该不等式判据也称为强 Wolfe 准则。

强 Wolfe 准则表明，得到的符合该准则的新的迭代点 $\boldsymbol{x}_{k+1} = \boldsymbol{x}_k + \alpha_k \boldsymbol{d}_k$ 位于 $\boldsymbol{x}_k$ 的某一邻域内，并且使得目标函数值有一定的下降量。

由于 $\boldsymbol{g}_k^{\mathrm{T}} \boldsymbol{d}_k < 0$，可以证明 Wolfe 准则的有限终止性，即步长 α_k 的存在性有下面的定理。

定理 4-7 设 $f(x)$ 有下界，且 $\boldsymbol{g}_k^{\mathrm{T}} \boldsymbol{d}_k < 0$，令 $\rho \in (0, 0.05)$，$\sigma \in (\rho, 1)$，则存在一个区间 $[a, b] \subset (0, +\infty)$，使得每个 $\alpha \in [a, b]$ 均满足：

$$f(\boldsymbol{x}_k + \alpha_k \boldsymbol{d}_k) \leqslant f(\boldsymbol{x}_k) + \rho + \alpha_k \boldsymbol{g}_k^{\mathrm{T}} \boldsymbol{d}_k$$

$$|\nabla f(\boldsymbol{x}_k + \alpha_k \boldsymbol{d}_k)^{\mathrm{T}} \boldsymbol{d}_k| \leqslant -\sigma \boldsymbol{g}_k^{\mathrm{T}} \boldsymbol{d}_k$$

算法 4.6 Wolfe 准则基本步骤

Step 1 选取初始值，给定搜索区间 $[0, \alpha_{\max}]$，$\rho \in (0, 0.5)$，$\sigma \in (\rho, 1)$。令 $\alpha_1 = 0$，$\alpha_2 = \alpha_{\max}$，取值 $\alpha \in (0, \alpha_2)$。

Step 2 计算 $\varphi_1 = f(x_k)$，$\varphi_1' = g_k^{\mathrm{T}} d_k$。

Step 3 计算 $\varphi = f(x_k + \alpha d_k)$。

Step 4 若不等式 $\varphi - \varphi_1 \leqslant \rho\alpha\varphi_1'$ 成立，则转 Step 5；否则计算 $\bar{\alpha}$：

$$\bar{\alpha} = \alpha_1 + \frac{1}{2} \times \frac{\alpha - \alpha_1}{1 + \dfrac{\varphi_1 - \varphi}{\varphi_1'(\alpha - \alpha_1)}}$$

置 $\alpha_2 = \alpha$，$\alpha = \bar{\alpha}$，转 Step 3。

Step 5　计算 $\varphi' = \nabla f(x_k + \alpha d_k)^{\mathrm{T}} d_k$。若 $\varphi' \geqslant \varphi'_1$，则令 $\alpha_k = \alpha$，停算；否则计算 $\bar{\alpha}$：

$$\bar{\alpha} = \alpha + \frac{(\alpha - \alpha_1)\varphi'}{\varphi'_1 - \varphi'}$$

置 $\alpha_1 = \alpha$，$\alpha = \bar{\alpha}$，$\varphi_1 = \varphi$，$\varphi'_1 = \varphi'$，转 Step 3。

例 4.7　用 Wolfe 准则求解如下问题在 $x = 0$，$d = [1]^{\mathrm{T}}$ 时的步长：

$$f(x) = 2x^2 - x - 1$$

初始区间取 $[0,\ 1]$，$\rho = 0.01$，$\sigma = 0.5$。

解：$\alpha_1 = 0$，$\alpha_2 = \alpha_{\max} = 1$，取值 $\alpha = \dfrac{\alpha_2}{2} = 0.5$。

$$\varphi_1 = f(0) = -1,\ \varphi'_1 = (4x - 1)\big|_{x=0} d = -1$$

$$\varphi = f(0 + 0.5) = -1$$

$$\varphi - \varphi_1 = 0 > \rho\alpha\varphi'_1 = 0.01 \times 0.5 \times (-1)$$

计算 $\bar{\alpha}$：

$$\bar{\alpha} = \alpha_1 + \frac{1}{2} \times \frac{\alpha - \alpha_1}{1 + \dfrac{\varphi_1 - \varphi}{\varphi'_1(\alpha - \alpha_1)}} = 0 + \frac{1}{2}\frac{0.5 - 0}{1 + \dfrac{-1 - (-1)}{(-1)(0.5 - 0)}} = 0.25$$

置 $\alpha_2 = 0.5$，$\alpha = 0.25$，计算

$$\varphi = f(0 + 0.25) = -1.125$$

$$\varphi - \varphi_1 = -1.125 - (-1) = -0.125 < \rho\alpha\varphi'_1 = 0.01 \times 0.25 \times (-1) = -0.0025$$

计算 $\varphi' = \nabla f(\boldsymbol{x} + \alpha\boldsymbol{d})^{\mathrm{T}}\boldsymbol{d} = (4\boldsymbol{x} - 1)\big|_{x=0.25}\boldsymbol{d} = 0 > \varphi'_1$。令 $\alpha_k = \alpha = 0.25$，停止计算。

验算得到 $x_{k+1} = x_k + \alpha d_k = 0.05$，此时函数值 $f(x_{k+1}) = f(0.25) = -1.125$。

例 4.8　用 Wolfe 准则求解如下问题在 $\boldsymbol{x}_k = [2,\ 1]^{\mathrm{T}}$，$\boldsymbol{d}_k = [-1,\ -2]^{\mathrm{T}}$ 时的步长。函数极小值 $f(x) = (x_1 - 1)^2 + x_2^2 + 1$。初始区间取 $[0,\ 1]$，$\rho = 0.01$，$\sigma = 0.5$。

解：$\alpha_1 = 0$，$\alpha_2 = \alpha_{\max} = 1$，取值 $\alpha = \dfrac{\alpha_2}{2} = 0.5$。

$$\varphi_1 = f(\boldsymbol{x}_k) = 3,\ \varphi'_1 = [2(x_1 - 1)2x_2]\big|_{x=x_k}\boldsymbol{d}_k = [2\quad 2][-1\ -2]^{\mathrm{T}} = -6$$

$$\boldsymbol{x}_{k+1} = \boldsymbol{x}_k + \alpha\boldsymbol{d}_k = [1.5\quad 0]^{\mathrm{T}},\ \varphi = f(\boldsymbol{x}_{k+1}) = 1.25$$

$$\varphi - \varphi_1 = -1.75 < \rho\alpha\varphi'_1 = 0.01 \times 0.5 \times (-6) = -0.03$$

计算 $\varphi' = \nabla f(\boldsymbol{x}_k + \alpha\boldsymbol{d}_k)^{\mathrm{T}} d = [1,\ 0][-1,\ -2]^{\mathrm{T}} = -1 > \varphi'_1$。令 $\alpha_k = \alpha = 0.25$，停止计算。

验算得到 $\boldsymbol{x}_{k+1} = \boldsymbol{x}_k + \alpha\boldsymbol{d}_k = [1.5,\ 0]^{\mathrm{T}}$，此时函数值 $f(\boldsymbol{x}_{k+1}) = 1.25 < f(\boldsymbol{x}_k)$。

2. Armijo 准则

Armijo 准则是指：给定 $\beta \in (0,\ 1)$，$\sigma \in (0,\ 0.5)$。求取：步长因子形如 $\alpha_k = \beta^{m_k}$，其中 m_k 为满足下列不等式的最小非负整数：

$$f(\boldsymbol{x}_k + \beta^m \boldsymbol{d}_k) \leqslant f(\boldsymbol{x}_k) + \sigma\beta^m \boldsymbol{g}_k^{\mathrm{T}} \boldsymbol{d}_k$$

可以证明，若 $f(x)$ 是连续可微的且满足 $\boldsymbol{g}_k^{\mathrm{T}} \boldsymbol{d}_k < 0$，则 Armijo 准则是有限终止的，即存在正数 σ，使得对于充分大的正整数 m，上述不等式成立。

算法 4.7　Armijo 准则基本步骤

Step 1　给定 $\beta \in (0, 1)$，$\sigma \in (0, 0.5)$。令 $m = 0$。

Step 2　若不等式 $f(\boldsymbol{x}_k + \beta^m \boldsymbol{d}_k) \leqslant f(\boldsymbol{x}_k) + \sigma\beta^m \boldsymbol{g}_k^{\mathrm{T}} \boldsymbol{d}_k$ 成立，置 $m_k = m$，$\boldsymbol{x}_{k+1} = \boldsymbol{x}_k + \beta^m \boldsymbol{d}_k$，停算；否则，转 Step 3。

Step 3　令 $m = m + 1$，转 Step 2。

定理 4-8(收敛性定理)　设 $\{\boldsymbol{x}_k\}$ 是由算法 4.7 产生的序列，$f(\boldsymbol{x})$ 有下界且对任意的 $\boldsymbol{x}_0 \in \mathrm{R}$，$\nabla f(\boldsymbol{x})$ 在水平集

$$L(\boldsymbol{x}_0) = \{\boldsymbol{x} \in \mathrm{R}^n \mid f(\boldsymbol{x}) \leqslant f(\boldsymbol{x}_0)\}$$

上存在且一致连续。若下降方向 $\boldsymbol{d}_k$ 满足 $f(\boldsymbol{x}_k + \beta^m \boldsymbol{d}_k) \leqslant f(\boldsymbol{x}_k) + \sigma\beta^m \boldsymbol{g}_k^{\mathrm{T}} \boldsymbol{d}_k$，则：

(1)采用 Wolfe 准则求搜索步长 α_k 时有

$$\lim_{k \to \infty} \|\boldsymbol{g}_k\| = 0$$

(2)当采用 Armijo 准则求搜索步长 α_k 时，$\{\boldsymbol{x}_k\}$ 的任何聚点 $\boldsymbol{x}^*$ 都满足 $\nabla f(\boldsymbol{x}^*) = 0$。

例 4.9　用 Armijo 准则求解如下问题在 $\boldsymbol{x} = 0$，$\boldsymbol{d} = [1]^{\mathrm{T}}$ 时的步长：

$$f(\boldsymbol{x}) = 2\boldsymbol{x}^2 - \boldsymbol{x} - 1$$

初始区间取 $[0, 1]$，$\beta = 0.8$，$\sigma = 0.25$。

解：$f(\boldsymbol{x}_0) = -1$，$g(\boldsymbol{x}) = 4\boldsymbol{x} - 1 = -1$，$d = 1$，$m = 0$，

计算 $\bar{\boldsymbol{x}} = \boldsymbol{x} + \beta^m \boldsymbol{d} = 1$，$f(\bar{\boldsymbol{x}}) = 2\boldsymbol{x}^2 - \boldsymbol{x} - 1 = 2$，

$$f(\boldsymbol{x}) + \sigma\beta^m \boldsymbol{g}^{\mathrm{T}} \boldsymbol{d} = -1 + 0.25 \times 1 \times (-1) \times 1 = -1.25$$

故 $f(\bar{\boldsymbol{x}}) > f(\boldsymbol{x}) + \sigma\beta^m \boldsymbol{g}^{\mathrm{T}} \boldsymbol{d}$，令 $m = m + 1 = 1$，计算 $\bar{\boldsymbol{x}} = \boldsymbol{x} + \beta^m \boldsymbol{d} = 0.8$，$f(\bar{\boldsymbol{x}}) = 2\boldsymbol{x}^2 - \boldsymbol{x} - 1 = -0.52$，

$$f(\boldsymbol{x}) + \sigma\beta^m \boldsymbol{g}^{\mathrm{T}} \boldsymbol{d} = -1 + 0.25 \times 0.8 \times (-1) \times 1 = -1.2$$

故 $f(\bar{\boldsymbol{x}}) > f(\boldsymbol{x}) + \sigma\beta^m \boldsymbol{g}^{\mathrm{T}} \boldsymbol{d}$，令 $m = m + 1 = 2$，计算 $\bar{\boldsymbol{x}} = \boldsymbol{x} + \beta^m \boldsymbol{d} = 0.64$，$f(\bar{\boldsymbol{x}}) = 2\boldsymbol{x}^2 - \boldsymbol{x} - 1 = -0.8208$，

$$f(\boldsymbol{x}) + \sigma\beta^m \boldsymbol{g}^{\mathrm{T}} \boldsymbol{d} = -1 + 0.25 \times 0.8^2 \times (-1) \times 1 = -1.16$$

故 $f(\bar{\boldsymbol{x}}) > f(\boldsymbol{x}) + \sigma\beta^m \boldsymbol{g}^{\mathrm{T}} \boldsymbol{d}$，令 $m = m + 1 = 3$，计算 $\bar{\boldsymbol{x}} = \boldsymbol{x} + \beta^m \boldsymbol{d} = 0.512$，$f(\bar{\boldsymbol{x}}) = 2\boldsymbol{x}^2 - \boldsymbol{x} - 1 = -0.9877$，

$$f(\boldsymbol{x}) + \sigma\beta^m \boldsymbol{g}^{\mathrm{T}} \boldsymbol{d} = -1 + 0.25 \times 0.8^3 \times (-1) \times 1 = -1.128$$

故 $f(\bar{\boldsymbol{x}}) > f(\boldsymbol{x}) + \sigma\beta^m \boldsymbol{g}^{\mathrm{T}} \boldsymbol{d}$，令 $m = m + 1 = 4$，计算 $\bar{\boldsymbol{x}} = \boldsymbol{x} + \beta^m \boldsymbol{d} = 0.4096$，$f(\bar{\boldsymbol{x}}) = 2\boldsymbol{x}^2 - \boldsymbol{x} - 1 = -1.0741$，

$$f(\boldsymbol{x}) + \sigma\beta^m \boldsymbol{g}^{\mathrm{T}} \boldsymbol{d} = -1 + 0.25 \times 0.8^4 \times (-1) \times 1 = -1.024$$

故 $f(\bar{\boldsymbol{x}}) < f(\boldsymbol{x}) + \sigma\beta^m \boldsymbol{g}^{\mathrm{T}} \boldsymbol{d}$，得到 $\bar{\boldsymbol{x}} = \boldsymbol{x} + \beta^m \boldsymbol{d} = 0.4096$，停止计算。

验算得 $x_{k+1} = 0.4096$，函数值 $f(x_{k+1}) = f(0.4096) = -1.0741 < f(x_0)$。

例 4.10　用 Armijo 准则求解如下问题在 $\boldsymbol{x}_k=[2,\ 1]^{\mathrm{T}}$，$\boldsymbol{d}_k=[-1,\ -2]^{\mathrm{T}}$ 时的步长函数极小值：

$$f(\boldsymbol{x})=(x_1-1)^2+x_2^2+1,\ \beta=0.8,\ \sigma=0.25$$

解：$f(\boldsymbol{x}_0)=3$，$\boldsymbol{g}(\boldsymbol{x}_0)=\begin{bmatrix}2(x_1-1)\\2x_2\end{bmatrix}=\begin{bmatrix}2\\2\end{bmatrix}$，$\boldsymbol{d}=\begin{bmatrix}-1\\-2\end{bmatrix}$，$\boldsymbol{g}^{\mathrm{T}}\boldsymbol{d}=-6$，

$m=0$，计算 $\bar{\boldsymbol{x}}=\boldsymbol{x}+\beta^m\boldsymbol{d}=\begin{bmatrix}2\\1\end{bmatrix}+0.8^0\times\begin{bmatrix}-1\\-2\end{bmatrix}=\begin{bmatrix}1\\-1\end{bmatrix}$，$f(\bar{\boldsymbol{x}})=2$，

$$f(x)+\sigma\beta^m\boldsymbol{g}^{\mathrm{T}}\boldsymbol{d}=3+0.25\times0.8^0\times(-6)=1.5$$

故 $f(\bar{\boldsymbol{x}})>f(\boldsymbol{x})+\sigma\beta^m\boldsymbol{g}^{\mathrm{T}}\boldsymbol{d}$，令 $m=m+1=1$，计算 $\bar{\boldsymbol{x}}=\boldsymbol{x}+\beta^m\boldsymbol{d}=\begin{bmatrix}2\\1\end{bmatrix}+0.8^1\times\begin{bmatrix}-1\\-2\end{bmatrix}=$ $\begin{bmatrix}1.4\\-0.6\end{bmatrix}$，$f(\bar{\boldsymbol{x}})=1.88$，

$$f(x)+\sigma\beta^m\boldsymbol{g}^{\mathrm{T}}\boldsymbol{d}=3+0.25\times0.8\times(-6)=1.8$$

故 $f(\bar{\boldsymbol{x}})>f(\boldsymbol{x})+\sigma\beta^m\boldsymbol{g}^{\mathrm{T}}\boldsymbol{d}$，令 $m=m+1=2$，计算 $\bar{\boldsymbol{x}}=\boldsymbol{x}+\beta^m\boldsymbol{d}=\begin{bmatrix}2\\1\end{bmatrix}+0.8^2\times\begin{bmatrix}-1\\-2\end{bmatrix}=$ $\begin{bmatrix}1.36\\-0.28\end{bmatrix}$，$f(\bar{\boldsymbol{x}})=1.208$，

$$f(\boldsymbol{x})+\sigma\beta^m\boldsymbol{g}^{\mathrm{T}}\boldsymbol{d}=3+0.25\times0.8^2\times(-6)=2.04$$

故 $f(\bar{\boldsymbol{x}})<f(\boldsymbol{x})+\sigma\beta^m\boldsymbol{g}^{\mathrm{T}}\boldsymbol{d}$，得到 $\bar{\boldsymbol{x}}=\boldsymbol{x}+\beta^m\boldsymbol{d}=\begin{bmatrix}1.36\\-0.28\end{bmatrix}$，停止计算。

验算得到 $\boldsymbol{x}_{k+1}=\begin{bmatrix}1.36\\-0.28\end{bmatrix}$，此时函数值 $f(\boldsymbol{x}_{k+1})=1.208<f(\boldsymbol{x}_0)$。

4.4　下降方向的搜索(解析法)

求解无约束的非线性最优化问题的迭代法大体上可分为两类：一类用到函数的一阶导数或二阶导数，称为解析法；另一类仅用到函数值，称为直接法。

4.4.1　最速下降法

该方法的基本迭代格式：

$$\boldsymbol{x}_{k+1}=\boldsymbol{x}_k+\alpha_k\boldsymbol{d}_k$$

考虑从点 $\boldsymbol{x}_k$ 出发沿哪一个方向 $\boldsymbol{d}_k$，使目标函数 f 下降得最快。根据微积分的知识可知，点 $\boldsymbol{x}_k$ 的负梯度方向

$$\boldsymbol{d}_k=-\nabla f(\boldsymbol{x}_k)$$

是从点 $\boldsymbol{x}_k$ 出发使 f 下降最快的方向。为此，称负梯度方向 $-\nabla f(\boldsymbol{x}_k)$ 为 f 在点 $\boldsymbol{x}_k$ 处的最速下降方向。

按基本迭代格式，每一轮从点 $\boldsymbol{x}_k$ 出发沿最速下降方向 $-\nabla f(\boldsymbol{x}_k)$ 作一维搜索，来建立

求解无约束极值问题的方法，称为最速下降法。这个方法的特点是，每轮的搜索方向都是目标函数在当前点下降最快的方向。同时，用 $\nabla f(\boldsymbol{x}_k)=0$ 或 $\|\nabla f(\boldsymbol{x}_k)\|\leqslant\epsilon$ 作为停止条件。

算法 4.8　最速下降法基本步骤

Step 1　选取初始数据。选取初始点 $\boldsymbol{x}_0\in\mathrm{R}^n$，给定终止误差 $\boldsymbol{\epsilon}$，令 $k=0$。

Step 2　计算梯度向量 $\nabla f(\boldsymbol{x}_k)$。若 $\|\nabla f(\boldsymbol{x}_k)\|\leqslant\boldsymbol{\epsilon}$，停止迭代，输出 $\boldsymbol{x}_k$；否则，进行 Step 3。

Step 3　构造负梯度方向。取 $\boldsymbol{d}_k=-\nabla f(\boldsymbol{x}_k)$。

Step 4　进行一维搜索求 α_k。

Step 5　令 $\boldsymbol{x}_{k+1}=\boldsymbol{x}_k+\alpha_k\boldsymbol{d}_k$，$k=k+1$，转 Step 2。

说明：Step 4 中步长因子 α_k 的确定既可以使用精确线搜索方法，也可以使用非精确线搜索方法，在理论上都能保证其全局收敛性。若采用精确线搜索方法，即

$$f(\boldsymbol{x}_k+\alpha_k\boldsymbol{d}_k)=\min_{\alpha\geqslant0}f(\boldsymbol{x}_k+\alpha\boldsymbol{d}_k)$$

那么 α_k 应满足：

$$\Phi'(\alpha)=\left.\frac{\mathrm{d}f(x_k+\alpha d_k)}{\mathrm{d}\alpha}\right|_{\alpha=\alpha_k}=\nabla f(\boldsymbol{x}_k+\alpha_k\boldsymbol{d}_k)^{\mathrm{T}}\boldsymbol{d}_k=0$$

根据 $d_k=-\nabla f(x_k)$，可得

$$\nabla f(\boldsymbol{x}_{k+1})^{\mathrm{T}}\nabla f(\boldsymbol{x}_k)=0,\ \boldsymbol{d}_{k+1}^{\mathrm{T}}\boldsymbol{d}_k=0$$

可见，新点 $\boldsymbol{x}_{k+1}$ 处的梯度与旧点 $\boldsymbol{x}_k$ 处的梯度是正交的，也就是说，迭代点列所走的路线是锯齿型的，故其收敛速度较缓慢(至多线性收敛速度)。

定理 4-9　设目标函数 $f(\boldsymbol{x})$ 连续可微且其梯度函数 $\nabla f(\boldsymbol{x})$ 是 Lipschitz 连续的，$\{\boldsymbol{x}_k\}$ 由最速下降法产生，其中步长因子 α_k 由精确线搜索，或由 Wolfe 准则，或由 Armijo 准则产生，则有

$$\lim_{k\to\infty}\|\nabla f(\boldsymbol{x}_k)\|=0$$

下面的定理给出了用最速下降法求解严格凸二次函数极小值问题时的收敛速度估计。

定理 4-10　设矩阵 $\boldsymbol{H}\in\mathrm{R}^{n\times n}$ 对称正定，列向量 $\boldsymbol{c}\in\mathrm{R}^n$。记 λ_1 和 λ_2 分别是 $\boldsymbol{H}$ 的最大和最小特征值，$\kappa=\dfrac{\lambda_1}{\lambda_2}$，显然 $\kappa\geqslant1$。考虑如下极小化问题：

$$\min f(\boldsymbol{x})=\frac{1}{2}\boldsymbol{x}^{\mathrm{T}}\boldsymbol{H}\boldsymbol{x}+\boldsymbol{c}^{\mathrm{T}}\boldsymbol{x}$$

设 $\{\boldsymbol{x}_k\}$ 是用精确线搜索的最速下降法求解上述问题所产生的迭代序列，则对于所有的 k，下面的不等式成立：

$$\|\boldsymbol{x}_{k+1}-\boldsymbol{x}^*\|_{\boldsymbol{H}}\leqslant\frac{\kappa-1}{\kappa+1}\|\boldsymbol{x}_k-\boldsymbol{x}^*\|_{\boldsymbol{H}}$$

其中，$\boldsymbol{x}^*$ 为问题的唯一解，$\|\boldsymbol{x}\|_{\boldsymbol{H}}=\sqrt{\boldsymbol{x}^{\mathrm{T}}\boldsymbol{H}\boldsymbol{x}}$。

由上面的定理可以看出，若条件数 κ 接近于 1(即当 H 的最大特征值和最小特征值接

近时)，最速下降法是收敛很快的，但当条件数 κ 较大时(即当 H 近似于病态时)，不能保证算法的收敛速度是很快的。

例 4.11　应用最速下降法求解如下问题(收敛条件设为 $f(\boldsymbol{X}_k)-f(\boldsymbol{X}_{k+1})<0.05$ 或 $f(\boldsymbol{X}_{k+1})<0.005$)：

$$\min_{\boldsymbol{X}} \quad f(\boldsymbol{X})=x_1^2+2x_2^2,\ x_1,\ x_2\in \mathrm{R}$$

解：对任意 $\boldsymbol{X}$，都有 $\boldsymbol{d}_k=-\nabla f(\boldsymbol{X})=-[2x_1,\ 4x_2]^{\mathrm{T}}$。

取初值 $\boldsymbol{X}_0=[1,\ 1]^{\mathrm{T}}$，有

$$f(\boldsymbol{X}_0)=3,\ \boldsymbol{d}_0=-\nabla f(\boldsymbol{X}_0)=[-2,\ -4]^{\mathrm{T}}$$

形成一维搜索问题：

$$\min_{\alpha}\Phi(\alpha)=f(\boldsymbol{X}_0+\alpha\boldsymbol{d}_0)=(1-2\alpha)^2+2(1-4\alpha)^2,\ \alpha\in\mathrm{R}^+$$

可解，取 $\alpha=0.3$，进而可得

$$\boldsymbol{X}_1=\boldsymbol{X}_0+\alpha\boldsymbol{d}_0=[1,\ 1]^{\mathrm{T}}+0.3[-2,\ -4]^{\mathrm{T}}=[0.4,\ -0.2]^{\mathrm{T}}$$

$$f(\boldsymbol{X}_1)=0.24,\ \boldsymbol{d}_1=-\nabla f(\boldsymbol{X}_1)=[-0.8,\ 0.8]^{\mathrm{T}}$$

取 $\boldsymbol{X}=[-1,\ 1]^{\mathrm{T}}$，形成一维搜索问题：

$$\min_{\alpha}\Phi(\alpha)=f(\boldsymbol{X}_1+\alpha\boldsymbol{d}_1)=(0.4-\alpha)^2+2(-0.2+\alpha)^2,\ \alpha\in\mathrm{R}^+$$

可解，取 $\alpha=\dfrac{1}{2}$，进而可得

$$\boldsymbol{X}_2=\boldsymbol{X}_1+\alpha\boldsymbol{d}_1=[0.4,\ -0.2]^{\mathrm{T}}+\frac{1}{2}[-1,\ 1]^{\mathrm{T}}=[-0.1,\ 0.3]^{\mathrm{T}}$$

$$f(\boldsymbol{X}_2)=0.19,\ \boldsymbol{d}_2=-\nabla f(\boldsymbol{X}_2)=[0.1,\ -0.6]^{\mathrm{T}}$$

取 $\boldsymbol{d}_2=[1,\ -6]^{\mathrm{T}}$，形成一维搜索问题：

$$\min_{\alpha}\quad \Phi(\alpha)=f(\boldsymbol{X}_2+\alpha\boldsymbol{d}_2)=(-0.1+\alpha)^2+2(0.3-6\alpha)^2,\ \alpha\in\mathrm{R}^+$$

可取 $\alpha=\dfrac{1}{20}$，进而可得 $\boldsymbol{X}_3=\boldsymbol{X}_2+\alpha\boldsymbol{d}_2=[-0.1,\ 0.3]^{\mathrm{T}}+\dfrac{1}{20}[1,\ -6]=[0.05,\ 0]$。

$$f(\boldsymbol{X}_3)=0.0025<0.005,\ f(\boldsymbol{X}_3)-f(\boldsymbol{X}_2)=0.1875>0.05$$

已满足收敛条件，故得 $X^*=[0.05\quad 0]^{\mathrm{T}}$。

例 4.12　应用最速下降法求解二维函数极小值 $f(\boldsymbol{X})=(x_1-3)^2+x_1x_2+x_2^2+1$。初始点为 $(-2,\ 6)$。

解：对任意点 $\boldsymbol{X}$，$\nabla f(x)=[2(x_1-3)+x_2\quad x_1+2x_2]^{\mathrm{T}}$。

在初值 $\boldsymbol{X}_0=[-2\quad 6]^{\mathrm{T}}$ 时有

$$f(\boldsymbol{X}_0)=(-2-3)^2-2\times6+6^2+1=50,\ \boldsymbol{d}_0=-\begin{bmatrix}2x(-2-3)+6\\-2+2\times6\end{bmatrix}=\begin{bmatrix}4\\-10\end{bmatrix}$$

取 $\boldsymbol{d}_0=[2,\ -5]^{\mathrm{T}}$，$\boldsymbol{X}_1=\boldsymbol{X}_0+\alpha\boldsymbol{d}_0=[-2+4\alpha\quad 6-10\alpha]^{\mathrm{T}}$，形成一维搜索问题：

$$\min_{\alpha}\quad \phi(\alpha)=f(\boldsymbol{X}_0+\alpha\boldsymbol{d}_0)=(-2+4\alpha-3)^2+(-2+4\alpha)(6-10\alpha)+(6-10\alpha)^2+1$$

求解后，取 $\alpha=1$，则有 $\boldsymbol{X}_1=[2,\ -4]^{\mathrm{T}}$，$f(\boldsymbol{X}_1)=(2-3)^2+2\times(-4)+(-4)^2+1=10$，

$d_1=-[2(2-3)-4,\ 2+2\times(-4)]^T=[6,\ 6]^T$。

取 $d_1=[1,\ 1]^T$，$X_2=X_1+\alpha d_1=[2+\alpha,\ -4+\alpha]^T$，形成一维搜索问题：

$$\min_{\alpha} \phi(\alpha)=f(X_1+\alpha d_1)=(2+\alpha-3)^2+(2+\alpha)(-4+\alpha)+(-4+\alpha)^2+1$$

求解后，取 $\alpha=2$，则 $X_2=[4,\ -2]^T$，$f(X_2)=(4-3)^2+4\times(-2)+(-2)^2+1=-2$

$$d_2=-[2(4-3)-2,\ 4+2\times(-2)]^T=[0,\ 0]^T$$

此时在 X_2 处的梯度为0，因此 X_2 即为 $f(X)$ 的极值点。

4.4.2 共轭梯度法

与最速下降法类似，共轭梯度法只需计算目标函数及其梯度值(一阶导数)，避免了二阶导数(Hessian 矩阵)的计算，从而降低了计算量和存储量，因此，它是求解无约束优化问题的一种比较有效而实用的算法。共轭梯度法属于共轭方向法。

共轭方向法的基本思想是：在求解 n 维正定二次目标函数极小点时产生一组共轭方向作为搜索方向，在精确线搜索条件下算法至多迭代 n 步即能求得极小点。经过适当的修正后，共轭方向法可以推广到求解一般(非二次)目标函数情形。下面先介绍共轭方向的概念。

定义 4-5 设 G 是 n 阶对称正定矩阵，称 n 维向量组 d_1，…，$d_m(m\leqslant n)$ 为关于 G 共轭的，如果该向量组满足：

$$d_i^T G d_j=0,\ i\neq j$$

显然，向量组的共轭是正交的推广，即当 $G=I_{n\times n}$ (单位矩阵)时，定义 4-5 变成向量组正交的定义。此外，不难证明，关于对称正定矩阵 G 的共轭向量组必然是线性无关的。

下面考虑求解正定二次目标函数极小点的共轭方向法，设

$$\text{QP}\ \min\quad f(x)=\frac{1}{2}x^T G x+b^T x+c$$

其中，G 为 n 阶对称正定矩阵，b 为 n 维常向量，c 为常数。下面介绍共轭方向法。

算法 4.9 共轭方向法基本步骤

Step 1 给定迭代精度 $\varepsilon\in(0,\ 1)$ 和初始点 x_0。计算 $\nabla f(x_0)$，选取初始方向 d_0，使得 $d_0^T\nabla f(x_0)<0$。令 $k=0$。

Step 2 若 $\|\nabla f(x_k)\|\leqslant\epsilon$，停算，输出 $x^*=x_k$。

Step 3 利用线搜索方法确定搜索步长 α_k。

Step 4 令 $x_{k+1}=x_k+\alpha_k d_k$，并计算 $\nabla f(x_{k+1})$。

Step 5 选取 d_{k+1} 满足如下下降性和共轭性条件：

$$d_{k+1}^T\nabla f(x_{k+1})<0,\ d_{k+1}^T G d_i=0,\quad i=0,\ 1,\ \cdots,\ k$$

Step 6 令 $k=k+1$，转 Step 2。

对于正定二次函数，Step 3 中 α_k 可以采取如下计算公式：

$$\alpha_k=-\frac{\boldsymbol{d}_k^{\mathrm{T}}\nabla f(\boldsymbol{x}_k)}{\boldsymbol{d}_k^{\mathrm{T}}Q\boldsymbol{p}_k}$$

在 Step 5 中，仅要求选取 $\boldsymbol{d}_{k+1}$ 满足共轭条件，并没有说明如何求 $\boldsymbol{d}_{k+1}$，不同求共轭方向的方法对应了不同的共轭方向法。

共轭梯度法是共轭方向法之一，在求每一个迭代点的搜索方向时，与该点的梯度有关，故叫做共轭梯度法。共轭梯度法：在初始点 $\boldsymbol{x}_0$ 的搜索方向 $\boldsymbol{p}_0=-\nabla f(\boldsymbol{x}_0)$；之后迭代点 $\boldsymbol{x}_k$ 的搜索方向 $\boldsymbol{p}_k$ 为 $-\nabla f(\boldsymbol{x}_k)$ 与 $\boldsymbol{p}_{k-1}$ 的线性组合，即

$$\boldsymbol{p}_k=-\nabla f(\boldsymbol{x}_k)+\alpha_{k-1}\boldsymbol{p}_{k-1}$$

可以看出，共轭梯度法是在每一迭代步利用当前点处的最速下降方向来生成关于凸二次函数 f 的 Hessian 矩阵 $\boldsymbol{G}$ 的共轭方向。共轭梯度法是当前求解无约束优化问题的重要算法类。

针对上述 QP 问题，记 $\boldsymbol{g}_k=\nabla f(\boldsymbol{x}_k)$，显然 $\boldsymbol{d}_0=\boldsymbol{p}_0=-\boldsymbol{g}_0$，从 $\boldsymbol{x}_0$ 出发沿 $\boldsymbol{p}_0$ 方向进行步长搜索：

$$\boldsymbol{x}_1=\boldsymbol{x}_0+t_0\boldsymbol{p}_0$$

设为算法 4.9(共轭方向法)中的精确搜索得到

$$t_0=-\frac{\boldsymbol{p}_0^{\mathrm{T}}\nabla f(\boldsymbol{x}_0)}{\boldsymbol{p}_0^{\mathrm{T}}G\boldsymbol{p}_0}$$

因此
$$\boldsymbol{x}_1=\boldsymbol{x}_0-\frac{\boldsymbol{p}_0^{\mathrm{T}}\nabla f(\boldsymbol{x}_0)}{\boldsymbol{p}_0^{\mathrm{T}}G\boldsymbol{p}_0}p_0,\ \boldsymbol{g}_1=\nabla f(\boldsymbol{x}_1)$$

得到第一个迭代点。由直线搜索的特性可知 $\boldsymbol{p}_0^{\mathrm{T}}\boldsymbol{g}_1=0$（可以想一下最速下降法中的锯齿现象），故 $\boldsymbol{p}_0$ 和 $\boldsymbol{g}_1$ 是线性无关的。根据共轭梯度法的特性，我们可以得到在点 $\boldsymbol{x}_1$ 处的搜索方向 $\boldsymbol{p}_1$ 为

$$\boldsymbol{d}_1=\boldsymbol{p}_1=-\boldsymbol{g}_1+\alpha_0\boldsymbol{p}_0$$

可以验证 $\boldsymbol{d}_1^{\mathrm{T}}\nabla f(x_1)=\boldsymbol{p}_1^{\mathrm{T}}\boldsymbol{g}_1=-\boldsymbol{g}_1^{\mathrm{T}}\boldsymbol{g}_1+\alpha_0\boldsymbol{p}_0^{\mathrm{T}}\boldsymbol{g}_1=-\boldsymbol{g}_1^{\mathrm{T}}\boldsymbol{g}_1<0$ 恒成立，显然满足 Step 5 中的第一个要求。根据共轭的另外一个要求：

$$\boldsymbol{d}_1\boldsymbol{G}\boldsymbol{d}_0=\boldsymbol{p}_1\boldsymbol{G}\boldsymbol{p}_0=(-\boldsymbol{g}_1^{\mathrm{T}}+\alpha_0\boldsymbol{p}_0^{\mathrm{T}})\boldsymbol{G}\boldsymbol{p}_0=0$$

可得
$$\alpha_0=\frac{\boldsymbol{g}_1^{\mathrm{T}}\boldsymbol{G}\boldsymbol{p}_0}{\boldsymbol{p}_0^{\mathrm{T}}\boldsymbol{G}\boldsymbol{p}_0}$$

由此我们便确定了迭代点 $\boldsymbol{x}_1$ 处的搜索方向 $\boldsymbol{d}_1=\boldsymbol{p}_1$，之后便是从 $\boldsymbol{x}_1$ 开始沿搜索方向 $\boldsymbol{d}_1$ 做线搜索 $\boldsymbol{x}_2=\boldsymbol{x}_1+t_1\boldsymbol{d}_1=\boldsymbol{x}_1+t_1\boldsymbol{p}_1$，进而得到

$$t_1=-\frac{-\boldsymbol{g}_1^{\mathrm{T}}\boldsymbol{g}_1+\alpha_0\boldsymbol{p}_0^{\mathrm{T}}\boldsymbol{g}_1}{\boldsymbol{p}_1^{\mathrm{T}}\boldsymbol{G}\boldsymbol{p}_1}=\frac{\boldsymbol{g}_1^{\mathrm{T}}\boldsymbol{g}_1}{\boldsymbol{p}_1^{\mathrm{T}}\boldsymbol{G}\boldsymbol{p}_1}$$

由此我们便得到了第二个迭代点 $\boldsymbol{x}_2$。同理，我们可以得到 $\boldsymbol{p}_1\boldsymbol{g}_2=0$，可以得到点 $\boldsymbol{x}_2$ 处的搜索方向 $\boldsymbol{p}_2$ 为

$$\boldsymbol{p}_2=-\boldsymbol{g}_2+\alpha_1\boldsymbol{p}_1$$

可以验证
$$\boldsymbol{d}_2^{\mathrm{T}}\nabla f(\boldsymbol{x}_2)=\boldsymbol{p}_2^{\mathrm{T}}\boldsymbol{g}_2=-\boldsymbol{g}_2^{\mathrm{T}}\boldsymbol{g}_2+\alpha_1\boldsymbol{p}_1^{\mathrm{T}}\boldsymbol{g}_1=-\boldsymbol{g}_2^{\mathrm{T}}\boldsymbol{g}_2<0$$

同理，由 $\boldsymbol{p}_2$ 和 $\boldsymbol{p}_1$ 是关于 G 的共轭方向，故能够得到

$$\alpha_1=\frac{\boldsymbol{g}_2^{\mathrm{T}}\boldsymbol{G}\boldsymbol{p}_1}{\boldsymbol{p}_1^{\mathrm{T}}\boldsymbol{G}\boldsymbol{p}_1}$$

得到了 $\boldsymbol{x}_2$ 处的搜索方向 $\boldsymbol{p}_2$，然后从 $\boldsymbol{x}_2$ 开始沿 $\boldsymbol{p}_2$ 方向做线搜索，与上相同便可得到 $\boldsymbol{x}_3=\boldsymbol{x}_2+t_2\boldsymbol{p}_2$，求得

$$t_2=\frac{\boldsymbol{g}_2^{\mathrm{T}}\boldsymbol{g}_2}{\boldsymbol{p}_2^{\mathrm{T}}\boldsymbol{G}\boldsymbol{p}_2}$$

得到了第三个迭代点 $\boldsymbol{x}_3$。

上面在求第三个迭代点 $\boldsymbol{x}_3$ 时的 $\boldsymbol{p}_2$，$\boldsymbol{p}_1$，$\boldsymbol{p}_0$ 是否共轭吗？关于 $\boldsymbol{p}_1$，$\boldsymbol{p}_0$ 已经证明是共轭的。

根据

$$\boldsymbol{p}_2^{\mathrm{T}}\boldsymbol{G}\boldsymbol{p}_1=\left(-\boldsymbol{g}_2^{\mathrm{T}}+\frac{\boldsymbol{g}_2^{\mathrm{T}}\boldsymbol{G}\boldsymbol{p}_1}{\boldsymbol{p}_1^{\mathrm{T}}\boldsymbol{G}\boldsymbol{p}_1}\boldsymbol{p}_1^{\mathrm{T}}\right)\boldsymbol{G}\boldsymbol{p}_1=-\boldsymbol{g}_2^{\mathrm{T}}\boldsymbol{G}\boldsymbol{p}_1+\frac{\boldsymbol{g}_2^{\mathrm{T}}\boldsymbol{G}\boldsymbol{p}_1}{\boldsymbol{p}_1^{\mathrm{T}}\boldsymbol{G}\boldsymbol{p}_1}\boldsymbol{p}_1^{\mathrm{T}}\boldsymbol{G}\boldsymbol{p}_1=-\boldsymbol{g}_2^{\mathrm{T}}\boldsymbol{G}\boldsymbol{p}_1+\boldsymbol{g}_2^{\mathrm{T}}\boldsymbol{G}\boldsymbol{p}_1=0$$

$$\boldsymbol{p}_2^{\mathrm{T}}\boldsymbol{G}\boldsymbol{p}_0=(-\boldsymbol{g}_2^{\mathrm{T}}+\alpha_1\boldsymbol{p}_1^{\mathrm{T}})\boldsymbol{G}\boldsymbol{p}_0=-\boldsymbol{g}_2^{\mathrm{T}}\boldsymbol{G}\boldsymbol{p}_0+\alpha_1\boldsymbol{p}_1^{\mathrm{T}}\boldsymbol{G}\boldsymbol{p}_0=-\boldsymbol{g}_2^{\mathrm{T}}\boldsymbol{G}\boldsymbol{p}_0$$

由函数 二次 $f(\boldsymbol{x})$，可得 $\nabla f(\boldsymbol{x})=\boldsymbol{G}\boldsymbol{x}+\boldsymbol{b}$。

由 $\nabla f(\boldsymbol{x}_0)=\boldsymbol{g}_0=\boldsymbol{G}\boldsymbol{x}_0+\boldsymbol{b}$，$\nabla f(\boldsymbol{x}_1)=\boldsymbol{g}_1=\boldsymbol{G}\boldsymbol{x}_1+\boldsymbol{b}$，$\boldsymbol{x}_1=\boldsymbol{x}_0+t_0\boldsymbol{p}_0$，可得

$$\boldsymbol{g}_1-\boldsymbol{g}_0=G(\boldsymbol{x}_1-\boldsymbol{x}_0)=t_0\boldsymbol{G}\boldsymbol{p}_0$$

同理可得

$$\boldsymbol{g}_{k+1}-\boldsymbol{g}_k=G(\boldsymbol{x}_1-\boldsymbol{x}_0)=t_k\boldsymbol{G}\boldsymbol{p}_k$$

从而 $\boldsymbol{G}\boldsymbol{p}_0=\dfrac{\boldsymbol{g}_1-\boldsymbol{g}_0}{t_0}$，代入上式，得

$$\boldsymbol{p}_2^{\mathrm{T}}\boldsymbol{G}\boldsymbol{p}_0=-\boldsymbol{g}_2^{\mathrm{T}}\frac{\boldsymbol{g}_1-\boldsymbol{g}_0}{t_0}=-\frac{\boldsymbol{g}_2^{\mathrm{T}}\boldsymbol{g}_1-\boldsymbol{g}_2^{\mathrm{T}}\boldsymbol{g}_0}{t_0}$$

由 $\boldsymbol{g}_2=\boldsymbol{p}_2+\dfrac{\boldsymbol{g}_2^{\mathrm{T}}\boldsymbol{G}\boldsymbol{p}_1}{\boldsymbol{p}_1^{\mathrm{T}}\boldsymbol{G}\boldsymbol{p}_1}\boldsymbol{p}_1$，$\boldsymbol{g}_1=\boldsymbol{p}_1+\dfrac{\boldsymbol{g}_1^{\mathrm{T}}\boldsymbol{G}\boldsymbol{p}_0}{\boldsymbol{p}_0^{\mathrm{T}}\boldsymbol{G}\boldsymbol{p}_0}\boldsymbol{p}_0$，$\boldsymbol{g}_0=-\boldsymbol{p}_0$，由于 $\boldsymbol{g}_0$ 与 $\boldsymbol{g}_1$ 都可以表示成 $\boldsymbol{p}_0$ 和 $\boldsymbol{p}_1$ 的线性组合，故有 $\boldsymbol{g}_2^{\mathrm{T}}\boldsymbol{g}_1=\boldsymbol{g}_2^{\mathrm{T}}\boldsymbol{g}_0=0$(因为可以把 $\boldsymbol{g}_0$ 和 $\boldsymbol{g}_1$ 看作由 $\boldsymbol{p}_0$ 和 $\boldsymbol{p}_1$ 确定的超平面上线，由于 $\boldsymbol{g}_2^{\mathrm{T}}\boldsymbol{p}_1=0$，故有 $\boldsymbol{g}_2^{\mathrm{T}}\boldsymbol{g}_1=\boldsymbol{g}_2^{\mathrm{T}}\boldsymbol{g}_0=0$)。

类似地，可以得到第 k 个方向：

$$\boldsymbol{p}_k=-\boldsymbol{g}_k+\alpha_{k-1}\boldsymbol{p}_{k-1},\qquad \alpha_{k-1}=\frac{\boldsymbol{g}_k\boldsymbol{G}\boldsymbol{p}_{k-1}}{\boldsymbol{p}_{k-1}^{\mathrm{T}}\boldsymbol{G}\boldsymbol{p}_{k-1}}$$

算法 4.10　共轭梯度法基本步骤

Step 1　给定迭代精度 $\varepsilon\in(0,1)$ 和初始点 $\boldsymbol{x}_0$。计算 $\nabla f(\boldsymbol{x}_0)$。令 $k=0$。

Step 2　若 $\|\nabla f(\boldsymbol{x}_k)\|\leqslant\epsilon$，停算，输出 $\boldsymbol{x}^*=\boldsymbol{x}_k$。

Step 3　计算搜索方向 $\boldsymbol{d}_k$：

$$\boldsymbol{d}_k=\begin{cases}-\nabla f(\boldsymbol{x}_k), & k=0\\ -\nabla f(\boldsymbol{x}_k)+\beta_{k-1}\boldsymbol{d}_{k-1}, & k\geqslant 1\end{cases}$$

Step 4　利用精确线搜索方法确定搜索步长 t_k。

Step 5　令 $\boldsymbol{x}_{k+1} = \boldsymbol{x}_k + t_k\boldsymbol{d}_k$，并计算 $\nabla f(\boldsymbol{x}_{k+1})$。

Step 6　令 $k = k + 1$，转 Step 2。

在上述算法中，常用确定 β_k 的算法有：

$$\beta_k = \frac{\nabla f(\boldsymbol{x}_{k+1})^{\mathrm{T}} \nabla f(\boldsymbol{x}_{k+1})}{\nabla f(\boldsymbol{x}_k)^{\mathrm{T}} \nabla f(\boldsymbol{x}_k)} \quad \text{(Fletcher-Reeves 公式)}$$

$$\beta_k = \frac{\nabla f(\boldsymbol{x}_{k+1})^{\mathrm{T}} \nabla f(\boldsymbol{x}_{k+1})}{-\boldsymbol{d}_k^{\mathrm{T}} \nabla f(\boldsymbol{x}_k)} \quad \text{(Dixon 公式)}$$

$$\beta_k = \frac{\nabla f(\boldsymbol{x}_{k+1})^{\mathrm{T}} \nabla f(\boldsymbol{x}_{k+1})}{\boldsymbol{d}_k^{\mathrm{T}}(\nabla f(\boldsymbol{x}_{k+1}) - \nabla f(\boldsymbol{x}_k))} \quad \text{(Dai-Yuan 公式)}$$

$$\beta_k = \frac{\nabla f(\boldsymbol{x}_{k+1})^{\mathrm{T}}[\nabla f(\boldsymbol{x}_{k+1}) - \nabla f(\boldsymbol{x}_k)]}{\boldsymbol{d}_k^{\mathrm{T}}(\nabla f(\boldsymbol{x}_{k+1}) - \nabla f(\boldsymbol{x}_k))} \quad \text{(Hesteness-Stiefel(HS)公式)}$$

$$\beta_k = \frac{\nabla f(\boldsymbol{x}_{k+1})^{\mathrm{T}}[\nabla f(\boldsymbol{x}_{k+1}) - \nabla f(\boldsymbol{x}_k)]}{\nabla f(\boldsymbol{x}_k)^{\mathrm{T}} \nabla f(\boldsymbol{x}_k)} \quad \text{(Polak，Ribiere，Polyak(PRP)公式)}$$

定理 4-11　设 $\{\boldsymbol{x}_k\}$ 是由算法 4.10 产生的序列，假定函数 $f(\boldsymbol{x})$ 一阶连续可微且水平集 $L(\boldsymbol{x}_0) = \{\boldsymbol{x} \in \mathrm{R}^n \mid f(\boldsymbol{x}) \leqslant f(\boldsymbol{x}_0)\}$ 有界，那么算法 4.10 或者有限步终止，或者

$$\lim_{k\to\infty} \nabla f(\boldsymbol{x}_k) = 0$$

定理 4-12　设 $\{\boldsymbol{x}_k\}$ 是由算法 4.10 利用 Wolfe 准则产生的序列，假定函数 $f(\boldsymbol{x})$ 一阶连续可微且有下界，其梯度函数 $\boldsymbol{g}(\boldsymbol{x}) = \nabla f(\boldsymbol{x})$ 在 R^n 上 Lipschitz 连续，即存在常数 $L > 0$，使得

$$\|\nabla f(\boldsymbol{u}) - \nabla f(\boldsymbol{v})\| \leqslant L\|\boldsymbol{u} - \boldsymbol{v}\|,\ \forall \boldsymbol{u}, \boldsymbol{v} \in \mathrm{R}^n$$

若选取的搜索方向 $\boldsymbol{d}_k$ 与 $-\nabla f(\boldsymbol{x}_k)$ 的夹角 θ_k 满足条件：

$$\theta_k \in \left[0, \frac{\pi}{2} - \mu\right],\ \mu \in \left(0, \frac{\pi}{2}\right)$$

那么算法 4.10 或者有限步终止，或者

$$\lim_{k\to\infty} \nabla f(\boldsymbol{x}_k) = 0$$

例 4.13　应用共轭梯度法求解如下问题(收敛条件设为 $f(\boldsymbol{X}_k) - f(\boldsymbol{X}_{k+1}) < 0.05$)：

$$\min_{\boldsymbol{X}} f(\boldsymbol{X}) = x_1^2 + 2x_2^2,\ x_1,\ x_2 \in \mathrm{R}$$

解：对任意 $\boldsymbol{X}$，其梯度方向皆可表示为 $\nabla f(\boldsymbol{X}) = [x_1,\ 2x_2]^{\mathrm{T}}$。

取初值 $\boldsymbol{X}_0 = [1,\ 1]^{\mathrm{T}}$，有

$$f(\boldsymbol{X}_0) = 3,\ \boldsymbol{d}_0 = -\nabla f(\boldsymbol{X}_0) = [-1,\ -2]^{\mathrm{T}}$$

形成一维搜索问题

$$\min_{\alpha} \Phi(\alpha) = f(\boldsymbol{X}_0 + \alpha\boldsymbol{d}_0) = (1 - \alpha)^2 + 2(1 - 2\alpha)^2,\ \alpha \in \mathrm{R}^+$$

求解，取 $\alpha = 0.5$，进而可得 $\boldsymbol{X}_1 = \boldsymbol{X}_0 + \alpha\boldsymbol{d}_0 = \begin{bmatrix}1\\1\end{bmatrix} + 0.5 \times \begin{bmatrix}-1\\-2\end{bmatrix} = \begin{bmatrix}0.5\\0\end{bmatrix}$。

$$f(\boldsymbol{X}_1)=0.25,\ \nabla f(\boldsymbol{X}_1)=\begin{bmatrix}0.5\\0\end{bmatrix}$$

$$\beta_0=\frac{\nabla f(\boldsymbol{X}_1)^{\mathrm{T}}\nabla f(\boldsymbol{X}_1)}{\nabla f(\boldsymbol{X}_0)^{\mathrm{T}}\nabla f(\boldsymbol{X}_0)}=0.05$$

$$\boldsymbol{d}_1=-\nabla f(\boldsymbol{X}_1)+\beta_0\boldsymbol{d}_0=\begin{bmatrix}-0.5\\0\end{bmatrix}+0.05\times\begin{bmatrix}-1\\-2\end{bmatrix}=\begin{bmatrix}-0.55\\-0.1\end{bmatrix}$$

形成一维搜索问题

$$\min_{\alpha}\Phi(\alpha)=f(\boldsymbol{X}_1+\alpha\boldsymbol{d}_1)=(0.5-0.55\alpha)^2+2(0-0.1\alpha)^2,\ \alpha\in\mathrm{R}^+$$

求解，取 $\alpha=0.4$，进而可得 $\boldsymbol{X}_2=x_1+\alpha\boldsymbol{d}_1=\begin{bmatrix}0.5\\0\end{bmatrix}+0.4\times\begin{bmatrix}-0.55\\-0.1\end{bmatrix}=\begin{bmatrix}0.28\\-0.04\end{bmatrix}$

$$f(\boldsymbol{X}_2)\approx 0.0033,\qquad \nabla f(\boldsymbol{X}_2)=\begin{bmatrix}0.28\\-0.08\end{bmatrix}$$

$$\beta_1=\frac{\nabla f(\boldsymbol{X}_2)^{\mathrm{T}}\nabla f(\boldsymbol{X}_2)}{\nabla f(\boldsymbol{X}_1)^{\mathrm{T}}\nabla f(\boldsymbol{X}_1)}\approx 0.05$$

$$\boldsymbol{d}_2=-\nabla f(\boldsymbol{X}_2)+\beta_1\boldsymbol{d}_1=-\begin{bmatrix}0.28\\-0.08\end{bmatrix}+0.05\times\begin{bmatrix}-0.55\\-0.1\end{bmatrix}=\begin{bmatrix}-0.3075\\0.075\end{bmatrix}$$

形成一维搜索问题

$$\min_{\alpha}\Phi(\alpha)=f(\boldsymbol{X}_2+\alpha\boldsymbol{d}_2)=(0.28-0.3075\alpha)^2+2(-0.04+0.075\alpha)^2,\ \alpha\in\mathrm{R}^+$$

求解取 $\alpha=0.8$，得 $\boldsymbol{X}_3=\boldsymbol{X}_2+\alpha\boldsymbol{d}_2=\begin{bmatrix}0.28\\-0.04\end{bmatrix}+0.8\times\begin{bmatrix}-0.3075\\0.075\end{bmatrix}=\begin{bmatrix}0.034\\0.02\end{bmatrix}$

$$f(\boldsymbol{X}_3)\approx 0.002$$

$$f(\boldsymbol{X}_2)-f(\boldsymbol{X}_3)=0.0033-0.002=0.0013<0.05$$

据此可判断满足收敛条件，因此问题的最优解为 $\boldsymbol{X}^*=\boldsymbol{X}_3=\begin{bmatrix}0.034\\0.02\end{bmatrix}$，对应的最优值为 $f(\boldsymbol{X}^*)\approx 0.002$。

简化后共轭梯度法具有如下特点：

(1)不含 Hessian 矩阵，而且不用担心 Hessian 矩阵的正定与非奇异问题。

(2)每一步只需计算一个值 β_k。

(3)共轭梯度法是使用一阶导数的算法，所用公式结构简单，且所需的存储量少，它的收敛速度较梯度法快，具有超线性收敛速度。

(4)共轭梯度法利用梯度信息，一个共轭方向序列，对于一个 n 维二次正定函数，理论上，n 次迭代即可取得最优点。

(5)共轭梯度法是以正定二次函数的共轭方向理论为基础的，因此，在理论上，对于二次型函数而言，最多经过 n 步迭代必能达到极小点，但在实际计算时，由于舍入误差的影响，n 次迭代不一定就能达到极值点。因此，在 n 次迭代后如未达到收敛精度，则通常可以重置负梯度方向开始下一轮次，直到满足精度为止。对于 n 维非二次函数，往往需要进行多轮迭代(每轮迭代次数为 n)。

4.4.3　牛顿法

牛顿法的基本思想：在迭代点 $\boldsymbol{X}_k$ 处对目标函数 $f(\boldsymbol{X})$ 进行二次函数近似，然后把二次模型的极小点作为新的迭代点，并不断重复这一过程，直至求得满足精度的近似极小点。

设目标函数 $f(\boldsymbol{X})$ 一阶导数和二阶导数存在且连续，那么其在迭代点 $\boldsymbol{X}_k$ 处的二次逼近式为

$$f(\boldsymbol{X}) \approx q(\boldsymbol{X}) = f(\boldsymbol{X}_k) + \nabla f(\boldsymbol{X}_k)^{\mathrm{T}}(\boldsymbol{X} - \boldsymbol{X}_k) + \frac{1}{2}(\boldsymbol{X} - \boldsymbol{X}_k)^{\mathrm{T}} \nabla^2 f(\boldsymbol{X}_k)(\boldsymbol{X} - \boldsymbol{X}_k)$$

其中，$\nabla f(\boldsymbol{X}_k)$ 和 $\nabla^2 f(\boldsymbol{X}_k)$(Hessian 阵) 分别为

$$\nabla f(\boldsymbol{X}_k) = \begin{bmatrix} \dfrac{\partial f}{\partial x_1} \\ \vdots \\ \dfrac{\partial f}{\partial x_n} \end{bmatrix}, \quad \nabla^2 f(\boldsymbol{X}_k) = \begin{bmatrix} \dfrac{\partial^2 f}{\partial x_1^2} & \cdots & \dfrac{\partial^2 f}{\partial x_1 \partial x_n} \\ \vdots & & \vdots \\ \dfrac{\partial^2 f}{\partial x_1 \partial x_n} & \cdots & \dfrac{\partial^2 f}{\partial x_n^2} \end{bmatrix}$$

显然，当 $\nabla^2 f(\boldsymbol{X}_k)$ 正定时，函数 $q(\boldsymbol{X})$ 的驻点 $\boldsymbol{X}_k$ 就是 $q(\boldsymbol{X})$ 的极小点。为求该极小点，令

$$\nabla q(\boldsymbol{X}_{k+1}) = \nabla f(\boldsymbol{X}_k) + \nabla^2 f(\boldsymbol{X}_k)(\boldsymbol{X}_{k+1} - \boldsymbol{X}_k) = 0$$

可解得

$$\boldsymbol{X}_{k+1} = \boldsymbol{X}_k - [\nabla^2 f(\boldsymbol{X}_k)]^{-1} \nabla f(\boldsymbol{X}_k)$$

对照基本迭代格式，可知从点 $\boldsymbol{X}_k$ 出发沿搜索方向

$$\boldsymbol{d}_k = -[\nabla^2 f(\boldsymbol{X}_k)]^{-1} \nabla f(\boldsymbol{X}_k)$$

并取步长 $\alpha_k = 1$，即可得 $q(x)$ 的最小点 $\boldsymbol{X}_{k+1}$。通常，把上式定义的方向 $\boldsymbol{d}_k$ 叫做从点 $\boldsymbol{X}_k$ 出发的牛顿方向。从初始点开始，每一轮从当前迭代点出发，沿牛顿方向并取步长为 1 的求解方法，称为牛顿法。其具体步骤如下：

算法 4.11　牛顿法基本步骤

Step 1　选取初始数据。选取初始点 $\boldsymbol{X}_0$，给定终止误差 ϵ，令 $k = 0$。

Step 2　计算梯度向量 $\nabla f(\boldsymbol{X}_k)$，若 $\|\nabla f(\boldsymbol{X}_k)\| \leqslant \epsilon$，停止迭代，输出 $\boldsymbol{X}_k$；否则，进行 Step 3。

Step 3　构造 Newton 方向 $\boldsymbol{d}_k = -[\nabla^2 f(\boldsymbol{X}_k)]^{-1} \nabla f(\boldsymbol{X}_k)$。

Step 4　求下一迭代点。令 $\boldsymbol{X}_{k+1} = \boldsymbol{X}_k + \boldsymbol{d}_k$，转 Step 2。

例 4.14　应用牛顿法求解如下问题(收敛条件设为 $f(\boldsymbol{X}_k) - f(\boldsymbol{X}_{k+1}) < 0.05$)：

$$\min_x \quad f(\boldsymbol{X}) = x_1^2 + 2x_2^2, \ x_1, \ x_2 \in \mathrm{R}$$

解：用牛顿法来计算，其过程如下：

对任意 $\boldsymbol{X}$，都有 $\boldsymbol{g}_k = -\nabla f(\boldsymbol{X}) = -[2x_1, \ 4x_2]^{\mathrm{T}}$，

取初值 $\boldsymbol{X}_0=[1, 1]^{\mathrm{T}}$，有

$$f(\boldsymbol{X}_0)=3,\ \nabla f(\boldsymbol{X}_0)=[2, 4]^{\mathrm{T}}$$

$$\nabla^2 f(\boldsymbol{X}_0)=\begin{bmatrix}2 & 0\\0 & 4\end{bmatrix},\ [\nabla^2 f(\boldsymbol{X}_0)]^{-1}=\begin{bmatrix}0.5 & 0\\0 & 0.25\end{bmatrix}$$

由迭代公式可得

$$\boldsymbol{X}_1=\boldsymbol{X}_0-[\nabla^2 f(\boldsymbol{X}_0)]^{-1}\nabla f(\boldsymbol{X}_0)=\begin{bmatrix}1\\1\end{bmatrix}-\begin{bmatrix}0.5 & 0\\0 & 0.25\end{bmatrix}\begin{bmatrix}2\\4\end{bmatrix}=\begin{bmatrix}0\\0\end{bmatrix}$$

$$f(\boldsymbol{X}_1)=0,\ \nabla f(\boldsymbol{X}_0)=0$$

可判断已收敛，故 $\boldsymbol{X}^*=\boldsymbol{X}_1=[0, 0]^{\mathrm{T}}$，$f(\boldsymbol{X}^*)=0$。

例 4.15 应用牛顿法求解如下问题($\boldsymbol{X}_1=[0, 0]^{\mathrm{T}}$)：

$$\min_x f(\boldsymbol{X})=2x_1^2+2x_1x_2+x_2^2+x_1-x_2,\ x_1,\ x_2\in \mathrm{R}$$

解：用牛顿法来计算，其过程如下：

对任意 $\boldsymbol{X}$，都有 $\boldsymbol{g}_k=\nabla f(\boldsymbol{X})=[4x_1+2x_2+1\quad 2x_2+2x_1-1]^{\mathrm{T}}$，

$$\nabla^2 f(\boldsymbol{X})=\begin{bmatrix}4 & 2\\2 & 2\end{bmatrix},\quad [\nabla^2 f(\boldsymbol{X})]^{-1}=\begin{bmatrix}\frac{1}{2} & -\frac{1}{2}\\-\frac{1}{2} & 1\end{bmatrix}$$

取初值 $\boldsymbol{X}_1=[0, 0]^{\mathrm{T}}$，有

$$f(\boldsymbol{X}_1)=0,\quad \boldsymbol{g}_1=\nabla f(\boldsymbol{X}_1)=[1,\ -1]^{\mathrm{T}}$$

$$\boldsymbol{X}_2=\boldsymbol{X}_1-[\nabla^2 f(\boldsymbol{X}_1)]^{-1}\nabla f(\boldsymbol{X}_1)=\begin{bmatrix}0\\0\end{bmatrix}-\begin{bmatrix}\frac{1}{2} & -\frac{1}{2}\\-\frac{1}{2} & 1\end{bmatrix}\begin{bmatrix}1\\-1\end{bmatrix}=\begin{bmatrix}-1\\\frac{3}{2}\end{bmatrix}$$

$\boldsymbol{g}_2=\nabla f(\boldsymbol{X}_2)=[0, 0]^{\mathrm{T}}$，可判断已收敛。所以

$$\boldsymbol{X}^*=\boldsymbol{X}_2=\begin{bmatrix}-1\\\frac{3}{2}\end{bmatrix},\quad f^*=f(\boldsymbol{X}_2)=\frac{5}{4}$$

例 4.16 应用牛顿法求解如下问题 ($X_1=-10$)：

$$\min_X\ f(X)=X^4-2X^2+1,\ X\in \mathrm{R}$$

解：用牛顿法来计算，其过程如下：

对任意 X，都有 $g_k=\nabla f(X)=(4X^3-4X)$，

$$\nabla^2 f(X)=12X^2-4,\ [\nabla^2 f(X)]^{-1}=\frac{1}{12X^2-4}$$

取初值 $X_1=-10$，有 $f(X_1)=9801$，$\nabla f(X_1)=-3960$，$\nabla^2 f(X_1)=1196$，$[\nabla^2 f(X)]^{-1}=8.3612\times 10^{-4}$

$$X_2=X_1-[\nabla^2 f(X_1)]^{-1}\nabla f(X_1)=-10-8.3612\times 10^{-4}\times(-3960)=-6.689$$

$$f(X_2)=1913,\ g_2=\nabla f(X_2)=1170,\ \nabla^2 f(X_2)=-540.9,\ [\nabla^2 f(X_2)]^{-1}=-0.0018$$

重复迭代结果如表 4-3 所示。

表 4-3　　**牛顿法求解过程**

次序	X	$f(X)(\times 10^3)$	$\nabla f(X)(\times 10^3)$	$\nabla^2 f(X)(\times 10^3)$	$[\nabla^2 f(X)]^{-1}$
1	-10.0000	9.8010	-3.9600	1.1960	0.0008
2	-6.6890	1.9134	-1.1704	0.5329	0.0019
3	-4.4928	0.3681	-0.3448	0.2382	0.0042
4	-3.0455	0.0685	-0.1008	0.1073	0.0093
5	-2.1060	0.0118	-0.0289	0.0492	0.0203
6	-1.5181	0.0017	-0.0079	0.0237	0.0423
7	-1.1832	0.0002	-0.0019	0.0128	0.0781
8	-1.0353	0.0000	-0.0003	0.0089	0.1128
9	-1.0017	0.0000	-0.0000	0.0080	0.1244
10	-1				

$$X^* = -1,\ f^* = f(X) = 0$$

牛顿法最突出的优点是收敛速度快，具有局部二阶收敛性。下面的定理表明了这一性质。

定理 4-13　设函数 $f(\boldsymbol{x})$ 有二阶连续偏导数，在局部极小点 $\boldsymbol{x}^*$ 处，$\nabla^2 f(\boldsymbol{x}^*)$ 是正定的并且在 $\boldsymbol{x}^*$ 的一个邻城内 Lipschitz 是连续的。如果初始点 $\boldsymbol{x}_0$ 充分靠近 $\boldsymbol{x}^*$，那么对一切 k，牛顿迭代公式是适定的(可以获得解)，当 $\{\boldsymbol{x}_k\}$ 为无穷点列时，其极限为 $\boldsymbol{x}^*$ 且至少是二阶收敛的。

需要说明的是，上述定理中初始点需要足够“靠近”极值点，否则有可能导致算法不收敛。由于实际问题的精确极小点一般是不知道的，因此，初始点的选取给算法的实际操作带来了很大的困难，为了克服这一困难，可引入线搜索技术，以得到大范围收敛的算法，即所谓的阻尼牛顿法。一种基于 Armijo 搜索的阻尼牛顿法介绍如下：

算法 4.12　阻尼牛顿法基本步骤

Step 1　给定终止误差值 $\epsilon, \delta \in (0,1), \sigma \in (0,0.5)$. 给定初始点 $\boldsymbol{x}_0 \in \mathrm{R}^n$，令 $k=0$。

Step 2　计算 $\nabla f(\boldsymbol{x}_k)$，若 $\|\nabla f(\boldsymbol{x}_k)\| \leqslant \epsilon$，停算，输出：$\boldsymbol{x}^* \approx \boldsymbol{x}_k$。

Step 3　计算 $\nabla^2 f(\boldsymbol{x}_k)$，并求解线性方程组得解 $\boldsymbol{d}_k$。

$$\nabla^2 f(\boldsymbol{x}_k)\boldsymbol{d}_k = -\nabla f(\boldsymbol{x}_k)$$

Step 4　记 m_k 是满足下列不等式的最小非负整数 m：

$$f(\boldsymbol{x}_k + \delta^m \boldsymbol{d}_k) \leqslant f(\boldsymbol{x}_k) + \sigma \delta^m \nabla f(\boldsymbol{x}_k)^{\mathrm{T}} \boldsymbol{d}_k$$

Step 5　令 $\alpha_k = \delta^{m_k}$，$\boldsymbol{x}_{k+1} = \boldsymbol{x}_k + \alpha_k \boldsymbol{d}_k$，$k = k+1$，转 Step 2。

定理 4-14　设函数 $f(\boldsymbol{x})$ 二次连续可微且存在常数 $\gamma > 0$，使得 $\forall \boldsymbol{d} \in \mathrm{R}^n$，

$$\boldsymbol{d}^{\mathrm{T}} \nabla^2 f(\boldsymbol{x}) \boldsymbol{d} \geqslant \gamma \|\boldsymbol{d}\|^2$$

成立，其中 $\boldsymbol{x} \in L(\boldsymbol{x}_0) = \{\boldsymbol{x} \mid f(\boldsymbol{x}) \leqslant f(\boldsymbol{x}_0)\}$。设 $\{\boldsymbol{x}_k\}$ 是由阻尼牛顿法产生的无穷点列，则该点列收敛于 f 在水平集 $L(\boldsymbol{x}_0)$ 中的唯一全局极小点。

例 4.17　应用阻尼牛顿法求解如下问题 $(X_1 = -10)$：

$$\min_X \quad f(X) = X^4 - 2X^2 + 1,\ X \in \mathrm{R}$$

解：用阻尼牛顿法来计算，其过程如下：

对任意 X，都有 $\nabla f(X) = 4X^3 - 4X$，$\nabla^2 f(X) = 12X^2 - 4$，$[\nabla^2 f(X)]^{-1} = \dfrac{1}{12X^2 - 4}$。

取初值 $X_1 = -10$，有 $f(X_1) = 9801$，$g_1 = \nabla f(X_1) = -3960$，$\nabla^2 f(X_1) = 1196$，$[\nabla^2 f(X_1)]^{-1} = 8.3612 \times 10^{-4}$。

建立如下一维搜索问题：

$$\min_\alpha \quad f(X_1 + \alpha[\nabla^2 f(X_1)]^{-1} \nabla f(X_1))$$

求解得到 $\alpha^* = -3.3222$，$X_2 = X_1 + \alpha[\nabla^2 f(X_1)]^{-1} \nabla f(X_1) = 1$。

$f(X_2) = 0$，$g_2 = \nabla f(X_2) = 0$(已收敛)，故

$$X^* = 1,\ f^* = f(X) = 0$$

牛顿法具有如下特点：

(1)牛顿法对正定二次函数的寻优特别有效，理论上迭代一次即达到极小点。对于一般目标函数，在极小点附近，它的收敛速度也是很快的，即牛顿法具有局部二次收敛性。

(2)牛顿法对目标函数的性质有较严格的要求。除了函数需具有一阶、二阶偏导数外，为了保证目标函数稳定地下降，Hessian 矩阵必须处处正定，否则牛顿法将失败；为了能使迭代计算顺利进行，Hessian 矩阵必须为非奇异，否则无法求其逆矩阵，无法构成牛顿方向。

(3)计算复杂。牛顿法除了求梯度外，还需计算 Hessian 矩阵及其逆矩阵，所以计算困难且占用较大的计算机贮存量。

4.4.4　变尺度法

从前面的讨论可知，最速下降法计算简单，但收敛速度太慢，牛顿法虽然收敛速度很快，但要求计算二阶导数及其逆矩阵，计算量和存储量都很大，二者优缺点都很明显。有什么办法可以既不用计算函数的二阶导数及其逆矩阵，又保持较快的收敛速度呢？变尺度法就是这样的一种方法。

变尺度法(Variable Metric Algorithm)既避免了计算二阶导数矩阵及其求逆过程，又比梯度法的收敛速度快，特别是对高维问题，具有显著的优越性，因而变尺度法获得了应用者的偏爱。变尺度法是基于牛顿法，并对其进行了重大改进的一类方法。

1. 变尺度法的基本原理

采用尺度变换的方法，通过放大或缩小各个坐标，可以把函数的偏心程度降到最低，

从而改进了函数的收敛性质。

考虑求解正定二次目标函数极小点的共轭方向法。设

$$\min \quad f(\boldsymbol{x}) = \frac{1}{2}\boldsymbol{x}^{\mathrm{T}}\boldsymbol{H}\boldsymbol{x} + \boldsymbol{b}^{\mathrm{T}}\boldsymbol{x} + c$$

迭代收敛的速度取决于矩阵 $\boldsymbol{H}$ 的性质，如 $\boldsymbol{H}$ 为正定矩阵。可进行尺度变换

$$\boldsymbol{X} = \boldsymbol{Q}\boldsymbol{x}$$

因为 $\boldsymbol{H}$ 是正定的，总存在矩阵 $\boldsymbol{Q}$，使得

$$\boldsymbol{Q}^{\mathrm{T}}\boldsymbol{H}\boldsymbol{Q} = \boldsymbol{I}_{n\times n}$$

此时，二次函数矩阵 $\boldsymbol{H}^{-1}$的逆矩阵可以通过尺度变换矩阵 $\boldsymbol{Q}$ 来求得

$$\boldsymbol{H}^{-1} = \boldsymbol{Q}\boldsymbol{Q}^{\mathrm{T}}$$

对于非二次函数，也可以用类似的思想方法，通过尺度变换，使函数的性态逐步变好。

为了不在每一步迭代都计算牛顿法的搜索方向是 $[\nabla^2 f(\boldsymbol{x}_k)]^{-1}\nabla f(\boldsymbol{x}_k)$ 中的二阶导数矩阵 $[\nabla^2 f(\boldsymbol{x}_k)]$ 及其逆阵，拟设法构造另一个矩阵，用它来逼近二阶导数矩阵的逆阵 $[\nabla^2 f(\boldsymbol{x}_k)]^{-1}$，这一类方法也称拟牛顿法(Quasi-Newton Method)，该方法能大大减少计算时间。

记所构造这样的一个近似矩阵为 $\boldsymbol{A}_k$，该矩阵必须满足：

(1)每一步都能以现有的信息来确定下一个搜索方向 $\boldsymbol{d}_k$；

(2)每次迭代，目标函数值均应有所下降；

(3) $\boldsymbol{A}_k$ 应收敛于最优解处的 Hessian 阵的逆阵。

为了了解变尺度法的原理，先比较梯度法(最速下降法)与牛顿法的迭代公式。

梯度法迭代公式 $\boldsymbol{x}_{k+1} = \boldsymbol{x}_k - \alpha_k \nabla f(\boldsymbol{x}_k)$，可以写成

$$\boldsymbol{x}_{k+1} = \boldsymbol{x}_k - \alpha_k \boldsymbol{I}_{n\times n} \nabla f(\boldsymbol{x}_k)$$

修正牛顿迭代公式为

$$\boldsymbol{x}_{k+1} = \boldsymbol{x}_k - \alpha_k [\nabla^2 f(\boldsymbol{x}_k)]^{-1} \nabla f(\boldsymbol{x}_k)$$

比较两个迭代公式，可以看出其结构类似。已知牛顿法对二次函数很有效，但要计算 Hessian 矩阵的逆矩阵。将两种方法对比可见：可构造一个矩阵，只要从单位矩阵 $\boldsymbol{I}$ 出发，最后趋向 Hessian 矩阵的逆矩阵，就可以实现从梯度法到牛顿法搜索的转变。该构造矩阵是一个不断变化的矩阵，称作变尺度矩阵。

变尺度法的迭代式为

$$\boldsymbol{x}_{k+1} = \boldsymbol{x}_k - \boldsymbol{\alpha}_k \boldsymbol{A}_k \nabla f(\boldsymbol{x}_k),\ \boldsymbol{d}_k = -\boldsymbol{A}_k \nabla f(\boldsymbol{x}_k),\ k = 0,\ 1,\ \cdots$$

按这种方法迭代，如果计算 $\boldsymbol{A}_k$ 不用计算 $f(\boldsymbol{x}_k)$ 二阶导数矩阵及其逆矩阵，又能沿牛顿方向搜索，那么就能保持较快的收敛速度，又能减少计算。关键是如何构造尺度矩阵 $\boldsymbol{A}_k$。

理论证明，取 $\boldsymbol{A}_0 = \boldsymbol{I}_{n\times n}$（单位矩阵），经过对矩阵 $\boldsymbol{A}_k$ 的不断修正，可以在迭代中逐步逼近于 $[\nabla^2 f(\boldsymbol{x}_k)]^{-1}$。

为了使变尺度矩阵 $\boldsymbol{A}_k$ 逼近 Hessian 矩阵的逆矩阵，并具有容易计算的特点，必须对构

造附加某些条件，以保证迭代过程具有下降性质。

(1)构造矩阵 $\boldsymbol{A}_k$ 是对称正定的。因为若要求搜索方向为下降方向，要求搜索方向与该点负梯度方向之间的夹角小于90°，即

$$\boldsymbol{d}_k^{\mathrm{T}}[-\nabla f(\boldsymbol{x}_k)] = -\nabla f(\boldsymbol{x}_k)^{\mathrm{T}}\boldsymbol{A}_k^{\mathrm{T}}[-\nabla f(\boldsymbol{x}_k)] > 0$$

由于 $\nabla f(\boldsymbol{x}_k)$ 具有任意性，因此要求 $\boldsymbol{A}_k$ 应为对称正定。

(2) $\boldsymbol{A}_k$ 具有简单的迭代形式。最简单的迭代公式为

$$\boldsymbol{A}_{k+1} = \boldsymbol{A}_k + \Delta\boldsymbol{A}_k$$

其中，$\Delta\boldsymbol{A}_k$ 为校正矩阵，上式称为校正公式。

(3)构造矩阵必须满足拟牛顿条件。对目标函数$f(\boldsymbol{x})$ 在点 $\boldsymbol{x}_k$ 作二阶泰勒展开：

$$f(\boldsymbol{x}) \approx q(\boldsymbol{x}) = f(\boldsymbol{x}_k) + \nabla f(\boldsymbol{x}_k)^{\mathrm{T}}(\boldsymbol{x} - \boldsymbol{x}_k) + \frac{1}{2}(\boldsymbol{x} - \boldsymbol{x}_k)^{\mathrm{T}}\nabla^2 f(\boldsymbol{x}_k)(\boldsymbol{x} - \boldsymbol{x}_k)$$

将 $\nabla^2 f(\boldsymbol{x}_k)$ 用 $\boldsymbol{H}_k$ 替换，对 $\nabla f(\boldsymbol{x})$ 进行泰勒展开近似可得

$$\nabla f(\boldsymbol{x}) = \nabla f(\boldsymbol{x}_k) + H_k(\boldsymbol{x} - \boldsymbol{x}_k)$$

在迭代点 $\boldsymbol{x}_{k+1}$：

$$\nabla f(\boldsymbol{x}_{k+1}) = \nabla f(\boldsymbol{x}_k) + \boldsymbol{H}_k(\boldsymbol{x}_{k+1} - \boldsymbol{x}_k)$$

即

$$\nabla f(\boldsymbol{x}_{k+1}) - \nabla f(\boldsymbol{x}_k) = \boldsymbol{H}_k(\boldsymbol{x}_{k+1} - \boldsymbol{x}_k)$$

由此可得

$$\boldsymbol{x}_{k+1} = \boldsymbol{x}_k + H_k^{-1}(\nabla f(\boldsymbol{x}_{k+1}) - \nabla f(\boldsymbol{x}_k))$$

上式就是 Hessian 矩阵 $\boldsymbol{H}_k$ 应满足的关系式，若要构造矩阵 $\boldsymbol{A}_k$，构造的矩阵也应满足以下关系式：

$$\boldsymbol{A}_{k+1}[\nabla f(\boldsymbol{x}_{k+1}) - \nabla f(\boldsymbol{x}_k)] = \boldsymbol{x}_{k+1} - \boldsymbol{x}_k$$

这是按牛顿法推出来的条件，称为拟牛顿条件。

基于不同的方法构造修正矩阵 $\Delta\boldsymbol{A}_k$，可以得到不同的变尺度法，如常见的 DFP 法和 BFGS 法。

2. 变尺度法的迭代过程

设 $\Delta\boldsymbol{x}_k = \boldsymbol{x}_{k+1} - \boldsymbol{x}_k$，$\Delta\boldsymbol{G}_k = \nabla f(\boldsymbol{x}_{k+1}) - \nabla f(\boldsymbol{x}_k)$，则拟牛顿条件变为

$$\Delta\boldsymbol{x}_k = \boldsymbol{A}_{k+1}\Delta\boldsymbol{G}_k$$

假定 $\boldsymbol{A}_k$ 已知，应用迭代公式求 $\boldsymbol{A}_{k+1}$（设 $\boldsymbol{A}_k$ 和 $\boldsymbol{A}_{k+1}$ 均为对称正定阵）：

$$\boldsymbol{A}_{k+1} = \boldsymbol{A}_k + \Delta\boldsymbol{A}_k$$

其中，$\Delta\boldsymbol{A}_k$ 称为第 k 次校正矩阵。显然，$\boldsymbol{A}_{k+1}$ 也应满足拟 Newton 条件，即要求

$$\Delta\boldsymbol{x}_k = (\boldsymbol{A}_k + \Delta\boldsymbol{A}_k)\Delta\boldsymbol{G}_k$$

改写为

$$\Delta\boldsymbol{x}_k - \boldsymbol{A}_k\Delta\boldsymbol{G}_k = \Delta\boldsymbol{A}_k\Delta\boldsymbol{G}_k.$$

由此可以设想，$\Delta\boldsymbol{A}_k$ 的一种比较简单的形式是

$$\Delta\boldsymbol{A}_k = \Delta\boldsymbol{x}_k\boldsymbol{Q}_k^{\mathrm{T}} - \boldsymbol{A}_k\Delta\boldsymbol{G}_k\boldsymbol{W}_k^{\mathrm{T}}$$

其中，$\boldsymbol{Q}_k$ 和 $\boldsymbol{W}_k$ 为两个待定列向量。代入拟牛顿条件中，得

$$\Delta \boldsymbol{x}_k - \boldsymbol{A}_k \Delta \boldsymbol{G}_k = \Delta \boldsymbol{x}_k \boldsymbol{Q}_k^{\mathrm{T}} \Delta \boldsymbol{G}_k - \boldsymbol{A}_k \Delta \boldsymbol{G}_k \boldsymbol{W}_k^{\mathrm{T}} \Delta \boldsymbol{G}_k$$

比较可得

$$\boldsymbol{Q}_k^{\mathrm{T}} \Delta \boldsymbol{G}_k = \boldsymbol{W}_k^{\mathrm{T}} \Delta \boldsymbol{G}_k = 1$$

考虑到 $\Delta \boldsymbol{A}_k$ 应为对称阵，最简单的办法就是取

$$\begin{cases} \boldsymbol{Q}_k = \eta_k \Delta \boldsymbol{x}_k \\ \boldsymbol{W}_k = \xi_k \boldsymbol{A}_k \Delta \boldsymbol{G}_k \end{cases}$$

代入可得

$$\eta_k \Delta \boldsymbol{x}_k^{\mathrm{T}} \Delta \boldsymbol{G}_k = \xi_k \Delta \boldsymbol{G}_k^{\mathrm{T}} \boldsymbol{A}_k \Delta \boldsymbol{G}_k = 1$$

若 $\Delta \boldsymbol{x}_k^{\mathrm{T}} \Delta \boldsymbol{G}_k$ 和 $\Delta \boldsymbol{G}_k^{\mathrm{T}} \boldsymbol{A}_k \Delta \boldsymbol{G}_k$ 不等于零，则有

$$\begin{cases} \eta_k = \dfrac{1}{\Delta \boldsymbol{x}_k^{\mathrm{T}} \Delta \boldsymbol{G}_k} = \dfrac{1}{\Delta \boldsymbol{G}_k^{\mathrm{T}} \Delta \boldsymbol{x}_k} \\ \xi_k = \dfrac{1}{\Delta \boldsymbol{G}_k^{\mathrm{T}} A_k \Delta \boldsymbol{G}_k} \end{cases}$$

于是，得校正矩阵

$$\Delta \boldsymbol{A}_k = \frac{\Delta \boldsymbol{x}_k \Delta \boldsymbol{x}_k^{\mathrm{T}}}{\Delta \boldsymbol{x}_k^{\mathrm{T}} \Delta \boldsymbol{G}_k} - \frac{\boldsymbol{A}_k \Delta g_k \Delta \boldsymbol{G} \boldsymbol{A}_k}{\Delta \boldsymbol{G}_k^{\mathrm{T}} \boldsymbol{A}_k \boldsymbol{G}_k}$$

和校正公式

$$\boldsymbol{A}_{k+1} = \boldsymbol{A}_k + \Delta \boldsymbol{A}_k$$

矩阵 $\boldsymbol{A}_{k+1}$ 称为尺度矩阵。通常取第一个尺度矩阵 $\boldsymbol{A}_0$ 为单位阵，以后的尺度矩阵按迭代公式逐步形成。

上述推导方法是由 Davidson 提出的，后经 Fletcher 和 Powell 加以改进的一种变尺度法，故称为 DFP(Davidson-Fletcher-Powell)法。

不加证明地给出如下结论：

(1)当 $\boldsymbol{x}_k$ 不是极小点且 $\boldsymbol{A}_k$ 正定时，校正矩阵计算公式右边两项的分母不为零，通过迭代可产生下一个尺度矩阵 $\boldsymbol{A}_{k+1}$；

(2)若 $\boldsymbol{A}_k$ 为对称正定阵，则 $\boldsymbol{A}_{k+1}$ 也是对称正定阵；

(3)DFP 法的搜索方向为下降方向。

为改善 DFP 变尺度法在实际计算中存在的算法稳定性问题，C. G. Broyden，R. Fletcher，D. Goldfarb 和 D. F. Shanno 提出了一种改进算法，称为 BFGS 变尺度法。BFGS 变尺度法的基本思想和迭代步骤均与 DFP 法完全相同，只是迭代公式中的校正矩阵 $\Delta \boldsymbol{A}_k$ 的计算公式不同。BFGS 法导得的校正矩阵公式为

$$\Delta \boldsymbol{A}_k = \frac{1}{\Delta \boldsymbol{x}_k^{\mathrm{T}} \Delta \boldsymbol{G}_k} \left[\left(1 + \frac{\Delta \boldsymbol{G}_k^{\mathrm{T}} \boldsymbol{A}_k \Delta \boldsymbol{G}_k}{\Delta \boldsymbol{x}_k^{\mathrm{T}} \Delta \boldsymbol{G}_k} \right) \Delta \boldsymbol{x}_k \Delta \boldsymbol{x}_k^{\mathrm{T}} - \boldsymbol{A}_k \Delta \boldsymbol{G}_k \Delta \boldsymbol{x}_k^{\mathrm{T}} - \Delta \boldsymbol{x}_k \Delta \boldsymbol{G}_k^{\mathrm{T}} \boldsymbol{A}_k \right]$$

尽管 BFGS 法中校正矩阵形式上看起来复杂了一些，但其构造的变尺度矩阵 A_k 不易变为奇异，因而它比 DFP 法在实际计算中有更好的数值下降稳定性。

算法 4.13　变尺度法基本步骤

Step 1　取初始点 $\boldsymbol{x}_0$；设置计算精度 ϵ。

Step 2 令 $k=0$，$\boldsymbol{A}_0=\boldsymbol{I}_{n\times n}$。

Step 3 计算 $\boldsymbol{x}_k$ 点的梯度 $\nabla f(\boldsymbol{x}_k)$ 及 $\|\nabla f(\boldsymbol{x}_k)\|$。

Step 4 判断是否满足精度指标 $\|\nabla f(\boldsymbol{x}_k)\|\leqslant\epsilon$，若满足，则 $\boldsymbol{x}_k$ 即为最优点，迭代停止，输出最优解 $\boldsymbol{x}^*=\boldsymbol{x}_k$；否则进行下一步计算。

Step 5 构造搜索方向 $\boldsymbol{d}_k=-\boldsymbol{A}_k\nabla f(\boldsymbol{x}_k)$ 进行一维搜索，求最优步长 α_k，并求出新点：

$$f(\boldsymbol{x}_k+\alpha_k\boldsymbol{d}_k)=\min_{\alpha}f(\boldsymbol{x}_k+\alpha\boldsymbol{d}_k)$$

$$\boldsymbol{x}_{k+1}=\boldsymbol{x}_k+\alpha_k\boldsymbol{d}_k$$

Step 6 按变尺度公式计算 $\Delta\boldsymbol{A}_k$ 及 $\boldsymbol{A}_k$。

Step 7 令 $k=k+1$。转步骤 Step 3。

例 4.18 应用变尺度法求解如下问题(收敛条件为 $\epsilon=0.01$，$f(\boldsymbol{X}_k)-f(\boldsymbol{X}_{k+1})<0.05$)：

$$\min_{x}\quad f(\boldsymbol{X})=x_1^2+2x_2^2,\ x_1,\ x_2\in\mathrm{R}$$

解：用变尺度法来计算，其过程如下：

对任意 $\boldsymbol{X}$，都有 $\nabla f(\boldsymbol{X})=[2x_1,\ 4x_2]^{\mathrm{T}}$。

取初值 $\boldsymbol{X}_0=[1,\ 1]^{\mathrm{T}}$，$\boldsymbol{A}_0=\begin{bmatrix}1 & 0\\ 0 & 1\end{bmatrix}$，有

$$f(\boldsymbol{X}_0)=3,\ \nabla f(\boldsymbol{X}_0)=[2,\ 4]^{\mathrm{T}},\ \|\nabla f(\boldsymbol{X}_0)\|=\sqrt{20}$$

显然，$\|\nabla f(\boldsymbol{X}_0)\|>\epsilon$，计算 $\boldsymbol{d}_0=-\boldsymbol{A}_0\nabla f(\boldsymbol{X}_0)=[-2,\ -4]^{\mathrm{T}}$，得到

$$\min_{\alpha}\Phi(\alpha)=f(\boldsymbol{X}_0+\alpha\boldsymbol{d}_0)=(1-2\alpha)^2+2(1-4\alpha)^2$$

求解，取 $\alpha^*=0.3$，$\boldsymbol{X}_1=\boldsymbol{X}_0+\alpha\boldsymbol{d}_0=\begin{bmatrix}0.4\\ -0.2\end{bmatrix}$。有

$$f(\boldsymbol{X}_1)=0.24,\ \nabla f(\boldsymbol{X}_1)=[0.8,\ -0.8]^{\mathrm{T}},\ \|\nabla f(\boldsymbol{X}_1)\|=\sqrt{2.56}=1.6$$

显然，$\|\nabla f(\boldsymbol{X}_0)\|>\epsilon$，

$$\Delta\boldsymbol{x}_0=\boldsymbol{X}_1-\boldsymbol{X}_0=\begin{bmatrix}0.4\\ -0.2\end{bmatrix}-\begin{bmatrix}1\\ 1\end{bmatrix}=\begin{bmatrix}-0.6\\ -1.2\end{bmatrix}$$

$$\Delta\boldsymbol{G}_0=\nabla f(\boldsymbol{X}_1)-\nabla f(\boldsymbol{X}_0)=\begin{bmatrix}0.8\\ -0.8\end{bmatrix}-\begin{bmatrix}2\\ 4\end{bmatrix}=\begin{bmatrix}-1.2\\ -4.8\end{bmatrix}$$

BFGS 法导得的校正矩阵公式为

$$\Delta\boldsymbol{A}_0=\frac{1}{\Delta\boldsymbol{x}_0^{\mathrm{T}}\Delta\boldsymbol{G}_0}\left[\left(1+\frac{\Delta\boldsymbol{G}_0{}^{\mathrm{T}}\boldsymbol{A}_0\Delta\boldsymbol{G}_0}{\Delta\boldsymbol{x}_0^{\mathrm{T}}\Delta\boldsymbol{G}_0}\right)\Delta\boldsymbol{x}_0\Delta\boldsymbol{x}_0^{\mathrm{T}}-\boldsymbol{A}_0\Delta\boldsymbol{G}_0\Delta\boldsymbol{x}_0^{\mathrm{T}}-\Delta\boldsymbol{x}_0\Delta\boldsymbol{G}_0{}^{\mathrm{T}}\boldsymbol{A}_0\right]$$

$$\Delta\boldsymbol{A}_0=\begin{bmatrix}2.4796 & -0.7449\\ -0.7449 & -0.7721\end{bmatrix},\ \boldsymbol{A}_1=\boldsymbol{A}_0+\Delta\boldsymbol{A}_0=\begin{bmatrix}3.4796 & -0.7449\\ -0.7449 & 0.2279\end{bmatrix}$$

计算 $\boldsymbol{d}_1=-\boldsymbol{A}_1\nabla f(\boldsymbol{X}_1)=[3.3796,\ -0.7782]^{\mathrm{T}}$，得到

$$\min_{\alpha}\quad\Phi(\alpha)=f(\boldsymbol{X}_1+\alpha\boldsymbol{d}_1)=(0.4+3.3796\alpha)^2+2(-0.2-0.7782\alpha)^2$$

求得 $\alpha^* = 0.1317$，$\boldsymbol{X}_2 = \boldsymbol{X}_1 + \alpha \boldsymbol{d}_1 = \begin{bmatrix} 0.4 \\ -0.2 \end{bmatrix} + 0.1317 \times \begin{bmatrix} -3.3796 \\ 0.7782 \end{bmatrix} = \begin{bmatrix} 0.0451 \\ -0.0975 \end{bmatrix}$。

有

$$f(\boldsymbol{X}_2) \approx 0.02,\ \nabla f(\boldsymbol{X}_2) = [0.09 \quad -0.39]^{\mathrm{T}},\ \|\nabla f(\boldsymbol{X}_2)\| = 0.4$$

显然，$\|\nabla f(X_0)\| > \epsilon$，

$$\Delta \boldsymbol{x}_1 = \boldsymbol{X}_2 - \boldsymbol{X}_1 = \begin{bmatrix} 0.0451 \\ -0.0975 \end{bmatrix} - \begin{bmatrix} 0.4 \\ -0.2 \end{bmatrix} = \begin{bmatrix} -0.3549 \\ 0.1025 \end{bmatrix}$$

$$\Delta \boldsymbol{G}_1 = \nabla f(\boldsymbol{X}_2) - \nabla f(\boldsymbol{X}_1) = \begin{bmatrix} 0.09 \\ -0.39 \end{bmatrix} - \begin{bmatrix} 0.8 \\ -0.8 \end{bmatrix} = \begin{bmatrix} 0.71 \\ 0.41 \end{bmatrix}$$

BFGS 法导得的校正矩阵公式为

$$\Delta \boldsymbol{A}_1 = \frac{1}{\Delta \boldsymbol{x}_0^{\mathrm{T}} \Delta \boldsymbol{G}_0} \left[\left(1 + \frac{\Delta \boldsymbol{G}_0^{\mathrm{T}} \boldsymbol{A}_0 \Delta \boldsymbol{G}_0}{\Delta \boldsymbol{x}_0^{\mathrm{T}} \Delta \boldsymbol{G}_0} \right) \Delta \boldsymbol{x}_0 \Delta \boldsymbol{x}_0^{\mathrm{T}} - \boldsymbol{A}_0 \Delta \boldsymbol{G}_0 \Delta \boldsymbol{x}_0^{\mathrm{T}} - \Delta \boldsymbol{x}_0 \Delta \boldsymbol{G}_0{}^{\mathrm{T}} \boldsymbol{A}_0 \right]$$

$$\Delta \boldsymbol{A}_1 = \begin{bmatrix} -4.0373 & 0.8451 \\ 0.8451 & -0.1514 \end{bmatrix},\ \boldsymbol{A}_2 = \boldsymbol{A}_1 + \Delta \boldsymbol{A}_1 = \begin{bmatrix} -0.5577 & 0.1002 \\ 0.1002 & 0.0765 \end{bmatrix}$$

计算 $\boldsymbol{d}_2 = -\boldsymbol{A}_2 \nabla f(\boldsymbol{X}_2) = [-0.0893,\ -0.0208]^{\mathrm{T}}$，得到

$$\min_{\alpha} \quad \Phi(\alpha) = f(\boldsymbol{X}_2 + \alpha \boldsymbol{d}_2) = (0.0451 - 0.0893\alpha)^2 + 2(-0.0975 - 0.0208\alpha)^2$$

求得 $\alpha^* = 0.0032$，$\boldsymbol{X}_3 = \boldsymbol{X}_2 + \alpha \boldsymbol{d}_2 = \begin{bmatrix} 0.0448 \\ -0.0976 \end{bmatrix}$。有

$$f(\boldsymbol{X}_3) \approx 0.02,\ \nabla f(\boldsymbol{X}_3) = [0.09,\ -0.39]^{\mathrm{T}},\ \|\nabla f(\boldsymbol{X}_3)\| = 0.4$$

显然，$\|\nabla f(\boldsymbol{X}_3)\| > \epsilon$，但是 $|f(\boldsymbol{X}_3) - f(\boldsymbol{X}_2)| = |0.02 - 0.02| < 0.05$。收敛。

该问题的最优点为 $\boldsymbol{X}^* = \boldsymbol{X}_3 = \begin{bmatrix} 0.0448 \\ -0.0976 \end{bmatrix}$，对应的最优值为 0.02。

4.5　下降方向的搜索(直接法)

应用以上各节所介绍的无约束最优化的方法时，均需计算目标函数的一阶或二阶偏导数。在实际最优化问题中，目标函数有时很复杂，并且也未必都能满足正定、连续可微等条件，其偏导数或难以求得，或根本就不存在。这时，如仍用前面介绍的方法就行不通了，只能用直接法来解决问题。

直接法不需要求目标函数的一阶或二阶偏导数，仅仅需要计算各迭代点的目标函数值，并通过分析比较，逐步逼近最优点。工程上常用的直接法有坐标轮换法、鲍维尔法和单形替换法。

4.5.1　坐标轮换法

坐标轮换法是将多维问题转化为一系列一维问题的求解方法，它将多变量的优化问题轮流转化为单变量的优化问题，因此又称为变量轮换法。这种方法在搜索过程中只需要目标函数的信息，而不需要求解目标函数的导数，因此，较前面介绍的几种优化方法而言更

加简单。

1. 坐标轮换法的基本原理

坐标轮换法轮流沿坐标方向搜索，每次只允许一个变量变化，其余变量保持不变。下面以二元函数$f(x_1, x_2)$为例，说明坐标轮换法的迭代过程。如图4-3所示，选定的初始点$\boldsymbol{X}_0$作为第一轮的始点$\boldsymbol{X}_0^{(1)}$，保持x_2不变而沿x_1方向$\boldsymbol{e}_1=[1, 0]^{\mathrm{T}}$作一维搜索，确定其最优步长$\alpha_1^{(1)}$，即可获得第一轮的第一个迭代点$\boldsymbol{X}_1^{(1)}=\boldsymbol{X}_0^{(1)}+\alpha_1^{(1)}\boldsymbol{e}_1$。然后以$\boldsymbol{X}_1^{(1)}$为新起点，改沿$x_2$方向$\boldsymbol{e}_2=[0, 1]^{\mathrm{T}}$作一维搜索，确定其最优步长$\alpha_2^{(1)}$，可得第一轮的第二个迭代点$\boldsymbol{X}_2^{(1)}=\boldsymbol{X}_1^{(1)}+\alpha_2^{(1)}\boldsymbol{e}_2$。这个二维问题经过沿$\boldsymbol{e}_1$和$\boldsymbol{e}_2$方向的两次一维搜索完成了第一轮迭代。

接着的第二轮迭代则是$\boldsymbol{X}_0^{(2)}=\boldsymbol{X}_2^{(1)}$，$\boldsymbol{X}_1^{(2)}=\boldsymbol{X}_0^{(2)}+\alpha_1^{(2)}\boldsymbol{e}_1$，$\boldsymbol{X}_2^{(2)}=\boldsymbol{X}_1^{(2)}+\alpha_2^{(2)}\boldsymbol{e}_2$。按照同样的方式进行第三轮迭代、第四轮迭代……。随着迭代的进行，目标函数值不断下降，最后的迭代点将逼近该二维目标函数的最优点。迭代的终止准则可以采用点距准则，即在一轮迭代后，终点与始点的距离小于收敛精度ε，则迭代停止。如图4-5所示。

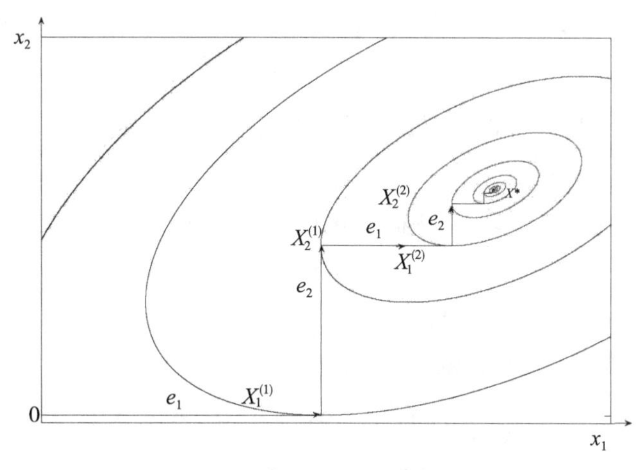

图4-5 坐标轮换法的搜索过程

对n维优化问题，在第k轮迭代中，先将$n-1$个变量固定不动，只对第一个变量进行一维搜索得到最优点$\boldsymbol{X}_1^{(k)}$。然后，再对第二个变量进行一维搜索到$\boldsymbol{X}_2^{(k)}$点，等等。总之，每次都固定$n-1$个变量不变，只对目标函数的一个变量进行一维搜索，当n个变量$x_1, x_2, \cdots, x_n$依此进行过一轮搜索之后，即完成一轮迭代计算得$\boldsymbol{X}_n^{(k)}$。

若未收敛，则又从前一轮的最末点开始，即$\boldsymbol{X}_0^{(k+1)}=\boldsymbol{X}_n^{(k)}$，作下一轮迭代计算，如此继续下去，直至收敛到最优点为止。

第k轮第i维搜索的计算公式为

$$\boldsymbol{X}_i^{(k)}=\boldsymbol{X}_{i-1}^{(k)}+\alpha_i^{(k)}\mathrm{e}_i, \quad i=1, 2, \cdots, n$$

式中，$\alpha_i^{(k)}$表示第k轮第i维搜索迭代的步长，可以采用一维搜索的方法确定。

若 $\|X_n^{(k)} - X_0^{(k)}\| \leqslant \epsilon$，则迭代停止，得到最优解 $x^* = X_n^{(k)}$；否则，$X_0^{(k+1)} = X_n^{(k)}$，进行下一轮搜索直到满足精度要求为止。

2. 坐标轮换法的迭代过程

算法 4.14　坐标轮换法基本步骤

Step 1　取初始点 $X_0^{(1)}$，计算精度 ε；令 $i=1$，$k=1$。

Step 2　取搜索方向 d_i 为 n 维空间中第 i 个坐标的单位向量 $d_i = e_i = [0 \cdots 0\ 1\ 0 \cdots 0]^{\mathrm{T}}$。

Step 3　按公式 $X_i^{(k)} = X_{i-1}^{(k)} + \alpha_i^{(k)} d_i (i=1, \cdots, n)$ 进行迭代计算。其中 $\alpha_i^{(k)}$ 可通过一维搜索的方法确定。

Step 4　判断是否满足终止条件，如 $\|X_n^{(k)} - X_0^{(k)}\| \leqslant \varepsilon$。若满足，迭代终止，输出最优解 $x^* = X_n^{(k)}$；否则，令 $X_0^{(k+1)} = X_n^{(k)}$，$k=k+1$，返回 Step 2。

3. 坐标轮换法举例

例 4.19　用坐标轮换法求目标函数下面的极小值(计算精度 $\varepsilon = 0.01$)：

$$f(X) = x_1^2 + x_2^2 - x_1 x_2 - 10x_1 - 4x_2 + 60$$

解：(1)取初始点 $X_0^{(1)} = [0,\ 0]^{\mathrm{T}}$，作第一轮迭代计算，沿 $e_1 = [1,\ 0]^{\mathrm{T}}$ 方向进行一维搜索，即

$$X_1^{(1)} = X_0^{(1)} + \alpha_1 e_1 = [\alpha_1,\ 0]^{\mathrm{T}}$$

代入目标函数可得

$$f(X_1^{(1)}) = \alpha_1^2 - 10\alpha_1 + 60$$

对 α_1 进行一维搜索，使目标函数极小，即

$$\min_{\alpha_1 \in \mathrm{R}^+} f(X_1^{(1)}) = \alpha_1^2 - 10\alpha_1 + 60$$

显然，当 $\alpha_1 = 5$，即 $X_1^{(1)} = [5,\ 0]^{\mathrm{T}}$ 时，函数取得极小值。

以 $X_1^{(1)}$ 为新起点，沿 $e_2 = [0,\ 1]^{\mathrm{T}}$ 方向进行一维搜索，即

$$X_2^{(1)} = X_1^{(1)} + \alpha_2 e_2 = [5,\ \alpha_2]^{\mathrm{T}}$$

代入目标函数，并对 α_2 进行一维搜索，使目标函数极小，即

$$\min_{\alpha_2 \in \mathrm{R}^+} f(X_2^{(1)}) = \alpha_2^2 - 9\alpha_2 + 35$$

可得 $\alpha_2 = 4.5$，则 $X_2^{(1)} = [5,\ 4.5]^{\mathrm{T}}$。

对第一轮，按中止准则检验

$$\|X_2^{(1)} - X_0^{(1)}\| = 6.7268 \geqslant \varepsilon$$

不满足，则继续进行第二轮迭代计算。其余各轮的计算结果列于表 4-4。

表 4-4 **例 4.17 各轮计算结果**

k	$X_1^{(k)}$			$X_0^{(k+1)}=X_2^{(k)}$			$\|X_2^{(k)}-X_0^{(k)}\|$
	x_1	x_2	$f(x)$	x_1	x_2	$f(x)$	
0				0	0	60	
1	5	0	35	5	4.5	14.75	6.726812024
2	7.25	4.5	9.6875	7.25	5.625	8.421875	2.515576475
3	7.8125	5.625	8.105469	7.8125	5.90625	8.026367	0.628894119
4	7.953125	5.90625	8.006592	7.953125	5.976563	8.001648	0.15722353
5	7.988281	5.976563	8.000412	7.988281	5.994141	8.000103	0.039305882
6	7.99707	5.994141	8.000026	7.99707	5.998535	8.000006	0.009826471

计算 6 轮共 12 次一维搜索后，有

$$\|X_2^{(6)}-X_0^{(6)}\|=0.009826471<\varepsilon$$

故得近似最优解为 $X^*=X_2^{(6)}=[7.99707,\ 5.998535]^{\mathrm{T}}$，$f(X^*)=8.000006$。

搜索过程如图 4-6 所示。

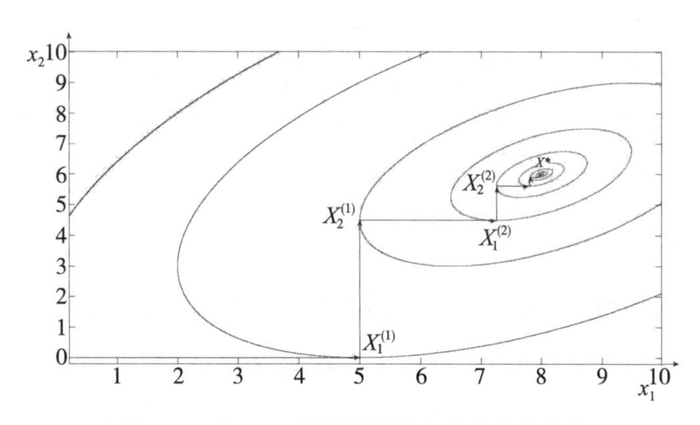

图 4-6 例 4.17 目标函数极小值的搜索过程

坐标轮换法的优点是算法简单，易于程序实现。但是采用坐标轮换法，只能轮流沿坐标方向搜索，尽管它具有步步下降的特点，但路程迂回曲折，每轮需要 n 次变换方向，才有可能求得该轮次的无约束极值点。尤其在极值点附近，每次搜索的步长更小，因此，收敛速度很慢。此外，坐标轮换法的收敛效率在很大程度上取决于目标函数的形态。

如图 4-7(a)所示，若目标函数的等值线为长短轴都平行于坐标轴的椭圆形，则这种搜索方法很有效，两次就可达到极值点。但当目标函数的等值线近似于椭圆，且长短轴倾斜时，如图 4-7(b)所示，用这种搜索方法，必须多次迭代才能曲折地达到最优点。当目标函数的等值线出现脊线时，如图 4-7(c)所示，这种搜索方法完全无效。因为，每次的搜索方向总是平行于某一坐标轴，不会斜向前进，所以一旦遇到了等值线的脊线，就不能找到更好的点了。

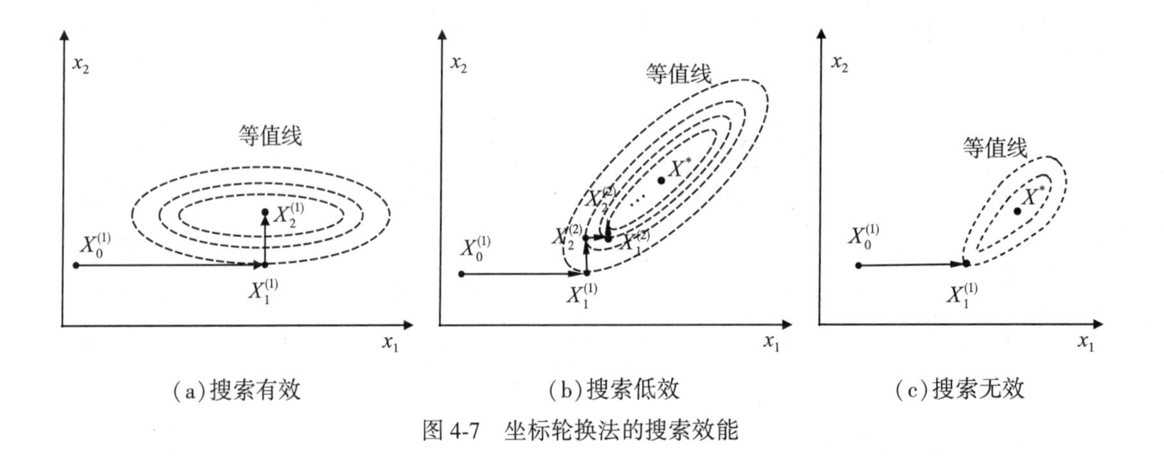

(a)搜索有效　　(b)搜索低效　　(c)搜索无效

图 4-7　坐标轮换法的搜索效能

因此，坐标轮换法本身并不是一种很好的搜索方法。但是，在坐标轮换法的基础上可以构造出更好的搜索方法，鲍维尔法就是其中之一。

4.5.2　鲍维尔法

鲍维尔法是直接利用函数值构造共轭方向进行搜索的方法。因此，也属于共轭方向法，但与共轭梯度法相比，不需要对函数求导数，而是在迭代中逐次构造用于搜索的共轭方向。

1. 鲍维尔法的基本原理

以求取下面正定二次函数 $f(\boldsymbol{x})$ 的极小值为例，说明鲍维尔法共轭方向的形成过程：

$$\min \quad f(\boldsymbol{x}) = \frac{1}{2}\boldsymbol{x}^{\mathrm{T}}\boldsymbol{H}\boldsymbol{x} + \boldsymbol{b}^{\mathrm{T}}\boldsymbol{x} + c$$

如图 4-8 所示，$\boldsymbol{X}_k(=\boldsymbol{X}_0^{(1)})$ 和 $\boldsymbol{X}_{k+1}(=\boldsymbol{X}_1^{(2)})$ 为从不同点(图中 $\boldsymbol{X}_0^{(1)}$，$\boldsymbol{X}_1^{(2)}$)出发沿相同方向 $\boldsymbol{d}^{(i)}=\boldsymbol{d}^{(1)}$ 搜索到的两个点，$\boldsymbol{d}^{(k)}=\boldsymbol{d}^{(2)}$ 为 $\boldsymbol{X}_k$ 和 $\boldsymbol{X}_{k+1}$ 的连线方向。由 4.4 节的论述可知，$\boldsymbol{d}^{(i)}$ 和 $\boldsymbol{d}^{(k)}$ 对矩阵 H 是共轭方向。对于二维问题，函数 $f(\boldsymbol{x})$ 的等值线为一椭圆族，沿此共轭方向进行一维搜索就可以找到极小值点 $\boldsymbol{X}^*$。

2. 鲍维尔法的迭代过程

对于二维无约束优化问题，采用鲍维尔法求解的迭代过程如图 4-9 所示。

(1) 任选一初始点 $\boldsymbol{X}^{(0)}$，令 $\boldsymbol{X}_0^{(1)}=\boldsymbol{X}^{(0)}$，按照坐标轮换法，选择两个单位向量 $\boldsymbol{d}_1^{(1)}=\boldsymbol{e}_1=\begin{bmatrix}1\\0\end{bmatrix}$ 和 $\boldsymbol{d}_2^{(1)}=\boldsymbol{e}_2=\begin{bmatrix}0\\1\end{bmatrix}$ 依次作为搜索方向进行第一轮搜索得到 $X_2^{(1)}$ 点。

(2)用 $\boldsymbol{X}_0^{(1)}$ 和 $\boldsymbol{X}_2^{(1)}$ 的连线方向

$$\bar{\boldsymbol{d}}_1 = \boldsymbol{X}_2^{(1)} - \boldsymbol{X}_0^{(1)}$$

构成新的搜索方向。从 $\boldsymbol{X}_2^{(1)}$ 点出发，沿 $\bar{\boldsymbol{d}}_1$ 方向一维搜索得到 $\boldsymbol{X}^{(1)}$ 点。

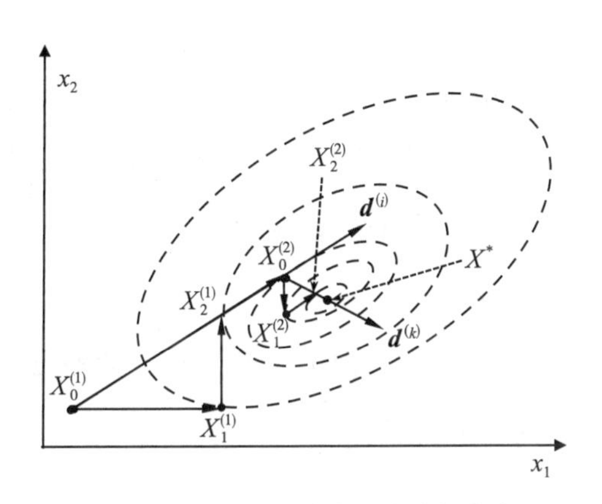

图 4-8　通过一维搜索确定共轭方向

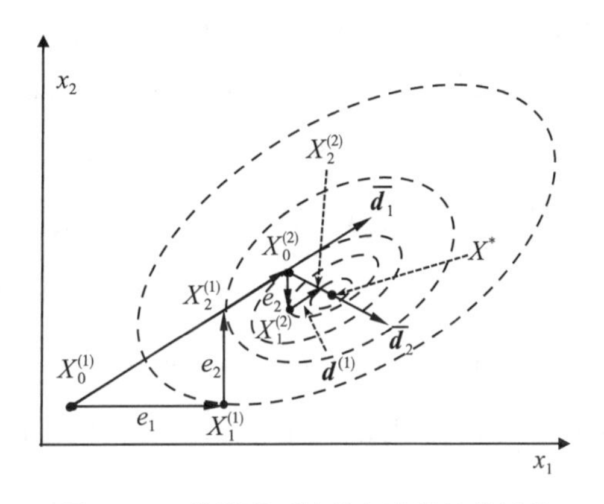

图 4-9　二维情况下鲍维尔法的迭代过程

令 $\boldsymbol{X}_0^{(2)} = \boldsymbol{X}^{(1)}$，作为下一轮搜索的初始点。

(3)从 $\boldsymbol{X}_0^{(2)}$ 出发，依次沿 $\boldsymbol{d}_1^{(2)} = \boldsymbol{e}_2 = [0,\ 1]^{\mathrm{T}}$ 和 $\boldsymbol{d}_2^{(2)} = \bar{\boldsymbol{d}}_1$ 方向进行一维搜索，得到 $\boldsymbol{X}_1^{(2)}$ 和 $\boldsymbol{X}_2^{(2)}$。显然，$\boldsymbol{X}_0^{(2)}$，$\boldsymbol{X}_2^{(2)}$ 为从不同的点(分别为 $\boldsymbol{X}_2^{(1)}$，$\boldsymbol{X}_1^{(2)}$)出发，沿相同的方向 $\bar{\boldsymbol{d}}_1$ 搜索得到的两个点。

(4)用 $\boldsymbol{X}_0^{(2)}$ 和 $\boldsymbol{X}_2^{(2)}$ 的连线方向 $\bar{\boldsymbol{d}}_2 = \boldsymbol{X}_2^{(2)} - \boldsymbol{X}_0^{(2)}$ 构成新的搜索方向。$\boldsymbol{X}_0^{(2)}$ 和 $\boldsymbol{X}_2^{(2)}$ 是从两个不同点出发沿相同的方向 $\bar{\boldsymbol{d}}_1$ 搜索得到的，因此，$\bar{\boldsymbol{d}}_1$ 与 $\bar{\boldsymbol{d}}_2$ 互为共轭方向。从 $\boldsymbol{X}_2^{(2)}$ 点出发，沿 $\bar{\boldsymbol{d}}_2$ 方向一维搜索得到 $\boldsymbol{X}^{(2)}$ 点。因为 $\boldsymbol{X}^{(2)}$ 是从 $\boldsymbol{X}_2^{(1)}$ 点出发依次沿两个互为共轭的方向 $\bar{\boldsymbol{d}}_1$ 和 $\bar{\boldsymbol{d}}_2$ 进行两次一维搜索得到的，所以 $\boldsymbol{X}^{(2)}$ 就是该二维二次函数的极小值点 $\boldsymbol{X}^*$。

可将上述二维最优化的过程扩展到 n 维的情况，即为鲍维尔法的基本迭代过程：从初始点 $\boldsymbol{X}_0^{(k)}$ 出发依次沿 n 个线性无关的方向组 $\boldsymbol{d}_1$，…，$\boldsymbol{d}_n$ 进行一维搜索得到一个终点 $\boldsymbol{X}_n^{(k)}$。沿初始点和终点的连线方向 $\bar{\boldsymbol{d}}_k = \boldsymbol{X}_n^{(k)} - \boldsymbol{X}_0^{(k)}$ 一维搜索得到下一轮迭代的初始点 $\boldsymbol{X}_0^{(k+1)}$。并以这个方向作为下一轮迭代方向组中的最后一个方向，同时去掉第一个方向，组成的新方向组：

$$\begin{cases} \boldsymbol{d}_i = \boldsymbol{d}_{i+1}, & i = 1,\ 2,\ \cdots,\ k-1 \\ \boldsymbol{d}_i = \bar{\boldsymbol{d}}_k, & i = n \end{cases}$$

进行新一轮迭代。若目标函数是个 n 维的正定二次函数，则经过这样的 n 轮迭代以后，就可以收敛到最优点。

但是鲍维尔法有一个缺陷：用这种方法产生的 n 个新方向，有可能出现线性相关或近似线性相关的情况。因为，新方向 $\bar{\boldsymbol{d}}_k = \boldsymbol{X}_n^{(k)} - \boldsymbol{X}_0^{(k)} = \sum_{i=1}^{n} \alpha_i \boldsymbol{d}_i$。如果在迭代中出现了 $\alpha_1 = 0$ 的情况，$\bar{\boldsymbol{d}}_k$ 就可以表示为 $\boldsymbol{d}_2$，…，$\boldsymbol{d}_n$ 的线性组合。由于在新组成的方向组中恰好换掉了 $\boldsymbol{d}_1$，新的方向组就成为线性相关的一组向量。以后各轮迭代计算将在维数下降了的空间内进行，从而导致算法收敛不到真正的最优点上。这种现象称为鲍维尔法的“退化”。

下面以一个三维问题为例。如图 4-10 所示，首先由初始点 $\boldsymbol{X}_0^{(1)} = \boldsymbol{X}^{(0)}$ 出发，沿 $\{\boldsymbol{d}_1, \boldsymbol{d}_2, \boldsymbol{d}_3\} = \{\boldsymbol{e}_1, \boldsymbol{e}_2, \boldsymbol{e}_3\}$ 进行第一轮搜索，得到 $\boldsymbol{X}_3^{(1)}$ 点，连接始点 $\boldsymbol{X}_0^{(1)}$ 和终点 $\boldsymbol{X}_3^{(1)}$，形成搜索方向 $\bar{\boldsymbol{d}}_1$。在这一轮中 $\boldsymbol{e}_1$，$\boldsymbol{e}_2$，$\boldsymbol{e}_3$ 和 $\bar{\boldsymbol{d}}_1$ 是不共面的一组向量，$\bar{\boldsymbol{d}}_1$ 可表示为

$$\bar{\boldsymbol{d}}_1 = \alpha_1 e_1 + \alpha_2 e_2 + \alpha_3 e_3$$

如果在某种情况下，如图 4-10 所示，$\alpha_1 = 0$，即在 $\boldsymbol{e}_1$ 方向上没有进展，此时 $\bar{\boldsymbol{d}}_k = \alpha_2 \boldsymbol{e}_2 + \alpha_3 \boldsymbol{e}_3$，则 $\bar{\boldsymbol{d}}_k$ 与 $\boldsymbol{e}_2$，$\boldsymbol{e}_3$ 共面，成为线性相关的一组向量。

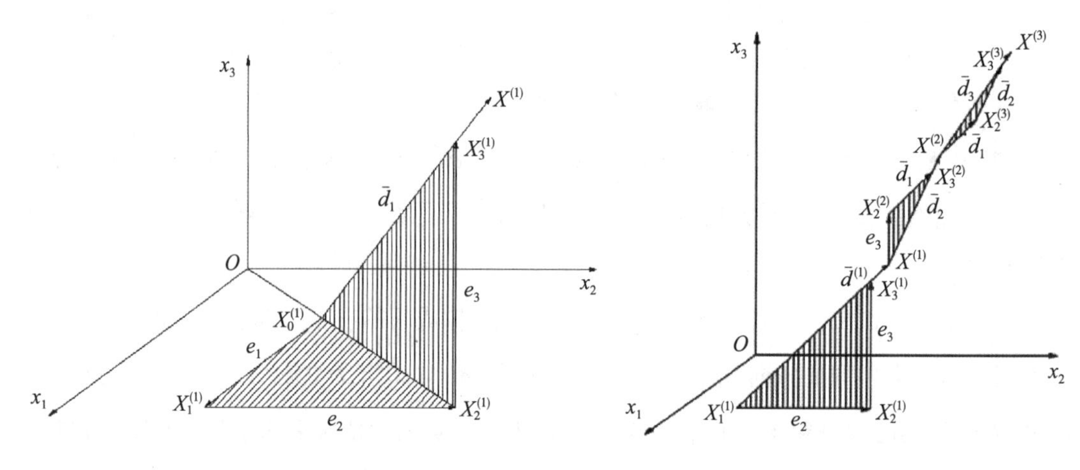

图 4-10　三维问题的鲍维尔法示意图

图 4-11　三维问题的鲍维尔法降维示意图

随后迭代得到的各轮方向组中的向量必在由 $\boldsymbol{e}_2$ 和 $\boldsymbol{e}_3$ 所决定的平面内，使以后的搜索局限在如图 4-11 所示的二维平面内进行。显然，这种降维后的搜索将无法获得三维空间中目标函数的最优点。

3. 改进的鲍维尔法

针对上述“退化”现象，改进鲍维尔法，在每轮获得新方向 $\bar{\boldsymbol{d}}_k$ 之后，在组成新的方向组时，不一定换掉方向 $\boldsymbol{d}_1$，而是有选择地换掉其中某一个方向 $\boldsymbol{d}_m(1 \leqslant m \leqslant n)$，以避免新方向组中的各方向出现线性相关的情形，保证新方向组比前一方向组具有更好的共轭性质。为此，导出是否用 $\bar{\boldsymbol{d}}_k$ 方向代替 $\boldsymbol{d}_m$ 来组成新的搜索方向组的判别条件：

在 k 轮计算结束后，计算 $f_1=f(\boldsymbol{X}_0^{(k)})$，$f_2=f(\boldsymbol{X}_n^{(k)})$，$f_3=f(2\boldsymbol{X}_n^{(k)}-\boldsymbol{X}_0^{(k)})$，$\Delta_i=f_{i-1}^{(k)}-f_i^{(k)}$，$i=1, \cdots, n$。寻找其中最大者 $\Delta_m^{(k)}=\max\limits_{1<i<n}\Delta_i=f_{m-1}^{(k)}-f_m^{(k)}$，设为第 m 项。

若 $f_3<f_1$，且 $(f)_1-2f_2+f_3)(f_1-f_2-\Delta_m^{(k)})^2<\frac{1}{2}\Delta_m^{(k)}(f_1-f_3)^2$，则用 $\bar{\boldsymbol{d}}_k$ 方向换掉 $\boldsymbol{d}_m$ 方向；否则，仍用原来的 n 个搜索方向。

改进的鲍维尔法在计算上虽然稍微复杂一些，但它保证了对于非线性函数计算时收敛的可靠性。理论和实践都证明这种方法对于正定二次型函数具有较高的收敛速度。

算法 4.15　改进的鲍维尔法基本步骤

Step 1　取初始点 $\boldsymbol{X}^{(0)}$，计算精度 ϵ；依次沿 n 个线性无关的方向进行一维搜索(当 $k=1$ 时，取 $\boldsymbol{d}_i^{(k)}=e_i$。得到

$$\boldsymbol{X}_i^{(k)}=\boldsymbol{X}_{i-1}^{(k)}+\alpha_i^{(k)}\boldsymbol{d}_i^{(k)},\ i=0,\ 1,\ \cdots,\ n$$

Step 2　计算第 k 轮迭代中每相邻二点目标函数值的下降量，并找出下降量最大者

$$\Delta_i=f_{i-1}^{(k)}-f_i^{(k)}$$

$$\Delta_m^{(k)}=\max_{1<i<n}\Delta_i=f_{m-1}^{(k)}-f_m^{(k)}$$

及其相应的方向 $\Delta\boldsymbol{d}_m^{(k)}=\boldsymbol{X}_m^{(k)}-\boldsymbol{X}_{m-1}^{(k)}$

Step 3　沿共轭方向 $\boldsymbol{d}_m^{(k)}=\boldsymbol{X}_n^{(k)}-\boldsymbol{X}_0^{(k)}$ 计算反射点

$$\boldsymbol{X}_{n+1}^{(k)}=\boldsymbol{X}_0^{(k)}+2\boldsymbol{X}_n^{(k)}$$

Step 4　令 $f_1=f(\boldsymbol{X}_0^{(k)})$，$f_2=f(\boldsymbol{X}_n^{(k)})$，$f_3=f(\boldsymbol{X}_{n+1}^{(k)})$。

若 $f_3<f_1$，且 $(f_1-2f_2+f_3)(f_1-f_2-\Delta_m^{(k)})^2<\frac{1}{2}\Delta_m^{(k)}(f_1-f_3)^2$，则由 $\boldsymbol{X}_n^{(k)}$ 出发，沿 $\boldsymbol{d}_{n+1}^{(k)}$ 方向进行一维搜索，求出该方向的极小点 $\boldsymbol{X}^{(k)}$，并以 $\boldsymbol{X}^{(k)}$ 作为 $k+1$ 轮迭代的初始点 $\boldsymbol{X}_0^{(k+1)}$，即令 $\boldsymbol{X}_0^{(k+1)}=\boldsymbol{X}^{(k)}$，然后进行第 $k+1$ 轮迭代，搜索方向为

$$[\boldsymbol{d}_1^{(k+1)},\ \boldsymbol{d}_2^{(k+1)},\ \cdots,\ \boldsymbol{d}_n^{(k+1)}]=[\boldsymbol{d}_1^{(k)},\ \boldsymbol{d}_2^{(k)},\ \cdots,\ \boldsymbol{d}_{m-1}^{(k)},\ \boldsymbol{d}_{m+1}^{(k)},\ \cdots,\ \bar{\boldsymbol{d}}_k]$$

若上述替换条件不满足，则进入第 $k+1$ 轮迭代，该轮初始点取 $\boldsymbol{X}_n^{(k)}$ 和 $\boldsymbol{X}_{n+1}^{(k)}$ 中函数值较小的点，搜索方向为

$$[\boldsymbol{d}_1^{(k+1)},\ \boldsymbol{d}_2^{(k+1)},\ \cdots,\ \boldsymbol{d}_n^{(k+1)}]=[\boldsymbol{d}_1^{(k)},\ \boldsymbol{d}_2^{(k)},\ \cdots,\ \boldsymbol{d}_n^{(k)}]$$

Step 5　判断是否满足收敛准则。

$$\|\boldsymbol{X}_n^{(k)}-\boldsymbol{X}_0^{(k)}\|\leqslant\epsilon$$

上式若满足，迭代终止，输出最优解 $\boldsymbol{X}^*=\boldsymbol{X}_n^{(k)}$；否则，$k=k+1$，返回 Step 2。

例 4.20　用鲍维尔法求目标函数 $f(\boldsymbol{X})=x_1^2+x_2^2-x_1x_2-10x_1-4x_2+60$ 的极小值，计算精度 $\varepsilon=10^{-2}$。

解：(1)取初始点 $\boldsymbol{X}^{(0)}=[0,\ 0]^{\mathrm{T}}$，则 $f_1=f(\boldsymbol{X}^{(0)})=60$。

第一轮迭代的搜索方向取两个坐标的单位向量：

$$\boldsymbol{d}_1^{(1)} = \boldsymbol{e}_1 = \begin{bmatrix} 1 \\ 0 \end{bmatrix},\ \boldsymbol{d}_2^{(1)} = \boldsymbol{e}_2 = \begin{bmatrix} 0 \\ 1 \end{bmatrix}$$

$$\boldsymbol{X}_1^{(1)} = \boldsymbol{X}_0^{(1)} + \alpha_1^{(1)} \boldsymbol{d}_1^{(1)}$$

其中，$\boldsymbol{X}_0^{(1)} = \boldsymbol{X}^{(0)}$ 为第一轮的起始点。沿 $\boldsymbol{d}_1^{(1)}$ 方向进行一维搜索得最优步长 $\alpha_1^{(1)} = 5$。由此得最优点

$$\boldsymbol{X}_1^{(1)} = \boldsymbol{X}_0^{(1)} + \alpha_1^{(1)} \boldsymbol{d}_1^{(1)} = \begin{bmatrix} 0 \\ 0 \end{bmatrix} + 5 \times \begin{bmatrix} 1 \\ 0 \end{bmatrix} = \begin{bmatrix} 5 \\ 0 \end{bmatrix}$$

以 $\boldsymbol{X}_1^{(1)}$ 为新起点，沿 $\boldsymbol{d}_2^{(1)}$ 方向进行一维搜索得最优步长 $\alpha_2^{(1)} = 4.5$。由此得最优点：

$$\boldsymbol{X}_2^{(1)} = \boldsymbol{X}_1^{(1)} + \alpha_2^{(1)} \boldsymbol{d}_2^{(1)} = \begin{bmatrix} 5 \\ 0 \end{bmatrix} + 5 \times \begin{bmatrix} 0 \\ 1 \end{bmatrix} = \begin{bmatrix} 5 \\ 4.5 \end{bmatrix}$$

$$\bar{\boldsymbol{d}}_1 = \boldsymbol{X}_2^{(1)} - \boldsymbol{X}_0^{(1)} = \begin{bmatrix} 5 \\ 4.5 \end{bmatrix} - \begin{bmatrix} 0 \\ 0 \end{bmatrix} = \begin{bmatrix} 5 \\ 4.5 \end{bmatrix}$$

(2)计算相邻二点函数值的下降量。

$$f_1 = f(\boldsymbol{X}_0^{(1)}) = 60,\ f_2 = f(\boldsymbol{X}_1^{(1)}) = 35,\ f_3 = f(\boldsymbol{X}_2^{(1)}) = 14.75$$

$$\Delta_1 = f_1 - f_2 = 25,\ \Delta_2 = f_2 - f_3 = 20.25$$

$$\Delta_m^{(1)} = \max\{\Delta_1,\ \Delta_2\} = \Delta_1 = 25$$

$$\boldsymbol{d}_m^{(1)} = \boldsymbol{d}_1^{(1)} = \boldsymbol{e}_1$$

(3)计算第 $n+1$ 个方向 $\bar{\boldsymbol{d}}_1$，及该方向上的反射点。

$$\bar{\boldsymbol{d}}_1 = \boldsymbol{X}_2^{(1)} - \boldsymbol{X}_0^{(1)} = \begin{bmatrix} 5 \\ 4.5 \end{bmatrix} - \begin{bmatrix} 0 \\ 0 \end{bmatrix} = \begin{bmatrix} 5 \\ 4.5 \end{bmatrix}$$

$$\boldsymbol{X}_3^{(1)} = 2\boldsymbol{X}_2^{(1)} - \boldsymbol{X}_0^{(1)} = 2\begin{bmatrix} 5 \\ 4.5 \end{bmatrix} - \begin{bmatrix} 0 \\ 0 \end{bmatrix} = \begin{bmatrix} 10 \\ 9 \end{bmatrix}$$

(4)检验判别条件。

$$\bar{f}_1 = f(\boldsymbol{X}_0^{(1)}) = 60,\ \bar{f}_2 = f(\boldsymbol{X}_2^{(1)}) = 14.75,\ \bar{f}_3 = f(\boldsymbol{X}_3^{(1)}) = 15$$

比较可得，$\bar{f}_3 < \bar{f}_1$，进一步计算得

$$(\bar{f}_1 - 2\bar{f}_2 + \bar{f}_3)(\bar{f}_1 - \bar{f}_2 - \Delta_m^{(1)})^2 = 18657.8$$

$$\frac{1}{2}\Delta_m^{(1)}(\bar{f}_1 - \bar{f}_3)^2 = 25312.5$$

因此，下面不等式成立：

$$(\bar{f}_1 - 2\bar{f}_2 + \bar{f}_3)(\bar{f}_1 - \bar{f}_2 - \Delta_m^{(1)})^2 < 1/2\Delta_m^{(1)}(\bar{f}_1 - \bar{f}_3)^2$$

(5)因为$f_2 < f_3$，故由 $\boldsymbol{X}_2^{(1)}$ 出发沿 $\bar{\boldsymbol{d}}_1$ 方向进行一维搜索得最优步长 $\alpha_2^{(1)} = 0.4945$。由此得第 $k=1$ 轮的最优解为

$$\boldsymbol{X}^{(1)} = \boldsymbol{X}_2^{(1)} + \alpha_2^{(1)} \bar{d}_1 = \begin{bmatrix} 5 \\ 4.5 \end{bmatrix} + 0.4945 \times \begin{bmatrix} 5 \\ 4.5 \end{bmatrix} = \begin{bmatrix} 7.4725 \\ 6.7253 \end{bmatrix}$$

(6)令 $\boldsymbol{X}_0^{(2)}=\boldsymbol{X}^{(1)}$，进行第 $k=2$ 轮迭代，其搜索方向去掉 $\boldsymbol{d}_m^{(1)}=\boldsymbol{d}_1^{(1)}$，并令 $[\boldsymbol{d}_1^{(2)},\ \boldsymbol{d}_2^{(2)}]=[\boldsymbol{d}_2^{(1)},\ \bar{\boldsymbol{d}}_1]$。计算结果列于表 4-5。

表 4-5　**例 4.18 各轮计算结果**

k	$\boldsymbol{X}_0^{(k)}$		$\boldsymbol{X}_1^{(k)}$		$\boldsymbol{X}_2^{(k)}$		$\boldsymbol{X}^{(k)}$	
	x_1	x_2	x_1	x_2	x_1	x_2	x_1	x_2
1	0	0	5	0	5	4.5	7.472	6.725
2	7.4725	6.7253	7.4725	5.7363	7.9071	6.1275	8	6

本例的精确解即为 $\boldsymbol{X}^*=[8,\ 6]^{\mathrm{T}}$，达到精度要求总共进行了两轮 6 次一维搜索。搜索过程如图 4-12 所示。

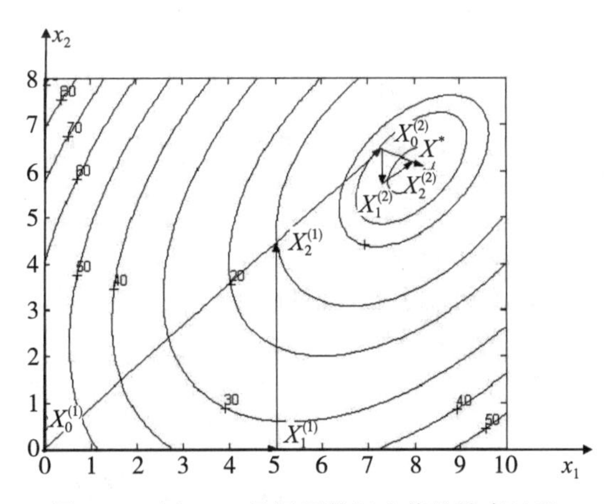

图 4-12　例 4.18 目标函数极小值的搜索过程

4.5.3 单形替换法

单形替换法是一种不需要求目标函数的导数，仅需要计算 n 维设计空间中的几何图形顶点的目标函数值，并通过分析比较，不断向"好点"移动，从而逼近最优点的直接算法。

1. 单形替换法的基本原理

所谓单纯形，是指在 n 维空间中具有 $n+1$ 个顶点的多面体。如图 4-13 所示，在一维空间中由 2 个点构成的线段；在二维空间中由不在一条直线上的 3 个点构成的三角形；在三维空间中由不在一个平面上的 4 个点构成的四面体等。

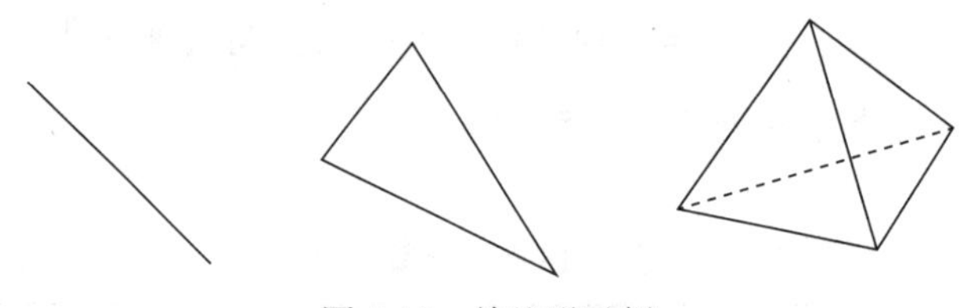

图 4-13　单纯形示例

无约束优化问题的单形替换法是根据问题的维数 n，选取由 $n+1$ 个顶点构成的单纯形(凸集)，于是问题就转换为在该单纯形中寻找最优点的问题。计算该单纯形各顶点的函数值并进行比较，从中确定有利的搜索方向和步长，找到一个比较好的点取代单纯形中较差的点，组成新的单纯形代替原来的单纯形，使新的单纯形不断向目标函数的最优点移动并收缩。这样，经过若干次迭代，即可得到满足收敛准则的近似解。上述过程称为单形替换法。

单形替换法迭代成功的关键在于如何保证单纯形不断地向最优点移动，并收缩直至趋于一点。这个过程是通过反射、扩张、收缩和缩短边长来实现的。

现以二维函数 $f(x_1, x_2)$ 为例，说明单形替换法的寻优过程。

如图 4-14 所示，在平面上取不在同一直线上的三点 $\boldsymbol{X}_h$，$\boldsymbol{X}_g$，$\boldsymbol{X}_l$，以它们为顶点组成单纯形(即三角形)。计算各顶点的函数值，若

$$f(\boldsymbol{X}_h) > f(\boldsymbol{X}_g) > f(\boldsymbol{X}_l)$$

说明 $\boldsymbol{X}_l$ 点最好，$\boldsymbol{X}_h$ 点最差。下面采用四种措施寻找极小点：

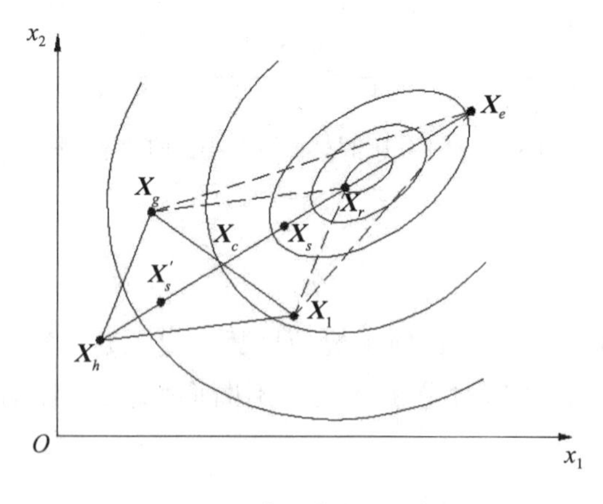

图 4-14　单形替换法示意图

1) 反射(reflection)

求出 $\boldsymbol{X}_h$ 以外的所有顶点(即 $\boldsymbol{X}_g$ 和 $\boldsymbol{X}_l$ 两点)的形心点 $\boldsymbol{X}_c$ (见图 4-14)，并以 $\boldsymbol{X}_c$ 为对称中心，求取 $\boldsymbol{X}_h$ 关于 $\boldsymbol{X}_c$ 的对称点 $\boldsymbol{X}_r$。$\boldsymbol{X}_r$ 应在 $\boldsymbol{X}_h$ 和 $\boldsymbol{X}_c$ 连线的延长线上，并满足：

$$X_r = X_c + (X_c - X_h) = 2X_c - X_h$$

X_r 点称为最差点 X_h 的反射点。计算反射点 X_r 的目标函数 $f(X_r)$，根据其大小采取相应搜索措施。

2)扩张(expansion)

若反射点 X_r 的函数值 $f(X_r)$ 小于最好点 X_l 的函数值 $f(X_l)$，即当 $f(X_r) < f(X_l)$ 时，表明所取的搜索方向正确，可进一步扩大效果，继续沿 X_h 和 X_c 连线方向向前扩张，在更远处取点 X_e，并使

$$X_e = X_c + \gamma(X_r - X_c)$$

式中，γ 为扩张系数，$\gamma = 1.2 \sim 2.0$，一般取 $\gamma = 2.0$。

如果 $f(X_e) < f(X_r)$，说明扩张有利，用 X_e 代替最差点 X_h 构成新的单纯形 X_g，X_l，X_e；如果 $f(X_e) \geqslant f(X_r)$，说明扩张不利，则舍弃 X_e，仍用 X_r 代替最差点 X_h 构成新的单纯形 X_g，X_l，X_r。

(3)收缩(stretch)。若反射点 X_r 的函数值 $f(X_r)$ 小于最差点 X_h 的函数值 $f(X_h)$，但不小于次差点 X_g 的函数值 $f(X_g)$，即当 $f(X_h) > f(X_r) \geqslant f(X_g)$ 时，表示 X_r 点走得太远，应进行压缩，得到压缩点 X_s，使

$$X_s = X_c + \beta(X_r - X_c)$$

式中，β 为压缩系数，常取 $\beta = 0.5$。此时，若 $f(X_s) < f(X_h)$，则用压缩点 X_s 代替最差点 X_h 构成新的单纯形 X_g，X_l，X_s；否则，用反射点 X_r 代替最差点 X_h 构成新的单纯形 X_g，X_l，X_r。

若反射点 X_r 的函数值 $f(X_r)$ 不小于最差点 X_h 的函数值 $f(X_h)$，即当 $f(X_h) \leqslant f(X_r)$ 时，则应压缩得更多一些，即新点应在 X_h 与 X_c 之间，得到的压缩点 X'_s 为

$$X'_s = X_c + \beta(X_h - X_c)$$

这时，若 $f(X'_s) < f(X_h)$，用压缩点 X'_s 代替最差点 X_h 构成新的单纯形 X_g，X_l，X'_s；否则不用 X'_s。

(4)缩短边长。如果在 X_h 与 X_c 连线方向上所有点的函数值多都大于 $f(X_h)$，或者 $f(X_s) > f(X_h)$，则不能沿此方向搜索。这时，可使单纯形向最好点进行收缩，即让最好点 X_l 不动，其余各顶点 X_g 和 X_h 都向 X_l 靠拢为原距离的一半，如图 4-15 所示，由单纯形 X_h，X_g，X_l 收缩成单纯形 X'_h，X'_g，X_l。在此基础上，继续采用上面的搜索步骤进行寻优。

由单形替换法的迭代过程可知，可以通过对原单纯形的反射、扩张、收缩和缩短边长等方法得到一个新的单纯形，其中至少一个顶点的函数值比原单纯形要小。

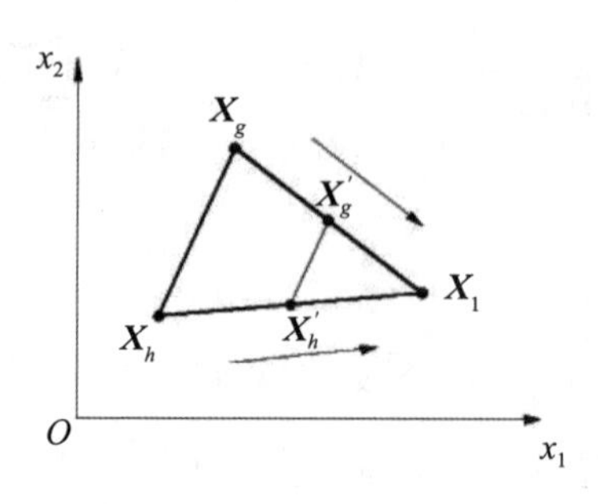

图 4-15　缩短边长示意图

2. 单形替换法的迭代过程

算法 4.16　改进的鲍维尔法基本步骤

Step 1　构造初始单纯形。选取初始点 $\boldsymbol{X}_0$，从 $\boldsymbol{X}_0$ 出发沿各坐标轴方向取步长 h 得到 n 个顶点 $\boldsymbol{X}_i$，$(i=1, \cdots, n)$ 与 $\boldsymbol{X}_0$ 构成初始单纯形。这样选取顶点可以保证单纯形各棱边是 n 个线性无关的向量；否则，可能会使搜索范围局限在某个较低维的空间内，找不到极小值点。

Step 2　计算各顶点的函数值。

$$f_i = f(\boldsymbol{X}_i),\ i=0, \cdots, n$$

Step 3　比较函数值的大小，确定最好点 $\boldsymbol{X}_l$、最差点 $\boldsymbol{X}_h$ 和次差点 $\boldsymbol{X}_g$，即

$$f_l = f(\boldsymbol{X}_l) = \min_{i=0, \cdots, n} f_i$$

$$f_h = f(\boldsymbol{X}_h) = \max_{i=0, \cdots, n} f_i$$

$$f_g = f(\boldsymbol{X}_g) = \min_{\substack{i=0, \cdots, n \\ i \neq h}} f_i$$

Step 4　检验是否满足收敛准则：

$$\left|\frac{f_h - f_l}{f_l}\right| \leqslant \varepsilon$$

如满足，则 $\boldsymbol{X}^* = \boldsymbol{X}_l$，停止迭代；否则转 Step 5。

Step 5　计算除最差点 $\boldsymbol{X}_h$ 外，其余各点的形心。

$$\boldsymbol{X}_c = \frac{1}{n}\sum_{\substack{i=0 \\ i\neq h}}^{n} \boldsymbol{X}_i$$

Step 6　反射。求反射点及其目标函数值。

$$\boldsymbol{X}_r = 2\boldsymbol{X}_c - \boldsymbol{X}_h,\ f_r = f(\boldsymbol{X}_r)$$

Step 7　扩张。若 $f_r \geqslant f_l$，则转 Step 8；否则向前扩张，得扩张点及其目标函数值：

$$\boldsymbol{X}_e = \boldsymbol{X}_c + \gamma(\boldsymbol{X}_r - \boldsymbol{X}_c),\ f_e = f(\boldsymbol{X}_e)$$

若 $f_e < f_r$，则用 $\boldsymbol{X}_e$ 代替 $\boldsymbol{X}_h$；否则，用 $\boldsymbol{X}_r$ 代替 $\boldsymbol{X}_h$。转 Step 3。

Step 8　若 $f_r \geqslant f_g$，则转 Step 9；否则，用 $\boldsymbol{X}_r$ 代替 $\boldsymbol{X}_h$，转 Step 3。

Step 9　收缩。若 $f_r < f_h$，计算收缩点及其目标函数值：

$$X_s = X_c + \beta(X_r - X_c),\ f_s = f(X_s)$$

若 $f_r \geqslant f_h$，计算收缩点及其目标函数值：

$$X_s = X_c + \beta(X_h - X_c),\ f_s = f(X_s)$$

若 $f_s < f_h$，则用 X_s 代替 X_h，转 Step 3；否则，进行 Step 9。

Step 10 缩短边长。将单纯形的各顶点向最好点 X_l 收缩，收缩后的单纯形各顶点为

$$X_i = X_l + \frac{1}{2}(X_i - X_l),\ i = 0,\ \cdots,\ n$$

返回 Step 3。

例 4.21 用单形替换法求目标函数 $f(X) = x_1^2 + x_2^2 - x_1x_2 - 10x_1 - 4x_2 + 60$ 的极小值。计算精度 $\varepsilon = 10^{-2}$。

解：(1)取初始点 $X_0 = [0,\ 0]^T$，$X_1 = [1,\ 0]^T$，$X_2 = [0,\ 1]^T$ 为顶点，构造初始单纯形。计算各顶点的函数值，即

$$f_0 = f(X_0) = 60,\ f_1 = f(X_1) = 51,\ f_2 = f(X_2) = 57$$

可见，最好点 $X_l = X_1$，最差点 $X_h = X_0$，次差点 $X_g = X_2$。

(2)求 X_l 和 X_g 的形心 X_c，即

$$X_c = \frac{1}{n}\sum_{\substack{i=0 \\ i \neq h}}^{n} X_i = \frac{1}{2}(X_1 + X_2) = \begin{bmatrix} 0.5 \\ 0.5 \end{bmatrix}$$

(3)求反射点 X_r 及其函数值 f_r，即

$$X_r = 2X_c - X_h = \begin{bmatrix} 1 \\ 1 \end{bmatrix},\ f_r = 47$$

(4)由于 $f_r < f_l$，继续向前扩张，取 $\gamma = 2$，计算扩张点 X_e 及其函数值 f_e，即

$$X_e = X_c + \gamma(X_r - X_c) = \begin{bmatrix} 1.5 \\ 1.5 \end{bmatrix},\ f_e = 41.25$$

(5)由于 $f_e < f_r$，故以 X_e 代替 X_h，构成新的单纯形进行下一轮循环计算。

(6)经过 15 轮的循环计算，结果如表 4-6 所示。

表 4-6 **例 4.19 各轮计算结果**

迭代次数	单纯形的顶点								
	X_0			X_1			X_2		
	x_1	x_2	$f(X_0)$	x_1	x_2	$f(X_1)$	x_1	x_2	$f(X_2)$
0	0	0	60	1	0	51	0	1	57
1	1.5	1.5	41.25	1	0	51	0	1	57
2	1.5	1.5	41.25	1	0	51	3.75	0.25	34.6875
3	5.875	2.625	16.73438	1	0	51	3.75	0.25	34.6875
4	5.875	2.625	16.73438	8.125	1.375	29.984	3.75	0.25	34.6875

续表

迭代次数	单纯形的顶点								
	X_0			X_1			X_2		
	x_1	x_2	$f(X_0)$	x_1	x_2	$f(X_1)$	x_1	x_2	$f(X_2)$
5	5.875	2.625	16.73438	8.125	1.375	29.984	10.25	3.75	23.188
6	7.9375	6.8125	8.7148	8.125	1.375	29.984	10.25	3.75	23.188
7	7.9375	6.8125	8.7148	8.5781	4.2344	12.472	10.25	3.75	23.188
8	7.9375	6.8125	8.7148	8.5781	4.2344	12.472	9.4492	6.9727	9.6367
9	7.9375	6.8125	8.7148	8.6357	5.5635	8.8722	9.4492	6.9727	9.6367
10	7.9375	6.8125	8.7148	8.6357	5.5635	8.8722	7.124	5.4033	8.6007
11	7.9375	6.8125	8.7148	8.0833	5.8357	8.0476	7.124	5.4033	8.6007
12	7.7706	6.216	8.1489	8.0833	5.8357	8.0476	7.124	5.4033	8.6007
13	7.7706	6.216	8.1489	8.0833	5.8357	8.0476	8.3284	6.3371	8.1108
14	7.9882	6.1512	8.0248	8.0833	5.8357	8.0476	8.3284	6.3371	8.1108
15	7.9882	6.1512	8.0248	8.0833	5.8357	8.0476	7.8894	5.8216	8.0243

其近似解 $X^* = [7.8894, 5.8216]^T$。用收敛准则检验

$$\left|\frac{f_h - f_l}{f_l}\right| = 0.0029 \leqslant \varepsilon = 0.01$$

满足精度要求，计算中止。

4.6　无约束最优化方法的评价和选择

按照是否需要用到目标函数的导数，无约束最优化方法可分成间接法和直接法两类。间接法需要求目标函数的导数，又称为导数类方法。仅用到目标函数一阶导数的方法，称为一阶方法，如梯度法、变尺度法和共轭梯度法；需要用到目标函数的二阶导数的方法称为二阶方法，如牛顿法。直接法不需要求目标函数的导数，因此又称为零阶方法，如坐标轮换法、鲍维尔法和单形替换法。评价这些算法应从三个方面来考察：

(1)可靠性，是指在一定的精度要求下，求解各种问题的成功率。显然，能求解出的问题种类越多，算法的可靠性就越好，通用性越强。

(2)有效性，是指各方法的对问题最优解求取的效率，即对同一问题，在相同的精度要求和初始条件下所需要计算函数的次数以及花费的机时。

(3)简便性，是指算法的应用难易程度，包括编制程序的复杂程度，计算中需要调整设定的参数的数量，以及实现这一算法对计算机的要求，如存储空间等。

就可靠性而言，牛顿法最差。这种方法是由正定的二次函数推导出来的，二阶偏导数

矩阵必须处处正定，目标函数的形态必须接近二次函数，这一点只有当迭代点逼近最优点时才可实现。因此，算法的成败与初始点的选择有极大的关系。选择经过改进的阻尼牛顿法效果会比较好，但在求解非二次函数问题时，收敛的速度较慢。对于需要求目标函数导数的间接方法，当问题的目标函数无解析导数或求解析导数困难而采用差分法求近似导数时，由于不可避免地存在计算误差和舍入误差的干扰，会使计算的可靠性降低。此时，不用求导数的直接方法有较强的优势，计算较为稳定，特别是单形替换法仅仅需要比较函数值的大小，在目标函数维数不高时，可靠性更强。

就有效性而言，坐标轮换法、单形替换法和最速下降法的计算效率较低。特别是对高维的优化问题和精度要求较高时更为明显。对于二次性较强的目标函数，使用牛顿法有较好的效果。对于维数较低或者较难求出导数的目标函数，用鲍维尔法比较适宜。

就简便性而言，牛顿法和变尺度法的程序编制比较复杂，牛顿法需要占用较多的贮存单元。当目标函数的一阶偏导数易求时，使用最速下降法可使程序编制更加简单。一般来说，直接方法都具有编程简单和所需存贮单元少的优点。

从综合的效果来看，变尺度法、共轭梯度法和鲍维尔法具有较好的性能，因此目前应用最为广泛。

习题 4

4.1　无约束最优化问题的求解一般迭代过程是什么？

4.2　应用进退法求解函数的极值区间(初始点为 0，步长为 0.1)。

$$f(t)=(t^2-1)^2+(t-1)^2+3=t^4-t^2-2t+5$$

4.3　应用黄金分割法求解函数的极值 ($t\in[-10,10]$，$\varepsilon=0.1$)。

$$f(t)=(t^2-1)^2+(t-1)^2+3=t^4-t^2-2t+5$$

4.4　应用斐波那契法求解函数的极值区间 ($t\in[-10,10]$，$\varepsilon=0.1$)。

$$f(t)=(t^2-1)^2+(t-1)^2+3=t^4-t^2-2t+5$$

4.5　应用牛顿法求解函数 $f(t)=t^2-\ln t-5$ 的任一极值，$\varepsilon=0.1$。

4.6　应用牛顿法求解函数 $f(t)=t^2-3t-5$ 的极小值(初始点为 5，$\varepsilon=0.1$)。

4.7　应用最速下降法求解二维函数极小值(初始点为 $(1,-3)$，$\varepsilon=0.1$)。

$$f(\boldsymbol{X})=(x_1-4)^2+(x_2+2)^2+1$$

4.8　应用共轭梯度法求解二维函数极小值(初始点为 $(-2,6)$，$\varepsilon=0.1$)。

$$f(\boldsymbol{X})=(x_1-4)^2+(x_2+2)^2+1$$

4.9　应用牛顿法求解二维函数极小值(初始点为 $(0,0)$，$\varepsilon=0.1$)。

$$f(\boldsymbol{X})=(x_1-4)^2+(x_2+2)^2+1$$

4.10　应用修正牛顿法求解二维函数极小值(初始点为 $(1,3)$，$\varepsilon=0.1$)。

$$f(\boldsymbol{X})=(x_1-4)^2+(x_2+2)^2+1$$

4.11　应用 DFP 法求解二维函数极小值(初始点为 $(-4,6)$，$\varepsilon=0.1$)。

$$f(\boldsymbol{X})=(x_1-4)^2+(x_2+2)^2+1$$

4.12　应用 BFGS 法求解二维函数极小值(初始点为 (-1, 1), $\varepsilon = 0.1$)。

$$f(\boldsymbol{X}) = (x_1 - 4)^2 + (x_2 + 2)^2 + 1$$

4.13　应用坐标轮换法求解函数极小值(初始点为 (1, 1), 步长精度为 0.001, $\varepsilon = 0.1$)。

$$f(\boldsymbol{X}) = x_1^2 + 2x_2^2 - 4x_1 - 8x_2 + 15$$

$$\text{s.t.}\quad x_1^2 + x_2^2 \leqslant 9,\ x_1,\ x_2 \geqslant 0$$

4.14　应用鲍维尔法求解多维函数极小值(初始点为 (0, 0), $\varepsilon = 0.1$)。

$$f(\boldsymbol{X}) = 3x_1^2 - x_1x_2 + x_2^2 + 3x_2 + 1$$

第 5 章　约束非线性最优化方法

本章讨论约束非线性最优化问题。该问题的一般形式如下：

$$
\begin{aligned}
\text{NLP}\quad & \min_{x \in D \subset \mathbb{R}^n} f(\boldsymbol{x}) \\
& \text{s. t.}\quad c_i(\boldsymbol{x}) = 0,\ i = 1,\ \cdots,\ p \\
& \qquad\quad c_i(\boldsymbol{x}) \geqslant 0,\ i = p+1,\ \cdots,\ m
\end{aligned}
$$

其中，可行域 $\boldsymbol{D} = \{\boldsymbol{x} \mid c_i(\boldsymbol{x}) = 0,\ c_j(\boldsymbol{x}) \geqslant 0,\ i = 1,\ \cdots,\ p;\ j = p+1,\ \cdots,\ m\}$，指标集 $\mathcal{E} = \{1,\ 2,\ \cdots,\ p\}$，$\mathcal{J} = \{p+1,\ \cdots,\ m\}$。求解约束最优化问题就是在可行域 D 中寻求最优解使得目标函数在该解处达到最小。

对给定 $\boldsymbol{x}$，当 $i \in \mathcal{E} \cup \mathcal{J}$，$c_i(\boldsymbol{x}) = 0$，则称 $c_i(\boldsymbol{x}) = 0$ 是 $\boldsymbol{x}$ 处的有效约束；当 $i \in \mathcal{J}$，如果 $c_i(\boldsymbol{x}) > 0$，则称 $c_i(\boldsymbol{x}) \geqslant 0$ 是 $\boldsymbol{x}$ 处的非有效约束。

定义 5-1　有效约束指标集(active constraint index set)　对 $\forall \boldsymbol{x} \in \mathbb{R}^n$，如果有 $c_i(\boldsymbol{x}) = 0$，$i \in \mathcal{A}(\boldsymbol{x})$，称集合 $\mathcal{A}(\boldsymbol{x}) = \mathcal{E} \cup \mathcal{J}(\boldsymbol{x})$ 是在 $\boldsymbol{x}$ 处的有效约束指标集(或积极约束指标集)，简称有效约束集或有效集。

假定约束非线性最优化问题在最优解 $\boldsymbol{x}^*$ 处的有效约束集为 $\mathcal{A}(\boldsymbol{x}^*)$，那么只需要解如下的等式约束最优化问题，即可得到 NLP 的解：

$$
\begin{aligned}
& \min_{x \in D \subset \mathbb{R}^n} f(\boldsymbol{x}) \\
& \text{s. t.}\quad c_i(\boldsymbol{x}) = 0,\ i \in \mathcal{A}(\boldsymbol{x}^*)
\end{aligned}
$$

因此，如何有效地求解上述等式约束问题非常重要，是求解约束最优化问题的基础。

应该指出，实际上可行的只是求得最优化问题的一个局部极小点(或严格局部极小点)，而非总体极小点。尽管我们可以考虑求全局极小点的可能性，但一般来说，这是一个相当困难的任务。同时，在很多实际应用中，求局部极小点已能满足问题的要求。

考虑到大部分求总体极小点的算法是利用求一系列局部极小点的法来实现的。因此，如不作特别说明，求解一个非线性最优化问题指的是求一个局部最优解向量 $\boldsymbol{x}^*$，而不是求可能存在的所有最优解。一般情况下，直接利用定义去判别某一给定点 $\boldsymbol{x}^*$ 是否为局部最优解是困难的。$\mathcal{N}(\boldsymbol{x}^*,\ \delta) \cap D$ 通常有无穷多个点，从而直接用定义验证是不可能的。因此，有必要给出只依赖于 $\boldsymbol{x}^*$ 处目标函数和约束函数的信息来判断的局部最优解等价的条件(称为最优性条件)。

设 $\boldsymbol{x} \in \mathbb{R}^n$ 并且有实值函数 $f(\boldsymbol{x})$。如果 $f(\boldsymbol{x})$ 在内点 $\boldsymbol{x} \in D$ 可微，则在 $\boldsymbol{x}$ 处存在一阶偏

导数；此外，如果偏导数在 $\boldsymbol{x}$ 处还是连续，则称 $f(\boldsymbol{x})$ 在 $\boldsymbol{x}$ 处连续可微。同样，如果 $f(\boldsymbol{x})$ 在 $\boldsymbol{x} \in D$ 二次可微，则 $f(\boldsymbol{x})$ 在 $\boldsymbol{x}$ 处存在二阶偏导数；如果它们在 $\boldsymbol{x}$ 处还是连续的，则称 $f(\boldsymbol{x})$ 在 $\boldsymbol{x}$ 处是二次连续可微。

定义 5-2　设 $\boldsymbol{x}^* \in D$，$0 \neq \boldsymbol{d} \in \mathrm{R}^n$，如果存在 $\delta > 0$，使得

$$\boldsymbol{x}^* + \alpha \boldsymbol{d} \in D,\ \forall \alpha \in [0,\ \delta]$$

则称 $\boldsymbol{d}$ 是 D 在 $\boldsymbol{x}^*$ 处的可行方向。D 在 $\boldsymbol{x}^*$ 处的所有可行方向组成的集合记为 $\mathcal{FD}(\boldsymbol{x}^*, D)$。

定义 5-3　设 $\boldsymbol{x}^* \in D$，$0 \neq \boldsymbol{d} \in \mathrm{R}^n$，如果

$$\boldsymbol{d}^{\mathrm{T}} \nabla c_i(\boldsymbol{x}^*) = 0,\ i \in \mathcal{E}$$

$$\boldsymbol{d}^{\mathrm{T}} \nabla c_i(\boldsymbol{x}^*) \geqslant 0,\ i \in \mathcal{I}(\boldsymbol{x}^*)$$

则称 $\boldsymbol{d}$ 是 D 在 $\boldsymbol{x}^*$ 处的线性化可行方向。D 在 $\boldsymbol{x}^*$ 处的线性化可行方向的集合记为 $\mathcal{LFD}(\boldsymbol{x}^*, D)$。

定义 5-4　设 $\boldsymbol{x}^* \in D$，$\boldsymbol{0} \neq \boldsymbol{d} \in \mathrm{R}^n$，如果存在序列 $\{\boldsymbol{d}_k\}$ $(k = 1, 2, \cdots)$ 和 $\{\alpha_k\}$ $(\alpha_k > 0, k = 1, 2, \cdots)$，使得

$$\boldsymbol{x}^* + \alpha_k \boldsymbol{d}_k \in D,\ \forall k$$

$$\lim_{k \to \infty} \boldsymbol{d}_k = \boldsymbol{d},\ \lim_{k \to \infty} \alpha_k = 0$$

则称 $\boldsymbol{d}$ 是 D 在 $\boldsymbol{x}^*$ 处的序列可行方向。D 在 $\boldsymbol{x}^*$ 处的序列可行方向的集合记为 $\mathcal{SFD}(\boldsymbol{x}^*, D)$。

可行域上的点是否为局部极小点不仅取决于目标函数在该点的值，还与该点附近其他可行点的值有关。线性规划问题的最优解总可以在可行域的顶点中找到，且顶点的个数是有限的，这就是单纯形法的基本出发点。而对于非线性最优化问题，即使约束都是线性的，最优解也不一定在顶点，这就给求解带来了困难。

另一方面，针对无约束最优化问题的那些迭代方法直接应用时也会碰到困难。如果不存在约束，沿 $f(\boldsymbol{x})$ 在 $\boldsymbol{x}_k$ 的负梯度方向进行一维搜索范围为 $\alpha \in \mathrm{R}^+$，总可以求得其中的最小点。但是，有了约束，在进行一维搜索时，为了使求得的点是一个可行点，就必须对步长加以限制，这样，我们搜索范围就减小到可行解集 D。特别地，如果 $\boldsymbol{x}_k (\neq \boldsymbol{x}^*)$ 在边界上，此时可能面临着 $f(\boldsymbol{x})$ 在 $\boldsymbol{x}_k$ 的负梯度方向的 D 为空集，因而梯度迭代已不能继续进行。这正是约束非线性最优化问题与无约束非线性最优化问题的本质区别，也是求解约束问题的根本困难所在。为了克服这一困难，当 $\boldsymbol{x}_k$ 在边界上时，为了使迭代能继续下去，不仅要求搜索方向具有使目标函数下降的性质，而且要求在这个方向上有可行点。

解决约束非线性最优化问题的另外一个途径是：在某个近似解处，以已有较好解法的简化问题近似代替原问题，用其最优解作为原来问题的新的近似解，例如，将目标函数及约束条件中的非线性函数分别以它们的一阶泰勒多项式或二阶泰勒多项式近似代替，或以一元约束非线性最优化问题近似代替等。

5.1 最优性条件

5.1.1 等式约束问题的最优性条件

针对等式约束问题：

$$\text{NLP-EC} \quad \min_{x \in D \subset \mathbf{R}^n} f(\boldsymbol{x})$$
$$\text{s. t.} \quad c_i(\boldsymbol{x}) = 0, \ i = 1, \ \cdots, \ p$$

设该问题的拉格朗日函数为

$$L(\boldsymbol{x}, \ \lambda) = f(\boldsymbol{x}) - \sum_{i}^{p} \lambda_i c_i(\boldsymbol{x})$$

其中，$\boldsymbol{\lambda} = [\lambda_1, \ \lambda_2, \ \cdots, \ \lambda_p]^{\mathrm{T}}$ 称为乘子向量。

定理 5-1(拉格朗日定理)　假设 $\boldsymbol{x}^*$ 是等式约束问题的局部极小点，$f(\boldsymbol{x})$ 和 $c_i(\boldsymbol{x})$ 在 $\boldsymbol{x}^*$ 的某邻域内连续可微，若向量组 $\nabla c_i(\boldsymbol{x}^*)(i = 1, \ 2, \ \cdots, \ p)$ 线性无关，则存在 $\lambda^* = [\lambda_1^*, \ \lambda_2^*, \ \cdots, \ \lambda_p^*]^{\mathrm{T}}$，使得

$$\nabla_x L(\boldsymbol{x}^*, \ \lambda^*) = 0$$

即

$$\nabla f(\boldsymbol{x}^*) - \sum_{i=1}^{p} \lambda_i^* \nabla c_i(\boldsymbol{x}^*) = 0$$

证明：记

$$\boldsymbol{C} = [\nabla c_1(\boldsymbol{x}^*), \ \nabla c_2(\boldsymbol{x}^*), \ \cdots, \ \nabla c_p(\boldsymbol{x}^*)]$$

由定理的假设（$\nabla c_i(\boldsymbol{x}^*)$ 线性无关，$i = 1, \ 2, \ \cdots, \ p$）可知，$\boldsymbol{C}$ 为列满秩。

(1)若 $p = n$，则 $\boldsymbol{C}$ 是可逆方阵，从而矩阵 $\boldsymbol{C}$ 的列构成 R^n 中的一组基，故存在 $\lambda^* \in \mathrm{R}^p$ $(p = n)$，使得

$$\nabla f(\boldsymbol{x}^*) = \sum_{i=1}^{p} \lambda_i^* \nabla c_i(\boldsymbol{x}^*)$$

(2)若 $p < n$，为不失一般性，可设 $\boldsymbol{C}$ 的前 p 行构成的 p 阶子矩阵 $\boldsymbol{C}_1$ 是非奇异的。据此，将 $\boldsymbol{C}$ 分块为

$$\boldsymbol{C} = [\boldsymbol{C}_1, \ \boldsymbol{C}_2]^{\mathrm{T}}$$

令 $\boldsymbol{z}_1 = [\boldsymbol{x}_1, \ \cdots, \ \boldsymbol{x}_p]^{\mathrm{T}}$，$\boldsymbol{z}_2 = [\boldsymbol{x}_{p+1}, \ \cdots, \ \boldsymbol{x}_n]^{\mathrm{T}}$，记 $c(\boldsymbol{z}_1, \ \boldsymbol{z}_2) = c(\boldsymbol{x}) = [c_1(\boldsymbol{x}), \ c_2(\boldsymbol{x}), \ \cdots, \ c_p(\boldsymbol{x})]^{\mathrm{T}}$，则有 $c(\boldsymbol{z}_1^*, \ \boldsymbol{z}_2^*) = 0$，并且 $c(\boldsymbol{z}_1, \ \boldsymbol{z}_2)$ 在点 $(\boldsymbol{z}_1^*, \ \boldsymbol{z}_2^*)$ 的 Jacobi 矩阵 $\boldsymbol{C}_1^{\mathrm{T}} = \nabla_{\boldsymbol{z}_1} \boldsymbol{c}(\boldsymbol{z}_1^*, \ \boldsymbol{z}_2^*)$ 可逆。由隐函数定理可知，在 $\boldsymbol{z}_2^*$ 附近存在关于 $\boldsymbol{z}_2$ 的连续可微函数 $\boldsymbol{z}_1 = u(\boldsymbol{z}_2)$，对上式两边关于 $\boldsymbol{z}_2$ 求导可得

$$\boldsymbol{c}(u(\boldsymbol{z}_2), \ \boldsymbol{z}_2) = \boldsymbol{0}$$

对 $\boldsymbol{z}_2$ 求导可得

$$\nabla_{\boldsymbol{z}_1} \boldsymbol{c}(u(\boldsymbol{z}_2^*), \ \boldsymbol{z}_2^*) \nabla u(\boldsymbol{z}_2^*) + \nabla_{\boldsymbol{z}_2} \boldsymbol{c}(u(\boldsymbol{z}_2^*), \ \boldsymbol{z}_2^*) = 0$$

进而有

$$\nabla u(\boldsymbol{z}_2^*) = -\boldsymbol{C}_1^{-\mathrm{T}}\boldsymbol{C}_2^{\mathrm{T}}$$

在 $\boldsymbol{z}_2^*$ 附近，由 $c(u(\boldsymbol{z}_2),\ \boldsymbol{z}_2)=\boldsymbol{0}$，$\boldsymbol{z}_2^*$ 是无约束优化问题：

$$\min_{\boldsymbol{z}_2 \in \mathrm{R}^{n-p}} f(u(\boldsymbol{z}_2),\ \boldsymbol{z}_2)$$

的局部极小点，故有

$$\nabla_{\boldsymbol{z}_2} f(u(\boldsymbol{z}_2^*),\ \boldsymbol{z}_2^*) = 0,$$

即

$$\nabla u(\boldsymbol{z}_2^*)\ \nabla_{\boldsymbol{z}_1} f(\boldsymbol{z}_1^*,\ \boldsymbol{z}_2^*) + \nabla_{\boldsymbol{z}_2} f(\boldsymbol{z}_1^*,\ \boldsymbol{z}_2^*) = 0$$

结合 $\nabla u(\boldsymbol{z}_2^*) = -\boldsymbol{C}_1^{-\mathrm{T}}\boldsymbol{C}_2^{\mathrm{T}}$，可知

$$-\boldsymbol{C}_2\boldsymbol{C}_1^{-1}\ \nabla_{\boldsymbol{z}_1} f(\boldsymbol{x}^*) + \nabla_{\boldsymbol{z}_2} f(\boldsymbol{x}^*) = 0$$

令 $\boldsymbol{\lambda}^* = \boldsymbol{C}_1^{-1}\ \nabla_{\boldsymbol{z}_1} f(\boldsymbol{x}^*)$，则有

$$\nabla_{\boldsymbol{z}_1} f(\boldsymbol{x}^*) = \boldsymbol{C}_1\boldsymbol{\lambda}^*,\ \nabla_{\boldsymbol{z}_2} f(\boldsymbol{x}^*) = \boldsymbol{C}_2\boldsymbol{\lambda}^*$$

进而

$$\nabla f(\boldsymbol{x}^*) = \begin{bmatrix} \nabla_{\boldsymbol{z}_1} f(\boldsymbol{x}^*) \\ \nabla_{\boldsymbol{z}_2} f(\boldsymbol{x}^*) \end{bmatrix} = \begin{bmatrix} \boldsymbol{C}_1 \\ \boldsymbol{C}_2 \end{bmatrix} \lambda^* = \sum_{i=1}^{p} \lambda_i^*\ \nabla c_i(\boldsymbol{x}^*)$$

拉格朗日定理描述了等式约束问题取极小值的一阶必要条件，也就是所谓的 KT 条件(Kuhn-Tucker 条件)。

如果目标函数和约束函数皆二阶连续可微的，则可考虑二阶充分条件。

定义 5-5　拉格朗日函数 $L(\boldsymbol{x},\ \lambda)$ 的梯度和关于 $\boldsymbol{x}$ 的 Hessian 矩阵定义如下：

$$\nabla L(\boldsymbol{x},\ \boldsymbol{\lambda}) = \begin{bmatrix} \nabla_{\boldsymbol{x}} L(\boldsymbol{x},\ \boldsymbol{\lambda}) \\ \nabla_{\boldsymbol{\lambda}} L(\boldsymbol{x},\ \boldsymbol{\lambda}) \end{bmatrix} = \begin{bmatrix} \nabla f(\boldsymbol{x}) - \sum_{i=1}^{p} \lambda_i\ \nabla c_i(\boldsymbol{x}) \\ -c(\boldsymbol{x}) \end{bmatrix}$$

$$\nabla_{\boldsymbol{xx}} L(\boldsymbol{x},\ \boldsymbol{\lambda}) = \nabla^2 f(\boldsymbol{x}) - \sum_{i=1}^{p} \lambda_i\ \nabla^2 c_i(\boldsymbol{x})$$

定理 5-2　设等式约束问题中 $f(\boldsymbol{x})$ 和 $c_i(\boldsymbol{x})$ 都是二阶连续可微的，且存在$(\boldsymbol{x}^*,\ \boldsymbol{\lambda}^*) \in \mathrm{R}^n \times \mathrm{R}^p$，使得 $\nabla L(\boldsymbol{x}^*,\ \boldsymbol{\lambda}^*) = 0$。若对任意的 $\boldsymbol{0} \neq \boldsymbol{d} \in \mathrm{R}^n$，$\nabla c_i(\boldsymbol{x})^{\mathrm{T}}\boldsymbol{d} = 0$，均有 $d^{\mathrm{T}}\ \nabla_{\boldsymbol{xx}} L(\boldsymbol{x},\ \boldsymbol{\lambda})\boldsymbol{d} > 0$，则 $\boldsymbol{x}^*$ 是等式约束问题的一个严格局部极小点。

证明：用反证法。若 $\boldsymbol{x}^*$ 不是严格局部极小点，则必存在邻域 $N(\boldsymbol{x}^*,\ \delta)$ 及收敛于 $\boldsymbol{x}^*$ 的序列 $\{\boldsymbol{x}_k\}$，使得 $\boldsymbol{x}_k \in N(\boldsymbol{x}^*,\ \delta)(\boldsymbol{x}_k \neq \boldsymbol{x}^*)$，并且有 $f(\boldsymbol{x}^*) \geqslant f(\boldsymbol{x}_k)$，$c_i(\boldsymbol{x}_k) = 0$。

令 $\boldsymbol{x}_k = \boldsymbol{x}^* + \alpha_k\boldsymbol{d}_k$，其中 $\alpha_k > 0$，$\|\boldsymbol{d}_k\| = 1$，序列 $\{\alpha_k,\ d_k\}$ 有子列收敛于$(0,\ d^*)$。

泰勒中值公式得

$$0 = c_i(\boldsymbol{x}_k) - c_i(\boldsymbol{x}^*) = \alpha_k\boldsymbol{d}_k^{\mathrm{T}}\ \nabla c_i(\boldsymbol{x}^* + \theta_{ik}\alpha_k\boldsymbol{d}_k),\ \theta_{ik} \in (0,\ 1)$$

进而有

$$\lim_{k\to\infty} \nabla c_i(x^* + \theta_{ik}\alpha_k\boldsymbol{d}_k) = \nabla c_i(\boldsymbol{x}^*)^{\mathrm{T}}\boldsymbol{d}^* = 0$$

再由泰勒展开式得

$$L(\boldsymbol{x}_k,\ \boldsymbol{\lambda}^*) = L(\boldsymbol{x}^*,\ \boldsymbol{\lambda}^*) + \alpha_k\ \nabla_{\boldsymbol{x}} L(\boldsymbol{x}^*,\ \boldsymbol{\lambda}^*)\boldsymbol{d}_k + \frac{1}{2}\alpha_k\boldsymbol{d}_k^{\mathrm{T}}\ \nabla_{\boldsymbol{xx}}^2 L(\boldsymbol{x}^*,\ \boldsymbol{\lambda}^*)\boldsymbol{d}_k + o(\alpha_k^2)$$

由于 $\boldsymbol{x}_k$ 都满足等式约束，故有

$$0 \geqslant f(\boldsymbol{x}_k) - f(\boldsymbol{x}^*) = L(\boldsymbol{x}_k, \boldsymbol{\lambda}^*) - L(\boldsymbol{x}^*, \boldsymbol{\lambda}^*) = \frac{1}{2}\alpha_k \boldsymbol{d}_k^{\mathrm{T}} \nabla_{xx}^2 L(\boldsymbol{x}^*, \lambda^*)\boldsymbol{d}_k + o(\alpha_k^2)$$

可得

$$\boldsymbol{d}_k^{\mathrm{T}} \nabla_{xx}^2 L(\boldsymbol{x}^*, \boldsymbol{\lambda}^*)\boldsymbol{d}_k + \frac{1}{2}o(\alpha_k^2) \leqslant 0$$

$$\lim_{k\to\infty}\boldsymbol{d}_k^{\mathrm{T}} \nabla_{xx}^2 L(\boldsymbol{x}^*, \boldsymbol{\lambda}^*)\boldsymbol{d}_k = \boldsymbol{d}^{*\mathrm{T}} \nabla_{xx}^2 L(\boldsymbol{x}^*, \boldsymbol{\lambda}^*) d^* \leqslant 0$$

由于 $\boldsymbol{d}^*$ 满足 $\lim\limits_{k\to\infty} \nabla c_i(\boldsymbol{x}^*)^{\mathrm{T}}\boldsymbol{d}^* = 0$，故得出矛盾。因此，$\boldsymbol{x}^*$ 为严格局部极小点。

5.1.2 不等式约束问题的最优性条件

不等式约束优化问题

$$\text{NLP-NC} \quad \min_{x\in D} \ f(\boldsymbol{x})$$
$$\text{s.t.} \quad c_i(\boldsymbol{x}) \geqslant 0,\ i = 1,\ 2,\ \cdots,\ m$$

记可行域为 $D = \{\boldsymbol{x} \mid c_j(\boldsymbol{x}) \geqslant 0,\ i = 1,\ 2,\ \cdots,\ m\}$，指标集 $\mathscr{T} = \{1,\ 2,\ \cdots,\ m\}$。不等式约束问题的最优性条件需要用到有效约束和非有效约束的概念。

定理 5-3（Farkas 引理） 设 $\boldsymbol{a}$，$\boldsymbol{b}_i \in \mathrm{R}^n (i = 1,\ 2,\ \cdots,\ r)$，则线性不等式组 $\boldsymbol{b}_i^{\mathrm{T}}\boldsymbol{d} \geqslant 0 (i = 1,\ 2,\ \cdots,\ r;\ r,\ \boldsymbol{d} \in \mathrm{R}^n)$ 与不等式 $\boldsymbol{a}^{\mathrm{T}}\boldsymbol{d} \geqslant 0$ 相容的充要条件是存在非负实数 α_1，α_1，$\cdots$，α_r，使得

$$\boldsymbol{a} = \sum_{i=1}^{r} \alpha_i \boldsymbol{b}_i$$

定理 5-4（Gordan 引理） 设 $\boldsymbol{b}_i \in \mathrm{R}^n (i=1,\ 2,\ \cdots,\ r)$，线性不等式组 $\boldsymbol{b}_i^{\mathrm{T}}\boldsymbol{d} < 0 (i=1,\ 2,\ \cdots,\ r;\ r,\ \boldsymbol{d} \in \mathrm{R}^n)$ 无解的充要条件是 $\boldsymbol{b}_i (i = 1,\ 2,\ \cdots,\ r)$ 线性相关，即存在不全为 0 的非负实数 α_1，α_2，$\cdots$，α_r，使得

$$\sum_{i=1}^{r} \alpha_i \boldsymbol{b}_i = 0$$

定理 5-5 设 $\boldsymbol{x}^*$ 是不等式约束问题(NLP-NC)的一个局部极小点，$\mathscr{T}(\boldsymbol{x}^*) = \{i \mid c_i(\boldsymbol{x}) = 0\}$。假设 $f(\boldsymbol{x})$ 和 $c_i(\boldsymbol{x})$ 对 $i \in \mathscr{T}(\boldsymbol{x}^*)$ 在 $\boldsymbol{x}^*$ 处可微，并且 $c_i(\boldsymbol{x}) i \in \mathscr{T}$，$\mathscr{T}(\boldsymbol{x}^*)$ 在 $\boldsymbol{x}^*$ 处连续，则不等式约束优化问题的可行方向集 $\mathcal{F}$ 与下降方向集 S 的交集是空集，即 $\mathcal{F} \cap S = \varnothing$，其中

$$\mathcal{F} = \{\boldsymbol{d} \in \mathrm{R}^n \mid \nabla c_i(\boldsymbol{x}^*)^{\mathrm{T}}\boldsymbol{d} > 0,\ i \in I(\boldsymbol{x}^*)\},\ S = \{\boldsymbol{d} \in \mathrm{R}^n \mid \nabla f(\boldsymbol{x}^*)^{\mathrm{T}}\boldsymbol{d} < 0\}$$

定理 5-6（KT 条件） 设 $\boldsymbol{x}^*$ 是不等式约束问题（NLP-NC）的局部极小点，有效约束 $\mathscr{T}(\boldsymbol{x}^*) = \{i \mid c_i(\boldsymbol{x}) = 0\}$，并设 $f(\boldsymbol{x})$ 和 $c_i(\boldsymbol{x}) (i = 1,\ 2,\ \cdots,\ m)$ 在 $\boldsymbol{x}^*$ 处可微。若向量组 $\nabla c_i(\boldsymbol{x}^*)$，$i \in I(\boldsymbol{x}^*)$ 线性无关，则存在向量 $\boldsymbol{\lambda} = [\lambda_1,\ \cdots,\ \lambda_m]^{\mathrm{T}} \geqslant 0$，使得

$$\begin{cases} \nabla f(\boldsymbol{x}^*) - \sum\limits_{i}^{m} \lambda_i^* \nabla c_i(\boldsymbol{x}^*) = 0 \\ c_i(\boldsymbol{x}^*) \geqslant 0,\ \lambda_i^* c_i(\boldsymbol{x}^*) \geqslant 0,\ i = 1,\ 2,\ \cdots,\ m \end{cases}$$

5.1.3　一般约束问题的最优性条件

定理 5-7（KT 一阶必要条件）　设 $\boldsymbol{x}^*$ 是一般约束问题（NLP）的局部极小点，在 $\boldsymbol{x}^*$ 处的有效约束集为

$$S(\boldsymbol{x}^*) = \mathcal{E} \cup \mathcal{I}(\boldsymbol{x}^*) = \mathcal{E} \cup \mathcal{I}(\boldsymbol{x}^*) = E \cup \{i \mid g_i(\boldsymbol{x}) = 0\}$$

并且 $f(\boldsymbol{x})$ 和 $c_i(\boldsymbol{x})$ $(i=1, \cdots, m)$ 在 $\boldsymbol{x}^*$ 处可微。若向量组 $\nabla c_i(\boldsymbol{x}^*)$，$i \in S(\boldsymbol{x}^*)$ 线性无关，则存在向量 $\boldsymbol{\lambda}^* \in \mathrm{R}^m$，使得

$$\nabla f(\boldsymbol{x}^*) - \sum_i^m \lambda_i^* \nabla c_i(\boldsymbol{x}^*) = 0$$

$$c_i(\boldsymbol{x}^*) = 0, \ i \in \mathcal{E}$$

$$c_i(\boldsymbol{x}^*) \geqslant 0, \ \lambda_i^* \geqslant 0, \ \lambda_i^* c_i(\boldsymbol{x}^*) = 0, \ i \in \mathcal{I}(\boldsymbol{x}^*)$$

上式称为 KT 条件，满足这一条件的点 $\boldsymbol{x}^*$ 称为 KT 点，而把 $(\boldsymbol{x}^*, \boldsymbol{\lambda}^*)$ 称为 KT 对，其中 $\boldsymbol{\lambda}^*$ 称为问题的拉格朗日乘子。通常 KT 点、KT 对和 KT 条件可以不加区别地使用。

$\lambda_i^* c_i(\boldsymbol{x}^*) = 0$，$i \in I(\boldsymbol{x}^*)$ 称为互补性松弛条件，这意味着 λ_i^* 和 $c_i(\boldsymbol{x}^*)$ 中至少有一个必为 0。若二者中的一个为 0，而另一个严格大于 0，则称为满足严格互补性松弛条件。

定理 5-8　对于约束优化问题 NLP，假设 $f(\boldsymbol{x})$，$c_i(\boldsymbol{x})$，$i \in \mathcal{A}(\boldsymbol{x})$ 都是二阶连续可微的，有效约束集 $\mathcal{A}(\boldsymbol{x})$ 由 NLP 所定义，并且 $(\boldsymbol{x}^*, \boldsymbol{\lambda}^*)$ 为 KT 对，若对任意的 $\boldsymbol{0} \neq \boldsymbol{d} \in \mathrm{R}^n$，$\nabla c_i(\boldsymbol{x}^*)^{\mathrm{T}} \boldsymbol{d} = 0$，$i \in \mathcal{A}(\boldsymbol{x}^*)$，均有 $\boldsymbol{d}^{\mathrm{T}} \nabla_{xx}^2 L(\boldsymbol{x}^*, \boldsymbol{\lambda}^*) \boldsymbol{d} > 0$，则 $\boldsymbol{x}^*$ 是 NLP 的一个严格局部极小点。

一般而言，NLP 的 KT 点不一定是局部极小点，但如果问题是凸优化问题，则 KT 点、局部极小点、全局极小点三者是等价的。

5.2　罚函数法

罚函数法的基本思想：根据约束条件的特点，在迭代点将其转化为某种惩罚函数加到目标函数中，从而将约束优化问题转化为一系列的无约束优化问题来求解，本章主要介绍外罚函数法、内点法和乘子法。

考虑一般约束的优化问题：

$$\begin{aligned} \text{NLP} \quad & \min_{\boldsymbol{x} \in D \subset \mathrm{R}^n} \ f(\boldsymbol{x}) \\ & \text{s.t.} \quad c_i(\boldsymbol{x}) = 0, \ i = 1, \cdots, p, \\ & \qquad\ \ c_i(\boldsymbol{x}) \geqslant 0, \ i = p+1, \cdots, m, \end{aligned}$$

其中，可行域 $D = \{\boldsymbol{x} \mid c_i(\boldsymbol{x}) = 0, \ c_j(\boldsymbol{x}) \geqslant 0, \ i=1, \cdots, p; \ j=p+1, \cdots, m\}$，指标集 $\mathcal{E} = \{1, 2, \cdots, p\}$，$\mathcal{I} = \{p+1, \cdots, m\}$。

5.2.1　外罚函数法

构造如下罚函数 $\bar{p}(\boldsymbol{x})$ 和增广目标函数 $p(\boldsymbol{x}, \sigma)$：

$$\bar{p}(\boldsymbol{x}) = \sum_{i=1}^{p} c_i^2(\boldsymbol{x}) + \sum_{i=p+1}^{m} \{\min(0, c_i(\boldsymbol{x}))\}^2$$

$$p(\boldsymbol{x}, \sigma) = f(\boldsymbol{x}) + \sigma\bar{p}(\boldsymbol{x})$$

其中，$\sigma > 0$ 为罚参数或罚因子。不难发现，当 $\boldsymbol{x} \in D$，即 $\boldsymbol{x}$ 为可行点时，$p(\boldsymbol{x}, \sigma) = f(\boldsymbol{x})$，此时，目标函数没有受到额外惩罚；而当 $\boldsymbol{x} \notin D$，即 $\boldsymbol{x}$ 不为可行点时，$p(\boldsymbol{x}, \sigma) > f(\boldsymbol{x})$，此时，目标函数受到了额外的惩罚。$\sigma$ 越大，受到的惩罚越重，当 σ 充分大时，要使 $p(\boldsymbol{x}, \sigma)$ 达到极小，罚函数 $\bar{p}(\boldsymbol{x})$ 应充分小才可以，从而 $p(\boldsymbol{x}, \sigma)$ 的极小点充分逼近可行域 D，而其极小值自然充分逼近 $f(\boldsymbol{x})$ 在 D 上的极小值，这样求解问题(NLP)就可以化为求解一系列无约束的优化问题：

$$\text{NLP-k} \ \min p(\boldsymbol{x}, \sigma_k)$$

其中，$\{\sigma_k\}$ 为正数序列且 $\sigma_k \to +\infty$.

算法 5.1　外罚函数法计算步骤

Step 1　给定终止误差 $\epsilon \in (0, 1)$，$\sigma_1 > 0$，$\gamma > 1$。令 $k = 1$。

Step 2　以 σ_k 形成如下子问题：

$$\min_{\boldsymbol{x} \in \mathrm{R}^n} p(\boldsymbol{x}, \sigma_k) = f(\boldsymbol{x}) + \sigma_k\bar{p}(\boldsymbol{x}) = f(\boldsymbol{x}) + \sigma_k\left\{\sum_{i=1}^{p} c_i^2(\boldsymbol{x}) + \sum_{i=p+1}^{m} [\min(0, c_i(\boldsymbol{x})]^2\right\}$$

获得其极小点 $\boldsymbol{x}_k$。

Step 3　若 $\sigma_k\bar{p}(\boldsymbol{x}_k) \leqslant \epsilon$，停算，输出 $\boldsymbol{x}_k$ 作为近似极小点；否则，转 Step 4。

Step 4　令 $\sigma_{k+1} = \gamma\sigma_k$，$k = k + 1$，转 Step 2。

由算法 5.1 可知，外罚函数法结构简单，可以直接调用无约束优化算法的通用程序，因而容易编程实现。其缺点是：① $\boldsymbol{x}_k$ 往往不是可行点，这对于某些实际问题是难以接受的；②罚参数 σ_k 的选取比较困难，取得过小，可能起不到"惩罚"的作用，而取得过大，则可能造成 $p(\boldsymbol{x}, \sigma_k)$ 的 Hessian 矩阵的条件数很大，从而带来数值实现上的困难；③注意到 $\bar{p}(\boldsymbol{x}_k)$ 一般是不可微的，因而难以直接使用利用导数的优化算法，从而收敛速度缓慢。

定理 5-9　设 $\{\boldsymbol{x}_k\}$ 和 $\{\sigma_k\}$ 是由算法 5.1 产生的序列，$\boldsymbol{x}^*$ 是约束优化问题(NLP)的全局极小点，若 $\boldsymbol{x}_k$ 为无约束子问题(NLP-k)的全局极小点，并且罚参数 $\sigma_k \to +\infty$，则 $\{\boldsymbol{x}_k\}$ 的任一聚点 $\bar{\boldsymbol{x}}$ 都是 NLP 的全局极小点。

定理 5-9 要求算法的每一迭代步求解子问题得到的 $\{\boldsymbol{x}_k\}$ 必须是无约束问题 $\min\limits_{\boldsymbol{x} \in \mathrm{R}^n} p(\boldsymbol{x}, \sigma_k)$ 的全局极小点。这一点在实际计算中是很难实现的，因为求无约束优化问题全局极小点至今仍然是一个很困难的问题，故算法 5.1(外罚函数法)经常遇到迭代失败的情形，此外，算法 5.1 之所以选用 $\sigma_k\bar{p}(\boldsymbol{x}_k) \leqslant \epsilon$ 作为终止条件，其原因为

$$\lim_{k\to\infty}\sigma_k\,\bar{p}(\boldsymbol{x}_k) = \lim_{k\to\infty}[p(\boldsymbol{x}_k, \sigma_k) - f(\boldsymbol{x}_k)] = p^{\infty} - f^{\infty}$$

例 5.1　求解如下问题：

$$\min_{X} \quad f(\boldsymbol{X}) = \frac{1}{3}(x_1 + 1)^3 + x_2$$

$$\text{s.t.}\quad g_1(\boldsymbol{X}) = 1 - x_1 \leqslant 0$$
$$g_2(\boldsymbol{X}) = - x_2 \leqslant 0$$
$$x_1,\ x_2 \in \mathrm{R}$$

解：构造增广目标函数

$$p(\boldsymbol{X},\ \sigma) = f(\boldsymbol{X}) + \sigma\bar{p}(\boldsymbol{X})$$
$$= \frac{1}{3}(x_1 + 1)^3 + x_2 + \sigma[\max\{0,\ 1 - x_1\}]^2 + \sigma[\max\{0,\ - x_2\}]^2$$

转换为无约束的最优化问题，应用 KKT 必要条件，有

$$\frac{\partial p(\boldsymbol{X},\ \sigma)}{\partial x_1} = (x_1 + 1)^2 - 2\sigma[\max\{0,\ 1 - x_1\}] = 0$$
$$\frac{\partial p(\boldsymbol{X},\ \sigma)}{\partial x_2} = 1 - 2\sigma[\max\{0,\ - x_2\}] = 0$$

上式等价于

$$\min\{(x_1 + 1)^2,\ (x_1 + 1)^2 - 2\sigma(1 - x_1)\} = 0$$
$$\min\{1,\ 1 + 2\sigma x_2\} = 0$$

依题意有

$$(x_1 + 1)^2 - 2\sigma(1 - x_1) = 0$$
$$1 + 2\sigma x_2 = 0$$

求解得

$$x_1^*(\sigma) = - 1 - \sigma + \sigma\left(1 + \frac{4}{\sigma}\right)^{\frac{1}{2}}$$
$$x_2^*(\sigma) = - \frac{1}{2\sigma}$$

依据惩罚项 $\sigma \to + \infty$，得

$$x_1^* = \lim_{\sigma \to + \infty}\left[- 1 - \sigma + \sigma\left(1 + \frac{4}{\sigma}\right)^{\frac{1}{2}}\right] = 1$$
$$x_2^* = \lim_{\sigma \to + \infty}\left(- \frac{1}{2\sigma}\right) = 0$$
$$f^* = \lim_{\sigma \to + \infty} p(X,\ \sigma) = \frac{8}{3}$$

采用算法 5.1 迭代计算，给定值 $\sigma_1 = 0.001$，$\gamma = 10$。令 $k = 1$，其迭代计算过程如表 5-1 所示。

表 5-1　　**例 5.1 迭代计算过程**

k	σ	x_1	x_2	p	f	$\bar{p} = p - f$
1	0.001	−0.9378	−500	−249.9962	−500	250.0038
2	0.01	−0.8098	−50	−24.965	−49.9977	25.0327

续表

k	σ	x_1	x_2	p	f	$\bar{p}=p-f$
3	0.1	-0.4597	-5	-2.2344	-4.9474	2.713
4	1	0.2361	-0.5	0.9631	0.1295	0.8336
5	10	0.8321	-0.05	2.3068	2.0001	0.3067
6	100	0.9804	-0.005	2.6249	2.5840	0.0409
7	1000	0.9880	-0.0005	2.6624	2.6582	0.0042
8	10000	0.9996	-0.00005	2.6655	2.6652	0.0003
…	∞	1	0	$\frac{8}{3}$	$\frac{8}{3}$	0

5.2.2 内点法

内点法一般只适用于不等式约束的优化问题：

$$\text{NLP-UC}\quad \min_{\boldsymbol{x}\in D\subset \mathrm{R}^n} f(\boldsymbol{x})$$
$$\text{s.t.}\quad c_i(\boldsymbol{x})\geqslant 0,\ i=1,2,\cdots,m$$

内点法的基本思想：保持每一个迭代点 $\boldsymbol{x}_k$ 都是可行域 D 的内点，且在可行域的边界被筑起一道很高的"围墙"作为障碍，当迭代点靠近边界时，增广目标函数值骤然增大，以示"惩罚"，并阻止迭代点穿越边界。因此，内点法也称为内罚函数法或障碍函数法，只适用于可行域的内点集非空的情形，即

$$D_0=\{\boldsymbol{x}\in \mathrm{R}^n \mid c_i(\boldsymbol{x})>0,\ i=1,2,\cdots,m\}\neq\varnothing$$

类似于外罚函数法，可构造如下增广目标函数：

$$p(\boldsymbol{x},\sigma)=f(\boldsymbol{x})+\sigma\bar{p}(\boldsymbol{x})$$

其中，$\sigma>0$ 称为罚因子或罚参数；$\bar{p}(\boldsymbol{x})$ 为障碍函数，它需要满足如下性质：当 $\boldsymbol{x}$ 在 D_0 趋向于边界时，至少有一个 $c_i(\boldsymbol{x})$ 趋向于0，而 $\bar{p}(\boldsymbol{x})$ 要趋向于无穷大。如下两种函数：

$$\bar{p}(\boldsymbol{x})=\sum_{i=1}^{m}\frac{1}{c_i(\boldsymbol{x})},\quad \bar{p}(\boldsymbol{x})=-\sum_{i=1}^{m}\ln(c_i(\boldsymbol{x}))$$

这样，当 $\boldsymbol{x}$ 在 D_0 中时，$\bar{p}(\boldsymbol{x})>0$ 是有限的；当 $\boldsymbol{x}$ 接近边界时，$\bar{p}(\boldsymbol{x})\to+\infty$，从而增广目标函数的值也趋向于无穷大，因此，得到了严重的"惩罚"。

由于约束优化问题的极小点一般在可行域的边界上达到，因此，与外罚函数法中的罚因子 $\sigma_k\to+\infty$ 相反，内点法中的罚因子则要求 $\sigma_k\to 0$。于是，求解问题(NLP-UC)就可以转化为求解序列无约束优化子问题：

$$\min_{\boldsymbol{x}\in \mathrm{R}^n} p(\boldsymbol{x},\sigma_k)=f(\boldsymbol{x})+\sigma_k\bar{p}(\boldsymbol{x})$$

算法 5.2 内点法

Step 1 给定初始点 $\boldsymbol{x}_0\in \mathrm{R}^n$，终止误差 $\epsilon\in(0,1)$，$\sigma_1>0$，$\gamma\in(0,1)$。令 $k=1$。

Step 2　以 $\boldsymbol{x}_{k-1}$ 为初始点求解如下子问题：

$$\min_{\boldsymbol{x}\in \mathrm{R}^n} \quad p(\boldsymbol{x}, \sigma_k) = f(\boldsymbol{x}) + \sigma_k \bar{p}(\boldsymbol{x}) = f(\boldsymbol{x}) + \sigma_k \left[\sum_{i=1}^{m} \frac{1}{c_i(\boldsymbol{x})} \right]$$

获得其极小点 $\boldsymbol{x}_k$。

Step 3　若 $\sigma_k \bar{p}(\boldsymbol{x}_k) \leqslant \epsilon$，停算，输出 $\boldsymbol{x}_k$ 作为近似极小点；否则转 Step 4。

Step 4　令 $\sigma_{k+1} = \gamma \sigma_k$，$k = k + 1$，转 Step 2。

由算法 5.2 可以看出，内点法的优点是结构简单、适应性强，但是随着迭代过程的进行，罚参数 σ_k 将变得越来越小，趋向于零，使得增广目标函数的病态性越来越严重，这给无约束子问题的求解带来了数值实现上的困难，可能导致迭代的失败，此外，内点法的初始点 $\boldsymbol{x}_0$ 要求是一个严格的可行点，一般来说，这也是比较麻烦甚至困难的。

下面的定理给出了算法 5.2 的收敛性。

定理 5-10　设 $f(\boldsymbol{x})$ 在上存在全局极小点 $\boldsymbol{x}^*$ 且内点集非空。$\{\boldsymbol{x}_k\}$ 和 $\{\sigma_k\}$ 是由算法 5.2 产生的序列，若 $\boldsymbol{x}_k$ 为无约束子问题的全局极小点，且罚参数 $\sigma_k \to 0$，则 $\{\boldsymbol{x}_k\}$ 的任一聚点 $\bar{\boldsymbol{x}}$ 都是问题的全局极小点。

考虑一般约束优化问题内点法特征的罚函数方法，途径之一是对等式约束利用“外罚函数”的思想，而对于不等式约束则利用“障碍函数”的思想，构造出所谓混合增广目标函数。

$$p(\boldsymbol{x}, \sigma_k) = f(\boldsymbol{x}) + \frac{1}{2\sigma_k} \sum_{i=1}^{p} c_i^2(\boldsymbol{x}) + \sigma_k \sum_{i=p+1}^{m} \frac{1}{c_i(\boldsymbol{x})}$$

$$p(\boldsymbol{x}, \sigma_k) = f(\boldsymbol{x}) + \frac{1}{2\sigma_k} \sum_{i=1}^{p} c_i^2(\boldsymbol{x}) - \sigma_k \sum_{i=p+1}^{m} \ln(c_i(\boldsymbol{x}))$$

于是，可以类似于内点法或外罚函数法的算法框架，建立起相应的算法，但由此建立的算法的初始点的选取仍然是个困难的问题。

另一种途径是，引入松弛变量 $y_i(i = 1, 2, \cdots, m - p)$，将含不等式约束的问题等价地转化为一个等式约束非线性最优化问题：

$$\begin{aligned} \min_{\boldsymbol{x}\in D\subset \mathrm{R}^n} \quad & f(\boldsymbol{x}, \boldsymbol{y}) \\ \text{s.t.} \quad & c_i(\boldsymbol{x}) = 0,\ i = 1, 2, \cdots, p, \\ & c_i(\boldsymbol{x}) - y_{i-p} = 0,\ i = p + 1, \cdots, m, \\ & y_i \geqslant 0,\ i = 1, 2, \cdots, m - p. \end{aligned}$$

然后构造等价问题的混合增广目标函数：

$$p(\boldsymbol{x}, \boldsymbol{y}, \sigma_k) = f(\boldsymbol{x}) + \frac{1}{2\sigma_k} \sum_{i=1}^{p} c_i^2(\boldsymbol{x}) + \frac{1}{2\sigma_k} \sum_{i=p+1}^{m} [c_i(\boldsymbol{x}) - y_{i-p}]^2 + \sigma_k \sum_{i=p+1}^{m} \frac{1}{y_i}$$

$$p(\boldsymbol{x}, \boldsymbol{y}, \sigma_k) = f(\boldsymbol{x}) + \frac{1}{2\sigma_k} \sum_{i=1}^{p} c_i^2(\boldsymbol{x}) + \frac{1}{2\sigma_k} \sum_{i=p+1}^{m} [c_i(\boldsymbol{x}) - y_{i-p}]^2 - \sigma_k \sum_{i=p+1}^{m} \ln(y_i)$$

在此基础上，类似于前面的外罚函数法与内点法的算法框架，可以建立起相应的求解算法，值得说明的是，此时，任意的 $(\boldsymbol{x}, \boldsymbol{y})(y > 0)$ 均可作为一个合适的初始点来启动相应的迭代算法。

例 5.2 用内点法求解例 5.1。

解：构造增广目标函数：

$$p(\boldsymbol{X}, \sigma) = f(\boldsymbol{X}) + \sigma \bar{p}(\boldsymbol{X})$$

$$= \frac{1}{3}(x_1 + 1)^3 + x_2 - \sigma\left(\frac{1}{1 - x_1} - \frac{1}{x_2}\right)$$

将原问题转换为无约束的最优化问题，应用 KKT 必要条件，有

$$\frac{\partial p(\boldsymbol{X}, \sigma)}{\partial x_1} = (x_1 + 1)^2 - \frac{\sigma}{(1 - x_1)^2} = 0$$

$$\frac{\partial p(\boldsymbol{X}, \sigma)}{\partial x_2} = 1 - \frac{\sigma}{x_2^2} = 0$$

依题意求解得

$$x_1^*(\sigma) = (\sigma^{\frac{1}{2}} + 1)^{\frac{1}{2}}$$

$$x_2^*(\sigma) = \sigma^{\frac{1}{2}}$$

依据惩罚项 $\sigma \to 0$，得

$$x_1^* = \lim_{\sigma \to 0}(\sigma^{\frac{1}{2}} + 1)^{\frac{1}{2}} = 1$$

$$x_2^* = \lim_{\sigma \to 0}\sigma^{\frac{1}{2}} = 0$$

$$f^* = \lim_{\sigma \to +\infty} p(\boldsymbol{X}, \sigma) = \frac{8}{3}$$

采用算法 5.2 迭代计算，给定值 $\sigma_1 = 1000$，$\gamma = 0.1$。令 $k = 1$，其计算过程如表 5-2 所示。

表 5-2 **例 5.2 迭代计算过程**

k	σ	x_1	x_2	p	f	$\bar{p} = p - f$
1	1000	5.7116	31.6228	376.2636	132.4003	243.8633
2	100	3.3166	10	89.9772	36.8109	53.1663
3	10	2.0401	3.1623	25.3048	12.5286	12.7762
4	1	1.414	1	9.1046	5.6904	3.4142
5	0.1	1.1473	0.3162	4.6117	3.6164	0.9953
6	0.01	1.0488	0.1	3.2716	2.9667	0.3049
7	0.001	1.0157	0.03162	2.8569	2.7615	0.0954
8	0.0001	1.005	0.01	2.7267	2.6967	0.03
9	0.00001	1.0016	0.00316	2.6856	2.6762	0.0094
10	0.000001	1.0005	0.001	2.6727	2.6697	0.003
…	∞	1	0	$\frac{8}{3}$	$\frac{8}{3}$	0

例 5.3 用内点法求解如下问题：

$$
\begin{aligned}
\min_{X} \quad & f(X) = x_1^3 - 6x_1^2 + 11x_1 + x_3 \\
\text{s.t.} \quad & x_1^2 + x_2^2 - x_3^2 \leqslant 0 \\
& 4 - x_1^2 - x_2^2 - x_3^2 \leqslant 0 \\
& x_3 - 5 \leqslant 0 \\
& x_i \geqslant 0, \quad i = 1, 2, 3
\end{aligned}
$$

解：先用内点法将原问题转为无约束的优化问题，再结合 DFP 和三次插值的一维搜索方法求解。

首先给出一个可行点 $X = [0.1, 0.1, 3]^T$，$\sigma_1 = 1$，$\gamma = 0.1$，迭代计算过程如表 5-3 所示。

表 5-3 **例 5.3 计算过程**

k	σ	X_0	无约束问题迭代次数	无约束问题迭代结果	p	f	$\bar{p}$
1	1×10^{0}	$\begin{bmatrix}0.1\\0.1\\3\end{bmatrix}$	9	$\begin{bmatrix}0.379\\1.68\\2.346\end{bmatrix}$	10.3219	5.708	4.6139
2	1×10^{-1}	$\begin{bmatrix}0.379\\1.68\\2.346\end{bmatrix}$	7	$\begin{bmatrix}0.1\\1.42\\1.68\end{bmatrix}$	4.1244	2.7327	1.3917
3	1×10^{-2}	$\begin{bmatrix}0.1\\1.42\\1.68\end{bmatrix}$	5	$\begin{bmatrix}0.03\\1.414\\1.50\end{bmatrix}$	2.2544	1.83	0.4244
4	1×10^{-3}	$\begin{bmatrix}0.03\\1.414\\1.50\end{bmatrix}$	3	$\begin{bmatrix}0.01\\1.68\\1.44\end{bmatrix}$	1.6781	1.546	0.1321
5	1×10^{-4}	$\begin{bmatrix}0.01\\1.68\\1.44\end{bmatrix}$	7	$\begin{bmatrix}0.003\\1.414\\1.422\end{bmatrix}$	1.4975	1.456	0.0415
6	1×10^{-5}	$\begin{bmatrix}0.003\\1.414\\1.422\end{bmatrix}$	3	$\begin{bmatrix}0.001\\1.414\\1.417\end{bmatrix}$	1.4405	1.427	0.0135
7	1×10^{-6}	$\begin{bmatrix}0.001\\1.414\\1.417\end{bmatrix}$	3	$\begin{bmatrix}0.0003\\1.414\\1.415\end{bmatrix}$	1.4225	1.418	0.0045

续表

k	σ	X_0	无约束问题迭代次数	无约束问题迭代结果	p	f	$\bar{p}$
8	1×10^{-7}	$\begin{bmatrix}0.0003\\1.414\\1.415\end{bmatrix}$	3	$\begin{bmatrix}0\\1.414\\1.41\end{bmatrix}$	1.4168	1.416	0.0008
9	1×10^{-8}	$\begin{bmatrix}0\\1.414\\1.41\end{bmatrix}$	5	$\begin{bmatrix}0\\1.414\\1.414\end{bmatrix}$	1.4151	1.415	0.0001

5.2.3 乘子法

乘子法的基本思想：从原问题的拉格朗日函数出发，再加上适当的罚函数，从而将原问题转化为求解一系列的无约束优化子问题，由于外罚函数法中的罚参数 $\sigma_k \to +\infty$，因此，增广目标函数变得“越来越病态”，增广目标函数的这种病态性质是外罚函数的主要缺点，而这种缺陷在乘子法中由于引入拉格朗日函数及加上适当的罚函数，而得以被有效地克服。

考虑等式约束优化问题：

$$\text{NLP-EC} \quad \min_{\boldsymbol{x}\in D\subset \mathbf{R}^n} f(\boldsymbol{x})$$
$$\text{s.t.}\quad c_i(\boldsymbol{x})=0,\quad i=1,2,\cdots,p$$

记 $c(\boldsymbol{x})=[c_1(\boldsymbol{x}),\cdots,c_p(\boldsymbol{x})]^{\mathrm{T}}$，则等式约束优化问题 NLP-EC 的拉格朗日函数为

$$L(\boldsymbol{x},\lambda)=f(\boldsymbol{x})-\boldsymbol{\lambda}^{\mathrm{T}}c(\boldsymbol{x})$$

其中，$\boldsymbol{\lambda}=[\lambda_1,\cdots,\lambda_p]^{\mathrm{T}}$ 为乘子向量。设 $(\boldsymbol{x}^*,\boldsymbol{\lambda}^*)$ 是等式约束优化问题 NLP-EC 的 KT 点，则由最优性条件有

$$\nabla_x L(\boldsymbol{x}^*,\boldsymbol{\lambda}^*)=0,\ \nabla_\lambda L(\boldsymbol{x}^*,\boldsymbol{\lambda}^*)=-c(\boldsymbol{x}^*)=0$$

此外，不难发现，$\forall \boldsymbol{x}\in D$，有

$$L(\boldsymbol{x}^*,\boldsymbol{\lambda}^*)=f(\boldsymbol{x}^*)\leqslant f(\boldsymbol{x})=f(\boldsymbol{x})-\boldsymbol{\lambda}^{*\mathrm{T}}c(\boldsymbol{x})=L(\boldsymbol{x},\boldsymbol{\lambda}^*)$$

上式表明，若已知乘子向量 λ^*，则等式约束优化问题(NLP-EC)可等价地转化为

$$\text{NLP-EC1}\quad \min\ L(\boldsymbol{x},\boldsymbol{\lambda}^*)$$
$$\text{s.t.}\quad c(\boldsymbol{x})=0$$

用外罚函数法求解等式约束优化问题 NLP-EC1，其增广目标函数为

$$\psi(\boldsymbol{x},\boldsymbol{\lambda}^*,\sigma)=L(\boldsymbol{x},\boldsymbol{\lambda}^*)+\frac{\sigma}{2}\|c(\boldsymbol{x})\|^2$$

定理 5-11 设无约束优化问题：

$$\min\quad \psi(\boldsymbol{x},\boldsymbol{\lambda}_k,\sigma)=L(\boldsymbol{x},\boldsymbol{\lambda}_k)+\frac{\sigma}{2}\|c(\boldsymbol{x})\|^2$$

的极小点为 $\boldsymbol{x}_k$，则 $(\boldsymbol{x}_k, \boldsymbol{\lambda}_k)$ 是问题(NLP-EC)的 KT 对的充要条件是 $c(\boldsymbol{x}_k)=0$。

求解等式约束优化问题 NLP-EC 的乘子法由 Powell 和 Hestenes 首先独立提出来的，因此，也称为 PH 算法。

算法 5.3　PH 算法的详细步骤

Step 1　给定初始点 $\boldsymbol{x}_0 \in \mathrm{R}^n$，$\boldsymbol{\lambda}_1 \in \mathrm{R}^p$，终止误差 $\epsilon \in (0, 1)$，$\sigma_1 > 0$，$\gamma \in (0, 1)$，$\eta > 1$。令 $k=1$。

Step 2　求解子问题，以 $\boldsymbol{x}_{k-1}$ 为初始点，求解无约束子问题的极小点 $\boldsymbol{x}_k$。

$$\min_{\boldsymbol{x}} \quad \psi(\boldsymbol{x}, \boldsymbol{\lambda}_k, \sigma_k)=f(\boldsymbol{x})-\boldsymbol{\lambda}_k^{\mathrm{T}} c(\boldsymbol{x})+\frac{\sigma_k}{2}\|c(\boldsymbol{x})\|^2$$

Step 3　检验终止条件，若 $\|c(\boldsymbol{x}_k)\| \leqslant \epsilon$，停算，输出 $\boldsymbol{x}_k$ 作为原问题的近似极小点；否则，转 Step 4。

Step 4　更新罚参数。若 $\|c(\boldsymbol{x}_k)\| \geqslant \gamma\|c(\boldsymbol{x}_{k-1})\|$，令 $\sigma_{k+1}=\eta\sigma_k$；否则，$\sigma_{k+1}=\sigma_k$。

Step 5　更新乘子向量。令 $\boldsymbol{\lambda}_k=\boldsymbol{\lambda}_k-\sigma_k c(\boldsymbol{x}_k)$，$k=k+1$，转 Step 2。

例 5.4　用乘子法求解约束优化问题：

$$\min_{\boldsymbol{X}} \quad f(\boldsymbol{X})=x_1^2-x_2^2$$
$$\text{s.t.} \quad x_2=-1$$

解：首先写出所求问题相应于乘子法的增广目标函数：

$$\psi(\boldsymbol{X}, \lambda, \sigma)=x_1^2-x_2^2-\lambda(x_1+1)+\frac{\sigma}{2}(x_1+1)^2$$

根据 $\dfrac{\partial\psi}{\partial\boldsymbol{X}}=0$，可得

$$\frac{\partial\psi}{\partial x_1}=2x_1=0,\ \frac{\partial\psi}{\partial x_2}=(\sigma-2)x_2-(\lambda-\sigma)=0$$

对于 $\sigma>2$，有

$$\boldsymbol{X}=\begin{bmatrix} x_1 \\ x_2 \end{bmatrix}=\begin{bmatrix} 0 \\ \dfrac{\lambda-\sigma}{\sigma-2} \end{bmatrix}$$

随着迭代进展，$\lambda \to 0$，$\sigma \to \infty$，可得 $\boldsymbol{X}^*=\begin{bmatrix} 0 \\ -1 \end{bmatrix}$。

定理 5-12　设等式约束优化问题(NLP-EC)的 KT 点 $(\boldsymbol{x}^*, \lambda^*)$ 满足二阶充分性条件，则存在一个 $\sigma^*>0$，对所有的 $\sigma>\sigma^*$，$\boldsymbol{x}^*$ 是增广目标函数 $\psi(\boldsymbol{x}, \lambda^*, \sigma)$ 的严格局部极小点；进一步，若 $c(\bar{\boldsymbol{x}})=0$ 且 $\bar{\boldsymbol{x}}$ 对某个 $\bar{\lambda}$ 是 $\psi(\boldsymbol{x}, \bar{\lambda}, \sigma)$ 的局部极小点，则 $\bar{x}$ 也是等式约束优化问题 NLP-EC 的局部极小点。

对同时带有等式和不等式约束的优化问题的乘子法，其基本思想是：把针对等式约束优化问题的乘子法推广到不等式约束优化问题，即先引进辅助变量把不等式约束化为等式约束，然后再利用最优性条件消去辅助变量。

此时，增广拉格朗日函数为

$$\psi(\boldsymbol{x}, \boldsymbol{\mu}, \boldsymbol{\lambda}, \sigma) = f(\boldsymbol{x}) - \sum_{i=1}^{p} \mu_i c_i(\boldsymbol{x}) + \frac{\sigma}{2}\sum_{i=1}^{p} c_i^2(\boldsymbol{x}) + \frac{1}{2\sigma}\sum_{i=p+1}^{m}[(\min\{0, \sigma c_i(\boldsymbol{x}) - \boldsymbol{\lambda}_i\})^2 - \boldsymbol{\lambda}_i^2]$$

乘子迭代的公式为

$$(\boldsymbol{\mu}_{k+1})_i = (\boldsymbol{\mu}_k)_i - \sigma c_i(\boldsymbol{x}_k), \quad i = 1, 2, \cdots, p$$
$$(\boldsymbol{\lambda}_{k+1})_i = \max\{0, (\boldsymbol{\lambda}_k)_i - \sigma c_i(\boldsymbol{x})\}, \quad i = p+1, \cdots, m$$

令

$$\beta_k = \left(\sum_{i=1}^{p} c_i^2(\boldsymbol{x}) + \sum_{i=p+1}^{m}\left[\min\left\{c_i(\boldsymbol{x}_k), \frac{(\boldsymbol{\lambda}_k)_i}{\sigma}\right\}\right]^2\right)^{\frac{1}{2}}$$

则终止准则为

$$\beta_k \leqslant \epsilon$$

求解一般约束优化问题(NLP)乘子法的详细步骤由 Rockefeller 在 PH 算法的基础上提出的，因此，简称为 PHR 算法。

算法 5.4　PHR 算法的详细步骤

Step 1　给定初始点 $\boldsymbol{x}_0 \in \mathrm{R}^n$，$\boldsymbol{\mu}_1 \in \mathrm{R}^p$，$\lambda_1 \in \mathrm{R}^{m-p}$，终止误差 $\boldsymbol{\epsilon} \in (0, 1)$，$\sigma_1 > 0$，$\gamma \in (0, 1)$，$\eta > 1$。令 $k = 1$。

Step 2　求解子问题。以 $\boldsymbol{x}_{k-1}$ 为初始点，求解如下无约束子问题的极小点 x_k：

$$\min \quad \psi(\boldsymbol{x}, \boldsymbol{\mu}_k, \boldsymbol{\lambda}_k, \sigma_k) = f(\boldsymbol{x}) - \sum_{i=1}^{p} \mu_i c_i(\boldsymbol{x}) + \frac{\sigma_k}{2}\sum_{i=1}^{p} c_i^2(\boldsymbol{x}) + \frac{1}{2\sigma_k}\sum_{i=p+1}^{m}[(\min\{0, \sigma_k c_i(\boldsymbol{x}) - \lambda_i\})^2 - \lambda_i^2]$$

Step 3　检验终止条件，若 $\beta_k \leqslant \boldsymbol{\epsilon}$，则停止迭代，输出 $\boldsymbol{x}_k$ 作为原问题的近似极小点；否则，转 Step 4。

Step 4　更新罚参数。若 $\beta_k \geqslant \gamma\beta_{k-1}$，令 $\sigma_{k+1} = \eta\sigma_k$；否则，$\sigma_{k+1} = \sigma_k$。

Step 5　更新乘子向量。

$$(\boldsymbol{\mu}_{k+1})_i = (\boldsymbol{\mu}_k)_i - \sigma c_i(\boldsymbol{x}_k), \quad i = 1, 2, \cdots, p$$
$$(\boldsymbol{\lambda}_{k+1})_i = \max\{0, (\boldsymbol{\lambda}_k)_i - \sigma c_i(\boldsymbol{x})\}, \quad i = p+1, \cdots, m$$

令 $k = k + 1$，转 Step 2。

5.3　可行方向法

可行方向法是一类直接处理约束优化问题的方法，其基本思想是：要求每一步迭代产生的搜索方向不仅对目标函数是下降方向，而且对约束函数来说是可行方向，即迭代点总是满足所有的约束条件，各种不同的可行方向法的主要区别在于选取可行方向 $\boldsymbol{d}_k$ 的策略不同，这里主要介绍 Zoutendijk 可行方向法、投影梯度法和简约梯度法三类可行方向法。

5.3.1　Zoutendijk 可行方向法

Zoutendijk 可行方向法是用一个线性规划来确定搜索方向——下降可行方向的方法，它最早是由 Zoutendijk 于 1960 年提出来的。下面分线性约束和非线性约束两种情形来讨论其算法原理。

1. 线性约束下的可行方向法

考虑下面的非线性优化问题：

$$\begin{aligned} \text{NLP-LC}\quad \min\quad & f(\boldsymbol{x}) \\ \text{s.t.}\quad & \boldsymbol{A}\boldsymbol{x} \geqslant \boldsymbol{b} \\ & \boldsymbol{E}\boldsymbol{x} = \boldsymbol{e} \end{aligned}$$

其中，$f(\boldsymbol{x})$ 连续可微，$\boldsymbol{b} \in \mathrm{R}^n$，有 m 个线性不等式约束和 l 个线性等式约束；$\boldsymbol{A}$，$\boldsymbol{E}$ 为适当维数的矩阵；$\boldsymbol{b}$，$\boldsymbol{e}$ 为适当维数的列向量。

定理 5-13　设 $\bar{x}$ 是非线性优化问题(NLP-LC)的一个可行点，并且在 $\bar{\boldsymbol{x}}$ 处有 $\boldsymbol{A}_1\bar{\boldsymbol{x}} = \boldsymbol{b}_1$，$\boldsymbol{A}_2\bar{\boldsymbol{x}} > \boldsymbol{b}_2$，其中 $\boldsymbol{A} = \begin{bmatrix} \boldsymbol{A}_1 \\ \boldsymbol{A}_2 \end{bmatrix}$，$\boldsymbol{b} = \begin{bmatrix} \boldsymbol{b}_1 \\ \boldsymbol{b}_2 \end{bmatrix}$，则 $\bar{\boldsymbol{x}}$ 是非线性优化问题(NLP-LC)的 KT 点的充要条件是如下子问题的最优值为 0：

$$\begin{aligned} \min\quad & \nabla f(\bar{\boldsymbol{x}})^{\mathrm{T}}\boldsymbol{d} \\ \text{s.t.}\quad & \boldsymbol{A}_1\boldsymbol{d} = \boldsymbol{0},\ \boldsymbol{E}\boldsymbol{d} = \boldsymbol{0} \\ & \boldsymbol{d}_i \in (-1,\ 1),\quad i = 1,\ 2,\ \cdots,\ n \end{aligned}$$

算法 5.5　线性约束的可行方向法计算步骤

Step 1　给定初始可行点 $\boldsymbol{X}_1$，终止误差 ϵ_1，$\epsilon_2 \in (0,\ 1)$，令 $k = 1$。

Step 2　在 $\boldsymbol{X}_k$ 处，将不等式约束分为有效约束和非有效约束，$\boldsymbol{A}_1\boldsymbol{X}_k = \boldsymbol{b}_1$，$\boldsymbol{A}_2\boldsymbol{X}_k > \boldsymbol{b}_2$，其中 $\boldsymbol{A} = \begin{bmatrix} \boldsymbol{A}_1 \\ \boldsymbol{A}_2 \end{bmatrix}$，$\boldsymbol{b} = \begin{bmatrix} \boldsymbol{b}_1 \\ \boldsymbol{b}_2 \end{bmatrix}$。

Step 3　若 $\boldsymbol{X}_k$ 是可行域的一个内点(此时 NLP-LC 中没有等式约束，即 $E = [\ ]$，且 $A_1 = [\ ]$)，且 $\|\nabla f(\boldsymbol{X}_k)\| \leqslant \epsilon_1$，停算，得到近似极小点 $\boldsymbol{X}_k$；否则，若 $\boldsymbol{X}_k$ 是可行域的一个内点，但 $\|\nabla f(\boldsymbol{X}_k)\| > \epsilon_1$，则取搜索方向 $\boldsymbol{d}_k = -\nabla f(\boldsymbol{X}_k)$，转 Step 6(即用目标函数的负梯度方向作为搜索方向再求步长，此时类似于无约束优化问题)。若 $\boldsymbol{X}_k$ 不是可行域的一个内点，则转 Step 4。

Step 4　求解线性规划问题：

$$\begin{aligned} \min\quad & z = \nabla f(\boldsymbol{X}_k)^{\mathrm{T}}\boldsymbol{d} \\ \text{s.t.}\quad & \boldsymbol{A}_1\boldsymbol{d} = 0,\ \boldsymbol{E}\boldsymbol{d} = 0,\ \boldsymbol{A}_2\boldsymbol{d} \geqslant 0 \\ & \boldsymbol{d}_i \in [-1,\ 1],\quad i = 1,\ 2,\ \cdots,\ n \end{aligned}$$

其中，$\boldsymbol{d}=[d_1 \ \cdots \ d_n]^{\mathrm{T}}$。求得最优解和最优值分别为 $\boldsymbol{d}_k$ 和 $\boldsymbol{z}_k$。

Step 5 若 $|\boldsymbol{z}_k| \leqslant \epsilon_2$，停算，输出 $\boldsymbol{X}_k$ 作为近似极小点；否则，以 $\boldsymbol{d}_k$ 作为搜索方向，转 Step 6。

Step 6 计算

$$\bar{\boldsymbol{b}}=\boldsymbol{b}_2-\boldsymbol{A}_2\boldsymbol{X}_k, \quad \bar{\boldsymbol{d}}=\boldsymbol{A}_2\boldsymbol{d}_k$$

$$\bar{\alpha}=\begin{cases}\min\left\{\dfrac{\bar{\boldsymbol{b}}_i}{\bar{\boldsymbol{d}}_i}=\dfrac{(\boldsymbol{b}_2-\boldsymbol{A}_2\boldsymbol{X}_k)_i}{(\boldsymbol{A}_2\boldsymbol{d}_k)_i}\middle|\bar{\boldsymbol{d}}_i<0\right\}, & \bar{d}\ngeq 0\\ +\infty, & \bar{d}\geqslant 0\end{cases}$$

然后作一维搜索：

$$\min_{0\leqslant\alpha\leqslant\bar{\alpha}} f(\boldsymbol{x}_k+\alpha\boldsymbol{d}_k)$$

求得最优解 α_k。

Step 7 置 $\boldsymbol{x}_{k+1}=\boldsymbol{x}_k+\alpha\boldsymbol{d}_k$，$k=k+1$，转 Step 2。

例 5.5 应用线性约束可行方向法求解如下最优化问题：

$$\begin{aligned}\min_{\boldsymbol{X}} \quad & f(\boldsymbol{X})=x_1^2+x_2^2-4x_1-4x_2+8\\ \text{s.t.} \quad & g_1(\boldsymbol{X})=x_1+2x_2-4\leqslant 0\end{aligned}$$

初始值为 $\boldsymbol{X}_1=[0,\ 0]^{\mathrm{T}}$，其他参数为 $\epsilon_1=0.001$，$\epsilon_2=0.001$，$\epsilon_3=0.01$。

解：该问题可转换为标准型：

$$\begin{aligned}\min_{\boldsymbol{X}} \quad & f(\boldsymbol{X})=x_1^2+x_2^2-4x_1-4x_2+8\\ \text{s.t.} \quad & -x_1-2x_2+4\geqslant 0\end{aligned}$$

$$A=[-1\ -2],\ b=-4$$

$$\nabla f(\boldsymbol{X})=\begin{bmatrix}2x_1-4\\2x_2-4\end{bmatrix},\ \nabla^2 f(\boldsymbol{X})=\begin{bmatrix}2&0\\0&2\end{bmatrix}$$

$k=1$，$\boldsymbol{X}_1=[0,\ 0]^{\mathrm{T}}$，有

$$f(\boldsymbol{X}_1)=8,\ c_1(\boldsymbol{X}_1)=4$$

因为 $c(\boldsymbol{X}_1)>0$，故 $\boldsymbol{X}_1$ 为可行域一内点，$\nabla f(\boldsymbol{X}_1)=[-4 -4]^{\mathrm{T}}$，选择 $\boldsymbol{d}_1=-\dfrac{1}{4}\nabla f(\boldsymbol{X}_1)=[1,\ 1]^{\mathrm{T}}$，$\boldsymbol{A}_2=\boldsymbol{A}=[-1,\ -2]$，$b_2=b=-4$。

计算

$$\bar{b}=b_2-\boldsymbol{A}_2\boldsymbol{X}_1=-4-[-1,\ -2][0,\ 0]^{\mathrm{T}}=-4$$

$$\bar{d}=\boldsymbol{A}_2\boldsymbol{d}_1=[-1,\ -2][1,\ 1]^{\mathrm{T}}=-3$$

因为 $\dfrac{\bar{b}}{\bar{d}}=\dfrac{4}{3}$，$\bar{d}<0$，所以取 $\bar{\alpha}=\dfrac{4}{3}$。

优化如下函数可得步长为 $\alpha^*=\dfrac{4}{3}$。

$$\min_{\alpha \in (0, \bar{\alpha})} f(\boldsymbol{X}_1 + \alpha d_1) = 2\alpha^2 - 8\alpha + 8$$

进而本次迭代求得 $\boldsymbol{X}_2 = \boldsymbol{X}_1 + \alpha^* \boldsymbol{d}_1 = [4/3, 4/3]^{\mathrm{T}}, c_1(\boldsymbol{X}_2) = 0, \nabla f(\boldsymbol{X}_2) = [-4/3, -4/3]^{\mathrm{T}}$，此时 $A_1 = [-1, -2], b_1 = -4, A_2 = [\quad], b_2 = [\quad]$。

$\boldsymbol{X}_2$ 为不是可行域一内点(为边界点)，求解如下最优化问题：

$$\min_{d} \ -\nabla f(\boldsymbol{X}_2)^{\mathrm{T}} \boldsymbol{d}$$

$$\text{s.t.} \quad \boldsymbol{A}_1 \boldsymbol{d} \geqslant 0, \ d_i \in (-1, 1)$$

求解得到 $\boldsymbol{d}^* = [-1, 0.5]^{\mathrm{T}}$，$\nabla f(\boldsymbol{X}_2)^{\mathrm{T}} \boldsymbol{d} = 2/3$。所以搜索方向 $d_2 = [-1, 0.5]^{\mathrm{T}}$。

$$\min_{\alpha} f(\boldsymbol{X}_2 + \alpha d_2) = \frac{5}{4}\alpha^2 + \frac{2}{3}\alpha + \frac{8}{9}$$

求解可得步长为 $\alpha^* = -\dfrac{4}{15}$。

进而迭代求得 $\boldsymbol{X}_3 = X_2 + \alpha^* d_2 = \left[\dfrac{8}{5}, \dfrac{6}{5}\right]^{\mathrm{T}}$，$c_1(\boldsymbol{X}_3) = 0$，$\nabla f(\boldsymbol{X}_3) = \left[-\dfrac{4}{5}, -\dfrac{8}{5}\right]^{\mathrm{T}}$，此时

$$A_1 = [-1, -2], \ b_1 = -4, \ A_2 = [\quad], \ b_2 = [\quad]$$

$\boldsymbol{X}_3$ 为不是可行域一内点(为边界点)，求解如下最优化问题：

$$\min_{d} \ -\nabla f(\boldsymbol{X}_3)^{\mathrm{T}} \boldsymbol{d}$$

$$\text{s.t.} \quad \boldsymbol{A}_1 \boldsymbol{d} \geqslant 0, \ d_i \in (-1, 1)$$

求解得到 $\boldsymbol{d} = [-1, 0.5]^{\mathrm{T}}$，$\nabla f(\boldsymbol{X}_3)^{\mathrm{T}} \boldsymbol{d} = 0 < \epsilon$。搜索停止，输出

$$\boldsymbol{X}^* = \boldsymbol{X}_3 = \left[\frac{8}{5}, \frac{6}{5}\right]^{\mathrm{T}}, \ f^* = \frac{4}{5}$$

例 5.6　求解如下最优化问题：

$$\begin{aligned} \min_{\boldsymbol{X}} \ & f(\boldsymbol{X}) = x_1^2 + x_2^2 - 2x_1 - 4x_2 \\ \text{s.t.} \ & -2x_1 + x_2 + 1 \geqslant 0 \\ & -x_1 - x_2 + 2 \geqslant 0 \\ & x_1, \ x_2 \geqslant 0 \end{aligned}$$

初始值为 $\boldsymbol{X}_1 = [0, 0]^{\mathrm{T}}$，其他参数为 $\epsilon_1 = 0.001$，$\epsilon_2 = 0.001$，$\epsilon_3 = 0.01$。

解：

$$\nabla f(\boldsymbol{X}) = \begin{bmatrix} 2x_1 - 2 \\ 2x_2 - 4 \end{bmatrix}, \ \nabla^2 f(\boldsymbol{X}) = \begin{bmatrix} 2 & 0 \\ 0 & 2 \end{bmatrix}$$

$k = 1$，$\boldsymbol{X}_1 = [0, 0]^{\mathrm{T}}$，有

$$f(\boldsymbol{X}_1) = 0$$

$$\boldsymbol{A}_1 = [\quad], \ \boldsymbol{b}_1 = [\quad], \ \boldsymbol{A}_2 = \begin{bmatrix} -2 & 1 \\ -1 & -1 \end{bmatrix}, \ \boldsymbol{b}_2 = \begin{bmatrix} -1 \\ -2 \end{bmatrix}$$

$\boldsymbol{X}_1$ 为内点，所以取 $\boldsymbol{d}_1 = -\nabla f(\boldsymbol{X}_1) = \begin{bmatrix} 2 \\ 4 \end{bmatrix}$，转第 6 步。

计算得到

$$\bar{\boldsymbol{b}} = \boldsymbol{b}_2 - \boldsymbol{A}_2\boldsymbol{X}_1 = \begin{bmatrix} -1 \\ -2 \end{bmatrix}, \quad \bar{\boldsymbol{d}} = \boldsymbol{A}_2\boldsymbol{d}_1 = \begin{bmatrix} 0 \\ -6 \end{bmatrix}$$

因为 $\bar{\boldsymbol{d}} \ngeq 0$，计算 $\bar{\alpha} = -\dfrac{2}{-6} = \dfrac{1}{3}$，形成如下一维搜索问题：

$$\min_{\alpha \in [0,\ \bar{\alpha}]} f(\boldsymbol{X}_1 + \alpha \boldsymbol{d}_1)$$

该问题的解为 $\alpha^* = \dfrac{1}{3}$，得到 $\boldsymbol{X}_2 = \left[\dfrac{2}{3},\ \dfrac{4}{3}\right]^{\mathrm{T}}$，$f(\boldsymbol{X}_2) = -\dfrac{40}{9}$，$\nabla f(\boldsymbol{X}_2) = \begin{bmatrix} -\dfrac{2}{3} \\ -\dfrac{4}{3} \end{bmatrix}$

$$\boldsymbol{A}_1 = [-1,\ -1],\ \boldsymbol{b}_1 = [-2],\ \boldsymbol{A}_2 = [-2,\ 1],\ \boldsymbol{b}_2 = [-1]$$

此时 $\boldsymbol{X}_2$ 为内点，转至第 3 步，求解如下问题：

$$\min_{d} \quad z = \begin{bmatrix} -\dfrac{2}{3} & -\dfrac{4}{3} \end{bmatrix} \boldsymbol{d}$$

$$[-1,\ 1]\boldsymbol{d} \geqslant 0,\ d_i \in (-1,\ 1)$$

求解该线性规划问题，可得 $\boldsymbol{d} = \begin{bmatrix} 1 \\ 1 \end{bmatrix}$，$z = -2$。

$$\bar{\boldsymbol{b}} = \boldsymbol{b}_2 - \boldsymbol{A}_2\boldsymbol{X}_2 = -1,\ \bar{\boldsymbol{d}} = -1$$

以 $\boldsymbol{d}_2 = \begin{bmatrix} 1 \\ 1 \end{bmatrix}$，$\bar{\alpha} = 1$ 形成线搜索问题：

$$\min_{\alpha \in [0,\ \bar{\alpha}]} f(\boldsymbol{X}_2 + \alpha \boldsymbol{d}_2)$$

该问题的解为 $\alpha^* = \dfrac{1}{2}$，得到 $\boldsymbol{X}_3 = \left[\dfrac{5}{6},\ \dfrac{11}{6}\right]^{\mathrm{T}}$，$f(\boldsymbol{X}_3) = -\dfrac{89}{18}$，$\nabla f(\boldsymbol{X}_3) = \begin{bmatrix} -\dfrac{1}{3} \\ -\dfrac{1}{3} \end{bmatrix}$。

$$\boldsymbol{A}_1 = [\quad],\ \boldsymbol{b}_1 = [\quad],\ \boldsymbol{A}_2 = \begin{bmatrix} -2 & 1 \\ -1 & -1 \end{bmatrix},\ \boldsymbol{b}_2 = \begin{bmatrix} -1 \\ -2 \end{bmatrix}$$

$\boldsymbol{X}_3$ 为内点，所以取 $\boldsymbol{d}_3 = -\nabla f(\boldsymbol{X}_3) = \begin{bmatrix} -\dfrac{1}{3} \\ -\dfrac{1}{3} \end{bmatrix}$，转第 6 步。

此时，$\boldsymbol{X}_3$ 为内点，求解如下问题：

$$\min_{d} z = \left[-\dfrac{1}{3},\ -\dfrac{1}{3}\right] \boldsymbol{d}$$

$$d_i \in (-1,\ 1)$$

求解该线性规划问题，可得 $\boldsymbol{d} = \begin{bmatrix} 1 \\ 1 \end{bmatrix}$，$z = -\dfrac{2}{3}$。

$$\bar{\boldsymbol{b}} = \boldsymbol{b}_2 - \boldsymbol{A}_2 X_2 = \begin{bmatrix} -\dfrac{7}{6} \\ \dfrac{2}{3} \end{bmatrix},\ \bar{\boldsymbol{d}} = \begin{bmatrix} -1 \\ -2 \end{bmatrix}$$

以 $\boldsymbol{d}_2 = \begin{bmatrix} 1 \\ 1 \end{bmatrix}$，$\bar{\alpha} = \dfrac{7}{6}$ 形成线搜索问题：

$$\min_{\alpha \in [0,\ \bar{\alpha}]} f(\boldsymbol{X}_3 + \alpha \boldsymbol{d}_3)$$

该问题的解为 $\alpha^* = \dfrac{1}{6}$，得到 $\boldsymbol{X}_4 = [1,\ 2]^{\mathrm{T}}$，$f(\boldsymbol{X}_4) = -5$，$\nabla f(\boldsymbol{X}_4) = \begin{bmatrix} 0 \\ 0 \end{bmatrix}$。

由于 $\|\nabla f(X_4)\| = 0$，算法收敛。

故得该问题的最优解为 $\boldsymbol{X}^* = [1,\ 2]^{\mathrm{T}}$，对应的最优值为 $f^* = -5$。

5.3.2　非线性约束下的可行方向法

类似地，可得非线性约束的最优化问题：

考虑下面的非线性优化问题：

$$\begin{aligned} \text{NLP-LC}\quad & \min\ f(\boldsymbol{X}) \\ & \text{s.t.}\ c_i(\boldsymbol{X}) \geqslant b_i,\ i \in I(\boldsymbol{X}) \\ & \qquad c_i(\boldsymbol{X}) = b_i,\ i \in E(\boldsymbol{X}) \end{aligned}$$

其中，$f(\boldsymbol{X})$ 连续可微；$I(\boldsymbol{X})$ 为非线性不等式约束指标集；$E(\boldsymbol{X})$ 为非线性不等式约束指标集，$\boldsymbol{b}$ 为适当维数的列向量，$\boldsymbol{b} \in \mathrm{R}^n$。

算法 5.6　非线性约束的可行方向法计算步骤

Step 1　给定初始可行点 $\boldsymbol{X}_0$，终止误差 ϵ_1，$\epsilon_2 \in (0,\ 1)$，令 $k = 0$。

Step 2　确定 $\boldsymbol{X}_k$ 处的有效约束指标集 $\mathscr{T}(\boldsymbol{X})$：

$$\mathscr{T}(\boldsymbol{X}) = \{i \mid c_i(\boldsymbol{X}) > 0\}$$

若 $\mathscr{T}(\boldsymbol{X}) = \varnothing$ 且 $\|\nabla f(\boldsymbol{X}_k)\| \leqslant \epsilon_1$，停算，得到近似极小点 $\boldsymbol{X}_k$；否则，若 $\mathscr{T}(\boldsymbol{X}) = \varnothing$ 但 $\|\nabla f(\boldsymbol{X}_k)\| > \epsilon_1$，则取搜索方向 $\boldsymbol{d}_k = -\nabla f(\boldsymbol{X}_k)$，转 Step 5；反之，若 $\mathscr{T}(\boldsymbol{X}) \neq \varnothing$，转 Step 3。

Step 3　求解如下线性规划问题，得最优解 d_k，最优值 z_k：

$$\begin{aligned} & \min\ z \\ & \text{s.t.}\ \nabla f(\boldsymbol{X}_k)^{\mathrm{T}} \boldsymbol{d} \leqslant z \\ & \qquad -\nabla c_i(\boldsymbol{X}_k)^{\mathrm{T}} \boldsymbol{d} \leqslant z,\ i \in E(\boldsymbol{X}_k),\ z \leqslant 0 \\ & \qquad \boldsymbol{d}_i \in [-1,\ 1],\ i = 1,\ \cdots,\ n \end{aligned}$$

其中，$\boldsymbol{d} = [d_1,\ \cdots,\ d_n]^{\mathrm{T}}$。

Step 4　若 $|z_k| \leqslant \epsilon_2$，停算，输出 $\boldsymbol{X}_k$ 作为近似极小点；否则，以 $\boldsymbol{d}_k$ 作为搜索方向，转 Step 5。

Step 5　计算 $\bar{\alpha} = \sup\{\alpha \mid c_i(\boldsymbol{X}_k + \alpha \boldsymbol{d}_k) \geqslant 0\}$，并获取一维搜索的最优解 α_k。

$$\begin{aligned} \min \quad & f(\boldsymbol{X}_k + \alpha \boldsymbol{d}_k) \\ \text{s.t.} \quad & \alpha \in [0, \bar{\alpha}] \end{aligned}$$

Step 6　置 $\boldsymbol{X}_{k+1} = \boldsymbol{X}_k + \alpha \boldsymbol{d}_k$，$k = k + 1$，转 Step 2。

例 5.7　用可行方向法求解如下问题：

$$\begin{aligned} \min_{\boldsymbol{X}} \quad & f(\boldsymbol{X}) = x_1^2 + x_2^2 - x_1 x_2 - 2x_1 - 3x_2 \\ \text{s.t.} \quad & -x_1 - x_2 + 2 \geqslant 0 \\ & -x_1 - 5x_2 + 5 \geqslant 0 \\ & x_1 \geqslant 0 \\ & x_2 \geqslant 0 \end{aligned}$$

解：由题意可知，

$$\nabla f(\boldsymbol{X}) = \begin{bmatrix} 2x_1 - x_2 - 2 \\ 2x_2 - x_1 - 3 \end{bmatrix}$$

$$\nabla c_1(\boldsymbol{X}) = \begin{bmatrix} -1 \\ -1 \end{bmatrix},\ \nabla c_2(\boldsymbol{X}) = \begin{bmatrix} -1 \\ -5 \end{bmatrix},\ \nabla c_3(\boldsymbol{X}) = \begin{bmatrix} 1 \\ 0 \end{bmatrix},\ \nabla c_4(\boldsymbol{X}) = \begin{bmatrix} 0 \\ 1 \end{bmatrix}$$

取初值为 $\boldsymbol{X} = [0, 0]^{\mathrm{T}}$。

$$f(\boldsymbol{X}_1) = 0$$

$$c(\boldsymbol{X}_1) = [2, 5, 0, 0]^{\mathrm{T}}$$

$$\nabla f(\boldsymbol{X}) = \begin{bmatrix} -2 \\ -3 \end{bmatrix}$$

不等式约束集合 $I(\boldsymbol{X}_1) = \{1, 2\}$，等式约束集合 $E(\boldsymbol{X}_1) = \{3, 4\}$。

$\boldsymbol{X}_1$ 不是内点，求解如下线性规划问题：

$$\begin{aligned} \min \quad & z \\ \text{s.t.} \quad & \nabla f(\boldsymbol{X}_1)^{\mathrm{T}} \boldsymbol{d} \leqslant z \\ & -\nabla c_i(\boldsymbol{X}_1)^{\mathrm{T}} \boldsymbol{d} \leqslant z,\ i \in E(X_1) \\ & d_i \in [-1, 1], \quad i = 1, 2, \cdots, n \end{aligned}$$

其中，$\boldsymbol{d} = [d_1, \cdots, d_n]^{\mathrm{T}}$。

解得 $\boldsymbol{d} = [1, 1]^{\mathrm{T}}$，$Z^* = -1$，转第四步。

计算 $\bar{\alpha} = \sup\{\alpha \mid c_i(\boldsymbol{X}_1 + \alpha \boldsymbol{d}) \geqslant 0\} = \dfrac{5}{6}$。

计算如下一维搜索的最优解 $\alpha^* = \dfrac{5}{6}$。

$$\begin{aligned} \min \quad & f(\boldsymbol{X}_1 + \alpha \boldsymbol{d}) \\ \text{s.t.} \quad & \alpha \in [0, \bar{\alpha}] \end{aligned}$$

所以得到 $\boldsymbol{X}_2 = \boldsymbol{X}_1 + \alpha \boldsymbol{d} = \begin{bmatrix} \dfrac{5}{6} \\ \dfrac{5}{6} \end{bmatrix}$。

$$f(\boldsymbol{X}_2) = -\frac{125}{6}$$

$$c(\boldsymbol{X}_1) = \left[\frac{1}{3},\ 0,\ \frac{5}{6},\ \frac{5}{6}\right]^{\mathrm{T}}$$

$$\nabla f(\boldsymbol{X}_2) = \begin{bmatrix} -\frac{7}{6} \\ -\frac{13}{6} \end{bmatrix}$$

不等式约束集合 $I(\boldsymbol{X}_1) = \{1,\ 3,\ 4\}$，等式约束集合 $E(\boldsymbol{X}_1) = \{2\}$。

$\boldsymbol{X}_2$ 不是内点，求下列最小化问题：

$$\begin{aligned} \min\quad & z \\ \text{s.t.}\quad & \nabla f(\boldsymbol{X}_k)^{\mathrm{T}}\boldsymbol{d} \leqslant z \\ & -\nabla c_i(\boldsymbol{X}_k)^{\mathrm{T}}\boldsymbol{d} \leqslant z,\ i \in E(X_k) \\ & \boldsymbol{d}_i \in [-1,\ 1],\quad i = 1,\ 2,\ \cdots,\ n \end{aligned}$$

其中，$\boldsymbol{d} = [d_1,\ \cdots,\ d_n]^{\mathrm{T}}$。

解得 $\boldsymbol{d} = [1,\ -0.375]^{\mathrm{T}}$，$Z^* = -0.875$。转第四步。

计算 $\overline{\alpha} = \sup\{\alpha \mid c_i(\boldsymbol{X}_1 + \alpha\boldsymbol{d}) \geqslant 0\} = \frac{8}{15}$。

计算如下一维搜索的最优解 $\alpha^* = 0.1168$。

$$\begin{aligned} \min\quad & f(\boldsymbol{X}_1 + \alpha d) \\ \text{s.t.}\quad & \alpha \in [0,\ \overline{\alpha}] \end{aligned}$$

所以得到 $\boldsymbol{X}_3 = \boldsymbol{X}_2 + \alpha\boldsymbol{d} = [0.9501,\ 0.7895]^{\mathrm{T}}$。

$$f(\boldsymbol{X}_3) = -3.4929$$

$$c(\boldsymbol{X}_3) = [0.2603,\ 0.1022,\ 0.9501,\ 0.7895]^{\mathrm{T}}$$

$$\nabla f(\boldsymbol{X}_3) = \begin{bmatrix} -0.8893 \\ -2.3711 \end{bmatrix}$$

不等式约束集合 $\mathscr{T}(\boldsymbol{X}_3) = \{1,\ 2,\ 3,\ 4\}$，等式约束集合 $E(\boldsymbol{X}_3) = \{\quad\}$。

因此 $\boldsymbol{X}_3$ 是内点，于是取值 $\boldsymbol{d} = -\nabla f(\boldsymbol{X}_3) = [0.8893,\ 2.3711]^{\mathrm{T}}$。

计算 $\overline{\alpha} = \sup\{\alpha \mid c_i(\boldsymbol{X}_3 + \alpha\boldsymbol{d}) \geqslant 0\} = 0.008$。

计算如下一维搜索的最优解 $\alpha^* = 0.008$。

$$\begin{aligned} \min\quad & f(\boldsymbol{X}_3 + \alpha\boldsymbol{d}) \\ \text{s.t.}\quad & \alpha \in [0,\ \overline{\alpha}] \end{aligned}$$

所以得到

$$\boldsymbol{X}_4 = \boldsymbol{X}_3 + \alpha\boldsymbol{d} = \begin{bmatrix} 0.9572 \\ 0.8085 \end{bmatrix}$$

$$f(\boldsymbol{X}_4) = -3.5438$$

$$c(\boldsymbol{X}_4) = [0.2343,\ 0.000,\ 0.9572,\ 0.8085]^{\mathrm{T}}$$

$$\nabla f(\boldsymbol{X}_4)=\begin{bmatrix}-0.8940\\-2.3403\end{bmatrix}$$

不等式约束集合 $\mathscr{I}(\boldsymbol{X}_4)=\{1, 3, 4\}$，等式约束集合 $E(\boldsymbol{X}_4)=\{2\}$。

因此 $\boldsymbol{X}_4$ 不是内点，求解如下线性规划问题，得最优解 $\boldsymbol{d}_k=[1, -0.375]^{\mathrm{T}}$：

$$\begin{aligned}&\min\quad z\\&\text{s. t.}\quad \nabla f(\boldsymbol{X}_1)^{\mathrm{T}}\boldsymbol{d}\leqslant z\\&\qquad -\nabla c_i(\boldsymbol{X}_1)^{\mathrm{T}}\boldsymbol{d}\leqslant z,\ i\in E(\boldsymbol{X}_1)\\&\qquad \boldsymbol{d}_i\in[-1, 1],\quad i=1, 2, \cdots, n\end{aligned}$$

其中，$\boldsymbol{d}=[d_1, \cdots, d_n]^{\mathrm{T}}$。

解得 $\boldsymbol{d}=[1, -0.375]^{\mathrm{T}}$，$Z^*=-0.875$。转第四步。

计算 $\overline{\alpha}=\sup\{\alpha \mid c_i(\boldsymbol{X}_4+\alpha d)\geqslant 0\}=0.0469$。

计算如下一维搜索的最优解 $\alpha^*=0.0469$。

$$\begin{aligned}&\min\quad f(\boldsymbol{X}_4+\alpha\boldsymbol{d})\\&\text{s. t.}\quad \alpha\in[0, \overline{\alpha}]\end{aligned}$$

所以得到 $\boldsymbol{X}_5=\boldsymbol{X}_4+\alpha\boldsymbol{d}=\begin{bmatrix}1.3324\\0.6678\end{bmatrix}$。

$$f(\boldsymbol{X}_5)=-3.3367$$

$$c(\boldsymbol{X}_5)=[00.3286\quad 1.3324\quad 0.6678]^{\mathrm{T}}$$

$$\nabla f(\boldsymbol{X}_5)=\begin{bmatrix}0\\-3\end{bmatrix}$$

不等式约束集合 $\mathscr{I}(\boldsymbol{X}_5)=\{2, 3, 4\}$，等式约束集合 $E(\boldsymbol{X}_5)=\{1\}$。

因此 X_5 不是内点，求解如下线性规划问题：

$$\begin{aligned}&\min\quad z\\&\text{s. t.}\quad \nabla f(\boldsymbol{X}_5)^{\mathrm{T}}\boldsymbol{d}\leqslant z\\&\qquad -\nabla \mathrm{c}_i(\boldsymbol{X}_5)^{\mathrm{T}}\boldsymbol{d}\leqslant z,\ i\in E(\boldsymbol{X}_5)\\&\qquad d_i\in[-1, 1],\quad i=1, 2, \cdots, n\end{aligned}$$

其中，$\boldsymbol{d}=[d_1, \cdots, d_n]^{\mathrm{T}}$。

解得 $\boldsymbol{d}=[-1, 0.75]^{\mathrm{T}}$，$Z^*=-0.25$。转第四步。

计算 $\overline{\alpha}=\sup\{\alpha \mid c_i(\boldsymbol{X}_5+\alpha\boldsymbol{d})\geqslant 0\}=0.12$。

计算如下一维搜索的最优解 $\alpha^*=0.12$。

$$\begin{aligned}&\min\quad f(\boldsymbol{X}_5+\alpha\boldsymbol{d})\\&\text{s. t.}\quad \alpha\in[0, \overline{\alpha}]\end{aligned}$$

所以得到 $\boldsymbol{X}_6=\boldsymbol{X}_5+\alpha\boldsymbol{d}=[1.2, 0.75]^{\mathrm{T}}$。

$$c(\boldsymbol{X}_6)=[0.05, 0.05, 1.2, 0.75]^{\mathrm{T}}$$

$$\nabla f(\boldsymbol{X}_6)=\begin{bmatrix}-0.35\\-2.7\end{bmatrix}$$

不等式约束集合 $\mathscr{I}(\boldsymbol{X}_6)=\{3, 4\}$，等式约束集合 $E(\boldsymbol{X}_6)=\{1, 2\}$。

因此 X_6 不是内点，求解如下线性规划问题：

$$
\begin{aligned}
\min\quad & z \\
\text{s.t.}\quad & \nabla f(\boldsymbol{X}_6)^{\mathrm{T}}\boldsymbol{d} \leqslant z \\
& -\nabla c_i(\boldsymbol{X}_6)^{\mathrm{T}}\boldsymbol{d} \leqslant z,\ i \in E(\boldsymbol{X}_6) \\
& \boldsymbol{d}_i \in [-1, 1],\quad i=1, 2, \cdots, n
\end{aligned}
$$

其中，$\boldsymbol{d}=[d_1, \cdots, d_n]^{\mathrm{T}}$。

解得 $\boldsymbol{d}=[0, 0]^{\mathrm{T}}$，$Z^*=0$。算法收敛，故最优解为 $\boldsymbol{X}^*=\boldsymbol{X}_6=[1.2, 0.75]^{\mathrm{T}}$ 最优值为 -3.5475。

例 5.8　求解如下问题（$\epsilon=0.01$）：

$$
\begin{aligned}
\min_{X}\quad & f(\boldsymbol{X})=x_1^3-6x_1^2+11x_1+x_3 \\
\text{s.t.}\quad & x_1^2+x_2^2-x_3^2 \leqslant 0 \\
& 4-x_1^2-x_2^2-x_3^2 \leqslant 0 \\
& x_3-5 \leqslant 0 \\
& x_i \geqslant 0,\ i=1, 2, 3
\end{aligned}
$$

解：

$$
\begin{aligned}
& f(\boldsymbol{X})=x_1^3-6x_1^2+11x_1+x_3 \\
& c_1(\boldsymbol{X})=-(x_1^2+x_2^2-x_3^2) \\
& c_2(\boldsymbol{X})=-(4-x_1^2-x_2^2-x_3^2) \\
& c_3(\boldsymbol{X})=5-x_3 \\
& c_4(\boldsymbol{X})=x_1 \\
& c_5(\boldsymbol{X})=x_2 \\
& x_6(\boldsymbol{X})=x_3 \\
& \nabla f(\boldsymbol{X})=[3x_1^2-12x_1+11, 0, 1]^{\mathrm{T}} \\
& \nabla c_1(\boldsymbol{X})=[-2x_1, -2x_2, 2x_3]^{\mathrm{T}} \\
& \nabla c_2(\boldsymbol{X})=[2x_1, 2x_2, 2x_3]^{\mathrm{T}} \\
& \nabla c_3(\boldsymbol{X})=[0, 0, -1]^{\mathrm{T}} \\
& \nabla c_4(\boldsymbol{X})=[1, 0, 0]^{\mathrm{T}} \\
& \nabla c_5(\boldsymbol{X})=[0, 1, 0]^{\mathrm{T}} \\
& \nabla c_6(\boldsymbol{X})=[0, 0, 1]^{\mathrm{T}}
\end{aligned}
$$

选定初始点 $\boldsymbol{X}_1=[0, 0, 3]^{\mathrm{T}}$，计算约束条件：

$$c(\boldsymbol{X}_1)=[9, 5, 2, 0, 0, 3]^{\mathrm{T}}$$

所以，有效约束指标集 $E(\boldsymbol{X}_1)=\{4, 5\}$，计算函数值 $|f(\boldsymbol{X}_1)|=|3|$，转至算法第三步。

求解如下线性规划问题：

$$\min_{d}\quad z$$

$$\text{s.t.} \quad \nabla f(\boldsymbol{X}_1)^{\mathrm{T}}\boldsymbol{d} \leqslant 0$$
$$-\nabla c_i(\boldsymbol{X}_1)^{\mathrm{T}}\boldsymbol{d} \leqslant z,\ i \in E(\boldsymbol{X}_1),\ z \leqslant 0$$
$$\boldsymbol{d}_i \in [-1,\ 1]$$

其中，

$$\nabla f(\boldsymbol{X}_1)^{\mathrm{T}} = [11,\ 0,\ 1]$$
$$\nabla c_1(\boldsymbol{X}_1) = [0,\ 0,\ 6]^{\mathrm{T}}$$
$$\nabla c_2(\boldsymbol{X}_1) = [0,\ 0,\ 6]^{\mathrm{T}}$$
$$\nabla c_3(\boldsymbol{X}_1) = [0,\ 0,\ -1]^{\mathrm{T}}$$
$$\nabla c_4(\boldsymbol{X}_1) = [1,\ 0,\ 0]^{\mathrm{T}}$$
$$\nabla c_5(\boldsymbol{X}_1) = [0,\ 1,\ 0]^{\mathrm{T}}$$
$$\nabla c_6(\boldsymbol{X}_1) = [0,\ 0,\ 1]^{\mathrm{T}}$$

求解得 $\boldsymbol{d} = [0.0833,\ 1,\ -1]^{\mathrm{T}}$，$Z^* = -0.083$. 因为 $|Z^*| = 0.083$，转至算法第五步。

搜索方向为 $\boldsymbol{d}_1 = [0.0833,\ 1.0000,\ -1.0000]^{\mathrm{T}}$。

按照如下要求计算 $\bar{\alpha} = 1.4974$：

$$\bar{\alpha} = \sup\{\alpha \mid c_i(\boldsymbol{X}_1 + \alpha \boldsymbol{d}_1) \geqslant 0\}$$

形成一维搜索问题：

$$\min_{\alpha \in [0,\ \bar{\alpha}]} f(\boldsymbol{X}_1 + \alpha \boldsymbol{d}_1)$$

计算可得 $\alpha^* = 1.4974$，从而 $\boldsymbol{X}_2 = \boldsymbol{X}_1 + \alpha^* \boldsymbol{d}_1 = [0.1248,\ 1.4974,\ 1.5026]^{\mathrm{T}}$。

计算约束条件：

$$c(\boldsymbol{X}_2) = [0.0000,\ 0.5156,\ 3.4974,\ 0.1248,\ 1.4974,\ 1.5026]$$

所以，有效约束指标集 $E(\boldsymbol{X}_2) = \{1\}$，计算函数值 $|f(\boldsymbol{X}_2)| = |2.7837|$，转至算法第三步。

求解如下线性规划问题：

$$\min_{d} \quad z$$
$$\text{s.t.} \quad \nabla f(\boldsymbol{X}_2)^{\mathrm{T}}\boldsymbol{d} \leqslant z,\ z \leqslant 0$$
$$-\nabla c_i(\boldsymbol{X}_2)^{\mathrm{T}}\boldsymbol{d} \leqslant z,\ i \in E(\boldsymbol{X}_3)$$
$$\boldsymbol{d}_i \in [-1,\ 1]$$

求解得 $\boldsymbol{d}_2 = -\nabla f(\boldsymbol{X}_2) = [-1,\ -1,\ -1]^{\mathrm{T}}$。

$Z^* = -0.0739$。因为 $|Z^*| = 6.2496$，转至算法第 5 步。

按照如下要求计算 $\bar{\alpha} = 0.0860$：

$$\bar{\alpha} = \sup\{\alpha \mid c_i(\boldsymbol{X}_2 + \alpha \boldsymbol{d}_2) \geqslant 0\}$$

形成一维搜索问题：

$$\min_{\alpha \in [0,\ \bar{\alpha}]} f(\boldsymbol{X}_2 + \alpha \boldsymbol{d}_2)$$

计算可得 $\alpha^* = 0.086$，从而 $\boldsymbol{X}_3 = \boldsymbol{X}_2 + \alpha^* \boldsymbol{d}_2 = [0.0388,\ 1.4114,\ 1.4166]^{\mathrm{T}}$。

计算约束条件：

$$c(\boldsymbol{X}_3)=[0.0132,\ 0.0003,\ 3.5834,\ 0.0388,\ 1.4114,\ 1.4166]^{\mathrm{T}}$$

所以，有效约束指标集 $E(\boldsymbol{X}_3)=\{2\}$，计算函数值 $|f(\boldsymbol{X}_3)|=1.8344$，转至算法第三步。

求解如下线性规划问题：

$$\begin{aligned}\min_{d}\quad & z\\ \text{s. t.}\quad & \nabla f(\boldsymbol{X}_3)^{\mathrm{T}}\boldsymbol{d}\leqslant 0\\ & -\nabla c_i(\boldsymbol{X}_3)^{\mathrm{T}}\boldsymbol{d}\leqslant z,\ i\in E(\boldsymbol{X}_3)\\ & \boldsymbol{d}_i\in[-1,\ 1]\\ & \boldsymbol{d}_3=-\nabla f(X_2)=[-0.6269,\ 1,\ 1]^{\mathrm{T}}\end{aligned}$$

$Z^*=-5.6073$。因为 $|Z^*|=6.2496$，转至算法第五步。

按照如下要求计算 $\bar{\alpha}=0.0619$：

$$\bar{\alpha}=\sup\{\alpha\mid c_i(\boldsymbol{X}_3+\alpha\boldsymbol{d}_3)\geqslant 0\}$$

形成一维搜索问题：

$$\min_{\alpha\in[0,\ \bar{\alpha}]} f(\boldsymbol{X}_3+\alpha\boldsymbol{d}_3)$$

计算可得 $\alpha^*=0.0618$，从而 $\boldsymbol{X}_4=\boldsymbol{X}_3+\alpha^*\boldsymbol{d}_3=[0,\ 1.4733,\ 1.4785]^{\mathrm{T}}$。

计算约束条件：

$$c(\boldsymbol{X}_4)=[0.0153,\ 0.3566,\ 3.5215,\ 0,\ 1.4733,\ 1.4785]^{\mathrm{T}}$$

所以，有效约束指标集 $E(\boldsymbol{X}_4)=\{4\}$，计算函数值 $|f(\boldsymbol{X}_4)|=1.4785$，转至算法第三步。

求解如下线性规划问题：

$$\begin{aligned}\min_{d}\quad & z\\ \text{s. t.}\quad & \nabla f(\boldsymbol{X}_4)^{\mathrm{T}}\boldsymbol{d}\leqslant 0\\ & -\nabla c_i(\boldsymbol{X}_4)^{\mathrm{T}}\boldsymbol{d}\leqslant z,\ i\in E(X_3)\\ & \boldsymbol{d}_i\in[-1,\ 1]\\ & \boldsymbol{d}_4=[0.0833,\ -1,\ -1]^{\mathrm{T}}\end{aligned}$$

$Z^*=-0.083.$ 因为 $|Z^*|=6.2496$，转至算法第五步。

按照如下要求计算 $\bar{\alpha}=0.0617$：

$$\bar{\alpha}=\sup\{\alpha\mid c_i(\boldsymbol{X}_4+\alpha\boldsymbol{d}_4)\geqslant 0\}$$

形成一维搜索问题：

$$\min_{\alpha\in[0,\ \bar{\alpha}]} f(\boldsymbol{X}_4+\alpha\boldsymbol{d}_4)$$

计算可得 $\alpha^*=0.0617$，从而 $\boldsymbol{X}_5=\boldsymbol{X}_4+\alpha^*\boldsymbol{d}_4=[0.0051,\ 1.4116,\ 1.4168]^{\mathrm{T}}$。

计算约束条件：

$$c(X_5)=[0.01470,\ 3.5832,\ 0.0051,\ 1.4116,\ 1.4168]^{\mathrm{T}}$$

所以，有效约束指标集 $E(\boldsymbol{X}_5)=\{2\}$，计算函数值 $|f(\boldsymbol{X}_5)|=1.4727$，转至算法能第三步。

求解如下线性规划问题：

$$
\begin{aligned}
\min_{d} \quad & z \\
\text{s.t.} \quad & \nabla f(\boldsymbol{X}_5)^{\mathrm{T}} \boldsymbol{d} \leqslant 0 \\
& -\nabla c_i(\boldsymbol{X}_5)^{\mathrm{T}} \boldsymbol{d} \leqslant z, \ i \in E(\boldsymbol{X}_3) \\
& \boldsymbol{d}_i \in [-1, 1] \\
& \boldsymbol{d}_5 = [-0.608, 1, 1]^{\mathrm{T}}
\end{aligned}
$$

$Z^* = -5.65$，转至算法第 5 步。

按照如下要求计算 $\bar{\alpha} = 0.00831$：

$$\bar{\alpha} = \sup\{\alpha \mid c_i(\boldsymbol{X}_5 + \alpha \boldsymbol{d}_5) \geqslant 0\}$$

形成一维搜索问题：

$$\min_{\alpha \in [0, \bar{\alpha}]} f(\boldsymbol{X}_5 + \alpha \boldsymbol{d}_5)$$

计算可得 $\alpha^* = 0.00831$，从而 $\boldsymbol{X}_6 = \boldsymbol{X}_5 + \alpha^* \boldsymbol{d}_5 = [0, 1.4199, 1.4251]^{\mathrm{T}}$。

计算约束条件：

$$c(\boldsymbol{X}_6) = [0.0148, 0.0471, 3.5749, 0.0000, 1.4199, 1.4251]^{\mathrm{T}}$$

所以，有效约束指标集 $E(\boldsymbol{X}_6) = \{4\}$，计算函数值 $|f(\boldsymbol{X}_6)| = |1.8632|$，转至算法第三步。

求解如下线性规划问题：

$$
\begin{aligned}
\min_{d} \quad & z \\
\text{s.t.} \quad & \nabla f(\boldsymbol{X}_6)^{\mathrm{T}} \boldsymbol{d} \leqslant 0 \\
& -\nabla c_i(\boldsymbol{X}_6)^{\mathrm{T}} \boldsymbol{d} \leqslant z, \ i \in E(\boldsymbol{X}_3) \\
& \boldsymbol{d}_i \in [-1, 1] \\
& \boldsymbol{d}_6 = [0.0833, -1, -1]^{\mathrm{T}}
\end{aligned}
$$

$Z^* = -5.65$，转至算法第 4 步。

按照如下要求计算 $\bar{\alpha} = 0.00829$：

$$\bar{\alpha} = \sup\{\alpha \mid c_i(\boldsymbol{X}_6 + \alpha \boldsymbol{d}_6) \geqslant 0\}$$

形成一维搜索问题：

$$\min_{\alpha \in [0, \bar{\alpha}]} f(\boldsymbol{X}_6 + \alpha \boldsymbol{d}_6)$$

计算可得 $\alpha^* = 0.00829$，从而 $\boldsymbol{X}_7 = \boldsymbol{X}_6 + \alpha^* \boldsymbol{d}_6 = [0.0007, 1.4116, 1.4168]^{\mathrm{T}}$。

计算约束条件：

$$c(\boldsymbol{X}_7) = [0.0147, 0, 3.5832, 0.0007, 1.4116, 1.4168]^{\mathrm{T}}。$$

所以，有效约束指标集 $E(\boldsymbol{X}_7) = \{2\}$，计算函数值 $|f(\boldsymbol{X}_7)| = 1.4245$ 转至第二步。

求解如下线性规划问题：

$$
\begin{aligned}
\min_{d} \quad & z \\
\text{s.t.} \quad & \nabla f(\boldsymbol{X}_7)^{\mathrm{T}} \boldsymbol{d} \leqslant 0 \\
& -\nabla c_i(\boldsymbol{X}_7)^{\mathrm{T}} \boldsymbol{d} \leqslant z, \ i \in E(\boldsymbol{X}_3) \\
& \boldsymbol{d}_i \in [-1, 1]
\end{aligned}
$$

$$d_7 = [0.0807,\ 1,\ -0.9679]^{\mathrm{T}}$$

转至算法第五步。

按照如下要求计算 $\bar{\alpha} = 0.00265$：

$$\bar{\alpha} = \sup\{\alpha \mid c_i(X_7 + \alpha d_7) \geqslant 0\}$$

形成一维搜索问题：

$$\min_{\alpha \in [0,\ \bar{\alpha}]} f(X_7 + \alpha d_7)$$

计算可得 $\alpha^* = 0.00265$，从而 $X_8 = X_7 + \alpha^* d_7 = [0.0009,\ 1.4143,\ 1.4142]^{\mathrm{T}}$。

计算约束条件：

$$c(X_8) = [-0.0003,\ 0.0002,\ 3.5858,\ 0.0009,\ 1.4143,\ 1.4142]^{\mathrm{T}}$$

所以，有效约束指标集 $E(X_8) = \{\quad\}$，计算函数值 $|f(X_8)| = 1.4241$，转至算法第三步。

$|f(X_8) - f(X_7)| = 0.004 \leqslant \epsilon$，收敛。

5.3.3　梯度投影法

梯度投影法的基本思想：当迭代点 x_k 是可行域 D 的内点时，取 $d = -\nabla f(x_k)$ 作为搜索方向；否则，当 x_k 是可行域 D 的边界点时，取 $-\nabla f(x_k)$ 在这些边界面交集上的投影作为搜索方向，这也是“梯度投影法”名称的由来。

算法 5.7　*Rosen* 梯度投影法计算步骤

Step 1　给定初始可行点 x_0，令 $k = 0$。

Step 2　在 x_k 处确定有效约束 $A_1 x_k = b_1$ 和非有效约束 $A_2 x_k > b_2$，其中 $A = \begin{bmatrix} A_1 \\ A_2 \end{bmatrix}$，$b = \begin{bmatrix} b_1 \\ b_2 \end{bmatrix}$。

Step 3　令 $M = \begin{bmatrix} A_1 \\ E \end{bmatrix}$。若 M 是空的，则令 $P = I$（单位矩阵）；否则，令 $P = I - M^{\mathrm{T}}(MM^{\mathrm{T}})^{-1}M$。

Step 4　计算 $d_k = -P\nabla f(x_k)$。若 $\|d_k\| \neq 0$，转 Step 6；否则，转 Step 5。

Step 5　计算

$$\omega = (MM^{\mathrm{T}})^{-1}M\nabla f(x_k) = \begin{bmatrix} \lambda \\ \mu \end{bmatrix}$$

若 $\lambda \geqslant 0$，停算，输出 x_k 为 KT 点；否则，选取入的某个负分量，如 $\lambda_j < 0$，修正矩阵 A_1，即去掉 A_1 中对应于 λ_j 的行，转 Step 3。

Step 6　计算

$$\bar{\alpha} = \begin{cases} \min \dfrac{(b_2 - A_2 x_k)_i}{(A_2 d_k)_i} \Bigg| (A_2 d_k)_i < 0, & A_2 d_k \ngeq 0 \\ +\infty, & A_2 d_k \geqslant 0 \end{cases}$$

并获取一维线搜索的最优解 α_k。

$$\min \quad f(\boldsymbol{x}_k + \alpha \boldsymbol{d}_k)$$

$$\text{s.t.} \quad \alpha \in [0, \bar{\alpha}]$$

Step 7 置 $\boldsymbol{x}_{k+1} = \boldsymbol{x}_k + \alpha \boldsymbol{d}_k$，$k = k + 1$。转 Step 2。

5.3.4 简约梯度法

Wolfe 简约梯度法的基本思想：把求解线性规划的单纯形法推广到解线性约束的非线性优化问题。先利用等式约束条件消去一些变量，然后利用降维所形成的简约梯度来构造下降方向，接着作线搜索求步长，重复此过程，逐步逼近极小点。下面介绍如何确立简约梯度、如何构造下降方向和计算线搜索的步长上界等。

算法 5.8 Wolfe 简约梯度法计算步骤

Step 1 初始化，选取初始可行点 $\boldsymbol{x}_0$，令 $k = 0$。给定终止误差 $\varepsilon > 0$。

Step 2 计算搜索方向。将 $\boldsymbol{x}_k$ 分解成 $\boldsymbol{x}_k = \begin{bmatrix} \boldsymbol{x}_k^B \\ \boldsymbol{x}_k^N \end{bmatrix}^{\mathrm{T}}$，其中，$\boldsymbol{x}_k^B$ 为基变量，由 $\boldsymbol{x}_k$ 的 m 个最大分量组成，这些分量的下标集记作 $\mathcal{J}_k$. 相应地，将 $\boldsymbol{A}$ 分解成 $\boldsymbol{A} = [\boldsymbol{B}, \boldsymbol{N}]$。按下式计算 d_k：

$$r(\boldsymbol{x}_k^N) = \nabla_N f(\boldsymbol{x}_k^B, \boldsymbol{x}_k^N) - (\boldsymbol{B}^{-1}\boldsymbol{N})^{-1} \nabla_B f(\boldsymbol{x}_k^B, \boldsymbol{x}_k^N)$$

$$(d_k^N)_j = \begin{cases} -(\boldsymbol{x}_k^N)_j r_j(\boldsymbol{x}_k^N), & r_j(\boldsymbol{x}_k^N) \geqslant 0 \\ -r_j(\boldsymbol{x}_k^N), & \text{其他} \end{cases}$$

$$\boldsymbol{d}_k = \begin{bmatrix} \boldsymbol{d}_k^B \\ \boldsymbol{d}_k^N \end{bmatrix} = \begin{bmatrix} -\boldsymbol{B}^{-1}\boldsymbol{N} \\ \boldsymbol{I}_{n-m} \end{bmatrix} \boldsymbol{d}_k^N$$

Step 3 检验终止准则，若 $|\boldsymbol{d}_k| \leqslant \varepsilon$，则 $\boldsymbol{x}_k$ 为 KT 点，停算；否则，转 Step 4。

Step 4 计算步长上界 $\bar{\alpha}$：

$$\bar{\alpha} = \begin{cases} +\infty, & \boldsymbol{d}_k \geqslant 0 \\ \min\left\{ -\dfrac{(\boldsymbol{x}_k)_j}{(\boldsymbol{d}_k)_j} \middle| (\boldsymbol{d}_k)_j < 0 \right\}, & \text{其他} \end{cases}$$

Step 5 进行一维搜索，求解下面的一维极小化问题得步长 α_k：

$$\min \quad f(\boldsymbol{x}_k + \alpha \boldsymbol{d}_k)$$

$$\text{s.t.} \quad \alpha \in [0, \bar{\alpha}]$$

置 $\boldsymbol{x}_{k+1} = \boldsymbol{x}_k + \alpha_k \boldsymbol{d}_k$。

Step 6 修正基变量。若 $\boldsymbol{x}_{k+1}^B > 0$，则基变量不变；否则，若存在 j，使得 $(\boldsymbol{x}_{k+1}^B)_j = 0$，则将 $(\boldsymbol{x}_{k+1}^B)_j$ 换出基，而以 $(\boldsymbol{x}_{k+1}^N)_j$ 中最大分量换入基，构成新的基向量 $\boldsymbol{x}_{k+1}^B$ 和 $\boldsymbol{x}_{k+1}^N$。

Step 7 置 $k = k + 1$，转 Step 2。

将 Wolfe 简约梯度法推广到一般非线性约束的情形，即为所谓的广义简约梯度法。

算法 5.9　广义简约梯度法计算步骤

Step 1　初始化，选取初始可行点 $\boldsymbol{x}_0$，$\epsilon \in (0, 1)$，令 $k=0$。

Step 2　检验终止条件。确定基变量 $\boldsymbol{x}_k^B$ 和非基变量 $\boldsymbol{x}_k^N$。记 $c(\boldsymbol{x}_k)=(c_i(\boldsymbol{x}_k))$，$i \in \mathcal{A}(\boldsymbol{x}_k)$。计算简约梯度 $r(\boldsymbol{x}_k^N)$：

$$r(\boldsymbol{x}_k^N)=\nabla_N f(\boldsymbol{x}_k^B, \boldsymbol{x}_k^N)-\nabla_N c(\boldsymbol{x}_k)[\nabla_B c(\boldsymbol{x}_k)]^{-1}\nabla_B f(\boldsymbol{x}_k)$$

若 $\|r(\boldsymbol{x}_k^N)\| \leqslant \epsilon$，则 $\boldsymbol{x}_k$ 为近似极小点，停算。

Step 3　确定搜索方向，计算下降可行方向 $\boldsymbol{d}_k$：

$$\boldsymbol{d}_k=\begin{bmatrix}\boldsymbol{d}_k^B\\ \boldsymbol{d}_k^N\end{bmatrix}=\begin{bmatrix}-\nabla_N c(\boldsymbol{x}_k)[\nabla_B c(\boldsymbol{x}_k)]^{-1}r(\boldsymbol{x}_k^N)\\ -r(\boldsymbol{x}_k^N)\end{bmatrix}=\begin{bmatrix}-\nabla_N c(\boldsymbol{x}_k)[\nabla_B c(\boldsymbol{x}_k)]^{-1}\\ \boldsymbol{I}_{n-s}\end{bmatrix}r(\boldsymbol{x}_k^N)$$

Step 4　进行一维搜索，求解下面的一维极小化问题得步长 α_k。

$$\begin{aligned}\min\ & f(\boldsymbol{x}_k+\alpha\boldsymbol{d}_k)\\ \text{s.t.}\ & c_i(\boldsymbol{x}_k+\alpha\boldsymbol{d}_k)=0,\ i\in\mathcal{E}\\ & c_i(\boldsymbol{x}_k+\alpha\boldsymbol{d}_k)\geqslant 0,\ i\in\mathcal{I}\end{aligned}$$

置 $\boldsymbol{x}_{k+1}=\boldsymbol{x}_k+\alpha_k\boldsymbol{d}_k$。

Step 5　修正有效集，先求 $\boldsymbol{x}_{k+1}$ 处的有效集，设为 $\bar{I}_{k+1}$，计算 $\boldsymbol{\lambda}_{k+1}$。

$$\boldsymbol{\nu}_{k+1}=[\boldsymbol{\mu}_{k+1}^{\mathrm{T}}, \boldsymbol{\lambda}_{k+1}^{\mathrm{T}}]^{\mathrm{T}}=[\nabla c(\boldsymbol{x}_{k+1})]^{+}\nabla f(\boldsymbol{x}_{k+1})$$

若 $\boldsymbol{\lambda}_{k+1}\geqslant 0$，则 $\boldsymbol{I}_{k+1}=\bar{\boldsymbol{I}}_{k+1}$；否则，$\boldsymbol{I}_{k+1}$ 是 $\bar{\boldsymbol{I}}_{k+1}$ 中删去 $\boldsymbol{\lambda}_{k+1}$ 最小分量所对应的约束指标集。

Step 6　置 $k=k+1$，转 Step 2。

注意：(1)在算法 5.9 的 Step 2 中，当 $\|r(\boldsymbol{x}_k^N)\|\leqslant\epsilon$ 时，实际还需要判别对应于不等式约束的拉格朗日乘子的非负性，若不满足还需进行改进；

(2)广义简约梯度法通过消去某些变量在降维空间中的运算，能够较快地确定最优解，可用来求解大型问题，因而它是目前求解非线性优化问题的最有效的方法之一。

5.4　二次规划

二次规划是非线性优化问题中的一种特殊情形，它的目标函数是二次实函数，约束函数都是线性函数，由于二次规划比较简单，便于求解(仅次于线性规划)，并且一些非线性优化问题可以转化为求解一系列的二次规划问题，因此，二次规划的求解方法较早地引起了人们的重视，成为求解非线性优化的一个重要途径，二次规划的算法较多，本章仅介绍求解等式约束凸二次规划的零空间方法和拉格朗日方法以及求解一般约束凸二次规划的有效集方法。

5.4.1　等式约束凸二次规划的解法

二次规划问题(QP)：

$$\text{QP} \quad \min \quad \frac{1}{2}\boldsymbol{x}^{\mathrm{T}}\boldsymbol{H}\boldsymbol{x} + \boldsymbol{c}^{\mathrm{T}}\boldsymbol{x}$$
$$\text{s. t.} \quad \boldsymbol{A}\boldsymbol{x} = \boldsymbol{b}$$

其中，$\boldsymbol{H} \in \mathrm{R}^{n\times n}$ 对称正定，$\boldsymbol{A} \in \mathrm{R}^{m\times n}$ 行满秩，$\boldsymbol{c}$，$\boldsymbol{x} \in \mathrm{R}^{n}$，$\boldsymbol{b} \in \mathrm{R}^{m}$。本节介绍两种求解 QP 的数值方法，即零空间方法和拉格朗日方法。

1. 零空间方法

设 $\boldsymbol{x}_0$ 满足 $\boldsymbol{A}\boldsymbol{x}_0 = \boldsymbol{b}$。记 A 的零空间为

$$\mathcal{N}(A) = \{\boldsymbol{z} \in \mathrm{R}^{n} \mid A\boldsymbol{z} = 0\}$$

则 QP 的任一可行点 $\boldsymbol{x}$ 可表示成 $\boldsymbol{x} = \boldsymbol{x}_0 + \boldsymbol{z}$，$\boldsymbol{z} \in \mathcal{N}(A)$。这样，QP 可等价变形为：

$$\text{QP1} \quad \min \quad \frac{1}{2}\boldsymbol{z}^{\mathrm{T}}\boldsymbol{H}\boldsymbol{z} + \boldsymbol{z}^{\mathrm{T}}(\boldsymbol{c} + \boldsymbol{H}\boldsymbol{x}_0)$$
$$\text{s. t.} \quad A\boldsymbol{z} = 0$$

令 $Z \in \mathrm{R}^{n\times(n-m)}$，是 $\mathcal{N}(A)$ 的一组基组成的矩阵，那么对任意的 $\boldsymbol{d} \in \mathrm{R}^{n-m}$，有 $\boldsymbol{z} = Z\boldsymbol{d} \in \mathcal{N}(A)$。于是 QP1 变为无约束优化问题：

$$\text{QP2} \quad \min \quad \frac{1}{2}\boldsymbol{d}^{\mathrm{T}}(\boldsymbol{Z}^{\mathrm{T}}\boldsymbol{H}\boldsymbol{Z})\boldsymbol{d} + \boldsymbol{d}^{\mathrm{T}}[\boldsymbol{Z}^{\mathrm{T}}(\boldsymbol{c} + \boldsymbol{H}\boldsymbol{x}_0)]$$

容易发现，当 $\boldsymbol{H}$ 半正定时，$\boldsymbol{Z}^{\mathrm{T}}\boldsymbol{H}\boldsymbol{Z}$ 也是半正定的，此时，若 $\boldsymbol{d}^*$ 真是 QP2 的稳定点，则 $\boldsymbol{d}^*$ 也是 QP2 的全局极小点，同时 $\boldsymbol{x}^* = \boldsymbol{x}_0 + \boldsymbol{Z}\boldsymbol{d}^*$ 是 QP1 的全局极小点，$\boldsymbol{\lambda}^* = \boldsymbol{A}^+(\boldsymbol{H}\boldsymbol{x}^* + \boldsymbol{c})$ 是相应的拉格朗日乘子，其中 $\boldsymbol{A}^+$ 为矩阵 $\boldsymbol{A}$ 的广义逆矩阵①，由于这种方法是基于约束函数的系数矩阵的零空间，因此，把它称为零空间方法。

余下的问题就是如何确定可行点 $\boldsymbol{x}_0$ 和零空间 $\mathcal{N}(\boldsymbol{A})$ 的基矩阵 $\boldsymbol{Z}$。有多种方法来确定这样的 $\boldsymbol{x}_0$ 和 $\boldsymbol{Z}$。下面介绍 1974 年 Gill 和 Murry 所提出的一种方法：先对 $\boldsymbol{A}^{\mathrm{T}}$ 作 QR 分解

$$\boldsymbol{A}^{\mathrm{T}} = \boldsymbol{Q}\begin{bmatrix}\boldsymbol{R}\\ \boldsymbol{0}\end{bmatrix} = [\boldsymbol{Q}_1 \quad \boldsymbol{Q}_2]\begin{bmatrix}\boldsymbol{R}\\ \boldsymbol{0}\end{bmatrix}$$

其中，$\boldsymbol{Q}$ 为一个 n 阶正交阵，$\boldsymbol{R}$ 为一个 m 阶上三角阵，$\boldsymbol{Q}_1 \in \mathrm{R}^{n\times m}$，$\boldsymbol{Q}_2 \in \mathrm{R}^{n\times(n-m)}$，那么

$$\boldsymbol{x}_0 = \boldsymbol{Q}_1\boldsymbol{R}^{-\mathrm{T}}\boldsymbol{b},\ \boldsymbol{Z} = \boldsymbol{Q}_2$$

同时有

$$\boldsymbol{A}^+ = \boldsymbol{Q}_1\boldsymbol{R}^{-\mathrm{T}}$$

算法 5.10 零空间方法算法步骤

Step 1 数据准备，确定矩阵 $\boldsymbol{H}$、$\boldsymbol{A}$ 和向量 $\boldsymbol{c}$、$\boldsymbol{b}$。

Step 2 对 $\boldsymbol{A}^{\mathrm{T}}$ 进行 $\boldsymbol{QR}$ 分解得 $\boldsymbol{Q}_1$，$\boldsymbol{Q}_2$ 和 $\boldsymbol{R}$。

$$\boldsymbol{A}^{\mathrm{T}} = \boldsymbol{Q}\begin{bmatrix}\boldsymbol{R}\\ \boldsymbol{0}\end{bmatrix} = [\boldsymbol{Q}_1 \quad \boldsymbol{Q}_2]\begin{bmatrix}\boldsymbol{R}\\ \boldsymbol{0}\end{bmatrix}$$

---

① 设 $\boldsymbol{A}$ 为 $m\times n$ 矩阵，如果存在 $n\times m$ 阶矩阵 $\boldsymbol{G}$，满足条件：(1) $\boldsymbol{AGA} = \boldsymbol{A}$；(2) $\boldsymbol{GAG} = \boldsymbol{G}$；(3) $(\boldsymbol{AG})^* = \boldsymbol{AG}$；(4) $(\boldsymbol{GA})^* = \boldsymbol{GA}$。式中："*"表示共轭后再转置，则称 $\boldsymbol{G}$ 为 $\boldsymbol{A}$ 的广义逆矩阵，记作 $\boldsymbol{A}^+ = \boldsymbol{G}$。

其中，$\boldsymbol{Q}$ 为一个 n 阶正交阵，$\boldsymbol{R}$ 为一个 m 阶上三角阵，$\boldsymbol{Q}_1 \in \mathrm{R}^{n\times m}$，$\boldsymbol{Q}_2 \in \mathrm{R}^{n\times(n-m)}$，那么

$$\boldsymbol{x}_0 = \boldsymbol{Q}_1\boldsymbol{R}^{-\mathrm{T}}\boldsymbol{b},\ \boldsymbol{Z} = \boldsymbol{Q}_2$$

同时有

$$\boldsymbol{A}^+ = \boldsymbol{Q}_1\boldsymbol{R}^{-\mathrm{T}}$$

Step 3　求解无约束优化子问题得解 $\boldsymbol{d}^*$。

$$\min_{d} \quad \frac{1}{2}\boldsymbol{d}^{\mathrm{T}}(\boldsymbol{Z}^{\mathrm{T}}\boldsymbol{H}\boldsymbol{Z})\boldsymbol{d} + \boldsymbol{d}^{\mathrm{T}}[\boldsymbol{Z}^{\mathrm{T}}(\boldsymbol{c} + \boldsymbol{H}\boldsymbol{x}_0)]$$

Step 4　计算全局极小点 $\boldsymbol{x}^* = \boldsymbol{x}_0 + \boldsymbol{Z}\boldsymbol{d}^*$ 和相应的拉格朗日乘子：

$$\boldsymbol{\lambda}^* = (\boldsymbol{A}^+)^{\mathrm{T}}(\boldsymbol{c} + \boldsymbol{H}\boldsymbol{x}^*)$$

例 5.9　求解如下二次规划问题：

$$\min_{x} \quad f(x) = 3x_1^2 + 2x_1x_2 + x_1x_3 + 2.5x_2^2 + 2x2x3 + 2x_3^2 - 8x_1 - 3x_2 - 3x_3$$

$$\text{s.t.} \quad x_1 + x_3 = 3$$

$$x_2 + x_3 = 0$$

解：根据题意可得

$$\boldsymbol{H} = \begin{bmatrix} 6 & 2 & 1 \\ 2 & 5 & 2 \\ 1 & 2 & 4 \end{bmatrix},\ \boldsymbol{c} = [-8 \quad -3 \quad -3]^{\mathrm{T}}$$

$$\boldsymbol{A} = \begin{bmatrix} 1 & 0 & 1 \\ 0 & 1 & 1 \end{bmatrix},\ \boldsymbol{b} = \begin{bmatrix} 3 \\ 0 \end{bmatrix}$$

可以验证得 $\boldsymbol{H} > 0$。

针对 $\boldsymbol{A}^{\mathrm{T}}$ 的 QR 分解可得

$$\boldsymbol{Q}_1 = \begin{bmatrix} -0.7071 & 0.4082 \\ 0 & -0.8165 \\ -0.7071 & -0.4082 \end{bmatrix},\ \boldsymbol{R} = \begin{bmatrix} -1.4142 & -0.7071 \\ 0 & -1.2247 \end{bmatrix}$$

进一步地，有

$$\boldsymbol{x}_0 = \begin{bmatrix} 2 \\ -1 \\ 1 \end{bmatrix},\ \boldsymbol{Z} = \begin{bmatrix} -0.5774 \\ -0.5774 \\ 0.5774 \end{bmatrix}$$

$$\boldsymbol{A}^+ = \begin{bmatrix} 0.6667 & -0.3333 \\ -0.3333 & 0.6667 \\ 0.3333 & 0.3333 \end{bmatrix}$$

得到无约束优化子问题

$$\min_{d} \quad \frac{1}{2}\boldsymbol{d}^{\mathrm{T}}(4.3333)\boldsymbol{d} + \boldsymbol{d}^{\mathrm{T}}(0)$$

显然，其最优解为 $\boldsymbol{d}^* = 0$。

计算全局极小点 $\boldsymbol{x}^* = \boldsymbol{x}_0 + \boldsymbol{Z}\boldsymbol{d}^* = \boldsymbol{x}_0 = \begin{bmatrix} 2 \\ -1 \\ 1 \end{bmatrix}$ 和相应的拉格朗日乘子：

$$\boldsymbol{\lambda}^* = (\boldsymbol{A}^+)^{\mathrm{T}}(\boldsymbol{c} + \boldsymbol{H}\boldsymbol{x}^*) = \begin{bmatrix} 3 \\ -2 \end{bmatrix}$$

2. 拉格朗日方法

二次规划问题(QP)的拉格朗日函数：

$$L(\boldsymbol{x}, \boldsymbol{\lambda}) = \frac{1}{2}\boldsymbol{x}^{\mathrm{T}}\boldsymbol{H}\boldsymbol{x} + \boldsymbol{c}^{\mathrm{T}}\boldsymbol{x} - \boldsymbol{\lambda}^{\mathrm{T}}(\boldsymbol{A}\boldsymbol{x} - \boldsymbol{b})$$

令 $\nabla_x \boldsymbol{L}(\boldsymbol{x}, \boldsymbol{\lambda}) = 0$，$\nabla_\lambda \boldsymbol{L}(\boldsymbol{x}, \boldsymbol{\lambda}) = 0$，得

$$\begin{bmatrix} \boldsymbol{H} & -\boldsymbol{A}^{\mathrm{T}} \\ -\boldsymbol{A} & \boldsymbol{0} \end{bmatrix}\begin{bmatrix} \boldsymbol{x} \\ \boldsymbol{\lambda} \end{bmatrix} = \begin{bmatrix} -\boldsymbol{c} \\ -\boldsymbol{b} \end{bmatrix}$$

系数矩阵 $\begin{bmatrix} \boldsymbol{H} & -\boldsymbol{A}^{\mathrm{T}} \\ -\boldsymbol{A} & \boldsymbol{0} \end{bmatrix}$ 称为拉格朗日矩阵。其解的表达式为

$$\begin{bmatrix} \bar{\boldsymbol{x}} \\ \bar{\boldsymbol{\lambda}} \end{bmatrix} = \begin{bmatrix} \boldsymbol{G} & -\boldsymbol{B}^{\mathrm{T}} \\ -\boldsymbol{B} & \boldsymbol{C} \end{bmatrix}\begin{bmatrix} -\boldsymbol{c} \\ -\boldsymbol{b} \end{bmatrix} = \begin{bmatrix} -\boldsymbol{G}\boldsymbol{c} + \boldsymbol{B}^{\mathrm{T}}\boldsymbol{b} \\ \boldsymbol{B}\boldsymbol{c} - \boldsymbol{C}\boldsymbol{b} \end{bmatrix}$$

其中，

$$\boldsymbol{G} = \boldsymbol{H}^{-1} - \boldsymbol{H}^{-1}\boldsymbol{A}^{\mathrm{T}}(\boldsymbol{A}\boldsymbol{H}^{-1}\boldsymbol{A}^{\mathrm{T}})^{-1}\boldsymbol{A}\boldsymbol{H}^{-1}$$
$$\boldsymbol{B} = (\boldsymbol{A}\boldsymbol{H}^{-1}\boldsymbol{A}^{\mathrm{T}})^{-1}\boldsymbol{A}\boldsymbol{H}^{-1}$$
$$\boldsymbol{C} = -(\boldsymbol{A}\boldsymbol{H}^{-1}\boldsymbol{A}^{\mathrm{T}})^{-1}$$

上述解的等价表达式为

$$\begin{bmatrix} \bar{\boldsymbol{x}} \\ \bar{\boldsymbol{\lambda}} \end{bmatrix} = \begin{bmatrix} -\boldsymbol{G}\boldsymbol{c} + \boldsymbol{B}^{\mathrm{T}}\boldsymbol{b} \\ \boldsymbol{B}\boldsymbol{c} - \boldsymbol{C}\boldsymbol{b} \end{bmatrix}$$

定理 5-14 设 $\boldsymbol{H} \in \mathrm{R}^{n\times n}$ 对称正定，$\boldsymbol{A} \in \mathrm{R}^{m\times n}$ 行满秩，若在二次规划问题(QP)的解 $\boldsymbol{x}^*$ 处满足二阶充分条件，即

$$\boldsymbol{d}^{\mathrm{T}}\boldsymbol{H}\boldsymbol{d} > 0,\ \forall \boldsymbol{d} \in \mathrm{R}^n,\ \boldsymbol{d} \neq 0,\ \boldsymbol{A}\boldsymbol{d} = 0$$

则如下线性方程组的系数矩阵非奇异，即该方程组有唯一解：

$$\begin{bmatrix} \boldsymbol{H} & -\boldsymbol{A}^{\mathrm{T}} \\ -\boldsymbol{A} & \boldsymbol{0} \end{bmatrix}\boldsymbol{x} = 0$$

例 5.10 应用朗格朗日方法求解例 5.9 的问题。

解：根据题意可得

$$\boldsymbol{H} = \begin{bmatrix} 6 & 2 & 1 \\ 2 & 5 & 2 \\ 1 & 2 & 4 \end{bmatrix},\ \boldsymbol{c} = \begin{bmatrix} -8 \\ -3 \\ -3 \end{bmatrix}$$

$$\boldsymbol{A} = \begin{bmatrix} 1 & 0 & 1 \\ 0 & 1 & 1 \end{bmatrix},\ \boldsymbol{b} = \begin{bmatrix} 3 \\ 0 \end{bmatrix}$$

根据拉格朗日方法，有

$$\begin{bmatrix} \boldsymbol{H} & -\boldsymbol{A}^{\mathrm{T}} \\ -\boldsymbol{A} & \boldsymbol{0} \end{bmatrix}\begin{bmatrix} \boldsymbol{x} \\ \boldsymbol{\lambda} \end{bmatrix}=\begin{bmatrix} -\boldsymbol{c} \\ -\boldsymbol{b} \end{bmatrix}$$

即

$$\begin{bmatrix} 6 & 2 & 1 & -1 & 0 \\ 2 & 5 & 2 & 0 & -1 \\ 1 & 2 & 4 & -1 & -1 \\ -1 & 0 & -1 & 0 & 0 \\ 0 & -1 & -1 & 0 & 0 \end{bmatrix}\begin{bmatrix} \boldsymbol{x} \\ \boldsymbol{\lambda} \end{bmatrix}=\begin{bmatrix} 8 \\ 3 \\ 3 \\ -3 \\ 0 \end{bmatrix}$$

求解得 $\boldsymbol{x}^*=\begin{bmatrix} 2 \\ -1 \\ 1 \end{bmatrix}$，$\boldsymbol{\lambda}^*=\begin{bmatrix} 3 \\ -2 \end{bmatrix}$。

5.4.2　一般凸二次规划的有效集方法

一般二次规划问题(QP2)

$$\begin{aligned} \text{QP2}\quad \min\ & \frac{1}{2}\boldsymbol{x}^{\mathrm{T}}\boldsymbol{H}\boldsymbol{x}+\boldsymbol{c}^{\mathrm{T}}\boldsymbol{x} \\ \text{s.t.}\ & \boldsymbol{a}_i^{\mathrm{T}}x-\boldsymbol{b}_i=0,\ i\in\mathcal{E}=\{1,\ 2,\ \cdots,\ p\} \\ & \boldsymbol{a}_i^{\mathrm{T}}x-\boldsymbol{b}_i\geqslant 0,\ i\in\mathcal{I}=\{p+1,\ p+2,\ \cdots,\ m\} \end{aligned}$$

其中，$\boldsymbol{H}$ 为 n 阶对称阵。记 $\mathcal{I}(x^*)=\{i\mid \boldsymbol{a}_i^{\mathrm{T}}\boldsymbol{x}-\boldsymbol{b}_i=0,\ i\in\mathcal{I}\}$，下面的定理给出了 QP2 的一个最优性充要条件。

定理 5-15　$\boldsymbol{x}^*$ 是二次规划问题(QP2)的局部极小点，当且仅当：

(1)存在 $\boldsymbol{\lambda}^*\in\mathrm{R}^m$，使得

$$\begin{cases} \boldsymbol{H}x^*+\boldsymbol{c}-\sum\limits_{i\in\mathcal{E}\cup\mathcal{I}}\lambda_i^* a_i=0 \\ \boldsymbol{a}_i^{\mathrm{T}}x^*-\boldsymbol{b}_i=0,\quad i\in\mathcal{E} \\ \boldsymbol{a}_i^{\mathrm{T}}x^*-\boldsymbol{b}_i\geqslant 0,\quad i\in\mathcal{I} \\ \lambda_i^*\geqslant 0,\ i\in\mathcal{I}(x^*);\ \lambda_i^*=0,\ i\in\mathcal{I}\setminus\mathcal{I}(x^*) \end{cases}$$

(2) $\forall \boldsymbol{d}\in S$，均有 $\boldsymbol{d}^{\mathrm{T}}\boldsymbol{H}\boldsymbol{d}\geqslant 0$，其中 $S=\{\boldsymbol{d}\in\mathrm{R}^n\backslash 0\mid \boldsymbol{d}^{\mathrm{T}}\boldsymbol{a}_i=0, i\in\mathcal{E}; \boldsymbol{d}^{\mathrm{T}}\boldsymbol{a}_i\geqslant 0, i\in\mathcal{I}(x^*); \boldsymbol{d}^{\mathrm{T}}\boldsymbol{a}_i=0, i\in\mathcal{I}(x^*)$ 且 $\lambda_i^*>0\}$。

定理 5-16　$\boldsymbol{x}^*$ 是凸二次规划的全局极小点的充要条件是 $\boldsymbol{x}^*$ 满足 KT 条件，即存在 $\boldsymbol{\lambda}^*\in\mathrm{R}^m$，使得

$$\begin{cases} \boldsymbol{H}x^*+\boldsymbol{c}-\sum\limits_{i\in\mathcal{E}\cup\mathcal{I}}\lambda_i^*\boldsymbol{a}_i=0 \\ \boldsymbol{a}_i^{\mathrm{T}}x^*-\boldsymbol{b}_i=0,\quad i\in\mathcal{E} \\ \boldsymbol{a}_i^{\mathrm{T}}x^*-\boldsymbol{b}_i\geqslant 0,\quad i\in\mathcal{I} \\ \lambda_i^*\geqslant 0,\quad i\in\mathcal{I}(x^*);\ \lambda_i^*=0,\ i\in\mathcal{I}\setminus\mathcal{I}(x^*) \end{cases}$$

定理 5-17 设 $\boldsymbol{x}^*$ 是一般凸二次规划问题(QP2)的全局极小点，并且在 $\boldsymbol{x}^*$ 处的有效集为 $S(\boldsymbol{x}^*)=\mathcal{E}\cup\mathcal{I}(\boldsymbol{x}^*)$，则 $\boldsymbol{x}^*$ 也是下列等式约束凸二次规划的全局极小点。

$$\min \quad \frac{1}{2}\boldsymbol{x}^{\mathrm{T}}\boldsymbol{H}\boldsymbol{x}+\boldsymbol{c}^{\mathrm{T}}\boldsymbol{x}$$

$$\text{s.t.} \quad \boldsymbol{a}_i^{\mathrm{T}}\boldsymbol{x}-\boldsymbol{b}_i=0,\ i\in S(x^*)$$

从定理 5-17 可以发现，有效集方法的最大难点是事先一般不知道有效集 $S(x^*)$，因此，只有想办法构造一个集合序列去逼近它，即从初始点 $\boldsymbol{x}_0$ 出发，计算有效集 $S(\boldsymbol{x}_0)$，解对应的等式约束子问题，重复这一做法，得到有效集序列 $\{S(\boldsymbol{x}_k)\}$，使得 $S(\boldsymbol{x}_k)\to S(\boldsymbol{x}^*)$，以获得原问题的最优解。

有效集方法的算法原理和实施步骤如下。

第一步：形成子问题并求出搜索方向 $\boldsymbol{d}_k$。

设 x_k 是 QP2 的一个可行点，据此确定相应的有效集 $S(\boldsymbol{x}_k)=\mathcal{E}\cup\mathcal{I}(\boldsymbol{x}_k)$。求解相应的子问题全局极小点 $\boldsymbol{d}_k$ 和对应的拉格朗日乘子 $\boldsymbol{\lambda}_k$。

$$\text{QP3} \quad \min \quad q_k(d)=\frac{1}{2}\boldsymbol{d}^{\mathrm{T}}\boldsymbol{H}\boldsymbol{d}+(\boldsymbol{H}x_k+\boldsymbol{c})^{\mathrm{T}}\boldsymbol{d}$$

$$\text{s.t.} \quad \boldsymbol{a}_i^{\mathrm{T}}\boldsymbol{d}=0,\ i\in S(x_k)$$

第二步：进行线搜索确定步长因子 α_k。假设 $\boldsymbol{d}_k\neq 0$，分两种情形讨论：

(1)若 $\boldsymbol{x}_k+\boldsymbol{d}_k$ 是 QP2 的可行点，则令 $\alpha_k=1$，$\boldsymbol{x}_{k+1}=\boldsymbol{x}_k+\alpha_k\boldsymbol{d}_k$；

(2)若 $\boldsymbol{x}_k+\boldsymbol{d}_k$ 不是 QP2 的可行点，则通过线搜索求出下降最好的可行点，注意到目标函数是凸二次函数，那么这一点应该在可行域的边界上达到，因此，只要求出满足可行条件的最大步长 α_k 即可。

当 $i\in S(\boldsymbol{x}_k)$ 时，对于任意的 $\alpha_k\geqslant 0$，都有 $\boldsymbol{a}_i^{\mathrm{T}}\boldsymbol{d}_k=0$ 和 $\boldsymbol{a}_i^{\mathrm{T}}(\boldsymbol{x}_k+\alpha_k\boldsymbol{d}_k)=\boldsymbol{a}_i^{\mathrm{T}}\boldsymbol{x}_k=\boldsymbol{b}_i$，此时，$\alpha_k\geqslant 0$ 不受限制。

当 $i\notin S(\boldsymbol{x}_k)$ 时，即第 i 个约束是严格的不等式约束，此时要求 α_k 满足 $\boldsymbol{a}_i^{\mathrm{T}}(\boldsymbol{x}_k+\alpha_k\boldsymbol{d}_k)\geqslant b_i$，即

$$\alpha_k\boldsymbol{a}_i^{\mathrm{T}}\boldsymbol{d}_k\geqslant\boldsymbol{b}_i-\boldsymbol{a}_i^{\mathrm{T}}\boldsymbol{x}_k,\ i\notin S(\boldsymbol{x}_k)$$

注意到上式右端非正，故当 $\boldsymbol{a}_i^{\mathrm{T}}\boldsymbol{d}_k\geqslant 0$ 时，上式恒成立；而当 $\boldsymbol{a}_i^{\mathrm{T}}\boldsymbol{d}_k<0$ 时，由上式可解得

$$\alpha_k\leqslant\frac{\boldsymbol{b}_i-\boldsymbol{a}_i^{\mathrm{T}}\boldsymbol{x}_k}{\boldsymbol{a}_i^{\mathrm{T}}\boldsymbol{d}_k}$$

故有 $\alpha_k=\bar{\alpha}_k=\min\left\{\dfrac{\boldsymbol{b}_i-\boldsymbol{a}_i^{\mathrm{T}}\boldsymbol{x}_k}{\boldsymbol{a}_i^{\mathrm{T}}\boldsymbol{d}_k}\middle|\boldsymbol{a}_i^{\mathrm{T}}\boldsymbol{d}_k<0,\ i\notin S(\boldsymbol{x}_k)\right\}$。

合并得
$$\alpha_k=\min\{1,\ \bar{\alpha}_k\}$$

第三步：修正 $S(\boldsymbol{x}_k)$。

当 $\alpha_k=1$，有效集不变，即 $S(\boldsymbol{x}_{k+1})=S(\boldsymbol{x}_k)$。

当 $\alpha_k=1$ 时，
$$\alpha_k=\bar{\alpha}_k=\frac{\boldsymbol{b}_{i_k}-\boldsymbol{a}_{i_k}^{\mathrm{T}}\boldsymbol{x}_k}{\boldsymbol{a}_{i_k}^{\mathrm{T}}\boldsymbol{d}_k}$$

故 $\boldsymbol{a}_{i_k}^{\mathrm{T}}(\boldsymbol{x}_k+\alpha_k\boldsymbol{d}_k)=\boldsymbol{a}_{i_k}^{\mathrm{T}}\boldsymbol{x}_k=\boldsymbol{b}_{i_k}$，因此，在 $\boldsymbol{x}_{k+1}$ 处增加了一个有效约束，即 $S(\boldsymbol{x}_{k+1})=S(\boldsymbol{x}_k)\cup\{i_k\}$。

第四步：考虑 $\boldsymbol{d}_k=0$ 的情形，此时 $\boldsymbol{x}_k$ 是 QP3 的全局极小点，若这时对应的不等式约束的拉格朗日乘子均为非负，则 $\boldsymbol{x}_{k+1}$ 也是 QP2 的全局极小，迭代终止；否则，如果对应的不等式约束的拉格朗日乘子有负的分量，那么需要重新寻找一个下降可行方向。

设 $\lambda_{j_k}<0$，$j_k\in\mathscr{T}(x_k)$，现在要求一个下降可行方向 $\boldsymbol{d}_k$，满足 $(\boldsymbol{H}\boldsymbol{x}_k+\boldsymbol{c})^{\mathrm{T}}\boldsymbol{d}<0$，且 $\boldsymbol{a}_j^{\mathrm{T}}\boldsymbol{d}_k=0$，$\forall j\in E$，$\boldsymbol{a}_j^{\mathrm{T}}\boldsymbol{d}_k\geqslant 0$，$\forall j\in\mathscr{T}(\boldsymbol{x}_k)$。为简便起见，按下述方式选取 $\boldsymbol{d}_k$：

$$\boldsymbol{a}_{j_k}^{\mathrm{T}}(\boldsymbol{x}_k+\boldsymbol{d}_k)>\boldsymbol{b}_{j_k}$$

$$\boldsymbol{a}_j^{\mathrm{T}}(\boldsymbol{x}_k+\boldsymbol{d}_k)=\boldsymbol{b}_j,\quad\forall j\in\mathscr{T}(\boldsymbol{x}_k),\ j\neq j_k$$

即

$$\boldsymbol{a}_{j_k}^{\mathrm{T}}\boldsymbol{d}_k>0$$

$$\boldsymbol{a}_j^{\mathrm{T}}\boldsymbol{d}_k=0,\quad\forall j\in\mathscr{T}(\boldsymbol{x}_k),\ j\neq j_k$$

令 $S'(\boldsymbol{x}_k)=S(\boldsymbol{x}_k)\setminus j_k\}$，则修正后的子问题的全局极小点

$$\min\quad q_k(\boldsymbol{d})=\frac{1}{2}\boldsymbol{d}^{\mathrm{T}}\boldsymbol{H}\boldsymbol{d}+(\boldsymbol{H}\boldsymbol{x}_k+\boldsymbol{c})^{\mathrm{T}}\boldsymbol{d}$$

$$\text{s.t.}\quad \boldsymbol{a}_i^{\mathrm{T}}\boldsymbol{d}=0,\ i\in S'(\boldsymbol{x}_k)$$

必然是原问题的一个下降可行方向。

算法 5.11　有效集方法算法步骤

Step 1　选取初值。选取初始可行点 $\boldsymbol{x}_0$，令 $k=0$。

Step 2　解子问题。确定相应的有效集 $S(\boldsymbol{x}_k)=\mathscr{E}\cup\mathscr{T}(\boldsymbol{x}_k)$。求解子问题：

$$\min\quad q_k(\boldsymbol{d})=\frac{1}{2}\boldsymbol{d}^{\mathrm{T}}\boldsymbol{H}\boldsymbol{d}+(\boldsymbol{H}\boldsymbol{x}_k+\boldsymbol{c})^{\mathrm{T}}\boldsymbol{d}$$

$$\text{s.t.}\quad \boldsymbol{a}_i^{\mathrm{T}}\boldsymbol{d}=0,\ i\in S(x_k)$$

可以得到极小点 $\boldsymbol{d}_k$ 和拉格朗日乘子向量 $\boldsymbol{\lambda}_k$。若 $\boldsymbol{d}_k\neq 0$，转 Step 4；否则，转 Step 3。

Step 3　检验终止准则，计算拉格朗日乘子：

$$\boldsymbol{\lambda}_k=\boldsymbol{B}_k(\boldsymbol{H}\boldsymbol{x}_k+\boldsymbol{c})$$

其中，$\boldsymbol{A}_k=(a_i)_{i\in S(x_k)}$，$\boldsymbol{B}_k=(\boldsymbol{A}_k\boldsymbol{H}^{-1}\boldsymbol{A}_k^{\mathrm{T}})^{-1}\boldsymbol{A}_k\boldsymbol{H}^{-1}$。

令

$$(\boldsymbol{\lambda}_k)_t=\min_{i\in\mathscr{T}(x_k)}\{(\boldsymbol{\lambda}_k)_i\}$$

若 $(\boldsymbol{\lambda}_k)_t\geqslant 0$，则 $\boldsymbol{x}_k$ 是全局极小点，停算；否则，若 $(\boldsymbol{\lambda}_k)_t<0$，则令 $S(\boldsymbol{x}_k)=S(\boldsymbol{x}_k)\setminus t\}$，转 Step 2。

Step 4　确定步长 α_k。令 $\alpha_k=\min\{1,\bar{\alpha}_k\}$，其中

$$\bar{\alpha}_k=\min\left\{\frac{\boldsymbol{b}_i-\boldsymbol{a}_i^{\mathrm{T}}x_k}{\boldsymbol{a}_i^{\mathrm{T}}\boldsymbol{d}_k}\,\middle|\,\boldsymbol{a}_i^{\mathrm{T}}\boldsymbol{d}_k<0,\ i\notin S(\boldsymbol{x}_k)\right\}$$

令 $\boldsymbol{x}_{k+1}=\boldsymbol{x}_k+\alpha_k\boldsymbol{d}_k$。

Step 5　若 $\alpha_k=1$，则令 $S(\boldsymbol{x}_{k+1})=S(\boldsymbol{x}_k)$；否则，若 $\alpha_k<1$，则令 $S(\boldsymbol{x}_{k+1})=S(\boldsymbol{x}_k)\cup$

$\{j_k\}$，其中 j_k 满足：

$$\overline{\alpha}_k = \frac{\boldsymbol{b}_{j_k} - \boldsymbol{a}_{j_k}^{\mathrm{T}}\boldsymbol{x}_k}{\boldsymbol{a}_{ij_k}^{\mathrm{T}}\boldsymbol{d}_k}$$

Step 6 令 $k=k+1$，转 Step 2。

下面给出关于算法 5.11 的收敛性定理。

定理 5-18 假设问题 QP2 中的矩阵 H 对称正定。若在算法 5.11 每步迭代中的矩阵 $\boldsymbol{A}_k=(a_i)_{i\in S(\boldsymbol{x}_k)}$ 列满秩且 $\alpha_k\neq 0$，则算法 5.11 在有限步之内得到问题 QP2 的全局极小点。

5.5 序列二次规划法

针对约束非线性最优化问题(SQP)：

$$\begin{aligned} \text{SQP}\quad & \min_{\boldsymbol{x}\in D\subset \mathrm{R}^n} f(\boldsymbol{x}) \\ \text{s.t.}\quad & c_i(\boldsymbol{x})=0,\quad i=1,2,\cdots,p \\ & c_i(\boldsymbol{x})\geqslant 0,\quad i=p+1,\cdots,m \end{aligned}$$

其中，$f(\boldsymbol{x})$，$c_i(\boldsymbol{x})$ 均为实值连续函数，具有二阶连续偏导数，

设为拉格朗日函数：

$$L(\boldsymbol{x},\boldsymbol{\lambda},\boldsymbol{\mu})=f(\boldsymbol{x})-\sum_{i=1}^{p}\lambda_i c_i(\boldsymbol{x})-\sum_{i=p+1}^{m}\mu_i c_i(\boldsymbol{x})$$

可知其 KT 条件为

$$\begin{aligned} & \nabla_x L(\boldsymbol{x},\boldsymbol{\lambda},\boldsymbol{\mu})=0 \\ & \lambda_i c_i(\boldsymbol{x})=0,\ \lambda_i\geqslant 0,\quad i=p+1,\cdots,m \end{aligned}$$

序列二次规划(sequential quadratic programming, SQP)方法是求解约束优化问题最有效的算法之一。其基本思想：当解问题(SQP)已得到一个迭代点 $\boldsymbol{x}_k$ 时，为得到下一个更好的迭代点 $\boldsymbol{x}_{k+1}$ 时，用问题(SQP)在 $\boldsymbol{x}_k$ 点处的近似模型特别是二次规划模型代替(QP)，在每一迭代步通过求解一个二次规划子问题来确立一个下降方向，以减少价值函数的值来确定步长。如此重复，以一系列二次规划的解逼近问题(SQP)的解，这种方法称为序列二次规划法(SQP)。

5.5.1 搜索方向的确定

当运用序列二次规划法时，在 $\boldsymbol{x}_k$ 点处的二次规划一般采取形式为

$$\begin{aligned} \min_{d}\quad & Q(\boldsymbol{d})=\frac{1}{2}\boldsymbol{d}^{\mathrm{T}}\boldsymbol{H}_k\boldsymbol{d}+\nabla f(\boldsymbol{x}_k)^{\mathrm{T}}\boldsymbol{d} \\ \text{s.t.}\quad & \nabla c_i(\boldsymbol{x}_k)^{\mathrm{T}}\boldsymbol{d}+c_i(\boldsymbol{x}_k)=0,\ i\in\mathcal{E}=\{1,2,\cdots,p\} \\ & \nabla c_i(\boldsymbol{x}_k)^{\mathrm{T}}\boldsymbol{d}+c_i(\boldsymbol{x}_k)=0,\ i\in\mathcal{I}=\{p+1,p+2,\cdots,m\} \end{aligned}$$

其中，$\boldsymbol{H}_k$ 是二个 n 阶实对称阵，它可以有多种不同的取法，而约束条件中的函数分别就是

约束函数 $c_i(\boldsymbol{x})$ 在 $\boldsymbol{x}_k$ 处泰勒展开式中的线性部分。

关于 $\boldsymbol{H}_k$ 的构造，常用的有以下几种：

$$\boldsymbol{H}_k = \nabla^2 f(\boldsymbol{x}_k)$$

$$\boldsymbol{H}_k = \nabla_{xx}^2 L(\boldsymbol{x}_k, \boldsymbol{\lambda}_k, \boldsymbol{\mu}_k)$$

$$\boldsymbol{H}_k = \nabla_{xx}^2 P(\boldsymbol{x}_k, \boldsymbol{\lambda}_k, \boldsymbol{\mu}_k)$$

上式分别对应目标函数 $f(\boldsymbol{x})$、拉格朗日函数 $L(\boldsymbol{x}, \boldsymbol{\lambda}_k, \boldsymbol{\mu}_k)$、增广拉格朗日函数 $P(\boldsymbol{x}, \boldsymbol{\lambda}_k, \boldsymbol{\mu}_k)$ 关于 $\boldsymbol{x}$ 的 Hessian 阵 $\boldsymbol{H}_k$ 也可以是包含上述信息的正定阵。

以上各种取法有各自适用范围。从形式上看，第一种取法应是 $f(x)$ 在 x_k 处的最好近似，但实际计算表明，有时第一种取法的效果不如第二、第三种取法。

5.5.2　步长的确定

利用二次规划确定的是在 $\boldsymbol{x}_k$ 点处的搜索方向 $\boldsymbol{d}_k$，迭代公式 $\boldsymbol{x}_{k+1} = \boldsymbol{x}_k + \alpha_k \boldsymbol{d}_k$ 中 α_k 还需要进一步确定。步长 α_k 的选取，一般期望如下效果：

(1) $f(\boldsymbol{x}_{k+1}) \leqslant f(\boldsymbol{x}_k)$；

(2)若 $\boldsymbol{x}_k$ 在问题(4.1)的可行域 D 内，期望 $\boldsymbol{x}_{k+1}$ 也在 D 内；若 $\boldsymbol{x}_k$ 不在 D 内，则期望 $\boldsymbol{x}_{k+1}$ 比 $\boldsymbol{x}_k$ 更接近 D。

有时这两个目标未必能实现，因此实用中常用以下两种方式：

(1)固定取 $\alpha = 1$，即 $\boldsymbol{x}_{k+1} = \boldsymbol{x}_k + \boldsymbol{d}_k$；

(2)可行性优先准则，即若 $\boldsymbol{x}_k + \boldsymbol{d}_k$ 为问题(4.1)的可行解，则取 $\boldsymbol{x}_{k+1} = \boldsymbol{x}_k + \boldsymbol{d}_k$；否则，依次计算 $\boldsymbol{x}_k(\alpha) = \boldsymbol{x}_k + \alpha \boldsymbol{d}_k (\alpha = 0, 0.1, \cdots, 1)$ 到可行域 D 的距离，以最接近 D 的 $\boldsymbol{x}_k(\alpha)$ 作为 $\boldsymbol{x}_{k+1}$。

在一定条件下，序列二次规划法具有超线性的收敛速度。

例 5.11　用序列二次规划法求解如下问题(初始点 $\boldsymbol{X}_1 = (12, 12)^{\mathrm{T}}$)：

$$\begin{aligned} \min_{X} \quad & f(\boldsymbol{X}) = x_1 + 2x_2 \\ \text{s.t.} \quad & c_1(\boldsymbol{X}) = x_1^2 + x_2 - 100 \leqslant 0 \\ & c_2(\boldsymbol{X}) = 6 - x_1 \leqslant 0 \\ & c_3(\boldsymbol{X}) = 7 - x_2 \leqslant 0 \end{aligned}$$

解：在初始点 $\boldsymbol{X}_1 = (12, 12)^{\mathrm{T}}$，计算可得

$$c_1(\boldsymbol{X}_1) = 56, \ c(\boldsymbol{X}_1) = -6, \ c_3(\boldsymbol{X}_1) = -5, \ f(\boldsymbol{X}_1) = 36$$

$$\nabla f(\boldsymbol{X}_1) = \begin{bmatrix} 1 \\ 2 \end{bmatrix}, \ \nabla c_1(\boldsymbol{X}_1) = \begin{bmatrix} 2x_1 \\ 1 \end{bmatrix} = \begin{bmatrix} 24 \\ 1 \end{bmatrix}$$

$$\nabla c_2(\boldsymbol{X}_1) = \begin{bmatrix} -1 \\ 0 \end{bmatrix}, \ \nabla c_3(\boldsymbol{X}_1) = \begin{bmatrix} 0 \\ -1 \end{bmatrix}$$

设 $\boldsymbol{H}_1 = \nabla^2 f(\boldsymbol{X}_1) = \begin{bmatrix} 0 & 0 \\ 0 & 0 \end{bmatrix}$，形成 $\boldsymbol{X}_1$ 处的二次规划(线性规划)问题：

$$\begin{aligned}\min_{\boldsymbol{d}} \quad & Q(\boldsymbol{d}) = d_1 + 2d_2 \\ \text{s.t.} \quad & \bar{c}_1(\boldsymbol{d}) = 24d_1 + d_2 + 56 \leqslant 0 \\ & \bar{c}_2(\boldsymbol{d}) = - d_1 - 6 \leqslant 0 \\ & \bar{c}_3(\boldsymbol{d}) = - d_2 - 5 \leqslant 0\end{aligned}$$

求解该问题可得

$$\boldsymbol{d} = \begin{bmatrix} -6 \\ -5 \end{bmatrix}$$

进而得到 $X_2 = \boldsymbol{X}_1 + \alpha \boldsymbol{d} = \begin{bmatrix} 12 - 6\alpha \\ 12 - 5\alpha \end{bmatrix} = \begin{bmatrix} 6 \\ 7 \end{bmatrix}$（取 $\alpha = 1$）。

重复前述步骤，得

$$c_1(\boldsymbol{X}_2) = - 57,\ c_2(\boldsymbol{X}_2) = 0,\ c_3(\boldsymbol{X}_2) = 0,\ f(\boldsymbol{X}_2) = 20$$

$$\nabla f(\boldsymbol{X}_2) = \begin{bmatrix} 1 \\ 2 \end{bmatrix},\ \nabla c_1(\boldsymbol{X}_2) = \begin{bmatrix} 2x_1 \\ 1 \end{bmatrix} = \begin{bmatrix} 12 \\ 1 \end{bmatrix}$$

$$\nabla c_2(\boldsymbol{X}_2) = \begin{bmatrix} -1 \\ 0 \end{bmatrix},\ \nabla c_3(\boldsymbol{X}_2) = \begin{bmatrix} 0 \\ -1 \end{bmatrix}$$

设 $H_2 = \nabla^2 f(\boldsymbol{X}_2) = \begin{bmatrix} 0 & 0 \\ 0 & 0 \end{bmatrix}$，形成点 $\boldsymbol{X}_2$ 处的二次规划(线性规划)问题：

$$\begin{aligned}\min_{\boldsymbol{d}} \quad & Q(\boldsymbol{d}) = d_1 + 2d_2 \\ \text{s.t.} \quad & \bar{c}_1(\boldsymbol{d}) = 12d_1 + d_2 - 57 \leqslant 0 \\ & \bar{c}_2(\boldsymbol{d}) = - d_1 + 0 \leqslant 0 \\ & \bar{c}_3(\boldsymbol{d}) = - d_2 + 0 \leqslant 0\end{aligned}$$

求解该问题可得

$$\boldsymbol{d} = \begin{bmatrix} 0 \\ 0 \end{bmatrix}$$

即该问题已经收敛，$\boldsymbol{X}^* = \boldsymbol{X}_2 = \begin{bmatrix} 6 \\ 7 \end{bmatrix}$，$f^* = f(\boldsymbol{X}_2) = 20$。

5.6 非线性最小二乘问题

非线性最小二乘问题是科学与工程计算中十分常见的一类问题，在数据拟合、模式识别、滤波设计、系统辨识、数据压缩等领域有着广泛的应用。本节主要讨论非线性最小二乘问题的一些求解算法及其收敛性质。

非线性最小二乘问题是求向量 $\boldsymbol{x} \in \mathrm{R}^n$，使得 $\|f(\boldsymbol{x})\|^2$ 最小，其中，映射 $f(\boldsymbol{x})$：$\mathrm{R}^n \to \mathrm{R}^m$ 是连续可微函数 .

记 $\boldsymbol{f}(\boldsymbol{x}) = [f_1(\boldsymbol{x}),\ f_2(\boldsymbol{x}),\ \cdots,\ f_m(\boldsymbol{x})]^{\mathrm{T}}$，则非线性最小二乘问题可以表示为问题(P1)：

$$\text{P1}\quad \min F(\boldsymbol{x}) = \frac{1}{2}\|\boldsymbol{f}(\boldsymbol{x})\|^2 = \frac{1}{2}\sum_{i=1}^{m} f_i^2(\boldsymbol{x})$$

这是一个无约束最优化问题，可以套用无约束最优化方法，如牛顿法等。

P1 中目标函数的梯度和 Hessian 矩阵分别为

$$\boldsymbol{g}(\boldsymbol{x}) = \nabla F(\boldsymbol{x}) = \nabla\left(\frac{1}{2}\|\boldsymbol{f}(\boldsymbol{x})\|^2\right) = J(\boldsymbol{x})^{\mathrm{T}}\boldsymbol{f}(\boldsymbol{x}) = \sum_{i=1}^{m} f_i(\boldsymbol{x})\nabla f_i(\boldsymbol{x})$$

$$\begin{aligned}\boldsymbol{G}(\boldsymbol{x}) = \nabla^2 F(\boldsymbol{x}) &= \sum_{i=1}^{m}\nabla f_i(\boldsymbol{x})\nabla f_i(\boldsymbol{x})^{\mathrm{T}} + \sum_{i=1}^{m} f_i(\boldsymbol{x})\nabla^2 f_i(\boldsymbol{x})\\ &= \boldsymbol{J}(\boldsymbol{x})^{\mathrm{T}}J(\boldsymbol{x}) + \boldsymbol{S}(\boldsymbol{x})\end{aligned}$$

其中，

$$\boldsymbol{J}(\boldsymbol{x}) = \boldsymbol{f}'(\boldsymbol{x}) = [\nabla f_1(x),\ \nabla f_2(x),\ \cdots,\ \nabla f_m(x)]^{\mathrm{T}},\ S(\boldsymbol{x}) = \sum_{i=1}^{m} f_i(\boldsymbol{x})\nabla^2 f_i(\boldsymbol{x})$$

特别地，在 P1 中，当 $f_i(\boldsymbol{x})$ 皆为 $\boldsymbol{x}$ 的线性函数时，就称为线性最小二乘问题。当 $f_i(\boldsymbol{x})$ 中至少一个为非线性函数时，就称为非线性最小二乘问题(Nonlinear Least Square Programming Problem)。

5.6.1　线性最小二乘问题

设 P1 中，$f_i(\boldsymbol{x}) = \boldsymbol{a}_i^{\mathrm{T}}\boldsymbol{x} - b_i$，$\boldsymbol{a}_i \in \mathrm{R}^{1\times n}$，$b_i \in \mathrm{R}$。P1 可表示为

$$\text{P2}\quad \min\quad q(\boldsymbol{x}) = \frac{1}{2}\|\boldsymbol{Ax} - \boldsymbol{b}\|^2 = \frac{1}{2}\sum_{i=1}^{m}(\boldsymbol{a}_i^{\mathrm{T}}\boldsymbol{x} - b_i)^2$$

其中，

$$\boldsymbol{A} = \begin{bmatrix} a_{11} & a_{12} & \cdots & a_{1n}\\ a_{21} & a_{22} & \cdots & a_{2n}\\ \vdots & \vdots & & \vdots\\ a_{m1} & a_{m2} & \cdots & a_{mn}\end{bmatrix},\quad \boldsymbol{b} = \begin{bmatrix} b_1\\ b_2\\ \vdots\\ b_m\end{bmatrix}$$

P2 按范数展开可得

$$\text{P3}\quad \min\quad q(\boldsymbol{x}) = \frac{1}{2}\|\boldsymbol{Ax} - \boldsymbol{b}\|^2 = \frac{1}{2}\boldsymbol{x}^{\mathrm{T}}\boldsymbol{A}^{\mathrm{T}}\boldsymbol{Ax} - \boldsymbol{b}^{\mathrm{T}}\boldsymbol{Ax} + \frac{1}{2}\boldsymbol{b}^{\mathrm{T}}\boldsymbol{b}$$

这是一个一对称阵 $\boldsymbol{A}^{\mathrm{T}}\boldsymbol{A}$ 为二阶 Hessian 矩阵的二次函数的无约束最优化问题。

由于该对称阵 $\boldsymbol{A}^{\mathrm{T}}\boldsymbol{A} \geqslant 0$，因此 P3 为一凸优化问题。问题的任何最优解都是全局最优解。设 $\boldsymbol{x}^*$ 为问题的最优解。

(1)如果 $m \leqslant n$，且 $\mathrm{rank}(\boldsymbol{A}) = m$，则必有 $\|\boldsymbol{Ax}^* - \boldsymbol{b}\| = 0$；

(2)如果 $m > n$，则 $\|\boldsymbol{Ax}^* - \boldsymbol{b}\|$ 不一定为 0；

(3)当 $\boldsymbol{b} \in \mathcal{R}(\boldsymbol{A}) = \{\boldsymbol{y} \mid \boldsymbol{y} = \boldsymbol{Ax},\ \forall \boldsymbol{x} \in \mathrm{R}^n\}$，则存在 $\boldsymbol{x}^*$ 使 $\|\boldsymbol{Ax}^* - \boldsymbol{b}\| = 0$，否则 P3 的最优值不为零。

根据最优化问题的一阶充要条件，$\boldsymbol{x}^*$ 是 P3 的最优解当且仅当法方程组(正规方程组)成立。

$$A^{T}Ax = A^{T}b$$

如果矩阵 A 满秩，则法方程组的解唯一且可表示为

$$x^{*} = (A^{T}A)^{-1}A^{T}b = A^{+}b$$

$A^{+} = (A^{T}A)^{-1}A^{T}$ 称为 A 的广义逆矩阵。

求解线性最小二乘问题就转换为求解广义逆的问题。常用算法有 Cholesky 分解法、QR 分解法、奇异值分解法等。当然，也可以采用迭代法，如共轭梯度法求解线性最小二乘问题。

算法 5.12　线性最小二乘的 QR 正交分解算法

Step 1　对增广矩阵 $[A \quad b]$ 作 QR 正交分解得 R_1 和 $\bar{b}$。

Step 2　取 $\bar{b}_n$ 为 $\bar{b}$ 的前 n 个分量形成的向量。

Step 3　用回代法解方程组 $R_1x = \bar{b}_n$，得 x^{*}。

例 5.12　在二维坐标系中存在数据点如表 5-4 所示，希望找出一条所有点距离最短的直线 $y = ax + b$。

表 5-4

序号	1	2	3	4	5
x	10	11	12	13	14
y	20	23	25	27	26

解：设该直线为 $y = ax + b$，根据表 5-4，有

$$10a + b = 20$$
$$11a + b = 23$$
$$12a + b = 25$$
$$13a + b = 27$$
$$14a + b = 26$$

依题意，构建如下最小二乘问题：

$$\min_{a,\, b} \quad \Phi(a,\ b) = (10a + b - 20)^2 + (11a + b - 23)^2 + (12a + b - 25)^2 + (13a + b - 27)^2 + (14a + b - 26)^2$$

根据 KKT 条件，有

$$\frac{\partial \Phi}{\partial a} = 1460a + 120b - 2936 = 0$$

$$\frac{\partial \Phi}{\partial b} = 120a + 10b - 242 = 0$$

求解上述二元一次方程，即得到 $a = 1.6$，$b = 5$。因此，在例 5.12 所示的 5 个点中，通过最小二乘法得到直线方程 $y = 1.6x + 5$，是使得 5 个点与该直线偏差最小的直线。

按照算法 5.12，有

$$A=\begin{bmatrix}10 & 1\\ 11 & 1\\ 12 & 1\\ 13 & 1\\ 14 & 1\end{bmatrix},\ b=\begin{bmatrix}20\\ 23\\ 25\\ 27\\ 26\end{bmatrix}$$

计算可得

$$A^{+}=(A^{T}A)^{-1}A^{T}=\begin{bmatrix}-0.2 & -0.1 & 0 & 0.1 & 0.2\\ 2.6 & 1.4 & 0.2 & -1 & -2.2\end{bmatrix}$$

$$x^{*}=(A^{T}A)^{-1}A^{T}b=A^{+}b=\begin{bmatrix}1.6\\ 5\end{bmatrix}$$

如果根据 $y=24+0.25x$ 并叠加标准正态分布噪声产生的数据如表 5-5 所示，重复上述的最小二乘法，对拟合直线进行计算可得，$y=22.67+0.25x$。

表 5-5　**含噪声的关系数据集**

序号	1	2	3	4	5	6	7	8	9
x	10	11	12	13	14	15	16	17	18
y	25.1663	25.4163	25.6663	25.9163	26.1663	26.4163	26.6663	26.9163	27.1663

5.6.2　Gauss-Newton 法

考虑非线性最小二乘问题的特点，可以采用有针对性的算法，例如针对牛顿法的改进方法——Gauss-Newton 法。

应用牛顿型迭代公式，可得上述问题的迭代算法：

$$x_{k+1}=x_k-(J_k^TJ_k+S_k)^{-1}J_k^Tf(x_k)$$

从迭代公式可以看出，每一步迭代都需要计算 S_k，其中包含 $\nabla^2 f_i(x)$，导致计算量较大。如果忽略这一项，可得

$$x_{k+1}=x_k+d_k^{GN}=x_k-(J_k^TJ_k)^{-1}J_k^Tf(x_k)$$

d_k^{GN} 称为 Gauss-Newton 方向。

容易验证 d_k^{GN} 是最优化问题

$$\min_{d\in R^n}\ \frac{1}{2}\|f(x_k)+J_kd\|^2$$

的最优解。若向量函数 $f(x)$ 的 Jacobi 矩阵是满秩的，则可以保证 Gauss-Newton 方向是下降方向。若采用单位步长，算法的收敛性难以保证，因此可以考虑引入先行搜索步长。

定理 5-19　设水平集 $\mathcal{L}(x_0)$ 有界，$J(x)=f'(x)$ 在 $\mathcal{L}(x_0)$ 上 Lipschitz 连续且满足一致性条件：

$$\|J(x)y\|\geqslant a\|y\|,\ \forall y\in R^n$$

其中，$a > 0$ 为一常数，则在 Wolfe 步长规则下：

$$\begin{cases} f(\boldsymbol{x}_k + \alpha_k \boldsymbol{d}_k) \leqslant f_k + \sigma_1 \alpha_k \boldsymbol{g}_k^{\mathrm{T}} \boldsymbol{d}_k \\ g(\boldsymbol{x}_k + \alpha_k \boldsymbol{d}_k)^{\mathrm{T}} \geqslant \sigma_2 \boldsymbol{g}_k^{\mathrm{T}} \boldsymbol{d}_k \end{cases}$$

其中，$0 \leqslant \sigma_1 \leqslant \sigma_2 < 1$。Gauss-Newton 算法产生的迭代序列 $\{\boldsymbol{x}_k\}$ 收敛到非线性最小二乘问题的一个稳定点。

$$\lim_{k \to \infty} \boldsymbol{J}_k^{\mathrm{T}} f(\boldsymbol{x}_k) = 0$$

定理 5-20 设单位步长的 Gauss-Newton 算法产生的迭代点列 $\{\boldsymbol{x}_k\}$ 收敛到 P1 的局部极小点 $\boldsymbol{x}^*$，并且 $\boldsymbol{J}(\boldsymbol{x}^*)^{\mathrm{T}}\boldsymbol{J}(\boldsymbol{x}^*)$ 正定，则当 $\boldsymbol{J}(\boldsymbol{x})^{\mathrm{T}}\boldsymbol{J}(\boldsymbol{x})$，$\boldsymbol{S}(\boldsymbol{x})$，$[\boldsymbol{J}(\boldsymbol{x})^{\mathrm{T}}\boldsymbol{J}(\boldsymbol{x})]^{-1}$ 在 $\boldsymbol{x}^*$ 的邻域内 Lipschitz 连续时，对充分大的 k，有

$$\|\boldsymbol{x}_{k+1} - \boldsymbol{x}^*\| \leqslant \|\boldsymbol{J}(\boldsymbol{x}^*)^{\mathrm{T}}\boldsymbol{J}(\boldsymbol{x}^*)\| \|\boldsymbol{S}(\boldsymbol{x}^*)\| \|\boldsymbol{x}_k - \boldsymbol{x}^*\| + o(\|\boldsymbol{x}_k - \boldsymbol{x}^*\|^2)$$

若问题 P1 满足定理 5-20 的条件，且最优解 $\boldsymbol{x}^*$ 使得目标函数值取零，则 $\boldsymbol{S}(\boldsymbol{x}^*) = 0$，上面的结论表明迭代点列二阶收敛到 $\boldsymbol{x}^*$。但当 $f(\boldsymbol{x})$ 在最优解点的函数值不为 0 时，由于 $\nabla^2 f(\boldsymbol{x})$ 略去了不容忽视的项 $S(\boldsymbol{x})$，因而难以期待 Gauss-Newton 算法会有好的数值效果。

例 5.13 非线性方程：$y = \mathrm{e}^{ax^2+bx+c}$，给定 n 组观测数据（x，y），求系数 a，b，c。

解：令 $f(a, b, c) = \ln y - (ax^2 + bx + c)$，$n$ 组数据可以组成一个大的非线性方程组：

$$f(a, b, c) = \begin{bmatrix} \ln y_1 - (ax_1^2 + bx_1 + c) \\ \ln y_2 - (ax_2^2 + bx_2 + c) \\ \vdots \\ \ln y_n - (ax_n^2 + bx_n + c) \end{bmatrix}$$

为了估计系数 a，b，c，构建一个最小二乘问题：

$$[\bar{a}, \bar{b}, \bar{c}] = \min_{a, b, c} \Phi = \frac{1}{2} |f(a, b, c)|^2$$

要求解这个问题，根据推导部分可知，需要求解雅可比矩阵：

$$\boldsymbol{J}(a, b, c) = -\begin{bmatrix} x_1^2 & x_1 & 1 \\ x_1^2 & x_2 & 1 \\ \vdots & \vdots & \vdots \\ x_n^2 & x_n & 1 \end{bmatrix}$$

使用推导部分所述的步骤就可以进行解算。

假设 $a = 1$，$b = 2$，$c = -3$，计算得到 8 组数据如表 5-6 所示。

表 5-6

序号	1	2	3	4	5	6	7	8
x	0.6000	0.8000	1.0000	1.2000	1.4000	1.6000	1.8000	2.0000
y	0.2369	0.4677	1.0000	2.3164	5.8124	15.7998	46.5255	148.4132

应用迭代公式 $\boldsymbol{x}_{k+1}=\boldsymbol{x}_k+\boldsymbol{d}_k^{GN}=\boldsymbol{x}_k-(\boldsymbol{J}_k^T\boldsymbol{J}_k)^{-1}\boldsymbol{J}_k^Tf(\boldsymbol{x}_k)$ 进行计算。

令初值 $a=0$，$b=0$，$c=0$，则有 $\Phi_1=53.8169$，$\boldsymbol{J}_1=-\begin{bmatrix}0.36 & 0.6 & 1\\ 0.64 & 0.8 & 1\\ \vdots & \vdots & \vdots\\ 4 & 2 & 1\end{bmatrix}$

$$(\boldsymbol{J}_k^T\boldsymbol{J}_k)^{-1}\boldsymbol{J}_k^Tf(\boldsymbol{x}_k)=[-1,\ -2,\ 3]^T$$

$$\boldsymbol{X}=[a,\ b,\ c]^T=[a,\ b,\ c]^T+(\boldsymbol{J}_k^T\boldsymbol{J}_k)^{-1}\boldsymbol{J}_k^Tf(\boldsymbol{x}_k)=[1,\ 2,\ -3]^T$$

校核新的值处 $\Phi=0$。完美估计，即 $[\bar{a},\ \bar{b},\ \bar{c}]^T=[1,\ 2,\ -3]^T$。

假设 $a=1$，$b=2$，$c=-3$，在 $ax_1^2+bx_1+c$ 叠加正态分布后得到 8 组数据如表 5-7 所示。

表 5-7

序号	1	2	3	4	5	6	7	8
x	0. 6000	0. 8000	1. 0000	1. 2000	1. 4000	1. 6000	1. 8000	2. 0000
y	0. 1350	0. 2664	0. 5696	1. 3194	3. 3109	8. 9998	26. 5016	84. 5385

应用迭代公式 $\boldsymbol{x}_{k+1}=\boldsymbol{x}_k+\boldsymbol{d}_k^{GN}=\boldsymbol{x}_k-(\boldsymbol{J}_k^T\boldsymbol{J}_k)^{-1}\boldsymbol{J}_k^T\boldsymbol{f}(\boldsymbol{x}_k)$ 进行计算。

令初值 $a=0$，$b=0$，$c=0$，则有 $\Phi_1=53.8169$，$\boldsymbol{J}_1=-\begin{bmatrix}0.36 & 0.6 & 1\\ 0.64 & 0.8 & 1\\ \vdots & \vdots & \vdots\\ 4 & 2 & 1\end{bmatrix}$。

$$(\boldsymbol{J}_k^T\boldsymbol{J}_k)^{-1}\boldsymbol{J}_k^T\boldsymbol{f}(\boldsymbol{x}_k)=[-1,\ -2,\ 3.5628]^T$$

$$\boldsymbol{X}=[\bar{a},\ \bar{b},\ \bar{c}]^T=[a,\ b,\ c]^T+(\boldsymbol{J}_k^T\boldsymbol{J}_k)^{-1}\boldsymbol{J}_k^T\boldsymbol{f}(\boldsymbol{x}_k)=[1,\ 2,\ -3.5628]^T$$

校核新的值处 $\Phi=2.1294$，估计收敛，即 $[\bar{a}\,\bar{b}\,\bar{c}]^T=[1,\ 2,\ -3.5628]^T$。

5.6.3　Levenberg-Marquardt 方法

Gauss-Newton 算法在迭代过程中要求矩阵 $J(x_k)$ 列满秩，而这一条件限制了它的应用，为了克服这个困难，Levenberg-Marquardt（L-M）方法通过求解下述优化模型来获取搜索方向：

$$\boldsymbol{d}_k=\min_{d\in\mathbb{R}^n}\|\boldsymbol{J}_k\boldsymbol{d}+f(\boldsymbol{x}_k)\|^2+\mu_k\|\boldsymbol{d}\|^2$$

其中，$\mu_k>0$。由最优性条件可得

$$\boldsymbol{d}_k=-(\boldsymbol{J}_k^T\boldsymbol{J}_k+\mu_k\boldsymbol{I})^{-1}\boldsymbol{J}_k^T f(\boldsymbol{x}_k)$$

若 $\boldsymbol{g}_k=\boldsymbol{J}_k^T\boldsymbol{f}(\boldsymbol{x}_k)\neq 0$，则 $\forall\mu_k>0$，

$$\boldsymbol{g}_k^T\boldsymbol{d}_k=-[\boldsymbol{J}_k^T f(\boldsymbol{x}_k)]^T(\boldsymbol{J}_k^T\boldsymbol{J}_k+\mu_k\boldsymbol{I})^{-1}\boldsymbol{J}_k^T f(\boldsymbol{x}_k)<0$$

所以 $\boldsymbol{d}_k$ 是 $f(\boldsymbol{x})$ 在 $\boldsymbol{x}_k$ 点的下降方向。

算法 5.13　全局收敛的 L-M 方法

Step 1　取 ρ, $\sigma \in (0, 1)$ 和 $\mu_0 > 0$, $\boldsymbol{x}_0 \in \mathrm{R}^n$, 置 $k = 0$。精度 $\epsilon > 0$。

Step 2　若 $\|\boldsymbol{g}(\boldsymbol{x}_k)\| \leqslant \epsilon$, 停算。

Step 3　求解下面关于 $\boldsymbol{d}$ 的方程组得 $\boldsymbol{d}_k$。

$$(\boldsymbol{J}_k^{\mathrm{T}}\boldsymbol{J}_k + \mu_k \boldsymbol{I})\boldsymbol{d} = -\boldsymbol{J}_k^{\mathrm{T}} f(\boldsymbol{x}_k)$$

Step 4　由 Armijo 搜索求步长，令 m_k 是满足下面不等式的最小非负整数 m:

$$f(\boldsymbol{x}_k + \rho^m \boldsymbol{d}_k) \leqslant f(\boldsymbol{x}_k) + \sigma\rho^m \boldsymbol{g}_k^{\mathrm{T}}\boldsymbol{d}_k$$

令 $\alpha_k = \rho^{m_k}$。

Step 5　置 $\boldsymbol{x}_{k+1} = \boldsymbol{x}_k + \alpha_k \boldsymbol{d}_k$, $k = k + 1$, 按照某种方式更新 μ_k, 转 Step 1。

算法 5.13 中，μ_k 更新规则可为

$$\mu_k = \begin{cases} 0.1\mu_k, & \alpha_k \geqslant 0.75 \\ \mu_k, & 0.25 \leqslant \alpha_k \leqslant 0.75 \\ 10\mu_k, & \alpha_k \leqslant 0.25 \end{cases}$$

定理 5-21　设点列 $\{\boldsymbol{x}_k\}$ 是由算法 5.13 产生的无穷迭代序列，若在某一聚点 $\{\boldsymbol{x}^*, \boldsymbol{\mu}^*\}$ 满足 $J(\boldsymbol{x}^*)^{\mathrm{T}}J(\boldsymbol{x}^*) + \mu^*\boldsymbol{I}$ 正定，则 $\nabla f(\boldsymbol{x}^*) = J(\boldsymbol{x}^*)^{\mathrm{T}}f(\boldsymbol{x}^*) = 0$。

定理 5-22　设由算法 5.13 产生点列 $\{\boldsymbol{x}_k\}$ 收敛到某一局部最优点 $\boldsymbol{x}^*$, 如果 $\boldsymbol{J}(\boldsymbol{x}^*)^{\mathrm{T}}\boldsymbol{J}(\boldsymbol{x}^*)$ 非奇异，$\left(\frac{1}{2} - \sigma\right)\boldsymbol{J}(\boldsymbol{x}^*)^{\mathrm{T}}\boldsymbol{J}(\boldsymbol{x}^*) - \frac{1}{2}\boldsymbol{S}(\boldsymbol{x}^*)$ 正定，并且 $\boldsymbol{G}(\boldsymbol{x}) = \boldsymbol{J}(\boldsymbol{x})^{\mathrm{T}}\boldsymbol{J}(\boldsymbol{x}) - \frac{1}{2}\boldsymbol{S}(\boldsymbol{x})$ 在 $\boldsymbol{x}^*$ 处一致连续，$\mu_k \to 0$, 则当 k 充分大时，$\alpha_k = 0$, 且

$$\limsup_{k\to\infty} \frac{\|\boldsymbol{x}_{k+1} - \boldsymbol{x}^*\|}{\|\boldsymbol{x}_k - \boldsymbol{x}^*\|} \leqslant \|[\boldsymbol{J}(\boldsymbol{x}^*)^{\mathrm{T}}\boldsymbol{J}(\boldsymbol{x}^*)]^{-1}\|\|\boldsymbol{S}(\boldsymbol{x}^*)\|$$

当最小二乘问题中目标函数的最优值为 0 时，按照下述规则对 μ_k 更新可使算法 5.13 具有二阶收敛特性。

$$\boldsymbol{\mu}_k = \|f(\boldsymbol{x}_k)\|^{1+\sigma}, \quad \boldsymbol{\sigma} \in [0, 1]$$

或者

$$\boldsymbol{\mu}_k = \theta\|f(\boldsymbol{x}_k)\| + (1 - \theta)\|J(\boldsymbol{x}_k)^{\mathrm{T}}f(\boldsymbol{x}_k)\|, \quad \theta \in [0, 1]$$

习题 5

5.1　什么是约束非线性最优化问题？并以举一个实际的例子说明其特点。

5.2　简要介绍约束非线性最优化问题的数学表达形式。

5.3　在约束非线性最优化中，什么是拉格朗日乘子法？请说明其基本思想和应用。

5.4　解释约束非线性最优化问题中的可行性、可行域和最优解的概念。

5.5　列举几种常用的求解约束非线性最优化问题的方法，并简要介绍它们的原理和适用

范围。

5.6　在实际应用中，如何选择适合的约束非线性最优化求解方法？

5.7　说明约束非线性最优化问题中的全局最优解和局部最优解的区别，并提供一个例子。

5.8　应用外点罚函数法求解函数极小值(初始点为 $(0,0)$，$\varepsilon_1 = 0.05$，$\sigma_1 = 0.5$，$\gamma = 2$)。

$$f(\boldsymbol{X}) = x_1^2 + 0.5x_2^2$$

$$\text{s.t.} \quad x_1 + x_2 = 1$$

5.9　应用外点罚函数法求解函数极小值(初始点为 $(0,0)$，$\varepsilon_1 = 0.05$，$\sigma_1 = 0.5$，$\gamma = 2$)。

$$f(\boldsymbol{X}) = 0.5x_1 + x_2$$

$$\text{s.t.} \quad x_1x_2 = 1, x_1, x_2 \geqslant 0$$

5.10　应用内点罚函数法求解函数极小值(初始点为 $(3,1)$，$\sigma_1 = 8$，$\gamma = 0.5$，$\varepsilon_1 = 0.01$)。

$$f(\boldsymbol{X}) = x_1^2 + x_2^2$$

$$\text{s.t.} \quad x_1 + x_2 \geqslant 1, 2x_1 - x_2 \geqslant 2$$

5.11　应用乘子法求解函数极小值(初始点为 $(0,0)$，$\sigma_1 = 2$，$\varepsilon = 0.01$，$\gamma = 0.7$，$\eta = 2$)。

$$f(\boldsymbol{X}) = x_1^2 + x_2^2$$

$$\text{s.t.} \quad x_1 + 2x_2 = 1$$

第 6 章　启发式算法概述

前述章节主要学习了针对凸优化问题的数值化最优化方法，这类方法称为传统最优化方法，其难以处理具备以下特征的问题：

(1)非凸可行域和具有多个局部极值问题；

(2)不连通的可行域；

(3)变量全部或部分是离散的、整型的；

(4)目标具有多个极值；

(5)难以求解目标函数和约束函数的梯度。

针对这样的问题，可以寻求另外解决问题的思路，例如启发式算法(Heuristic Algorithm)。

在进行决策时，理想状态当然是如同前面章节中的最优化方法那样对每个选项进行逻辑推理，以选出最有效用的选项。但是，现实情况是，由于条件限制，人们常常视野受限、时间紧迫，又缺乏现成经验或有效方法可供利用，所以人们常常会通过“心理捷径”来迅速做出判断和选择。

启发式(heuristics)是心理学中的一个概念，是指在决策和问题解决过程中使用的简化思维策略或规则，以便快速做出判断选择或找到问题的解决方案，而不需要详细的分析或者计算。启发式在认知心理学中被广泛研究和应用，它们可以帮助人们在复杂的情境下做出相对有效的决策。

启发式算法是指在可接受的计算时间、占用空间等前提下，给出待解决的最优化问题的一个可行解 $\hat{\boldsymbol{x}}$。这种方法不能保证所得解的最优性，甚至在多数情况下，无法衡量所得解与最优解 $\boldsymbol{x}^*$ 的近似程度。

从 20 世纪 70 年代以来，启发式算法成为解决组合优化问题，尤其是 NPC 问题的有效方法。随着研究的深入，启发式算法也经过了从简单到复杂，从单一到混合的发展阶段。

启发式算法在许多领域和实际问题中都有广泛的应用，以下是一些具体的应用领域和实际问题案例：

(1)旅行商问题(Traveling Salesman Problem)：是一个经典的组合优化问题，要求找到一条最短路径，使得旅行商能够依次访问多个城市并回到起始城市。启发式算法如遗传算法、蚁群算法和模拟退火算法等被广泛用于解决这个问题，能够在较短的时间内找到近似最优解。

(2)机器调度问题(Machine Scheduling Problem)：在工业生产中，合理地安排机器的工作顺序和时间是一项重要的优化任务。启发式算法可以帮助解决机器调度问题，如遗传算法、粒子群优化算法等，能够在考虑约束条件的情况下，找到较优的调度策略，提高生产效率。

(3)组合优化问题(Combinatorial Optimization Problems)：涉及在给定的限制条件下，在一组可行解中找到最优解。例如，背包问题、车辆路径问题等都是组合优化问题。启发式算法在这些问题中表现出色，能够在大规模的搜索空间中找到较优的解决方案。

(4)神经网络训练(Neural Network Training)：神经网络的训练过程通常涉及在庞大的参数空间中寻找最优的权重和偏置值。启发式算法如遗传算法、粒子群优化算法等被用于神经网络的训练中，能够帮助加速训练过程和提高网络性能。

(5)数据聚类(Data Clustering)：数据聚类是将数据集中数据点分为若干组的任务。启发式算法，如 K 均值算法、模拟退火算法等，被广泛应用于数据聚类问题中，能够帮助发现数据中的隐藏模式和结构。

(6)参数优化和调整(Parameter Optimization and Tuning)：在机器学习和优化模型中，选择合适的参数对模型性能至关重要。启发式算法，如网格搜索、遗传算法等，可以用于搜索最佳参数组合，以使模型的性能最优化。

在上述应用领域和实际问题案例中，启发式算法的优势在于能够针对复杂问题找到近似最优解，同时具有较好的计算效率和可扩展性。然而，选择适当的启发式算法及其参数设置仍然面临挑战，需要根据具体问题和需求进行调整和优化。

启发式算法可分为传统启发式算法和元启发式算法。传统启发式算法是指基于问题特定的启发式知识和规则来设计的算法。这些算法通常使用问题领域的专家知识或经验规则，以指导搜索过程或评估解的质量。传统启发式算法的性能通常依赖于问题的特定性质和启发式知识的有效性。传统启发式算法包括构造性算法(Constructive Algorithm)和改进性算法(Improvement Algorithm)。构造性算法从空解开始，逐步构建可行解。它通过一系列的规则和决策来逐步生成解决方案，直到满足问题的约束条件。例如，在解决旅行商问题时，构造性算法可以按照某种规则逐步选择下一个要访问的城市，直到所有城市都被访问。这类算法通常应用简单的启发式策略，大多数情况下生成解的质量较差，目前常用于构造其它优化算法的初始解。改进性算法是指不断地用当前解 $\boldsymbol{s}_i$ 的邻域解 $N(\boldsymbol{s}_i)$ 中更优的解 $\hat{\boldsymbol{s}}_i^*$ 来取代当前解 $\boldsymbol{s}_i$，从而改进解的质量。它通过在解空间中搜索相邻解并评估其质量来寻找更好的解。例如，在解决机器调度问题时，改进性算法可以通过交换机器的任务顺序或调整任务的时间来改进调度方案，以减少总体的完成时间。这类算法受初始解、邻域结构、搜索策略、迭代过程中只接受更好解的“短视”行为等诸多因素的影响，常导致搜索过程陷入局部最优。

元启发式算法(Metaheuristic Algorithm)又被称作现代优化算法或智能优化算法，它是一类通用的启发式算法，它不依赖于问题特定的启发式知识，而是通过自动学习或自适应方法来生成启发式策略。元启发式算法的目标是设计一种适用于多个问题领域的通用启发式搜索框架，能够在不同的问题上表现良好。元启发式算法是人类通过对自然界现象的模拟和生物智能的学习，提出的一类先进的计算和搜索技术，涉及生物进化、人工智能、数学、物理科学等多学科知识。元启发式算法常用的方法包括遗传算法、粒子群优化算法、模拟退火算法等。这些算法通过引入随机性、自适应性和群体搜索等机制，能够在大规模搜索空间中找到较优的解决方案。该类算法中采用启发式策略指导搜索过程，使之朝着可能含有高质量解的搜索空间进行搜索，具有鲁棒性强、通用性强等特点。这类算法能够弥补传统启发式算法只生成数量非常有限的解，如构造性算法，或者算法易陷入质量不高的局部最优，如改进性算法的缺陷。

在元启发式算法中，一些高层次的方法/策略应用来探索解空间，其中对于算法性能和效率最重要的因素是"分散"与"强化"之间的动态平衡。"分散"是指对搜索空间的探索，"强化"是指对积累的搜索经验的利用。"分散"可以快速确定拥有高质量解的区域，而"强化"则可以避免算法在已经搜索过的子空间或者不能提供高质量解的子空间花费过多的时间。

所有的元启发式算法的共同点在于通过引入一些机制来避免生成很差的解，不同之处在于各算法采用的避免搜索过程陷入局部最优的策略不同，以及部分解或者完全解的生成方法不同。

根据在每一次迭代过程中处理单独一个解还是整个群体的解进行分类，元启发式算法可分为"轨迹法"(Trajectory Method)和"群体法"(Population-based Method)两类。

6.1 轨迹法

基于局部搜索的元启发式算法大多归属为轨迹法，其特点是每次迭代过程中只处理一个解。典型算法包括模拟退火算法、禁忌搜索算法、贪婪随机自适应搜索过程、导向性局部搜索、变邻域搜索和迭代局部搜索等。

6.1.1 模拟退火算法

模拟退火(Simulated Annealing，SA)的灵感来源于固体晶体的物理退火过程，其核心思想类似于液体流动和结晶以及金属冷却和退火的方式。高温下，液体的大量分子之间进行着相对自由移动。如果该液体慢慢冷却，热能可动性就会消失，大量原子常常能够自行排列成行，形成一个纯净的晶体。这一过程的本质在于缓慢地冷却，以争取足够的时间，让大量原子在丧失可动性之前进行重新分布，这是确保到低能量状态所必需的条件。物理退火过程由以下三部分组成：

(1)加温过程。其目的是增强粒子的热运动，使其偏离平衡位置。当温度足够高时，固体将熔为液体，从而消除系统原先可能存在的非均匀态。

(2)等温过程。温度不变的封闭系统，系统状态的自发变化总是朝自由能减少的方向进行，当自由能达到最小时，系统达到平衡态。

(3)冷却过程。其目的是使粒子的热运动减弱并渐趋有序，系统能量逐渐下降，从而得到低能的晶体结构。

基于对该过程的模拟，模拟退火算法把问题的解集关联到物理系统的状态上，把目标函数对应固体的物理能量，而最优解则是具备最小能量的系统状态。模拟退火是一种扩展的局部搜索算法，通过以一定概率接受较差解来避免过早陷入局部最优。模拟退火算法求得的解与初始解状态 $\boldsymbol{s}$（迭代算法的起点）无关；模拟退火算法具有渐近收敛性，已在理论上被证明是一种以概率 1 收敛于全局最优解的全局优化算法，且模拟退火算法具有并行性。

算法 6.1　模拟退火基本步骤

Step 1　产生初始解 $\boldsymbol{s}$，确定初始温度 T_0，令 $i=0$，$\boldsymbol{s}^*=\boldsymbol{s}$。

Step 2　检验是否满足终止条件，是则输出 $\boldsymbol{s}^*$，结束算法；否则，继续下一步；

Step 3　根据新解产生方法选择 $\boldsymbol{s}' \in N(\boldsymbol{s})$，随机生成 $r \in [0, 1]$。

Step 4　若 $r < \min\left\{1, \exp\left(\dfrac{f(\boldsymbol{s})-f(\boldsymbol{s}')}{T_i}\right)\right\}$，且 $f(\boldsymbol{s}') < f(\boldsymbol{s}^*)$，则更新 $\boldsymbol{s}^*=\boldsymbol{s}'$。

Step 5　检验是否满足抽样稳定准则，是则继续 Step 6；否则，转 Step 3。

Step 6　更新温度得 T_{i+1}。令 $i=i+1$，转 Step 2。

6.1.2　禁忌搜索

禁忌搜索(Tabu Search，TS)，最早由 Glover 于 1986 年提出，是一种基于局部搜索的元启发式算法，其主要思想是使用“记忆”信息来指导搜索过程。“记忆”信息一般分为短期记忆和长期记忆，短期记忆是指将当前解 $\boldsymbol{s}$ 的邻域 $N(\boldsymbol{s})$ 限制到它的一个子集，长期记忆是指可以通过引入额外的解来扩充 $N(\boldsymbol{s})$。只依赖短期记忆的禁忌搜索称为简单禁忌搜索。为了提高简单禁忌搜索的性能效率，可以使用长期记忆策略来“强化”或“分散”搜索过程。“强化”是通过恢复目前最好解或者这些解的属性，从而能够更仔细地探索有前途的区域。“分散”是通过引入新的组合属性来开发新的搜索空间区域。

禁忌搜索在每一步中都使用局部搜索，即使新生成的解劣于当前解，禁忌搜索也会尽量从旧解移动到一个邻近的解中。若邻域中所有的解都比当前解差，则算法将选择其中的最好解。为了避免搜索过程出现环路，禁忌搜索可以显式地保存最近访问过的解，并禁止算法移回那些解。禁忌搜索通过声明禁止那些在局部搜索中已经改变过的“属性”，来保留近期移动产生的影响。“解”或“属性”被禁忌的迭代次数由禁忌期限(Tabu Tenure)或禁忌表长度(Tabu List Length)决定。算法使用特赦准则(又称藐视准则)避免优于当前发现的最好解的解被禁忌。

算法 6.2　禁忌搜索主要步骤

Step 1　产生初始解 $\boldsymbol{s}$，初始化禁忌表；令 $\boldsymbol{s}^*=\boldsymbol{s}$。

Step 2　检验是否满足算法终止条件，是则输出 $\boldsymbol{s}^*$ 并终止算法；否则，继续 Step 3。

Step 3　产生邻域结构中的子集：子集中的解处于解禁状态，或满足特赦准则。

Step 4　求得子集中最好的解 $\boldsymbol{s}$，更新禁忌表；若 $\boldsymbol{s}$ 优于 $\boldsymbol{s}^*$，则令 $\boldsymbol{s}^*=\boldsymbol{s}$，转 Step 2。

6.1.3 贪婪随机自适应搜索过程

贪婪算法(又称贪心算法)是指在对问题求解时，总是做出在当前看来是最好的选择。该算法的基本思路是从问题的某一个初始解出发一步一步地进行，根据某个最优化测度，每一步都要确保能获得局部最优解。每一步只考虑一个数据，其选取应该满足局部优化的条件。若下一个数据和部分最优解连在一起不再是可行解时，就不把该数据添加到部分解中，直到把所有数据枚举完，或者不能再添加算法停止。

贪婪随机自适应搜索过程（Greedy Randomized Adaptive Search Procedure，GRASP），是指把贪婪构造启发式方法随机化，从而生成大量不同的起始解并分别用于局部搜索。GRASP 是一个迭代过程，包含构造过程和局部搜索过程两部分。在构造过程中，每次添加一个解的成分到部分解中。根据贪婪函数值对解的成分进行排序，部分排位靠前的成分将被包含到带限制的候选列表中。生成带限制的候选列表的典型方法有选择解成分中最好的前 $\gamma\%$，或者选择所有那些具有的贪婪值在最好解成分排列中前 $\delta\%$ 的解成分。然后，根据均匀分布，随机选择带限制的候选列表中的一个成分。一旦构造完成一个完整的解，该解将在局部搜索阶段进行优化。保存整个过程中发现的最好解并最终输出。见算法 6.3。

算法 6.3　贪婪随机自适应搜索主要步骤

Step 1　构造起始解集 $\boldsymbol{s}$。

Step 2　根据起始解集 $\boldsymbol{s}$ 分别局部搜索得到局部最优解集 $\hat{\boldsymbol{s}}$。

Step 3　更新当前最好解 $\boldsymbol{s}^*$。

Step 4　若不满足算法终止条件，则转 Step 1；否则，输出 $\boldsymbol{s}^*$，算法结束。

6.1.4 导向性局部搜索

导向性局部搜索(Guided Local Search，GLS)通过使用在搜索过程中修改评价函数的策略跳出局部最优。GLS 中使用了增量代价函数

$$h(\boldsymbol{s}) = f(\boldsymbol{s}) + \omega \sum_{i=1}^{n} pn_i I_i(\boldsymbol{s})$$

其中，参数 ω 决定增量代价函数上惩罚值的影响，n 是解特征的个数，pn_i 对应的是解特征 i 上的惩罚代价，$I_i(\boldsymbol{s})$ 是一个指示函数，当解特征 i 存在于解 s 中时其值为 1，反之为 0。

GLS 根据增量代价函数 $h(\cdot)$ 来进行局部搜索，直到算法陷入一个局部最优解 $\hat{\boldsymbol{s}}$。此时，计算每个解特征的效用值 $u_i = \dfrac{I_i(\hat{\boldsymbol{s}})c_i}{1 + pn_i}$ 其中，c_i 表示特征 i 的代价。从上式可以看出，代价 c_i 越高，特征 i 的效用值也越大。另外，使用 pn_i 是为了避免同一个高代价特征不断重复地得到惩罚，也避免搜索轨迹具有过度偏向性。具有最大效用值 u_i 的特征 i 的惩罚值将会增加，而增量代价函数也会根据新的惩罚值进行自适应调整。最后，局部搜索从解 $\hat{\boldsymbol{s}}$

亏处继续进行，在增量代价函数的评价下，通常这个解不再是局部最优解。这里需要注意的是，在局部搜索的过程中，所有解都必须用原始目标函数和增量代价函数分别进行评价，前者反映了解的质量，后者用来指导局部搜索。

算法 6.4 导向性局部搜索主要步骤

Step 1 产生初始解 $\boldsymbol{s}$，初始化解特征的惩罚值；令当前最优解 $\boldsymbol{s}^* = \boldsymbol{s}$。

Step 2 检验是否满足算法终止条件，是则输出 $\boldsymbol{s}^*$，并结束算法；否则，继续下一步。

Step 3 更新惩罚值后计算新的增量代价函数。

Step 4 局部搜索产生新的局部最优解 $\hat{\boldsymbol{s}}$，更新惩罚值。

Step 5 如果 $\hat{\boldsymbol{s}}$ 比 $\boldsymbol{s}^*$ 好，则令 $\boldsymbol{s}^* = \hat{\boldsymbol{s}}$，转 Step 2。

6.1.5 变邻域搜索

变邻域搜索(Variable Neighborhood Search，VNS)的核心思想是用邻域结构定义搜索空间的拓扑特性，不同的邻域结构对应搜索空间的不同区域。一般地，问题解空间中一个区域的特性不同于其他区域，因此，系统地动态改变邻域结构，能够增加解的多样性。

算法 6.5 变邻域搜索主要步骤

Step 1 初始化参数；选择邻域结构集合 N_k，$k = 1, \cdots, k_{\max}$，生成初始解 $\boldsymbol{s}$。

Step 2 令 $k = 1$。

Step 3 在当前解的第 k 个邻域结构定义的邻域解中，随机选择一个解 $\boldsymbol{s}'$。

Step 4 以 $\boldsymbol{s}'$ 为初始解，利用局部搜索过程优化 $\boldsymbol{s}'$，产生局部最优解 $\boldsymbol{s}'^*$。

Step 5 若 $\boldsymbol{s}'^*$ 优于 $\boldsymbol{s}$，则令 $\boldsymbol{s} = \boldsymbol{s}'^*$，$k = 1$；否则，令 $k = k + 1$。

Step 6 若 $k \leqslant k_{\max}$，则转 Step 3。

Step 7 检验是否满足算法终止条件，是则输出解 $\boldsymbol{s}$，结束算法；否则转 Step 2。

6.1.6 迭代局部搜索

迭代局部搜索(Iterated Local Search，ILS)是一种简单但功能强大的元启发式算法。它的基本原理：从一个初始解 s 出发，利用局部搜索方法对当前解不断进行优化。一旦局部搜索陷入局部最优，通过对当前局部最优解进行“扰动”，将解移动到不同于局部搜索使用的解的邻域中，即实行扰动的邻域结构不同于之前进行局部搜索使用的邻域结构。扰动产生的新解作为下次局部搜索的新的起始解，进而产生新的局部最优。最后，解的接受准则负责决定选择哪一个局部最优解进入下一阶段的扰动过程。其主要原理就是在搜索空间中建立一个随机移动的过程，而这种移动是通过局部搜索算法在各个局部最优解中进行的。

算法 6.6 迭代局部搜索主要步骤

Step 1 产生初始解 $\boldsymbol{s}$；令 $\boldsymbol{s}' = \boldsymbol{s}$，$\boldsymbol{s}^* = \boldsymbol{s}$。

Step 2 以 s' 为初始解，利用局部搜索过程优化 s'，产生局部最优解 s^*。

Step 3 根据接受准则选择一个局部最优解，进入下一阶段的扰动过程。

Step 4 检验是否满足算法终止条件，是则输出解 s^*，结束算法；否则当前局部最优解进行“扰动”产生新的 s'，转 Step 2。

6.2 群体法

群体法是在每一次迭代过程中都处理整个群体的解，典型算法包括演化计算(Evolutionary Computing，EC)、分散搜索(Scatter Search，SS)、粒子群优化(Particle Swarm Optimization，PSO)和蚁群优化(Ant Colony Optimization，ACO)。

6.2.1 演化计算

演化计算是进化策略(Evolutionary Strategy)、进化规划(Evolutionary Programming)和遗传算法(Genetic Algorithm)三种算法的统称。它们的共同点是算法的设计原理都是受物种自然进化模型的启发得到的，都是基于群体的算法，所使用的算子都来源于种群演化，最典型的演化算子有复制、交叉和变异。算法中的每一个个体都直接或者间接地代表问题的一个解。不同的演化计算算法之间的差异主要在于个体的表现方式和演化算子的执行不同。

算法 6.7 演化计算主要步骤

Step 1 构造初始化种群 *pop*。

Step 2 计算种群 *pop* 中个体的适应值，并比较找出种群 *pop* 中的最优解 s^*。

Step 3 对种群 *pop* 通过交叉算子产生新的种群 *pop*′。

Step 4 对种群 *pop*′ 通过变异算子产生新的种群 *pop*″。

Step 5 计算新种群 *pop*″ 中个体的适应值。

Step 6 比较找出种群 *pop*″ 中的最优解 s。若 s 优于 s^*，则令 $s^* = s$。

Step 7 检验是否满足算法终止条件，是则，输出 s^*，算法结束；否则，通过对 *pop*″ 复制重新产生种群 *pop*，转 Step 2。

6.2.2 分散搜索

分散搜索(Scatter Search，SS)的基本思想：保留部分参考解，然后通过合成这些参考解生成新的解。算法从创建一个参考解的种群——参考集开始。首先，使用多样化方法生成大量的解。然后，通过局部搜索过程改进这些解，当改进解完成后，根据解的质量以及解的多样化要求选择其中一部分建立参考集。参考集中的解将用来建立解的子集。子集中的解都要进行合并，从而产生新解，然后通过局部搜索得到改进解。改进后的解可能会取代参考集中的解。不断重复子集生成、解合并和局部搜索的过程，直到参考集不再改变，则算法结束。

算法 6.8　分散搜索主要步骤

Step 1　生成解的种群 *pop*，并通过局部搜索改进种群 *pop* 中的解，最好解为 $\boldsymbol{s}_{\text{best}}$。

Step 2　从解种群中生成初始的参考集 *rs*。

Step 3　若仍有新解产生，则继续下一步；否则输出 $\boldsymbol{s}_{\text{best}}$，结束算法。

Step 4　从参考集 *rs* 中生成解的子集 C_{cand}。

Step 5　若 $C_{\text{cand}} \neq \varnothing$，则继续下一步；否则，转 Step 4。

Step 5　选择 C_{cand} 的一个子集 *cc*，并进行合并产生新解 $\boldsymbol{s}$。

Step 7　通过局部搜索对新产生的解 $\boldsymbol{s}$ 进行改进，产生 $\hat{\boldsymbol{s}}$。

Step 8　选择参考集中最差的解 $\boldsymbol{s}_{\text{worst}}$。

Step 9　若 $\hat{\boldsymbol{s}}$ 在参考集 *rs* 中，则转 Step 11；否则转下一步。

Step 10　若 $\hat{\boldsymbol{s}}$ 优于 $\boldsymbol{s}_{\text{worst}}$，则 $\hat{\boldsymbol{s}}$ 替代 $\boldsymbol{s}_{\text{worst}}$，更新参考集；若 $\hat{\boldsymbol{s}}$ 优于 $\boldsymbol{s}_{\text{best}}$，则更新 $\boldsymbol{s}_{\text{best}}$。

Step 11　从解的子集 C_{cand} 中删除 *cc*。

6.2.3　粒子群优化

粒子群优化，又称微粒群算法，是 1995 年由 James Kennedy 和 Russell 共同提出的一种群智能优化算法。粒子群算法是受鸟类群体行为研究结果的启发，并利用了生物学家 Frank Heppner 的生物群体模型而提出的。与其他基于群体的算法相同的是，粒子群算法也是根据个体微粒的适应值大小进行操作；不同之处在于，粒子群算法不对个体使用进化算子，而是将每个个体看作在 n 维搜索空间中的微粒，该微粒不具有重量和体积，在搜索空间中以一定的速度飞行，并且根据个体和群体的飞行经验动态调整微粒的飞行速度，用以更新粒子的位置。

算法 6.9　粒子群算法主要步骤

Step 1　初始化粒子群的随机位置和速度。

Step 2　计算每个粒子的适应值。

Step 3　粒子遍历位置最优化选择。检查粒子 i 的适应值是否优于它所经历过的最好位置 P_i 的适应值，是，则更新其最好位置。进一步检查其适应值是否优于全局最好位置 P_g 的适应值，是，则更新全局最好位置。

Step 4　更新粒子速度和位置。

Step 5　检查是否满足结束条件，是，则输出最优解，结束算法；否则，返回 Step 2。

6.2.4　蚁群优化

蚂蚁在运动过程中，会留下一种称为信息素的东西。随着移动距离的增加，留下的信息素越来越少，所以往往在家或者食物的周围，信息素的浓度是最强的，而蚂蚁自身会根据信息素去选择方向，当然信息素越浓，被选择的概率也就越大，并且信息素本身具有一定的挥发作用。蚂蚁的运动过程可以简单归纳如下：

(1)当周围没有信息素指引时，蚂蚁的运动具有一定的惯性，并有一定的概率选择其他方向。

(2)当周围有信息素的指引时，按照信息素的浓度强度概率性的选择运动方向。

(3)找食物时，蚂蚁留下与家相关的A信息素，找家时，蚂蚁留下与食物相关的B信息素，并随着移动距离的增加，留下的信息素越来越少；

(4)随着时间推移，信息素会自行挥发。

直观示例：一群蚂蚁发现食物，现在有A、B两条通往食物的路径，且$A > B$。蚂蚁向食物进发开始可能会出现两种情况：①路径A、B上都有蚂蚁，又因为B比A短，蚂蚁通过B花费的时间较短，随着时间的推移和信息素的挥发，B的信息素浓度会逐渐强于A，这时因为B的浓度比A强，越来越多的蚂蚁会选择B，而这时B的浓度只会越来越强；②所有蚂蚁开始都选路径A，注意蚂蚁的移动过程中具有一定小概率的随机性，所以当一部分蚂蚁找到B时，随着时间的推移，蚂蚁会收敛到B上，从而可以跳出局部最优。

蚁群优化的思想来源于上述真实蚂蚁搜寻食物的行为，利用一群人工蚂蚁的协作来寻找更优的解。蚁群优化是一个分布式的随机搜索算法，以人工蚂蚁之间的间接通信为基础，以人工信息素为媒介，其中，信息素充当了一个分布式的数字信息，用于蚂蚁构建问题的解。蚂蚁通过在算法执行过程中修改信息素，来反映搜索过程的历史信息。

算法 6.10　蚁群算法主要步骤

Step 1　构建蚂蚁的初始解，初始化信息素，初始化参数。

Step 2　构建一组解。

Step 3　局部优化过程。

Step 4　更新信息素。

Step 5　检验是否满足算法终止条件，是则输出最优值，结束计算；否则，转 Step 2。

6.3　混合启发式算法

混合启发式算法(Hybrid Metaheuristic)是指在一个算法中，不再仅采用单一的启发式算法，而是融合了不同元启发式算法、传统最优化技术或人工智能、运筹学等技术。其目的是充分利用各最优化算法的优点，弥补单一算法的缺陷，使得算法具有更好的有效性和灵活性。

关于如何有效地将各启发式算法和其它优化技术有效地结合，目前还没有统一的规则。研究高效的混合启发式算法，目前已成为一个研究热点。

习题 6

6.1　简述启发式算法的基本原理和应用场景。

6.2　与确定性算法相比，启发式算法有哪些优点和局限性？

6.3　列举几种常见的启发式算法，并简要介绍它们的特点和适用范围。

6.4　在设计启发式算法时，应如何选择合适的启发函数或评估函数？

6.5　阐述启发式算法中局部搜索和全局搜索的概念，并比较各自优劣。

6.6　在实际应用中，如何评估和比较不同启发式算法的性能？

6.7　查阅文献，举例说明启发式算法在实际问题中的应用，并介绍它们在解决问题中的优势。

第 7 章　模拟退火算法

模拟退火法最早是由 Metropolis 在 1953 年提出的，在 1983 年由 Kirkpatrick 等人成功地引入到了组合优化领域，目前已经在工程中得到了广泛的应用。

模拟退火算法的思想来源于冶金行业中的退火过程，该算法是对于固体晶体的物理降温退火过程的模拟。退火过程就是将材料先加热后，再让其慢慢的冷却，它的目的是增大晶体的体积，减小晶体的缺陷。当加热固体时，固体中原子的热运动加强，内能增大，随着热量的不断增加，原子会离开原来的位置而随机向其他的位置移动。当固体缓慢冷却时，粒子运动速率逐渐减慢，粒子排列趋于有序，在每个温度下都达到平衡状态。最后，到达常温下的基态，内能降低为最小状态。

固体在恒定温度下达到热平衡的过程可以用算法加以模拟。虽然该方法简单，但必须大量采样才能得到比较精确的结果，因而计算量很大。鉴于物理系统倾向于能量较低的状态，而热运动又妨碍它准确落到最低态，故采样时，着重选取那些有重要贡献的状态(重要状态)，则可较快达到较好的结果。因此，Metropolis 等在 1953 年提出了重要的采样法，即以概率接受新状态。先给定以粒子相对位置表征的初始状态 $\boldsymbol{x}$，作为固体的当前状态，该状态的能量为 $f(\boldsymbol{x})$，然后用摄动装置使随机选取的某个粒子的位移随机地产生一微小变化 $\delta\boldsymbol{x}$，得到一个新的状态 $\boldsymbol{x}'$，新状态的能量是 $f(\boldsymbol{x}')$。如果 $f(\boldsymbol{x}') < f(\boldsymbol{x})$，则接受新状态为当前状态；否则，进一步考虑到热运动的影响，也以一定的随机概率接受新状态。

模拟退火算法的原理与金属冶炼退火的原理相似：将搜寻空间中的每一个点 $\boldsymbol{x}$ 模拟成晶体内的分子；分子的能量即它的动能 $f(\boldsymbol{x})$；搜寻空间内的每一点，也像晶体分子一样带有能量，以表示该点对于问题的合适程度。算法以任意点作为起始 $\boldsymbol{x}$：每一步先选择一个邻点 $\boldsymbol{x}'$，然后计算到达邻点的概率 p，并以一定的随机几率对当前解进行更新。然后判断是否满足终止条件，如果满足则算法终止，否则重复上述新解产生过程。

7.1　模拟退火算法的基本原理

在介绍模拟退火算法前，首先介绍一种简单的算法——爬山算法。

爬山算法的基本思想：从当前解的邻近解空间中选择一个最优解作为更新解，逐次迭代，直到获得一个最优解。

爬山法是一种贪心的方法，每一次都选择一个当前解邻域的最优解。当最优化问题不是凸优化时，该算法获得的解不一定是全局最优解。这也是该算法的一个缺点，即会陷入局部最优解。

模拟退火算法其实也是一种贪心的方法，但是这种贪心的方法却引入了一种随机的因素。所以模拟退火算法以一定的概率来接受一个比当前解要差的解，从而可以跳出这个局部最优解，达到全局最优解。

算法 7.1　模拟退火全局优化算法主要步骤

Step 1　确定初始的温度 T_0 与初始点 $\boldsymbol{x}_0$，计算函数值 $f(\boldsymbol{x}_0)$。

Step 2　随机的生成一个 $\Delta\boldsymbol{x}$，得到一个新的点 $\boldsymbol{x}'=\boldsymbol{x}+\Delta\boldsymbol{x}$，计算新点的函数值 $f(\boldsymbol{x}')$。

Step 3　若 $\Delta f=f(\boldsymbol{x}')-f(\boldsymbol{x})\leqslant 0$，则接受新点 $\boldsymbol{x}'$。转 Step 5。

Step 4　若 $\Delta f\geqslant 0$，则计算新点的接受概率：$p(\Delta f)=\exp\left(-\dfrac{\Delta f}{K\cdot T}\right)$，并产生 $[0,1]$ 区间上均匀分布的伪随机函数 $\varepsilon\in[0,1]$。若 $p(\Delta f)\leqslant\varepsilon$ 则接受新点 $\boldsymbol{x}'$ 作为下一次模拟的初始点；否则，仍取原来的点作为下一次的模拟退火的初始点。转 Step 2。

Step 5　如果满足终止条件，则输出当前解 $\boldsymbol{x}$ 作为当前稳态解，停止在 $\boldsymbol{x}$ 领域探索新解。

Step 6　T 逐渐减少，根据 T 值判断是否结束。如果 $T\geqslant 0$，则转 Step 2；否则结束。

由算法 7.1 可知，模拟退火算法以概率收敛到全局最优解，但渐进收敛到最优解可能需要经历无限多次的变化(受终止条件影响)。如果要求对最优解任意的近似逼近，则可能导致算法具有指数形式的时间复杂度。

一个解决办法是以牺牲来保证得到最优解为代价，在多项式的时间当中，逼近模拟退火算法的渐进收敛状态，得到一个近似的最优解。

从算法 7.1 可见，模拟退火算法新解的产生和接受可分为如下四步：

第一步是由一个产生函数从当前解产生一个位于解空间的新解。为便于后续的计算和接受，减少算法耗时，通常选择由当前新解经过简单地变换即可产生新解的方法，如对构成新解的全部或部分元素进行置换、互换等，注意到产生新解的变换方法决定了当前新解的邻域结构，因而对冷却参数表的选取有一定的影响。

第二步是计算与新解所对应的目标函数变化量。因为目标函数变化量仅由变换部分产生，所以目标函数差的计算最好按增量计算。事实表明，对大多数应用而言，这是计算目标函数变化量的最快方法。

第三步是判断新解是否被接受，判断的依据为接受准则。最常用的接受准则是 Metropo1is 准则：若 $\Delta f<0$ 则接受 $\boldsymbol{x}'$ 作为新的当前解 $\boldsymbol{x}$；否则，以概率 $\exp(-\Delta f/T)$ 接受 $\boldsymbol{x}'$ 作为新解。

第四步是当新解被确定接受时，用新解代替当前解。这只需将当前解中对应于产生新解时的变换部分予以实现，同时修正目标函数值即可。此时，当前解实现了一次迭代。可在此基础上开始下一轮试验。而当新解被判定为舍弃时，则在原当前解的基础上继续下一轮试验。

模拟退火算法具有如下特点：模拟退火算法与初始值无关，即算法求得的解与初始解状态 $\boldsymbol{x}_0$(是算法迭代的起点)无关；模拟退火算法具有渐近收敛性，已在理论上被证明是一种以概率1收敛于全局最优解的全局优化算法，模拟退火算法具有并行性。

7.2 模拟退火算法框架

模拟退火算法的关键部分包括最优化数学模型、冷却参数表、新解产生器、新解接受机制等几个方面。

7.2.1 数学模型

最优化问题的数学模型一般包括解空间、目标函数和初始解三部分。

解空间是指问题的所有可能(可行的或包括不可行的)解的集合，它限定了初始解选取和新解产生时的范围。对无约束的优化问题，任一可能解(possible solution)即为一可行解(feasible solution)，因此解空间就是所有可行解的集合；而在许多组合优化问题中，一个解除了满足目标函数最优的要求外，还必须满足一组约束条件(constraint)，因此在可能解集中可能包含一些不可行解(infeasible so1ution)。为此，可以限定解空间仅为所有可行解的集合，即在构造解时就考虑到对解的约束条件；也可允许解空间包含不可行解，而在目标函数中加上所谓罚函数(penalty function)以“惩罚”不可行解的出现。

目标函数是对问题的优化目标的数学描述，通常表述为若干优化指标的一个和式。目标函数的选取必须正确体现对问题的整体优化要求。例如，当解空间包含不可行解时，目标函数中应包含对不可行解的罚函数项，由此将一个有约束的优化问题转化为无约束的优化问题。一般地，目标函数值不一定就是问题的最优化目标值，但两者存在明显的对应关系。此外，目标函数表达式应当是易于计算的，这将有利于在优化过程中简化目标函数的计算，以提高算法的效率。

初始解是算法迭代的起点，研究表明，模拟退火算法是鲁棒的(robust)，即最终解的求得几乎不依赖于初始解的选取。

7.2.2 冷却参数表

冷却参数表是一组控制算法的参数，它的合理选取是保证算法在可以接受的有限时间内返回问题最优解的关键，也就是保证算法全局收敛性的效率的关键。

冷却参数表(Cooling Schedule)是指调整模拟退火法的一系列重要参数，控制退火过程。

1. 初始温度 T_0

为了保证算法在开始运行时解的接受概率为1，要求初始温度 T_0 足够高。目前常用的方法有：

(1)初始温度用 $T_0 = M\delta$ 估计，其中 M 为充分大的数，$\delta = \max\{f(\boldsymbol{x}_j),\ j \in S\} - \min\{f(\boldsymbol{x}_j),\ j \in S\}$。实际计算中，$M$ 可以选10、20、100等值，此时对应的 $\exp\left(-\dfrac{\Delta f}{T_0}\right)$ 接

近1，达到充分大的要求。当 δ 值可以简单估计出时，采用这种方法可以较容易获得 T_0 的值。

(2) Kirkpatrick 等提出的确定 T_0 值的经验法则：选定一个大值作为 T_0 的当前值，并进行若干次变换，若接受率小于预定的初始接受率 p_0(Kirkpatrick 取为0.8)，则将当前 T_0 值加倍，以新的 T_0 值重复上述过程，直至得到使 $p > p_0$ 的 T_0 值。这个经验法则已被许多研究者深化。

(3) Johnson 等提出平均增量的方法。通过计算若干次随机变换的目标函数平均增量来确定 T_0 的值。

$$T_0 = \frac{\Delta \bar{f}}{\ln(p_0^{-1})}$$

其中，$\Delta \bar{f}$ 为目标函数平均增量；p_0 为初始接收率，一般取0.8 ~ 1之间的数。

由此可见，控制参数 T_0 的取值方法比较灵活，但是必须遵循“选取足够大”的原则。过大的 T_0 可能导致过长的时间，所以选取必须慎重。

2. 温度更新函数

温度更新函数即温度的下降方式，用于在外循环中修改温度值。单纯温度下降速度加快并不意味着算法会以较快的速度收敛到全局最优。温度下降的速率必须与新解产生器相匹配。常用方法有：

(1)一个常用的函数为

$$T(n+1) = K \times T(n)$$

其中，$K \in [0.5, 0.99]$，为一常数。

(2)通过控制参数值的衰减步数 K，把区间 $[0, T_0]$ 划分为 K 个小区间，把温度衰减函数取为

$$T(n+1) = \frac{K-n}{K} \times T_0, \quad n = 1, 2, \cdots, K$$

3. 新解产生器

新解产生器(状态产生函数或邻域函数)的设计目的是尽可能保证产生的候选解可遍布全部解空间。通常，新解产生器由两部分组成，即产生候选解的方式和候选解产生的概率分布。前者决定由当前解产生候选解的方式，后者决定在当前解产生的候选解中选择不同状态的概率。候选解的产生方式由问题的性质决定，通常在当前状态的邻域结构内以一定概率方式产生，而邻域函数和概率方式可以多样化设计，其中概率分布可以是均匀分布、正态分布、指数分布、柯西分布等。

按某种随机机制由当前解产生一个新解，通常通过简单变化(如对部分元素的置换、互换或反演等)产生，可能产生的新解构成当前解的邻域。由于连续变量存在着无数个状态，新解的产生方法应该保证算法的迭代能达到变量的所有取值，且在产生新解时没有倾向性。

对离散变量而言，设 X 为离散变量的取值序列，m 为当前变量的取值位置，即 $x_k = X(m)$，则在当前离散位置的基础上随机产生一个位置的增值 δm，令 $x'_k = X(m+\delta m)$。

对连续变量而言，可以根据当前取值产生一随机增量 $\delta x_k(x_k)$，则可得 $\boldsymbol{x}'_k = \boldsymbol{x}_k + \delta \boldsymbol{x}_k(\boldsymbol{x}_k)$。

4. 抽样稳定准则(内循环终止准则)

抽样稳定准则用于决定在各温度下产生候选解的数目。常用的方法有：

(1)检验目标函数的均值是否稳定。当连续若干个新解都没有被接受时终止马尔可夫链的迭代。

(2)连续若干步的目标值变化较小。当上一个最优解与最新的一个最优解的之差小于某个容差时，即可停止此次马尔可夫链的迭代。

(3)按一定的步数抽样。可定义为每个温度 T 值的迭代次数 L(马尔可夫链最大长度)。在衰减参数 T 的衰减函数已选定的前提下，L 应选得在控制参数的每一取值上都能恢复准平衡。也就是每一次随机游走过程，要迭代多少次，才能趋于一个准平衡分布，即一个局部收敛解位置。例如：

①固定长度：L_k 通常取为问题规模的一个多项式函数。

②有接受和拒绝的比率来控制 L_k：当温度很高时，L_k 应尽量小，随着温度的渐渐下降，L_k 逐步增大。

5. 算法的终止准则(外循环终止准则)

模拟退火算法从初始温度开始，通过在每一温度的迭代和温度的下降，最后达到终止原则而停止。尽管有些原则有一定的理论指导，终止原则大多数是直观产生的。

(1)零度法：模拟退火算法的最终温度为零，因而最为简单的原则是给出一个较小的正数，当温度小于这个数时，算法停止，已经达到最低温度。

(2)循环总数控制法：这一原则为总的下降次数为一定值，当温度迭代次数达到值时，停止运算。

(3)基于不改进规则的控制法：在一个温度和给定的迭代次数内设有改进当前的局部最优解，则停止运算。模拟退火算法的一个基本思想是跳出局部最优解，直观的结论是：在较高的温度没能跳出局部最小解，则在低的温度跳出最优解的可能也比较小。

(4)接受概率控制法：给定一个正数 λ 是一个比较小的数。除当前局部最优解以外，其他状态的接受概率都小于 λ 时，停止迭代。

(5)两个准则终止条件：

准则 1：当连续若干次降温后，目标函数无改进，则外循环结束。

准则 2：当接受率小于给定的小正数 ε 时，则认为已达到冷凝点。

在具体计算时，当准则 1 和准则 2 有一个满足时，就可终止计算。在准则 1 中，一般需要考察的温度序列长度定义为 40 ~ 200，而在准则 2 中，取 $\varepsilon \in [0.0001, 0.05]$。

7.2.3　新解接受机制

根据产生的新解计算新解伴随的目标函数差，一般可由变化的改变部分直接求得；根据接受准则，判断是否接受新解。如果新解满足接受准则，则进行当前解和目标函数值的迭代，否则舍弃新解。

新解接受函数一般以概率的方式给出，不同的接受函数的差别主要在于接受概率的形式不同。设计接受概率，应该遵循以下原则：

(1)在固定温度下，接受使目标函数值下降的候选解的概率要大于使目标函数值上升的候选解的概率；

(2)随温度的下降，接受使目标函数值上升的解的概率要逐渐减小；

(3)当温度趋于零时，只能接受目标函数值下降的解。

新解接受函数的引入是模拟退火算法实现全局搜索的最关键的因素，但试验表明，接受函数的具体形式对算法性能的影响不显著。因此，模拟退火算法中通常采用 Metropolis 准则作为状态接受函数。下面介绍 Metropolis 准则。

设按某种随机机制由当前解 $\boldsymbol{x}$ 产生一个新解 $\boldsymbol{x}'$，与此同时，系统的能量函数也由 $f(\boldsymbol{x})$ 变为 $f(\boldsymbol{x}')$。那么接受新解 $\boldsymbol{x}'$ 为新的当前值的接受概率为

$$p=\begin{cases}1, & f(\boldsymbol{x}') < f(\boldsymbol{x}) \\ \exp\left[-\dfrac{f(\boldsymbol{x}')-f(\boldsymbol{x})}{k_B T}\right], & f(\boldsymbol{x}') \geqslant f(\boldsymbol{x})\end{cases}$$

当状态 $\boldsymbol{x}$ 转移到 $\boldsymbol{x}'$ 之后，如果能量减小了，那么这种转移就被接受了(以概率 1 发生)。如果能量增大了，就说明系统偏离全局最优位置(能量最低点，模拟退火算法所要寻找的就是密度最高能量最低的位置)更远了，此时算法不会立即将其抛弃，而是进行概率判断：首先在区间 [0, 1] 产生一个均匀分布的随机数 ε，如果 $\varepsilon < p$(p 为计算所得的接受概率)，这种转移也将被接受，否则拒绝接受。

这就是 Metropolis 算法，其核心思想是：当能量增加时，以一定概率接收，而不是一味地拒绝。

由 p 的定义可知，在高温下可接受与当前状态能差较大的状态，而在低温下只能接受与当前状态能差较小的新状态。在温度趋于零时，就不再接受 $f(\boldsymbol{x}') \geqslant f(\boldsymbol{x})$ 的新状态 $\boldsymbol{x}'$ 了。如此反复，达到系统在此温度下的热平衡。这个过程称为 Metropolis 抽样过程，该过程就是在一确定温度下，使系统达到热平衡的过程。

7.3　模拟退火算法的可行性

模拟退火算法求全局优化问题时，理论上需要对每个温度通过多次迭代达到平衡，当温度从足够高降到足够低时，就可以求出目标函数的最低点，即全局最优解。该算法收敛于全局最优解的条件为：初始温度足够高，降温速度足够慢，终止温度足够低。它表明算法的退火过程很慢，计算效率不高，原因在于两点：一是降温足够慢，导致温度循环次数

多；二是在同一温度，为了达到温度下达到该目标函数值的平衡，需要的迭代次数非常多。

虽然模拟退火算法的渐近收敛性可以被证明，但是不合理冷却参数表也可能导致算法的不收敛。模拟退火算法的最终解的质量与其计算时间是相互矛盾的，为此，需要采取折中算法，即通过选择冷却参数能够在合理的时间内尽量提高得到的最终解的质量(接近最优解)。

算法的有限终止性和可行性，是指算法能否在一定的时间内终止，以及算法能否达到最优化问题的要求，得到最优解。

模拟退火算法中有两个迭代过程，一是温度降低的过程，当温度衰减因子 K 给定后，根据初始温度，基本上可以得出其迭代次数，二是在恒温中寻找其平衡态的过程。在该过程中，由于其具有随机性，算法的有限步终止性就转为讨论其渐进收敛性，即算法按渐进的概率原则是否收敛。

根据马尔可夫理论可以证明：在多项式时间内该算法渐进地收敛于一近似最优解。这个结果对于 NP 完全问题已经是比较好的了。对于恶化解 $\boldsymbol{x}'$（即 $f(\boldsymbol{x}') \geqslant f(\boldsymbol{x})$），随着 T 值的衰减，接受概率 $\exp\left[-\dfrac{f(\boldsymbol{x}')-f(\boldsymbol{x})}{k_B T}\right]$ 趋近于0，故当 T 衰减到一定程度时即不再接受恶化解；对于优化解 $\boldsymbol{x}$（即 $f(\boldsymbol{x}') < f(\boldsymbol{x})$），以概率 1 接受，故都可以较快地搜索到该邻域的最优解。因此，算法在有限时间内必定会出现解在连续 L_k 个马尔可夫链中无任何改变的情况，即完全可以在有限时间内终止，所以算法从概率的角度是渐进收敛的。

再来讨论算法求得的解的最优性。模拟退火算法根据 Metropolis 准则接受新解，因此，除了接受优化解外，它还在一定限度内接受恶化解。接受概率 $\exp\left[-\dfrac{f(\boldsymbol{x}')-f(\boldsymbol{x})}{k_B T}\right]$ 是关于 T 的增函数，开始时 T 值较大，以较大概率接受较差的恶化解；随着 T 值的减小，$\exp\left[-\dfrac{f(\boldsymbol{x}')-f(\boldsymbol{x})}{k_B T}\right]$ 最终趋向于0，则只能接受较少的恶化解，最后在 T 值趋于零时，不再接受恶化解，从而使模拟退火算法能够从局部最优的“陷阱”中跳出来，最后得到全局的最优解。

7.4 模拟退火算法应用举例

例 7.1 求解如下非凸优化问题，其中 $x \in [0, 1]$：

$$\min_x \quad f(x) = x\sin(50x)$$

解：该问题显然是一个非凸优化的问题，可以根据图 7-1 看出，目标函数存在多个局部极小点。

对于该问题，我们可以通过 MATLAB 语言编写代码来执行算法，计算可得，$x^* = 0.9745$，$f^* = -0.9741$。注意，模拟退火算法的结果可能会受到参数设置、随机计算、计算精度等的影响，每一次计算的结果不一定完全一致，我们可以根据需要调整参数来获得更好的结果。

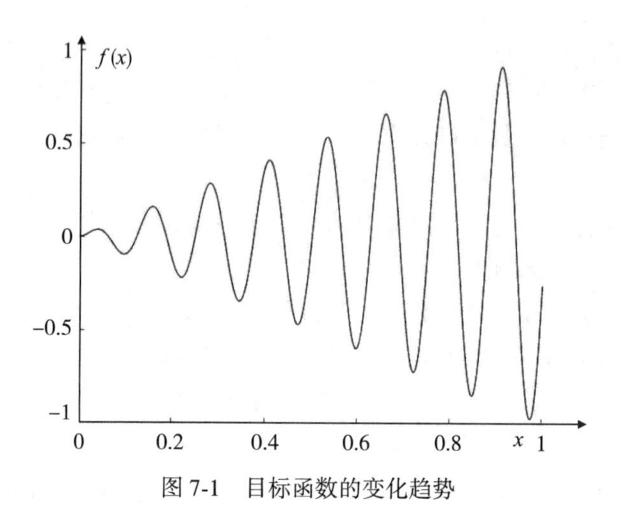

图 7-1　目标函数的变化趋势

```
% 主程序,调用模拟退火算法求解
[best_x,best_fval] = simulatedAnnealing();

disp('Best solution:');
disp(['x=',num2str(best_x)]);
disp(['f(x)=',num2str(best_fval)]);

% 目标函数
function fval = objectiveFunction(x)
    fval = x * sin(50 * x);
end

% % 模拟退火计算过程
function [best_x,best_fval] = simulatedAnnealing()
    % 初始化参数
    x = rand(); % 生成 0 到 1 之间的随机数
    temperature = 1.0;
    min_temperature = 0.00001;
    cooling_rate = 0.99;
    best_x = x;
    best_fval = objectiveFunction(x);
    while temperature > min_temperature
        for i = 1:100
```

```
            % 随机生成新的解
            new_x = x + randn() * temperature;
            % 限制新解在[0,1]范围内
            new_x = max(0,min(1,new_x));
            % 计算新解的目标函数值
            new_fval = objectiveFunction(new_x);
            % 判断是否接受新解
             if new_fval < best_fval || exp((best_fval-new_fval) /
temperature) > rand()
                x = new_x;
                best_fval = new_fval;
                if new_fval < objectiveFunction(best_x)
                    best_x = new_x;
                end
            end
        end
        % 降低温度
        temperature = temperature * cooling_rate;
    end
end
```

7.5 模拟退火算法的改进

基本模拟退火算法通过有限度地接受恶化解，从而跳出局部最优解，但它存在两个不足：如果降温过程足够缓慢，得到的解的性能会比较好，但收敛速度太慢；如果降温过程过快，则很可能得不到全局最优解。

从算法流程上看，模拟退火算法包括三个函数(新解产生器、新解接受函数和温度更新函数)和两个准则(内循环准则和外循环准则)。这些环节的设计将决定模拟退火算法的优化性能。此外，初始温度的选择也对该算法有很大的影响。

在确保一定要求的优化质量基础上，提高模拟退火算法的搜索效率时间性能，是对模拟退火算法改进的主要内容。可行的方案如下：

(1)设计合适的状态产生函数，使其根据搜索进程的需要表现出状态的全空间分散性或局部区域性。

(2)设计高效的退火过程。

(3)避免状态的迂回搜索。

(4)采用并行搜索结构。

(5)为避免陷入局部极小，改进对温度的控制方式。

(6)选择合适的初始状态。

(7)设计合适的算法终止准则。

(8)增加某些环节来改进算法。

主要的改进方式有：

(1)增加升温或重升温过程。在算法进程的适当时机，将温度适当提高，从而可激活各状态的接受概率，以调整搜索进程中的当前状态，避免算法在局部极小解处停滞不前。

(2)增加记忆功能。为避免搜索过程中由于执行概率接受环节而遗失当前遇到的最优解，可通过增加存储环节，将到目前为止的最好状态存储下来。

(3)增加补充搜索过程。在退火过程结束后，以搜索到的最优解为初始状态，再次执行模拟退火过程或局部趋化性搜索。

(4)对每一当前状态，采用多次搜索策略，以概率接受区域内的最优状态，而不是标准模拟退火算法的单次比较方式。

(5)结合其他搜索机制的算法，如遗传算法、混沌搜索等。

对于模拟退火算法的广泛研究，产生了多种多样的模拟退火改进算法，除了经典模拟退火算法外，还产生了快速模拟退火算法、适应性模拟退火算法、遗传模拟退火算法、有记忆的模拟退火算法、并行模拟退火算法与单纯形模拟退火算法等。

7.5.1　有记忆的模拟退火算法

模拟退火算法在迭代的过程中不但能够接受使目标函数向好的方向前进的解，而且能够在一定限度内接受使目标函数恶化的解，这使得算法能够有效地跳出局部极小的陷阱。然而，对于具有多个极值的工程问题，该算法就很难保证最终得到的最优解是整个搜索过程中曾经到达过的最优解。为了解决这个问题，可以给算法增加一个“记忆器”，使它能够记住搜索过程中曾经达到过的最好结果，这样可以在许多情况下提高最终所得到的解的质量。

有记忆的模拟退火算法可描述如下：设置记忆变量 $\boldsymbol{x}'^{*}$ 和 $f(\boldsymbol{x}'^{*})$，分别用于记忆当前遇到的最优解和最优目标函数值。算法刚开始时，令 $\boldsymbol{x}'^{*}=\boldsymbol{x}_0$ 和 $f(\boldsymbol{x}'^{*})=f(\boldsymbol{x}_0)$。迭代开始后，每当接受一个新的搜索解时，将其目标函数值 $f(\boldsymbol{x}')$ 与 $f(\boldsymbol{x}'^{*})$ 进行比较，如果 $f(\boldsymbol{x}')<f(\boldsymbol{x}'^{*})$，则分别用 $f(\boldsymbol{x}')$ 与 $\boldsymbol{x}'$ 和取代 $f(\boldsymbol{x}'^{*})$ 与 $\boldsymbol{x}'^{*}$。最后，当算法结束时，从当前解与记忆变量中选取较优者为问题的近似全局最优解。

7.5.2　单纯形-模拟退火算法

单纯形-模拟退火算法是一种将单纯形法与模拟退火算法相结合的算法。

单纯形法是一种多变量函数的寻优方法，其优点是能够直接快速地搜索到极小值，对于大型、复杂的函数求极值问题，不会出现收敛性不稳定的情况。但单纯形也有一个很大的缺陷，即当目标函数具有多个极小值时，由于初始值选取的不同，会得到不同的结果，并且这个结果还不一定是目标函数的全局极小值，可能只是一个局部最小值。

模拟退火算法是一种随机搜索算法，它能跳出局部极小的陷阱，并最终得到全局极小值，但在搜索的过程中做了很多无用功，浪费了时间，效率有待改进。

考虑将模拟退火算法与单纯形相结合，融合两种算法的优点，联合起来求解函数的极小值。单纯形-模拟退火算法的基本思想：对任一给定的初始解 $\boldsymbol{x}_0$，首先用单纯形法快速求得一个极小值点，然后改用模拟退火算法进行随机搜索，逃离该局部极小值，一旦找到一个比该局部极小值更小的点时，立即以该点为初始值，调用单纯形法直接搜索该点附近的另一个极小值点，如此交叉进行，直至满足条件，算法结束，得到的结果必为目标函数的全局极小值。

习题 7

7.1 模拟退火算法的基本原理是什么？它是如何工作的？

7.2 模拟退火算法中的温度参数有什么作用？如何选择合适的初始温度和降温策略？

7.3 模拟退火算法与遗传算法有什么区别？它们在什么情况下更适用？

7.4 模拟退火算法有哪些应用领域？请举例说明。

7.5 模拟退火算法的优缺点是什么？

7.6 假设有一个旅行商问题，旅行商需要依次经过 8 个城市并回到起始城市。城市之间的距离如下表所示：

城市	1	2	3	4	5	6	7	8
1	—	10	15	20	25	30	35	40
2	10	—	12	18	25	29	35	13
3	15	12	—	13	22	25	28	16
4	20	18	13	—	10	12	15	18
5	25	25	22	10	—	8	9	12
6	30	29	25	12	8	—	5	7
7	35	35	28	15	9	5	—	3
8	40	13	16	18	12	7	3	—

请使用模拟退火算法求解旅行商问题，找到最短的路径和路径长度。

7.7 假设有一个装箱问题，有一批物品需要装入箱子中，每个物品有不同的体积。箱子的容量为 200，每个物品的体积如下表所示：

物品	1	2	3	4	5	6	7	8
体积	30	60	20	40	80	100	50	70

请使用模拟退火算法求解装箱问题，找到使箱子利用率最高的装箱方案。

7.8　假设有一个函数优化问题，目标是找到函数 $f(x) = x^2$ 的最小值，其中 $x \in [-10, 10]$。请使用模拟退火算法找到该函数的最小值以及对应的 x 值。

第8章　遗传算法

8.1　起源与发展

遗传算法(Genetic Algorithm)是模拟达尔文的遗传选择和自然淘汰的生物进化过程的计算模型，是一种通过模拟自然进化过程搜索最优解的方法，它是由美国 Michigan 大学 J. Holland 教授于 1975 年首先提出来的，他出版了颇有影响的专著 *Adaptation in Natural and Artificial Systems*，从此 GA 这个名称逐渐为人所知，J. Holland 教授所提出的 GA 通常为简单遗传算法(SGA)。

遗传算法是从代表问题可能潜在的解集的一个种群(population)开始的，而一个种群则由经过基因(gene)编码的一定数目的个体(individual)组成。每个个体实际上是染色体(chromosome)带有特征的实体。染色体作为遗传物质的主要载体，即多个基因的集合，其内部表现(即基因型)是某种基因组合，它决定了个体的形状的外部表现，如黑头发的特征是由染色体中控制这一特征的某种基因组合决定的。因此，在一开始需要实现从表现型到基因型的映射，即编码工作。由于仿照基因编码工作很复杂，所以往往进行简化，采用如二进制编码等方式。初代种群产生之后，按照适者生存和优胜劣汰的原理，逐代(generation)演化产生出越来越好的近似解，在每一代，根据问题域中个体的适应度(fitness)大小选择(selection)个体，并借助自然遗传学的遗传算子(genetic operators)进行组合交叉(crossover)和变异(mutation)，产生新的种群。这个过程将导致种群像自然进化一样的后生代种群比前代更加适应于环境，末代种群中的最优个体经过解码(decoding)，可以作为问题近似最优解。

遗传算法在机理方面具有搜索过程和优化机制等属性，其数学方面的性质可通过模式定理和构造块假设等分析加以讨论，马尔可夫链也是分析遗传算法的一个有效工具。遗传算法的选择操作是在个体适应度基础上以概率方式进行的，在概率选择方式上与模拟退火法有些类似。

遗传算法的应用研究已从初期的组合优化求解扩展到其他类型工程化的应用方面。随着应用领域的扩展，遗传算法的研究出现了几个引人注目的新动向。一是基于遗传算法的机器学习，这一新的研究课题把遗传算法从历来离散的搜索空间的优化搜索算法扩展到具有独特的规则生成功能的崭新的机器学习算法。这一新的学习机制为解决人工智能中知识获取和知识优化精炼的瓶颈难题带来了希望。二是遗传算法与神经网络、模糊推理以及混沌理论等其他智能计算方法相互渗透和结合，这对开拓新的智能计算技术具有重要的意义。三是并行处理的遗传算法研究十分活跃，对遗传算法本身的发展，对新一代智能计算机体系结构的研究，都十分重要。四是遗传算法与“人工生命”的研究领域正不断渗透。所谓人工生命，即用计算机模拟自然界丰富多彩的生命现象，其中生物的自适应、进化和免疫等现象是人工生命的重要研究对象，而遗传算法在这方面将会发挥一定的作用。五是遗传算法与进化规划 EP、进化策略 ES 等进化计算理论日益结合。EP 和 ES 几乎是和遗传算法同时独立发展起来的，同遗传算法一样，它们也是模拟自然界生物进化机制的智能计算方法，即同遗传算法具有相同之处，各有特点。目前，这三者之间的比较研究和彼此结合的探讨正形成热点。

8.2　基本术语

8.2.1　生物遗传学术语

遗传算法是基于生物遗传学的类似性发展起来的，其中应用到生物遗传学中的部分术语。

基因(gene)：又称遗传因子，是遗传变异的主要物质，支配着生命的基本构造和性能，具有物质性和信息性。在遗传算法中，基因是指字符串中的元素，用于表示个体的特征。例如有一个串 $S=1011$，则其中的 1，0，1，1 这 4 个元素分别称为基因，它们的值称为等位基因(Alletes)。

染色体(chronmosome)：又叫做基因型个体(individuals)，是细胞核中载有遗传信息(基因)的物质。在遗传算法中，染色体是由基因构成的一个链。一定数量的个体组成了群体(population)，群体中个体的数量叫做群体大小。

适应度(fitness)：各个个体对环境的适应程度。为了体现染色体的适应能力，引入了对问题中的每一个染色体都能进行度量的函数，称为适应度函数。这个函数是计算个体在群体中被遗传的概率。

8.2.2　三种遗传操作

在遗传算法中，主要涉及三种遗传操作：选择(selection)、交叉(crossover)、变异(mutation)。

1. 选择

选择操作也称为复制操作，是指从群体中按个体的适应度函数值选择出较适应环境的个体。选择的标准一般是按照适应度来进行的，适应度的计算有两种方法：①按比例的适应度计算；②基于排序的适应度计算。

一般地，“选择”将使适应度高的个体繁殖下一代的数目较多，而适应度较小的个体则繁殖下一代的数目较少，甚至被淘汰。按照适应度进行父代个体的选择，选择算法主要有：①轮盘赌选择；②随机遍历抽样；③局部选择；④截断选择；⑤锦标赛选择。

最通常的选择方法是轮盘赌(roulette wheel)选择。设$f(x_i)$表示种群中第i个染色体x_i的适应度值。令$\sum_{n=1}^{N} f(x_n)$表示群体的适应度值之总和，则x_i被选择的概率正好为其适应度值所占份额$p_i = f(x_i)/\sum_{n=1}^{N} f(x_n)$。计算累计概率$P_i = \sum_{n=1}^{N} p_i$。

共旋转转轮N次（N为种群个体数），每次转轮时，随机产生0到1之间的随机数γ，当$P_{i-1} \leqslant \gamma < P_i$时，选择第$i$个个体$x_i$。

从选择概率的计算公式可以看出，个体的适应值越大，其被选择概率越大，因此，如果将目标函数作为适应函数，则此遗传算法是求目标函数的最大值的。

2. 交叉

交叉是结合来自父代交配种群中的信息产生新的个体。依据个体编码表示方法的不同，可以有以下算法：①实值重组，包括离散重组、中间重组、线性重组、扩展线性重组等；②二进制交叉：包括单点交叉、多点交叉、均匀交叉、洗牌交叉、缩小代理交叉等。

交叉算子将被选中的两个个体的基因链按一定概率p_c进行交叉，从而生成两个新的个体，交叉位置c是随机的。其中，p_c，c是系统参数。根据问题的不同，交叉可分为单点交叉算子(single point crossover)、双点交叉算子(two point crossover)、均匀交叉算子(uniform crossover)。

单点交叉操作的简单方式是将被选择出的两个个体S1和S2作为父代个体，将两者的部分基因码值进行交换。假设如下两个8位的个体：S1为10001111，S2为11101100。产生一个在1到7之间的随机数c，假如现在产生的是2，将S1和S2的低二位交换：S1的高六位与S2的低两位组成数串10001100，这就是S1和S2的一个子代P1个体；S2的高六位与S1的低两位组成数串11101111，这就是S1和S2的一个子代P2个体。其交换过程如表7-1所示。

表7-1 **单点交叉过程(c=2)**

S2	111100 <u>00</u>	S2	<u>111100</u> 00
S1	<u>100011</u> 11	S1	111011 <u>11</u>
P1	100011 00	P2	111011 11

3. 变异

交叉之后子代经历的变异，实际上是子代基因按小概率扰动产生的变化。依据个体编码表示方法的不同，常用实值变异和二进制变异等方法。

二进制变异是在选中的个体中，将新个体的基因链的各位按概率p_m进行异向转化，最简单方式是改变串上某个位置数值。对二进制编码来说，就是将0与1互换：0变异为1，1变异为0。

例如，对 8 位二进制编码：1 1 1 0 1 1 0 0。随机产生一个 1 至 8 之间的数 k，假如现在 $k=6$，对从右往左的第 6 位进行变异操作，将原来的 1 变为 0，得到如下串：1 1 0 0 1 1 0 0。

4. 精英主义

仅仅从产生的子代中选择基因去构造新的种群，可能会丢失掉上一代种群中的很多信息。也就是说，当利用交叉和变异产生新的一代时，有很大的可能把在某个中间步骤中得到的最优解丢失。在此，可使用精英主义(Elitism)方法保留每一步的最优解，即在每一次产生新的一代时，首先把当前最优解原封不动的复制到新的一代中，其他步骤不变。这样，任何时刻产生的一个最优解都可以存活到遗传算法结束。

上述各种算子的实现是多种多样的，而且许多新的算子正在不断被提出，以改进 GA 某些性能，比如选择算法中的分级均衡选择，等等。

8.3 基本遗传算法

8.3.1 遗传算法所需的参数

遗传算法就是遍历搜索空间，从中找出最优的解。搜索空间中全部都是个体，而群体为搜索空间的一个子集。并不是所有被选择了的染色体都要进行交叉操作和变异操作，而是以一定的概率进行，一般在程序设计中交叉发生的概率要比变异发生的概率选取得大若干个数量级。大部分遗传算法的步骤都很类似，常使用如下参数：

Fitness 函数(适应度函数)：是用来区分群体中个体好坏的标准，是进行遗传选择的唯一依据，一般是由目标函数加以变换得到的。当最优化目标是求函数的最小值时，可把函数值的倒数作为个体的适应度值。函数值越小的个体，适应度值越大，个体越优。适应度计算函数为

$$F(f(x))=\frac{1}{f(x)}$$

Fitness Threshold(适应度阈值)：适合度中的设定的阈值，当最优个体的适应度达到给定的阈值，或者最优个体的适应度和群体适应度不再上升时(变化率为零)，则算法的迭代过程收敛、算法结束；否则，用经过选择、交叉、变异所得到的新一代群体取代上一代群体，并返回到选择操作处继续循环执行。

种群规模 P：即种群的染色体总数，它对算法的效率有明显的影响。P 太小时，难以求出最优解；太大，则增长收敛时间，导致算法运行时间长。对不同的问题可能有各自适合的种群规模，通常设定种群规模 $P=30\sim160$。

交叉概率 p_c：在循环中进行交叉操作所用到的概率，一般取 0.6~0.95。p_c 太小时，难以扩大搜索范围；太大，则容易破坏高适应值的结构。

变异概率 p_m：从个体群中产生变异的概率，一般取 0.01~0.03。p_m 太小时，难以产

生新的基因结构；太大，则使遗传算法成为单纯的随机搜索。

个体的长度 N：有定长和变长两种。N 对算法的性能也有影响。定长个体一般用二进制编码离散表示自变量，码长根据离散精度来确定。

$$N = \log_2\left(\frac{x_{\max} - x_{\min}}{D} + 1\right)$$

式中，$x_{\max}$、$x_{\min}$ 分别为自变量的最大值和最小值，D 为离散精度。

由于 GA 是一个概率过程，所以每次迭代的情况可能不一样的系统参数不同，迭代情况也不同。

8.3.2 基本遗传算法

算法 8.1 简单遗传算法基本步骤

Step 1 问题编码：将问题解结构变换为位串形式编码表示。

Step 2 随机初始化群体 $\boldsymbol{P}_0 = [p_1,\ p_2,\ \cdots,\ p_n]$，$g = 0$。

Step 3 评估适应度，对当前群体 $\boldsymbol{P}_g$ 中每个个体 p_i 计算其适应度 $f(p_i)$。

Step 4 检查是否符合优化准则，若符合，输出最佳个体及其代表的最优解；否则转向下一步。

Step 5 按由个体适应度值所决定的某个规则应用选择操作产生中间代 Pr_g。

Step 6 依照交叉概率 p_c 选择个体进行交叉操作。

Step 7 依照变异概率 p_m 选择个体进行变异操作。

Step 8 由交叉和变异产生新一代的种群，返回 Step 3。

由于遗传算法不是直接处理问题解空间的参数，因此必须通过编码把问题的可行解表示成遗传空间的染色体或者个体。常用的编码方法有位串编码、Grey 编码、实数编码(浮点法编码)、多级参数编码、有序串编码、结构式编码等。其中实数编码不必进行数值交换，可以直接在解的表现型上进行遗传算法操作。

选择操作从父群体中以一定概率选择优良个体组成新的种群，以繁殖得到下一代个体。个体被选中的概率与其适应度值有关，个体适应度越高，被选中的概率越大。遗传算法选择操作有轮盘赌法、锦标赛法等多种方法。其中轮盘赌法，即基于适应度比例的选择策略，个体 i 被选中的概率为

$$p_i = \frac{F_i}{\sum_{i=1}^{N} F_i}$$

式中，F_i 为个体 i 的适应度值；N 为种群个体数目。

最简单的优化准则(结束条件)有如下两种：完成了预先给定的进化代数；种群中的最优个体在连续若干代没有改进或平均适应度在连续若干代基本没有改进。

8.3.3 基本遗传算法应用举例

例 8.1 搜索如下函数的最大值及其对应的 x 的值，其中 $x \in [0,\ 10]$：

$$y = 7\sin x + 6\cos(4x) + 1.5x + 1$$

解：(1)实现算法前的准备。

①参数编码：x 的范围是 0 ~ 10，采用 10 个染色体，这样二进制数最大为 $2^{10}-1=1023$，精度 $u = 10/1023 = 0.01$。染色体个数 dim=10；

②种群个数：一个种群的总个体数 num=20；

③迭代次数：根据复杂程度选择，一般 100 ~ 200，这里设为 10 次，即 gen=10；

④变异率：一般设置为 1/dim，即 $p_m=0.1$；

⑤交叉率：设置 60%概率交叉，即 $p_c=0.6$。

(2)算法框架：

初始化种群 p=init()；
迭代开始
for i=1：gen
　①选择优秀个体 p_fit=fittest(p)；
　②对父种群进行遗传交叉 son1=crossover(p，pc)；
　③遗传交叉后，进行变异处理 son=mutation(son1，pm)；
　④合并子代和父代：son=[p_fit；son]；
　⑤进一步筛选，将优秀父代和产生的子代合并，挑选出优秀的下一代种群。
　这里的挑选采用的是锦标赛。即对合并后的所有个体，每次随机抽取两个或多个，选最优个体进入新种群。根据种群个数 num=20，进行多轮锦标赛，得到新的种群 p=select(son)；
end
迭代结束。
输出算出最优解。

MATLAB 语言代码示意如下：

```
% my_ga.m(主函数)
% init.m(初始化函数)
% fittest.m(选择优秀父代个体)
% crossover.m(交叉遗传)
% mutation.m(变异)
% select.m(筛选出下一代种群,锦标赛选择法)
% plot_ga.m(画图,显示优化过程)
% best.m(迭代完成后,显示最优解以及最优方案)

% my_ga.m(主函数)
clear
clc
```

```
dim=10;        % 表示染色体的长度(即维数,二值数的长度),根据编码的长度决定
num=20;        % 表示群体的大小,根据问题的复杂程度确定。
gen=10;        % 该问题简单,采用 10 次迭代,根据问题的复杂程度确定。
pm=0.1;                        % 变异概率,一般 1/dim
pc=0.6;                        % 交叉概率
p=init(num,dim);               % 初始化种群
for i=1:gen
    p_fit=fittest(p);          % 在种群中选择优秀个体 p_fit
    son1=crossover(p,pc);      % 在种群中进行遗传交叉得到子代半成品
    son=mutation(son1,pm);     % 半成品子代进行变异为真正子代 son
    son=[p_fit;son];           % 将优秀父代和子代合并 ,进行选择
    p=select(son);             % 采用锦标赛的选择算子,进行适者生存,产生
                               新种群
    plot_ga(p)                 % 画出新种群
end
[p_best,value]=best(p)         % 迭代后最终的最优个体
```

% init.m(初始化函数),init.m 是进行群体的初始化,产生初始种群,num 表示群体的大小,dim 表示染色体的长度(即维数,二值数的长度),

```
function pop=init(num,dim)
    pop=round(rand(num,dim));
end
```

```
% fittest.m(选择优秀父代个体)
% fittest.m
% 1,计算目标值,2. 计算对应适应值
```

% 设定优秀阈值 h,小于 h 不能直接进入下一代种群选择,大于 h 适应值为目标值,和子代一起进入选择。

```
% 计算目标值,
function p_fit=fittest(p)
x1=zeros([1,20]);
for i=1:20
  for j=1:10
       x1(i)=x1(i)+2^(10-j)*p(i,j);
  end
end
```

```
x=x1*10/1023;                          %2^10-1=1023
p1=7*sin(1*x)+6*cos(4*x)+1.5*x+1;    %计算目标值

% 2.计算对应适应值,以及确定优秀个体
h=3;
j=1;
for i=1:20
        if p1(i)>h
                p_fit(j,:)=p(i,:);
                j=j+1;
        end
end
end

% crossover.m(交叉遗传)
%交叉
%对于两个父代x1,x2。染色体被分为两组,相互交叉得到子代y1,y2。
% x1=01001 11010 交   y1=01001 00100
% x2=10101 00100 叉   y2=10101 11010

function son=crossover(p,pc)
s=size(p);
son=zeros(size(p));
for i=1:round(s(1)/2-0.5)
    if(rand(1)<pc)
        cross=round(rand(1)*s(2));
        son((i-1)*2+1,:)=[p((i-1)*2+1,1:cross),p(i*2,cross+1:
s(2))];
        son(i*2,:)=[p(i*2,1:cross),p((i-1)*2+1,cross+1:s
(2))];
    else
        son((i-1)*2+1,:)=p((i-1)*2+1,:);
        son(i*2,:)=p(i*2,:);
    end
end
end

% mutation.m(变异)
```

```
% mu1tation--变异
% 子代染色体序列中,可能变异导致 1 变为 0 、0 变为 1 。
function son=mutation(son1,pm)
    s=size(son1);
    son=zeros(s);
    for i=1:s(1)
        son(i,:)=son1(i,:);
        if(rand(1)<pm)
            multa=round(rand(1)*s(2)+0.5);    % 产生的变异点在 1~10 之间
            if son(i,multa)==0
               son(i,multa)=1;
            else
               son(i,multa)=0;
            end
        end
    end
end


% select.m(筛选出下一代种群,锦标赛选择法)
function p=select(son)
p=zeros([20,10]);
s=size(son);
x1=zeros([1,s(1)]);
for i=1:s(1)
    for j=1:10
        x1(i)=x1(i)+2^(10-j)*son(i,j);
    end
end
x=x1*10/1023;                          % 2^10-1=1023
p_obj1=7*sin(1*x)+6*cos(4*x)+1.5*x+1;   % 计算目标函数值
p_obj1=p_obj1';
% 第一赛季
randidx=randperm(s(1));                % 打乱顺序进行锦标赛
son_s1=son(randidx,:);                 % 第一赛季数据
p_s1=p_obj1(randidx,:);
p_obj2=[];
son2=[];
```

```
for i=1:round(s(1)/2-0.5)
    if p_s1(2*i)>p_s1(2*i-1)
        p(i,:)=son_s1(2*i,:);
        p_obj2=[p_obj2;p_s1(2*i-1)];
        son2=[son2;son_s1(2*i-1,:)];
    else
        p(i,:)=son_s1(2*i-1,:);
        p_obj2=[p_obj2;p_s1(2*i)];
        son2=[son2;son_s1(2*i,:)];
    end
end

num_x=20-round(s(1)/2-0.5);
s_s2=size(son2);
randidx_s2=randperm(s_s2(1));                    % 打乱顺序进行锦标赛
son_s2=son2(randidx_s2,:);                       % 第一赛季数据
p_s2=p_obj2(randidx_s2,:);
if num_x>0
    d=round(s_s2(1)/num_x-0.5);
    for i=1:num_x
        [s2_max,s2_x]=max(p_obj2(d*(i-1)+1:d*i));
        p(round(s(1)/2-0.5)+i,:)=son_s2(d*(i-1)+s2_x,:);
    end
end
end

% plot_ga.m(画图,显示优化过程)
function plot_ga(p)
clf(figure(1))
figure(1)
fplot(@(x)7.*sin(1.*x)+6.*cos(4.*x)+1.5.*x+1,[0 10])
x1=zeros([1,20]);
for i=1:20
  for j=1:10
      x1(i)=x1(i)+2^(10-j)*p(i,j);
  end
end
x=x1*10/1023;                          % 2^10-1=1023
```

```
p1=7*sin(1*x)+6*cos(4*x)+1.5*x+1;   % 计算目标值

hold on
plot(x,p1,'r*')

pause(0.5)
% delete(plot(x,p1,'r*'))
end

% best.m(迭代完成后,显示最优解以及最优方案)
function [p_best,value]=best(p)
x1=zeros([1,20]);
for i=1:20
    for j=1:10
        x1(i)=x1(i)+2^(10-j)*p(i,j);
    end
end
x=x1*10/1023;                          % 2^10-1=1023
p1=7*sin(1*x)+6*cos(4*x)+1.5*x+1;   % 计算目标值

[value,b]=max(p1);

p_best=p(b,:);
end
```

计算结果为：最优点为 $x^*=7.869$，最大值为 $y^*=25.7919$。如图 8-1 所示。注意，遗传算法的结果可能会受到参数设置、随机计算、计算精度等的影响，每一次计算的结果不一定一致，可以根据需要调整参数来获得更好的结果。

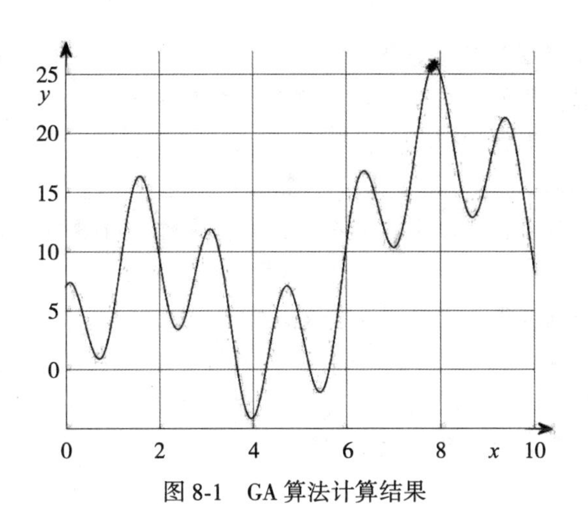

图 8-1　GA 算法计算结果

8.4　改进遗传算法

自从遗传算法的完整结构和理论提出后，遗传算法中编码方式、控制参数的确定、选择方式和交叉机理等均得到了研究和改进，并引入了动态策略和自适应策略，以改善遗传算法的性能，得到各种变形的遗传算法，其基本途径概括起来有以下几个方面：

(1)改变遗传算法的组成成分或使用技术，如选用优化控制参数、适合问题特性的编码技术等；

(2)采用混合遗传算法；

(3)采用动态自适应技术，在进化过程中调整算法控制参数和编码力度；

(4)采用非标准的遗传操作算子；

(5)采用并行遗传算法。

8.4.1　顺序选择遗传算法

基本遗传算法中个体的选择概率与个体的适应值直接相关，其计算公式为

$$p_i = \frac{f(x_i)}{\sum_{n=1}^{N} f(x_n)}$$

从上式中可以看出，一旦某个个体的适应值为 0，则其选择概率为 0，这个个体就不能产生后代，这是基本遗传算法一个缺点。顺序选择策略将选择概率固定化，其具体步骤为：

(1)按适应值大小对个体进行排序；

(2)定义最好的个体的选择概率为 q（对于用遗传算法求最大值问题来说，最好个体也就是适应值最大的个体)，则排序后的第 j 个个体的选择概率定义为

$$p_i = \frac{q(1-q)^{i-1}}{1-(1-q)^N}$$

从顺序选择的选择概率计算公式可以看出，每个个体都有可能被选中从而产生后代。

算法 8.2　顺序选择遗传算法主要步骤

Step 1　问题编码：将问题结构变换为位串形式编码表示。

Step 2　随机初始化群体 $\boldsymbol{P}_0 = [p_1, p_2, \cdots, p_n]$，$g = 0$。

Step 3　对当前群体 $\boldsymbol{P}_g$ 中每个个体 x_i 计算其适应度 $f(x_i)$。

Step 4　检查是否符合优化准则，若符合，输出最佳个体及其代表的最优解，并结束计算；否则转下一步。

Step 5　根据顺序选择策略选择再生个体。

Step 6　依照交叉概率 p_c 和交叉方法，生成新的个体。

Step 7　依照变异概率 p_m 和变异方法，生成新的个体。

Step 8　由交叉和变异产生新一代的种群，返回 Step 3。

8.4.2 适值函数标定的遗传算法

一般情况下，直接将目标函数作为适应值函数，这样比较个体的优劣十分方便。但是，很多情况下并不能直接将目标函数作为适应值函数，例如对于最小值问题，需将目标函数取反，才能作为适值函数。

有时由于目标函数之间的相对差别很小，从而各个个体的选择概率差别很小，此时各个个体被选择的概率几乎一样，这将导致遗传算法的选择功能被弱化，此时需要对目标函数进行标定(也就是进行变换)，标定的方法有线性标定、动态线性标定、幂律标数标定等。下面主要介绍动态线性标定的原理。

对于最大化问题，动态线性标定的变换公式如下：

$$F = f - f_{\min}^{g} + \xi^{g}$$

式中，F 为适应值函数；f 为目标函数值；$f_{\min}^{g}$ 为第 g 代个体的最小目标函数值；ξ^{g} 为选择压力调节值，它是一个较小的数，它随着 g 的增大而减小，一般采用如下的设置方法：

$$\begin{cases} \xi^{0} = M \\ \xi^{g} = c\xi^{g-1} \end{cases}$$

其中，M，c 为常数，$c \in [0.9, 0.999]$。

算法 8.3　适值函数标定的遗传算法主要步骤

Step 1　问题编码：将问题结构变换为位串形式编码表示。

Step 2　随机初始化群体 $\boldsymbol{P}_0 = [p_1, p_2, \cdots, p_n]$，$g = 0$。

Step 3　对目标函数值作变换，计算当前群体 $\boldsymbol{P}_g$ 中每个个体 x_i 计算其适应度 $f(x_i)$。

Step 4　检查是否符合优化准则，若符合，输出最佳个体及其代表的最优解，并结束计算；否则转向下一步。

Step 5　依据适应度选择再生个体，适应度高的个体被选中的概率高，适应度低的个体可能被淘汰。

Step 6　依照交叉概率 p_c 和交叉方法，生成新的个体。

Step 7　依照变异概率 p_m 和变异方法，生成新的个体。

Step 8　由交叉和变异产生新一代的种群，返回 Step 3。

8.4.3 大变异遗传算法

理论上，遗传算法中的变异操作可以使算法避免“早熟”。但是，为了保证算法的稳定性，变异操作的变异概率通常取值很小，所以算法一旦出现“早熟”，单靠传统的变异操作，需要很多代才能变异出一个不同于其他个体的新个体。

大变异操作的思路：当某代中所有个体集中在一起时，可以以一个远大于通常的变异概率的概率执行一次变异操作，具有大变异概率的变异操作(即“大变异操作”)能够随机、独立地产生许多新个体，从而使整个种群脱离“早熟”。

大变异遗传算法的具体操作过程为：当某一代的最大适应度 F_{max} 与平均适应度 F_{avg} 满足 $\alpha F_{max} < F_{avg}$，$\alpha \in (0.5, 1)$。其中，α 称为密集因子，表征个体“集中”的程度。将该代中所有满足“集中”条件的个体设为具有最高适应度个体的形式，这就是“集中”。随后，以一个比通常变异概率大5倍以上的概率 P_{bm} 对集中了的个体进行一次变异操作，这就是“打散”。

大变异操作要求有两个参数：密集因子 α 和大变异概率 P_{bm}。

(1)密集因子 α 用来决定大变异操作在整个优化过程中所占的比重，α 值越接近0.5，大变异操作被调用得越频繁；

(2)大变异概率 P_{bm} 越大，含大变异操作的遗传算法(即“大变异遗传算法”)的稳定性就越好，但是，这是以牺牲收敛速度为代价的，当其数值等于0.5时，大变异操作就近似蜕化成为随机搜索。

算法8.4　大变异遗传算法主要步骤

Step 1　问题编码：将问题结构变换为位串形式编码表示。

Step 2　随机初始化群体 $\boldsymbol{P}_0 = [p_1, p_2, \cdots, p_n]$，$g = 0$。

Step 3　计算当前群体 $\boldsymbol{P}_g$ 中每个个体 x_i 计算其适应度 $f(x_i)$。

Step 4　检查是否符合优化准则，若符合，输出最佳个体及其代表的最优解，并结束计算；否则转下一步。

Step 5　依据适应度选择再生个体，适应度高的个体被选中的概率高，适应度低的个体可能被淘汰。

Step 6　依照交叉概率 p_c 和交叉方法，生成新的个体。

Step 7　检查当代最大适应度 F_{max} 与平均适应度 F_{avg} 是否满足大变异条件，是则依照大变异概率 P_{bm} 和变异方法，生成新的个体；否则依照变异概率 p_m 和变异方法，生成新的个体。

Step 8　由交叉和变异产生新一代的种群，返回Step 3。

8.4.4　自适应遗传算法

遗传算法的参数中，交叉概率和变异概率的选择是影响遗传算法行为和性能的关键，直接影响算法的收敛性。交叉概率越大，新个体产生的速度就越快。然而，交叉概率过大时，遗传模式被破坏的可能性也越大，使得具有高适应度的个体结构很快就会被破坏；但是如果交叉概率过小，则会使搜索过程缓慢，以至于停滞不前。

对于变异概率来说，如果其取值过小，就不易产生新的个体结构；如果其取值过大，则遗传算法就变成了纯粹的随机搜索算法。针对不同的优化问题，需要反复实验来确定交叉概率和变异概率，一般很难找到适应于每个问题的最佳值。

Srinvivas等提出一种自适应遗传算法，交叉概率和变异概率能够随适应度自动改变。当种群各个体适应度趋于一致或者趋于局部最优时，使交叉概率和变异概率二者增加；而当群体适应度比较分散时，使交叉概率和变异概率减少。

同时，对于适应值高于群体平均适应值的个体，对应于较低的交叉概率和变异概率，使该个体得以保护进入下一代；而低于平均适应值的个体，相对应于较高的交叉概率和变异概率，使该个体被淘汰掉。因此，自适应遗传算法能够提供相对某个解的最佳交叉概率和变异概率。

自适应遗传算法中交叉概率 p_c 和变异概率 p_m 的计算公式如下：

$$p_c = \begin{cases} \dfrac{k_1(f_{\max} - f)}{f_{\max} - f_{\text{avg}}}, & f \geqslant f_{\text{avg}} \\ k_2, & f < f_{\text{avg}} \end{cases}$$

$$p_m = \begin{cases} \dfrac{k_3(f_{\max} - f')}{f_{\max} - f_{\text{avg}}}, & f' \geqslant f_{\text{avg}} \\ k_4, & f' < f_{\text{avg}} \end{cases}$$

式中，$f_{\max}$ 为群体中的最大适应值；f_{avg} 为群体平均适应值；f 为要交叉的两个个体中较大的适应度值；f' 为要变异个体的适应度值；k_1，k_2，k_3 和 k_4 为常数。

算法 8.5　自适应遗传算法主要步骤

Step 1　问题编码：将问题结构变换为位串形式编码表示。

Step 2　随机初始化群体 $\boldsymbol{P}_0 = [p_1, p_2, \cdots, p_n]$，$g = 0$。

Step 3　计算当前群体 $\boldsymbol{P}_g$ 中每个个体 x_i 计算其适应度 $f(x_i)$。

Step 4　检查是否符合优化准则，若符合，输出最佳个体及其代表的最优解，并结束计算；否则转向下一步。

Step 5　依据适应度选择再生个体，适应度高的个体被选中的概率高，适应度低的个体可能被淘汰。

Step 6　依照自适应计算公式确定交叉概率 p_c，并通过一定交叉方法生成新的个体。

Step 7　依照自适应计算方式确定变异概率 p_m，并通过一定变异方法生成新的个体。

Step 8　由交叉和变异产生新一代的种群，返回 Step 3。

8.4.5　双切点交叉遗传算法

上面介绍的几种遗传算法采用的都是单点交叉遗传，单点交叉遗传使得父代双方交换基因量较大，有时候很容易破坏优秀个体，而双切点交叉相对单点交叉来说，父代双方交换的基因量较小，有利于优秀个体的保留。

例如对于下面的两个个体，如果双切点交叉的方法，切点 1 在第 6 位，切点 2 在第 3 位，即

	切点 1		切点 2	
1 0		1 1 0		0 1 1
0 1		0 1 1		1 0 1

则通过交叉后，两个个体分别变为

	切点 1		切点 2	
	1　0	0　1　1		0　1　1
	0　1	1　1　0		1　0　1

可见，只有两个切点之间的部分进行了交换。

算法 8.6　双切点交叉遗传算法主要步骤

Step 1　问题编码：将问题结构变换为位串形式编码表示。

Step 2　随机初始化群体 $\boldsymbol{P}_0 = [p_1, p_2, \cdots, p_n]$，$g = 0$。

Step 3　计算当前群体 $\boldsymbol{P}_g$ 中每个个体 x_i 计算其适应度 $f(x_i)$。

Step 4　检查是否符合优化准则，若符合，输出最佳个体及其代表的最优解，并结束计算；否则转向下一步。

Step 5　依据适应度选择再生个体，适应度高的个体被选中的概率高，适应度低的个体可能被淘汰。

Step 6　依照交叉概率和双切点交叉方法生成新的个体。

Step 7　依照变异概率 p_m，并通过一定变异方法生成新的个体。

Step 8　由交叉和变异产生新一代的种群，返回 Step 3。

习题 8

8.1　什么是遗传算法？

8.2　遗传算法的工作原理是什么？

8.3　遗传算法适用于哪些问题？

8.4　遗传算法有哪些优点？

8.5　遗传算法有哪些缺点？

8.6　尝试用遗传算法来解决背包问题：假设有一个背包，它的容量为 10，现在有 5 个物品，它们的重量分别为[2，3，4，5，6]，价值分别为[6，8，9，10，12]。我们希望从这些物品中选择一些放入背包中，使得总重量不超过背包容量，并且总价值最大化。

8.7　假设我们有一个平面上的城市，其中有 10 个居民点分布在不同的位置上。我们希望在城市中选择一个合适的位置来建设一个仓库，以便最大化服务于这些居民点。城市的平面坐标如下：

居民点序号	1	2	3	4	5	6	7	8	9	10
坐标	(2,4)	(7,6)	(3,8)	(9,2)	(5,3)	(1,6)	(8,7)	(4,5)	(6,1)	(10,4)

现需要通过基本遗传算法来找到一个最佳的仓库位置，使得仓库到每个居民的距离总和最小。提示：候选解应该对每个仓库的 x、y 坐标进行编码。

8.8 将遗传算法应用于旅行商问题。使用排列来表示路线，并应用基于顺序和位置的交叉操作来产生新的路线。假设有一个旅行商要在以下 5 个城市之间旅行：A、B、C、D 和 E。每个城市之间的距离如下表所示：

	A	B	C	D	E
A	0	10	15	20	25
B	10	0	35	25	20
C	15	35	0	30	10
D	20	25	30	0	15
E	25	20	10	15	0

要求旅行商从一个起始城市出发，并通过访问其他城市的顺序形成一个回路，最后回到起始城市。旅行商希望找到一条路径，使得旅行的总距离最短。

8.9 使用基本遗传算法求解如下非凸函数的最小值(解的精度要求为 0.01)：

$$f(x) = \sin(x) + 0.1x^2,\ x \in [0,\ 7]$$

第9章　粒子群优化算法

9.1　粒子群算法概述

粒子群算法(Particle Swarm Optimization，PSO)在计算方法上类似于GA算法，不同的是，PSO算法不使用杂交和变异等算子，而是通过模仿兽群、鸟群、鱼群等群体行为来进行搜索。PSO概念简单，控制参数少，易于实现，具有一定的并行性等特点，自提出以来，便受到学术界广泛关注，大量的研究论文及成果不断出现，为优化理论注入了新的生机和活力，推动了优化理论的发展。

但是，由于粒子群算法是一种基于种群的随机搜索算法，在理论分析和应用研究等方面还处于初级阶段，有很多问题值得研究，例如，如何提升算法跳出局部最优解的能力，如何提升算法求解高维复杂多峰问题的精度，如何降低算法的计算复杂度等。自粒子群算法提出以来，相关研究主要集中于该算法结构性能的提升、理论基础和应用等方面。

粒子群算法收敛性分析一直是研究的难点，由于算法引入了随机变量，使得很多常规数学方法对其无效。通过采用集合论的方法研究得出：对粒子群算法，在没有任何改进的情况下，算法可能既不收敛到全局最优点，也不收敛到局部最优点。为此，一些研究通过对算法的改进，提出了收敛性的一定条件，但尚缺乏系统性的分析。

粒子群算法是基于种群中粒子相互学习的进化算法，种群的拓扑结构直接决定粒子学习样本的选择，不同的邻居拓扑结构衍生出不同的PSO算法。Kennedy最初提出粒子群算法时，采用了全局版本拓扑结构，每个粒子的邻居包含除自身外的种群中其他所有粒子。但经过大量的仿真及实际应用后，发现这种拓扑结构易陷入局部最优解。为此，一些研究提出了通过改进拓扑结构，进而改善全局最优性的算法。

粒子群算法是通过种群内个体相互学习，进而不断向最优解位置移动，每个粒子学习样本的选择对于种群能否向最优解位置收敛至关重要。从基本粒子群算法的进化方程可以看出，每个粒子向它的“自知部分”和“社会部分”对应粒子的所有维数学习，这极大地降低了种群的多样性，导致早熟收敛。为克服粒子间学习的单调性，增强种群多样性，学者们提出不同的改进策略。学习策略改进的目的就是为了增强粒子间的信息交流，增强种群的多样性，进而提升种群跳出局部最优解的能力。

考虑到每种进化算法都有各自的优缺点，因此，如何将基本粒子群与其他算法相结合也是当前研究热点之一。

9.2　基本粒子群算法

在基本粒子群算法中，每个优化问题的解都想象为在搜索空间中被抽象为没有质量和体积的微粒，并将其延伸到 N 维空间。粒子 i 在 N 维空间里的位置表示为一个矢量，每个粒子的飞行速度也表示为一个矢量。

所有的粒子都有一个由被优化目标函数决定的适应值(fitness)，每个粒子有一个速度，决定它下一步飞行的方向和距离。每个粒子知道自已到目前为止发现的最好位置(p_{best})和现在的位置，这个可以认为是粒子"自已"的飞行经验。除此之外，每个粒子还知道到目前为止整个群体中所有粒子发现的最好位置(g_{best}，是 p_{best} 中的最好值)，可以认为是粒子"同伴"的经验。粒子通过自己的经验和同伴中最好的经验，来决定下一步的运动。

基本粒子群算法首先初始化一群随机粒子(随机解)，然后粒子们就追随当前的最优粒子在解空间中搜索，即通过迭代找到最优解。假设 d 维搜索空间中的第 i 个粒子的位置和速度分别为 $\boldsymbol{X}^i$ 和 $\boldsymbol{V}^i$。

$$\boldsymbol{X}^i = [x_{i,1}, x_{i,2}, \cdots, x_{i,d}]^{\mathrm{T}}$$
$$\boldsymbol{V}^i = [v_{i,1}, v_{i,2}, \cdots, v_{i,d}]^{\mathrm{T}}$$

在每一次迭代中，粒子通过两个"最优解"来更新自己，第一个就是粒子本身所找到的"最优解"，即个体极值状态 p_{best}，$P^i = [p_{i,1}, p_{i,2}, \cdots, p_{i,d}]$；另一个是整个种群目前找到的"最优解"，即全局最优解 g_{best}，P_g。在找到这两个最优值时，粒子根据如下的公式来更新自已的速度和新的位置：

$$v_{i,j}(t+1) = wv_{i,j}(t) + c_1 r_1 [p_{i,j} - x_{i,j}(t)] + c_2 r_2 [p_{g,j} - x_{i,j}(t)]$$
$$x_{i,j}(t+1) = x_{i,j}(t) + v_{i,j}(t), \quad j = 1, 2, \cdots, d$$

式中，w 为惯性权因子；`c_1 和 c_2 为正的学习因子；r_1 和 r_2 为 0 到 1 之间均匀分布的随机数。

粒子群算法的性能很大程度上取决于算法的控制参数，粒子数、最大速度、学习因子、惯性权重等。下面介绍各个参数的选取原则。

(1)粒子数：其大小根据问题的复杂程度自行决定。对于一般的优化问题，取 20~40 个粒子可以得到很好的结果；对于比较简单的问题，取 10 个粒子可以取得好的结果；对于比较复杂的问题或者特定类别的问题，粒子数可以取到 100 以上。

(2)粒子的维度：由优化问题决定，粒子的维度也就是问题解的维度。

(3)粒子的范围：由优化问题决定，每一维可设定不同的范围。

(4)最大速度 V_{max}：决定粒子在一个循环中最大的移动距离，通常设定为粒子的范围宽度。

(5)学习因子：使粒子具有自我总结和向群体中优秀个体学习的能力，从而向群体内或邻域内最优点靠近，通常取 c_1 和 c_2 为 2，但也有其他的取值，一般 c_1 等于 c_2，且范围在 0 至 4 之间。

(6)惯性权重：决定对粒子当前速度继承的多少，合适的选择可以使粒子具有均衡的探索能力和开发能力，惯性权重的取法一般有常数法、线性递减法、自适应法等。

基本粒子群算法采用常学习因子 c_1 和 c_2 及常惯性权重 w，粒子根据基本更新公式来更新自己的速度和新的位置。

算法 9.1　基本粒子群算法基本步骤

Step 1　随机初始化种群中各微粒的位置和速度。

Step 2　评价每个微粒的适应度，将当前各微粒的位置存储在各微粒的 p_{best} 中，将所有 p_{best} 中适应值最优个体的位置存储于 g_{best} 中。

Step 3　更新粒子的速度和位移。

Step 4　对每个微粒，将其适应值与其经历过的最好位置的适应值作比较，如果较好，则将其作为当前的最好位置。

Step 5　比较当前所有 p_{best} 和 g_{best} 的适应值，更新 g_{best}。

Step 6　检查是否符合停止条件，若符合，输出最优解，并结束计算；否则转向 Step 3。

停止条件通常为预设的运算精度或迭代次数。

9.3　基本粒子群算法应用举例

例 9.1　应用粒子群算法搜索如下函数的最大值及其对应的 x 的值（$x \in [0, 10]$）：

$$y = 7\sin x + 6\cos(4x) + 1.5x + 1$$

解：本例可以应用 MATLAB 语言编写代码实现，得到计算结果为

$$x^* = 7.8685,\ y^* = 25.7919$$

注意，粒子群算法的结果可能会受到参数设置、随机计算、计算精度等的影响，每一次计算的结果不一定一致，我们可以根据需要调整参数来获得更好的结果。

代码如下：

```
% 主程序,调用粒子群算法进行优化
[best_x,best_y] = particleSwarmOptimization();
disp('Best solution is:');
disp(['x=',num2str(best_x)]);
disp(['y=',num2str(best_y)]);

% 目标函数
function y = objectiveFunction(x)
    y = 7 * sin(x) + 6 * cos(4 * x) + 1.5 * x + 1;
end

% PSO 过程函数
function [best_x,best_y] = particleSwarmOptimization()
```

```
% 初始化参数
num_particles = 50;
max_iterations = 100;
c1 = 2.0;
c2 = 2.0;
inertia_weight = 0.9;
max_velocity = 0.2;
x_min = 0;
x_max = 10;

% 初始化粒子的位置和速度
particles = rand(num_particles,1) * (x_max - x_min) + x_min;
velocities = zeros(num_particles,1);

% 初始化全局最优解
global_best_x = particles(1);
global_best_y = objectiveFunction(global_best_x);

for i=1:num_particles
    P_best_x(i)=particles(i);
    P_best_y(i)=objectiveFunction(P_best_x(i));
end

% 迭代更新粒子位置和速度
for iteration = 1:max_iterations
    for i = 1:num_particles
        % 更新粒子速度
        velocities(i) = inertia_weight * velocities(i) + c1 *
rand() * (global_best_x - particles(i)) + c2 * rand() * (P_best_x
(i) - particles(i));
        velocities(i) = max(-max_velocity,min(max_velocity,
velocities(i)));

        % 更新粒子位置
        particles(i) = particles(i) + velocities(i);
        particles(i) = max(x_min,min(x_max,particles(i)));
```

```
            % 更新个体最优解
            y = objectiveFunction(particles(i));
            if y > P_best_y(i)
                P_best_x(i) = particles(i);
                P_best_y(i) = y;
            end

            % 更新全局最优解
            if y > global_best_y
                global_best_x = particles(i);
                global_best_y = y;
            end
        end
    end

    best_x = global_best_x;
    best_y = global_best_y;
end
```

9.4　改进粒子群算法

9.4.1　带压缩因子的粒子群算法

学习因子 c_1 和 c_2 决定了粒子本身经验信息和其他粒子的经验信息对粒子运行轨迹的影响，反映了粒子群之间的信息交流。设置 c_1 为较大的值，会使粒子过多地在局部范围内徘徊，而较大的 c_2 值，则又会促使粒子过早收敛到局部最小值。

为了有效地控制粒子的飞行速度，使算法达到全局“探测”与局部“开采”两者间的有效平衡，Clerc 构造了引入收缩因子的基本粒子群算法，其速度更新公式为

$$C = c_1 + c_2,\ \phi = \frac{2}{\left|2 - C - \sqrt{C(C-4)}\right|}$$

$$v_{i,j}(t+1) = \phi\{v_{i,j}(t) + c_1 r_1[p_{i,j} - x_{i,j}(t)] + c_2 r_2[p_{g,j} - x_{i,j}(t)]\}$$

为保证算法的顺利求解，$C = c_1 + c_2$ 必须大于 4。典型的取法有：

(1) $c_1 = c_2 = 2.05$，此时 C 为 4.1，收缩因子 ϕ 为 0.729，这在形式上就等效于 $w = 0.729$，$c_1 = c_2 = 1.49445$ 的基本粒子群算法。

(2)微粒规模 $N = 30$，$c_1 = 2.8$，$c_2 = 1.3$，此时 C 为 4.1，收缩因子为 0.729。

算法 9.2　带压缩因子粒子群算法基本步骤

Step 1　随机初始化种群中各微粒的位置和速度。

Step 2　评价每个微粒的适应度，将当前各微粒的位置存储在各微粒的 p_{best} 中，将所有 p_{best} 中适应值最优个体的位置存储于 g_{best} 中。

Step 3　更新粒子的速度和位移。

$$C = c_1 + c_2, \ \phi = \frac{2}{\left|2 - C - \sqrt{C(C-4)}\right|}$$

$$v_{i,j}(t+1) = \phi\{v_{i,j}(t) + c_1 r_1[p_{i,j} - x_{i,j}(t)] + c_2 r_2[p_{g,j} - x_{i,j}(t)]\}$$

$$x_{i,j}(t+1) = x_{i,j}(t) + v_{i,j}(t), \quad j = 1, 2, \cdots, d$$

Step 4　对每个微粒，将其适应值与其经历过的最好位置的适应值作比较，如果较好，则将其作为当前的最好位置；

Step 5　比较当前所有 p_{best} 和 g_{best} 的适应值，更新 g_{best}。

Step 6　检查是否符合停止条件，若符合，输出最优解，并结束计算；否则转向 Step 3。

9.4.2　权重改进的粒子群算法

在粒子群算法的可调整参数中，惯性权重 w 是最重要的参数，w 较大，有利于提高算法的全局搜索能力，而 w 较小，则会增强算法的局部搜索能力，根据不同的权重变化公式，可得到不同的粒子群算法，常见的有线性递减权重、自适应权重、随机权重算法。

1. 线性递减权重法

由于较大的惯性权重有利于跳出局部极小点，实现全局搜索，而较小的惯性权重则有利于对当前的搜索区域进行精确局部搜索，以利于算法收敛，因此针对粒子群算法容易早熟以及算法后期易在全局最优解附近产生振荡现象，可以采用线性变化的权重，让惯性权重从最大值 w_{max} 线性减小到最小值 w_{min}，w 随算法迭代次数的变化公式为

$$w = w_{max} - \frac{t(w_{max} - w_{min})}{t_{max}}$$

式中，w_{max}、w_{min} 分别表示 w 的最大值和最小值，t 表示当前迭代步数；t_{max} 表示最大迭代步数，通常取 $w_{max} = 0.9$，$w_{min} = 0.4$。

算法 9.3　线性递减粒子群算法基本步骤

Step 1　随机初始化种群中各微粒的位置和速度。

Step 2　评价每个微粒的适应度，将当前各微粒的位置和适应值存储在各微粒的 p_{best} 中，将所有 p_{best} 中适应值最优个体的位置和适应值存储于 g_{best} 中。

Step 3　更新粒子的速度和位移。

$$v_{i,j}(t+1) = wv_{i,j}(t) + c_1 r_1[p_{i,j} - x_{i,j}(t)] + c_2 r_2[p_{g,j} - x_{i,j}(t)]$$

$$x_{i,j}(t+1)=x_{i,j}(t)+v_{i,j}(t),\ j=1,\ 2,\ \cdots,\ d$$

Step 4　更新权重。 $$w=w_{\max}-\frac{t(w_{\max}-w_{\min})}{t_{\max}}$$

Step 5　对每个微粒，将其适应值与其经历过的最好位置作比较，如果较好，则将其作为当前的最好位置。

Step 6　比较当前所有 p_{best} 和 g_{best} 的值，更新 g_{best}。

Step 7　检查是否符合停止条件，若符合，输出最优解，并结束计算；否则转向 Step 3。

2. 自适应权重法

为了平衡粒子群算法的全局搜索能力和局部改良能力，还可采用非线性的动态惯性权重系数公式，其表达式如下：

$$w=\begin{cases} w_{\min}-\dfrac{(w_{\max}-w_{\min})(f-f_{\min})}{f_{avg}-f_{\min}}, & f\leqslant f_{avg} \\ w_{\max}, & f>f_{avg} \end{cases}$$

式中，$w_{\max}$、$w_{\min}$ 分别表示 w 的最大值和最小值；f 表示粒子当前的目标函数值；f_{avg} 和 $f_{\min}$ 分别表示当前所有微粒的平均目标值和最小目标值。在上式中，惯性权重随着微粒的目标函数值变化而自动改变，因此称为自适应权重。

当各微粒的目标值趋于一致或者趋于局部最优时，将使惯性权重增加，而各微粒的目标值比较分散时，惯性权重将减小，同时对于目标函数值优于平均目标值的微粒，其对应的惯性权重因子较小，从而保护了该微粒；反之，对于目标函数值差于平均目标值的微粒，其对应的惯性权重因子较大，使得该微粒向较好的搜索区域靠拢。

算法 9.4　自适应权重粒子群算法基本步骤

Step 1　随机初始化种群中各微粒的位置和速度。

Step 2　评价每个微粒的适应度，将当前各微粒的位置存储在各微粒的 p_{best} 中，将所有 p_{best} 中适应值最优个体的位置存储于 g_{best} 中。

Step 3　更新粒子的速度和位移。

$$v_{i,j}(t+1)=wv_{i,j}(t)+c_1r_1[p_{i,j}-x_{i,j}(t)]+c_2r_2[p_{g,j}-x_{i,j}(t)]$$

$$x_{i,j}(t+1)=x_{i,j}(t)+v_{i,j}(t),\quad j=1,\ 2,\ \cdots,\ d$$

Step 4　计算 f_{avg} 和 $f_{\min}$，并更新权重。

$$w=\begin{cases} w_{\min}-\dfrac{(w_{\max}-w_{\min})(f-f_{\min})}{f_{avg}-f_{\min}}, & f\leqslant f_{avg} \\ w_{\max}, & f>f_{avg} \end{cases}$$

Step 5　对每个微粒，将其适应值与其经历过的最好位置的适应值作比较，如果较好，则将其作为当前的最好位置。

Step 6 比较当前所有 p_{best} 和 g_{best} 的适应值，更新 g_{best}。

Step 7 检查是否符合停止条件，若符合，输出最优解，并结束计算；否则转向 Step 3。

3. 随机权重法

将标准粒子群算法中 w 设定为服从某种随机分布的随机数，这样一定程度上可从两方面来克服 w 的线性递减所带来的不足。

首先，如果在进化初期接近最好点，随机 w 可能产生相对小的 w 值，加快算法的收敛速度，另外，如果在算法初期找不到最好点，w 的线性递减，使得算法最终收敛不到此最好点，而 w 的随机生成可以克服这种局限。

w 的计算公式如下：

$$\begin{cases} \mu = \mu_{min} + (\mu_{max} - \mu_{min}) \times \text{rand}(0,\ 1) \\ w = \mu + \sigma \times N(0,\ 1) \end{cases}$$

式中，$N(0,\ 1)$ 表示标准正态分布的随机数；$\text{rand}(0,\ 1)$ 表示 0 到 1 之间的均匀随机数；σ 为常数，一般取值为 0.2~0.5。

算法 9.5 随机权重粒子群算法基本步骤

Step 1 随机初始化种群中各微粒的位置和速度。

Step 2 评价每个微粒的适应度，将当前各微粒的位置存储在各微粒的 p_{best} 中，将所有 p_{best} 中适应值最优个体的位置存储于 g_{best} 中。

Step 3 更新粒子的速度和位移。

$$v_{i,\ j}(t+1) = wv_{i,\ j}(t) + c_1 r_1 [p_{i,\ j} - x_{i,\ j}(t)] + c_2 r_2 [p_{g,\ j} - x_{i,\ j}(t)]$$

$$x_{i,\ j}(t+1) = x_{i,\ j}(t) + v_{i,\ j}(t), \quad j = 1,\ 2,\ \cdots,\ d$$

Step 4 更新权重。

$$\begin{cases} \mu = \mu_{min} + (\mu_{max} - \mu_{min}) \times \text{rand}(0,\ 1) \\ w = \mu + \sigma \times N(0,\ 1) \end{cases}$$

Step 5 对每个微粒，将其适应值与其经历过的最好位置的适应值作比较，如果较好，则将其作为当前的最好位置。

Step 6 比较当前所有 p_{best} 和 g_{best} 的适应值，更新 g_{best}。

Step 7 检查是否符合停止条件，若符合，输出最优解，并结束计算；否则转向 Step 3。

9.4.3 变学习因子的粒子群算法

学习因子一般固定为常数，并且取值为 2。但是在实际的应用中，也有一些其他的取值方式，常见的有同步变化和异步变化的学习因子。

1. 同步变化的学习因子

同步变化的学习因子指的是将学习因子 c_1 和 c_2 的取值范围设定为 $[c_{min},\ c_{max}]$，第 t

次迭代时的学习因子取值公式为

$$c_1 = c_2 = c_{\max} - \frac{t(c_{\max} - c_{\min})}{t_{\max}}$$

算法 9.6　同步学习因子粒子群算法基本步骤

Step 1　随机初始化种群中各微粒的位置和速度。

Step 2　评价每个微粒的适应度，将当前各微粒的位置存储在各微粒的 p_{best} 中，将所有 p_{best} 中适应值最优个体的位置存储于 g_{best} 中。

Step 3　更新粒子的速度和位移。

$$v_{i,j}(t+1) = wv_{i,j}(t) + c_1 r_1 [p_{i,j} - x_{i,j}(t)] + c_2 r_2 [p_{g,j} - x_{i,j}(t)]$$

$$x_{i,j}(t+1) = x_{i,j}(t) + v_{i,j}(t),\quad j = 1, 2, \cdots, d$$

Step 4　更新学习因子

$$c_1 = c_2 = c_{\max} - \frac{t(c_{\max} - c_{\min})}{t_{\max}}$$

Step 5　对每个微粒，将其适应值与其经历过的最好位置的适应值作比较，如果较好，则将其作为当前的最好位置。

Step 6　比较当前所有 p_{best} 和 g_{best} 的适应值，更新 g_{best}。

Step 7　检查是否符合停止条件，若符合，输出最优解，并结束计算；否则转向 Step 3。

2. 异步变化的学习因子

两个学习因子在优化过程中随时间进行不同的变化，称为异步变化的学习因子。其目的是在优化的初始阶段，粒子具有较大的自我学习能力和较小的社会学习能力，加强局部搜索能力，而在优化的后期，粒子具有较大的社会学习能力和较小的自我学习能力，有利于收敛到全局最优解。学习因子的变化公式为

$$c_1 = c_1^0 + \frac{t(c_1^f - c_1^0)}{t_{\max}},\quad c_2 = c_2^0 + \frac{t(c_2^f - c_2^0)}{t_{\max}}$$

式中，c_1^0、c_2^0 分别代表 c_1 和 c_2 的初始值；c_1^f，c_2^f 代表 c_1 和 c_2 的迭代终值。对于大多数情况下采用如下参数设置效果较好：

$$c_1^0 = 2.5,\ c_2^0 = 0.5,\ c_1^f = 0.5,\ c_2^f = 2.5$$

算法 9.7　异步学习因子粒子群算法基本步骤

Step 1　随机初始化种群中各微粒的位置和速度。

Step 2　评价每个微粒的适应度，将当前各微粒的位置存储在各微粒的 p_{best} 中，将所有 p_{best} 中适应值最优个体的位置存储于 g_{best} 中。

Step 3　更新粒子的速度和位移。

$$v_{i,j}(t+1)=wv_{i,j}(t)+c_1r_1[p_{i,j}-x_{i,j}(t)]+c_2r_2[p_{g,j}-x_{i,j}(t)]$$
$$x_{i,j}(t+1)=x_{i,j}(t)+v_{i,j}(t),\quad j=1,2,\cdots,d$$

Step 4　更新学习因子。

$$c_1=c_1^0+\frac{t(c_1^f-c_1^0)}{t_{\max}},\ c_2=c_2^0+\frac{t(c_2^f-c_2^0)}{t_{\max}}$$

Step 5　对每个微粒，将其适应值与其经历过的最好位置的适应值作比较，如果较好，则将其作为当前的最好位置。

Step 6　比较当前所有 p_{best} 和 g_{best} 的适应值，更新 g_{best}。

Step 7　检查是否符合停止条件，若符合，输出最优解，并结束计算；否则转向 Step 3。

9.4.4　二阶粒子群算法

在标准粒子群算法中，微粒的飞行速度仅仅是微粒当前位置的函数，而在二阶粒子群算法中，微粒飞行速度的变化与微粒位置的变化有关，其速度更新公式为

$$\begin{aligned}v_{i,j}(t+1)=v_{i,j}(t)&+c_1r_1[p_{i,j}+x_{i,j}(t-1)-2x_{i,j}(t)]\\&+c_2r_2[p_{g,j}+x_{i,j}(t-1)-2x_{i,j}(t)]\end{aligned}$$

算法 9.8　二阶粒子群算法基本步骤

Step 1　随机初始化种群中各微粒的位置和速度。

Step 2　评价每个微粒的适应度，将当前各微粒的位置存储在各微粒的 p_{best} 中，将所有 p_{best} 中适应值最优个体的位置存储于 g_{best} 中。

Step 3　更新粒子的速度和位移。

$$\begin{aligned}v_{i,j}(t+1)=v_{i,j}(t)&+c_1r_1[p_{i,j}+x_{i,j}(t-1)-2x_{i,j}(t)]\\&+c_2r_2[p_{g,j}+x_{i,j}(t-1)-2x_{i,j}(t)]\end{aligned}$$
$$x_{i,j}(t+1)=x_{i,j}(t)+v_{i,j}(t),\quad j=1,2,\cdots,d$$

Step 4　对每个微粒，将其适应值与其经历过的最好位置的适应值作比较，如果较好，则将其作为当前的最好位置。

Step 5　比较当前所有 p_{best} 和 g_{best} 的适应值，更新 g_{best}。

Step 6　检查是否符合停止条件，若符合，输出最优解，并结束计算；否则转向 Step 3。

习题 9

9.1　解释粒子群算法的基本思想和原理。

9.2　粒子群算法中的惯性权重对算法的收敛性有什么影响？如何选择合适的惯性权重？

9.3　粒子群算法与遗传算法相比有哪些优势和不足之处？

9.4　粒子群算法中的局部最优和全局最优有什么区别？如何在算法中进行处理和更新？

9.5　使用粒子群算法求解以下函数的最小值和对应的 x 值：

$$f(x) = x^2 + 5\sin(5x)$$

要求搜索范围为 $x \in [-10, 10]$，粒子数为 50，最大迭代次数为 100。

9.6　使用粒子群算法求解以下函数的最大值和对应的 x 值：

$$f(x) = -x^4 + 4x^3 - 3x^2 + 2$$

要求搜索范围为 $x \in [-5, 5]$，粒子数为 100，最大迭代次数为 200。

参 考 文 献

[1][美]米尔斯切特．数学建模方法与分析[M]．刘来福，杨淳，黄海洋，译．北京：机械工业出版社，2009.

[2]姜启源，邢文训，谢金星，等．大学数学实验[M]．北京：清华大学出版社，2005.

[3]孙文瑜，徐成贤，朱德通．最优化方法[M]．第2版．北京：高等教育出版社，2010.

[4]马昌凤．最优化方法及其MATLAB程序设计[M]．北京：科学出版社，2010.

[5]施光燕，钱伟懿，庞丽萍．最优化方法[M]．第2版．北京：科学出版社，2007.

[6]吴祈宗，郑志勇，邓伟．运筹学与最优化MATLAB编程[M]．北京：机械工业出版社，2009.

[7]许国根，贾瑛，等．最优化方法及其MATLAB实现[M]．第2版．北京：北京航空航天大学出版社，2023.

[8]刘宝碇，赵瑞清，王纲．不确定规划及应用[M]．北京：清华大学出版社，2003.

[9][美]Edwin K P Chong，Stanislaw H Zak．最优化导论[M]．第4版．孙志强，白圣建，郑永斌，等，译．北京：电子工业出版社，2015.

[10]袁亚湘，孙文瑜．最优化理论与方法[M]．北京：科学出版社，1997.

[11]龚纯，王正林．精通MATLAB最优化计算[M]．北京：电子工业出版社，2009.

[12]薛毅．最优化原理与方法[M]．北京：北京工业大学出版社，2004.

[13]李学文，闫桂峰，等．最优化方法[M]．北京：北京理工大学出版社，2018.

[14]张鹏．最优化方法[M]．北京：科学出版社，2023.

[15]D Maringer. Portfolio Management with Heuristic Optimization[M]. Boston：Springer，2005.

[16]徐俊杰．元启发式优化算法理论与应用研究[D]．北京：北京邮电大学，2007.

[17]邹晔．启发式优化算法理论及应用[M]．北京：清华大学出版社，2023.

[18]徐俊杰．元启发式优化算法[M]．合肥：中国科学技术大学出版社，2015.